□ 组合数学丛书

组合问题与练习（上册）

（第二版）

Combinatorial Problems and Exercises (I)

Second Edition

□ [匈] László Lovász 著

□ 李学良 史永堂 译

高等教育出版社·北京

图字：01-2015-2233 号

This work was originally published in English by the American Mathematical Society under the title *Combinatorial Problems and Exercises: Second Edition* by László Lovász, ©1979 held by the American Mathematical Society. The present translation was created for Higher Education Press Limited Company under authority of the American Mathematical Society and is published by permission.

本书英语原版最初由美国数学会 (American Mathematical Society) 出版，原书名是 *Combinatorial Problems and Exercises: Second Edition*，原书作者是 László Lovász，原书版权声明是 ©1979 held by the American Mathematical Society. 本翻译版由高等教育出版社有限公司经美国数学会授权和许可出版。

图书在版编目（CIP）数据

组合问题与练习：第二版．上册 /（匈）拉斯洛·洛瓦斯著；李学良，史永堂译．-- 北京：高等教育出版社，2017.3

书名原文：Combinatorial Problems and Exercises

ISBN 978-7-04-047096-3

Ⅰ．①组… Ⅱ．①拉… ②李… ③史… Ⅲ．①组合－高等学校－教材 Ⅳ．① O122. 4

中国版本图书馆 CIP 数据核字（2016）第 322726 号

策划编辑 赵天夫　　责任编辑 赵天夫　　封面设计 张　楠　　版式设计 王艳红
责任校对 刘丽娴　　责任印制 尤　静

出版发行 高等教育出版社
社　　址 北京市西城区德外大街4号
邮政编码 100120
印　　刷 北京鑫丰华彩印有限公司
开　　本 787 mm× 1092 mm　1/16
印　　张 21
字　　数 380 千字
购书热线 010－58581118
咨询电话 400－810－0598
网　　址 http://www.hep.edu.cn
　　　　 http://www.hep.com.cn
网上订购 http://www.hepmall.com.cn
　　　　 http://www.hepmall.com
　　　　 http://www.hepmall.cn
版　　次 2017 年 3 月 第 1 版
印　　次 2017 年 3 月 第 1 次印刷
定　　价 69.00元

本书如有缺页、倒页、脱页等质量问题，请到所购图书销售部门联系调换
版权所有　侵权必究

物 料 号　47096-00

献给 Kati

第二版的序言

当本书的出版社让我出第二版来修正和更新习题集时，我要考虑这一领域的迅速发展，来决定要修改多少 (当然第一版已绝版). 组合学在过去十年里得到了迅速发展，特别是与数学其他分支交叉的那些领域，如多面体组合学、代数组合学、组合几何、随机结构以及更引人注目的算法组合学和复杂性理论. (计算理论在组合学等领域有如此广泛的应用，以至于有时很难刻画它们之间的界线.) 但是组合学也是一门自成体系的学科，这就使得本 (更新的) 习题集也是有意义的.

我决定不去改变本书的结构以及主要专题. 任何概念上的改变 (如坚持引入算法的问题，以及算法分析和算法问题的复杂性分类) 都将意味着要写一本新书. 然而，我忍不住去写一些关于图的随机路径以及与特征值、扩展性和电阻 (这一领域有比较经典的起源，但在过去几年里具有爆炸式的发展) 之间关系的习题，所以第 11 章的篇幅会非常长.

在一些其他章节，我也发现很多思想在过去几年里以自然而又重要的方式得到了推广. 总而言之，我已经增加了大约 60 个新习题 (可能更多，如果你去数子问题的话)、简化了一些解答并更新了我知道的一些错误.

在第一版的序言中，我说过计划出版第二卷来讲一些遗留的重要专题，如拟阵、多面体组合学、格几何、块设计，等等. 从那时起，这些专题都得到了非常迅速的发展，要想覆盖它们的全部，仅仅一卷当然是不够的. 我仍然喜欢如下的过程：在众多领域里选择一些主要结论，分析它们，并使得它们的证明可以被分解成很多步，每步增加一个想法，从而引出一系列习题，来得到主要结论. (在准备新版时，这一爱好是非常强烈的.) 但是此时撰写新卷是我的时间和能力所不及的.

同时，已经出版了很多与这些主题相关的专著，其中的一些 (特别值得一提的是 A. Recski 的书：*Matroid Theory and its Applications in Electric Network Theory and Statics*, Akadémiai Kiadó-Springer Verlag, 1989) 包含了一系列广泛而又精心编辑的问题和习题.

致谢：我从同事们那里收到了很多注解、更正以及改进的建议；它们中的一些是基于使用本书教课过程中的经验. 他们对这本书的兴趣，让我非常高兴. 我也非常感谢这些同事将他们的注解写出来并且发送给我. 事实上，他们是完全正确的，在修改时，我采用了几乎所有这些建议 (其中很少的一些研究结果以及更深入的主题不在本书范围内). 我非常感谢 J. Burghduff, A. Frank, F. Galvin, D.E. Kunth 以及 I. Tomescu 等人广泛而又深刻的意见, 特别感谢 D.E. Knuth 和 D. Aldous 对新增加习题的贡献, 事实上正是因为他们的注解我才如此快地完成了修改稿的最后版本.

我也要感谢 K. Fried 女士非常细心和专业的 TeX 排版 (并在这个过程中发现了第一版的很多错误), 同时感谢 G. Bacsó 和 T. Csizmazia 的帮助以及他们对本书的阅读和深刻见解.

布达佩斯, 1992 年 3 月

序　言

组合学在数学科学的边缘成长了几个世纪, 现在已经成为数学中成长最快的分支之一——如果我们考虑这一领域中论著数目、在其他数学分支和其他科学中的应用以及科学家、经济学家和工程师们对组合结构的兴趣, 这是毫无疑问的. 数学的世界因为代数和分析的成功而受到瞩目, 仅在近些年来, 人们越来越清楚地看到, 由于经济学、统计学、电子工程以及其他应用科学所产生的问题, 研究有限集合与有限结构的组合学有了自己的问题和理论. 这些问题和理论独立于代数和分析但和它们一样困难, 是有实际和理论的价值, 并且很漂亮.

然而一流数学家们对组合学的态度依旧是轻蔑的, 他们接受组合学的有趣性和困难性, 但是他们否认组合学的深度. 人们总是强硬地说组合学是一些问题的收集, 这些问题本身可能是有趣的, 但是它们是不关联的而且不能组成一个理论. 在组合学或图论中很容易得到新结果, 因为只有很少的技巧需要学习, 并且这迅速增加了论著的数量.

上述指控显然刻画了科学的任何领域在最初发展阶段——收集数据阶段的特征. 只要核心问题没有形成、还没抽象成更一般的理论, 就没有办法去辨别有趣和不太有趣的结果——除了基于审美的角度, 但这太主观了. 那些被一流数学家认可但还未出现的技巧正在等待它们的发现者, 所以, 没有发展成熟并不是反对的理由, 而是需要引导年轻的科学家去面对一个给定的领域.

在我看来, 组合学现在已经过了这个最初的阶段. 有很多方法需要学习: 计数技巧、拟阵、概率方法、线性规划、块设计构造, 等等. 有很多包含分层次的定理、形成研究基础的中心结构定理的分支: 从图论中随便拿出两个例子, 如图 (网络流) 的连通性或图的因子. 有很多从非平凡结果中抽象出来的概念, 它们形成理论的很大一部分, 例如拟阵或好的刻画的概念 (见下面). 我感觉如果没有这些事实、概念和技巧的知识, 是不可能得到有意义的结果的. (当然, 例外的情况是可能发生的, 因为这一领域要去覆盖数学世界的如此大的部分, 完全崭新的问题仍可能是要产生的.)

*

请读者谅解, 我希望插入一些想法, 它们能够对概念的系统化和统一化起到作用.

其中的第一个是 NP 类的概念[†]. 图的一个性质 T 在 NP 中, 如果当 T 成立时我们能够有效地证明 (展示) 它. (在技术上, "有效地" 意思是证明的长度可以被图的大小的一个多项式所界住.) 例如, 如果图 G 是哈密顿的, 我们可以通过指定 G 的一个哈密顿圈来展示它. 这个概念引导我们到 "好的刻画", 或者——用计算复杂性语言—— NP∩co-NP 类的概念, 这是 J. Edmonds 定义的. 图的性质 T 在 NP∩co-NP 中, 如果 (使用定义的不同表示形式和等价条件) 当 T 成立时我们能有效地证明它, 并且当它不成立时我们能有效地否定它. 例如, 平面图的 Kuratowski 经典刻画给出了平面性的一个好的刻画: 如果图是平面的, 通过将它画在平面上我们很容易验证它; 如果不是平面的, 我们可以通过展示其中的一个 Kuratowski 子图 (参见问题 5.37) 来证明它. 好的刻画反映了性质的深刻、潜在的二元性, 正如读者通过比较本书中出现的好的和 "不好的" 刻画来说服自己, 而且好的刻画经常就是问题的解. 当然, 这并不意味着 "不好的" 刻画就不是深刻的、有用的定理.

好的刻画的存在倾向于好的判定算法的存在 (我们用 "好的" 或者 "有效的" 算法来表示那些即使是在最坏情况下, 运行时间也是输入规模的多项式的算法, 这也不会直接影响它的实际值). 很多组合性质被认为是存在多项式时间算法来确定一个给定结构是否具有这个性质, 但是它的存在决不显然 (如有 1-因子). S.A. Cook, R.M. Karp 和 L.A. Levin 给出的一个有趣的理论结果如下. 图的很多性质 (例如, 哈密顿圈的存在性、独立数、色数、核的存在性, 等) 在如下意义下被认为是等价的: 如果它们中的任一个可以在多项式时间内求解, 那么所有这些问题都可以在多项式时间内求解, 这种情形下, 数学不同领域中大量问题 (仅提一个很遥远的问题: 验证一个 n 位数是否为素数) 都有 "好的" 算法求解. NP 中的这些 "非常困难" 的问题称为 *NP-完全*. 所有这些问题可以被有效地求解好像是不太可能的, 但是也没有办法来证明. 这就是计算机科学中著名的 P≠NP 问题.

另一个被证明富有成效的想法是组合优化问题通常可以表示为具有整约束的线性规划问题. 如果我们松弛这些约束, 那么线性规划的对偶定理将会给出一个解, 所以这些问题的解关联于整约束对最优解影响的研究. 例如, 我们可以证明它们不改变最优解, 我们得到一个*最小最大定理*. 很多关于这种想法的例子可以在 §13 (超图) 找到.

最后, 但是同样重要的, 我们提及*线性代数*的用处, 它来自于将矩阵乘积应用到同调群和上同调群. 线性代数很多应用的一个共同背景是*拟阵论*. 现如今拟阵论本身也是组合学的一个欣欣向荣的分支.

*

编写本书的主要目的是为正在学习组合学技巧的人提供帮助, 学习这些技巧的最有效的 (但公认是非常耗时的) 方式是做 (合适选择的) 习题和解决问题.

[†]详细描述可参见: A.V. Aho, J.E. Hopcroft, J.D. Ullman, *The Design and Analysis of Computer Algorithms*, Addison-Wesley, 1974, Chap. 10; 或者 M.R. Garey and D.S. Johnson, *Computers and Intractability: A Guide to the Theory of NP-Completeness*, Freeman, San Francisco, 1979.

本书以问题和系列问题的形式 (除了每章开始时一些概括性的评论) 介绍所有材料. 我们希望这对于打算在图论、组合数学或它们的应用中开展研究的学生们, 以及那些感觉组合技巧对他们在数学其他分支、管理科学、电子工程等领域的工作有所帮助的人们, 是有用的. 读者只需要有线性代数、群论、概率论和微积分的背景知识就可以了.

当我选择原材料时, 我不得不限制所要覆盖的主题, 我感觉与触及几乎所有可能的研究领域相比较, 详细地分析较少的基本概念将会更加有用, 所以在这一卷中只讨论计数问题、图和集合系统. 一些领域不得不完全丢掉: 随机结构 (这里建议读者阅读专著: P. Erdős and J. Spencer, *Probabilistic Methods in Combinatorics*, Akadémiai Kiadó, Budapest and Academic Press, New York-London, 1974)、整数规划、拟阵 (组合几何)、有限几何、块设计、格几何, 等等. 我最终希望为本卷写第二卷以覆盖后面的一些主题.

本书包含三个主要部分: 问题、提示和解答. 没有太多经验的读者在尝试解决一个问题时, 可以先读一下该问题的提示; 其中标有一个或两个星号的问题被认为是困难的, 读者可以立刻去读提示除非他已准备在这个问题上花费几天的工夫 (我敢说, 它们中的一些是值得的). 读者即使已经解决了某个问题, 也建议去比较一下他的解和书中给出的解: 可能我们解答中出现的想法将会是接下来一系列问题的基础. 这里应该指出的是接下来的一系列问题与之前的问题在整个系列中总是逐步地到达最后、最深刻的结论. 也要注意, 问题的解答经常会用到提示中介绍的概念或者性质.

对于参考文献, 我非常喜欢给出可以看到一个专题更深入发展的那些, 因此, 对在教材和专著中重现的那些结果, 通常用后者作为参考文献. 没有参考文献意味着, 要么这个习题的结论是众所周知的, 去追踪它是不可能的或者是多余的; 要么这个问题被认为是新的. 在本卷最后我们给出了经常被引用的教材和专著的一个列表, 也给出了包含本书中用到的一些组合概念定义的字典、符号列表、作者索引以及名词索引.

致谢: 首先, 我希望对 P. Erdős 和 T. Gallai 两位教授表示我的谢意, 因为他们, 我才逐步爱上了组合学, 并且从他们那里, 我大体上学习了本书中几乎所有内容. 我必须提到同一课题组中的教授们, Vera T. Sós, A. Hajnal 以及许多其他的图论学家和组合学家, 他们 (直接或间接地) 对本书做出了贡献. 我特别感谢 J.C. Ault, L. Babai, A. Bondy, A. Hajnal, G. Katona, M.D. Plummer 以及 M. Simonovits, 他们阅读了本书的草稿或其中的部分, 并给出了很多有价值的注解、建议和更正; 感谢 L. Babai 和他的学生, 特别是 E. Boros 和 Z. Füredi, 在校对过程中给予了非常宝贵的帮助.

我想对 I. Rábai 教授表示我的感谢, 是他给出了撰写这样一本习题集的想法并对撰写给出了鼓励; 也感谢 A. Porubszky 女士细致认真的排版; 并且感谢 Akadémiai Kiadó 出版社, 特别是 Á. Sulyok 女士得力而又严谨的编辑工作.

但是最重要的, 我必须感谢我的妻子 Kati, 她持之以恒的鼓励以及专业、技术和精神上的支持是我工作的坚实基础.

译 者 序

本书作者 László Lovász 为国际著名数学家、组合学家, 沃尔夫奖获得者, 曾担任国际数学联盟主席. 他不仅研究成果卓著, 而且出版了一系列富有影响力的著作和教材.

本书包含组合学领域中大量经典习题, 共有 15 章, 我们将分上、下册出版, 上册 8 章, 下册 7 章, 其中主要分为三个部分: 习题、提示和解答.

受高等教育出版社的邀请翻译这本著名习题集, 我们感到非常荣幸, 但也感到诚惶诚恐, 而且越翻译就越感受到压力. 由于我们的翻译水平有限, 可能翻译得有不尽人意之处, 还请读者不吝赐教, 我们当深表感谢.

本书的翻译初稿是在过去几年讲授图论这门课程中逐步形成的, 在此要感谢南开大学组合数学中心 2013 级全体研究生; 特别感谢参加校对整理的研究生们, 他们是覃忠美、陈琳、刘金凤、魏美芹、顾冉、蔡庆琼、杨华. 初稿之后, 我们又核对了几遍, 并对有些单词反复查询词典, 体会作者的用意. 高等教育出版社编辑赵天夫先生一直鼓励我们翻译此书, 并耐心回答我们的各种问题, 我们衷心地感谢他为本书的出版所做的努力, 可以说没有他的鼓励和督促就没有这本翻译教材. 最后感谢国家自然科学基金委、南开大学以及组合数学中心对译者们的资助和大力支持.

译者

2016 年 1 月

南开大学组合数学中心

目　　录

第二版的序言			v
序言			vii
译者序			xi
	问题	提示	解答
§1. 基本计数法	1	47	71
§2. 筛法	7	51	107
§3. 置换	13	53	131
§4. 图论中两个经典的计数问题	17	55	150
§5. 奇偶性和对偶性	23	59	183
§6. 连通性	28	61	203
§7. 图的因子	36	66	240
§8. 顶点独立集	43	69	277
字典			291
符号			305
参考文献			309
名词索引			311
作者索引			317

I. 问　　题

§1. 基本计数法

没有规则说计数问题必须有可以表示成闭公式的解, 即使是最简单的计数问题. 当然, 有些计数问题有, 需要学习的一个很重要的事情是如何去识别这些问题. 另外一种避免试图构造闭公式的困难的方法是, 去寻找其他形式的 "替代" 解, 例如涉及和式、递推公式或生成函数的公式. 求解具有一个或多个参数的计数问题的一种典型的 (但不是唯一的也不是通用的) 技巧, 是去寻找递归关系, 推导出生成函数 (递推关系通常等价于关于这个函数的一个微分方程) 的一个公式, 最后, 如果可能的话, 得到生成函数的泰勒展开中的系数.

然而, 应该指出的是, 在很多情形下, 对问题做基本变换可能会得到另一个已被解决的问题. 例如, 通过一些变换可能会将要计数的每个元素表示成 n 个连续的决策使得在第 i 步有 a_i 个可能的选择, 那么答案将会是 $a_1a_2\ldots a_n$. 当每个决策都独立于之前的所有决策时, 这将是特别有用的. 寻找等价于给定问题的这种情形通常是困难的, 并且需要一些运气和经验.

1. 商店中有 k 种不同的明信片, 我们希望将这些明信片寄给 n 个朋友, 请问有多少种不同的邮寄方式? 如果希望每个朋友的明信片都不同, 那么又有多少种邮寄方式? 如果给每位朋友邮寄两张不同的明信片, 结果又如何呢 (但是不同的朋友可能会收到相同的明信片)?

2. 若有 k 张不同的明信片, 希望将它们全部邮寄给 n 个朋友 (一个朋友可以收到多张明信片, 包括 0 张), 共有多少种不同的邮寄方法呢? 如果希望每个朋友至少收到一张明信片, 那结果又如何呢?

3. 单词 CHARACTERIZATION 可以形成多少个同字母异序词呢? (同字母异序词是指与给定单词有相同的字母, 并且每个字母出现的次数也是一样的; 新产生的单词不要求有意义.)

4. (a) 将 k 个福林† 硬币分给 n 个人使得每人至少分得一个, 请问有多少种可能的

---

†福林: 匈牙利货币单位.

分法?

(b) 假设我们并不要求每人至少分得一个, 这种情况下又有多少种分法呢?

5. 有 k 种明信片, 但每一种都是有限的, 其中第 i 种明信片有 a_i 张, 那么将它们邮寄给 n 个人, 共有多少种方法呢? (我们假设给同一个人可以寄多张同一种类的明信片.)

6. (a) 写出 Stirling 划分数 $\left\{ {n \atop k} \right\}$ 与 Stirling 循环数 $\left[{n \atop k} \right]$ 的递推关系, 并列出 $n \leq 6$ 时的情况.

(b) 对每个给定的 k, 证明 $\left\{ {n \atop n-k} \right\}$ 和 $\left[{n \atop n-k} \right]$ 是 n 的多项式.

(c) 证明存在一种唯一的方法将 $\left\{ {n \atop k} \right\}$ 和 $\left[{n \atop k} \right]$ 的定义推广到所有整数 n 和 k 上, 使其保持 (a) 中的递推关系并且满足初始条件 $\left\{ {0 \atop 0} \right\} = \left[{0 \atop 0} \right] = 1$ 和 $\left\{ {0 \atop m} \right\} = \left[{m \atop 0} \right] = 0 (m \neq 0)$.

(d) 证明对偶关系

$$\left\{ {n \atop k} \right\} = \left[{-k \atop -n} \right].$$

7. 证明恒等式

(a) $$\sum_{k=0}^{n} \left\{ {n \atop k} \right\} x(x-1)\dots(x-k+1) = x^n,$$

(b) $$\sum_{k=0}^{n} \left[{n \atop k} \right] x^k = x(x+1)\dots(x+n-1),$$

(c) $$\sum_{k=0}^{n} (-1)^k \left\{ {n \atop k} \right\} \left[{k \atop j} \right] = \begin{cases} 1, & 如果\ j = n, \\ 0, & 其他情形. \end{cases}$$

8. 证明

$$\left\{ {n \atop k} \right\} = \frac{1}{k!} \sum_{j=0}^{k} (-1)^{k-j} \binom{k}{j} j^n.$$

特别地, 当 $k > n$ 时右端为 0 (可参见 2.4).

9. (a) 令 B_n 表示第 n 个 Bell 数, 即 n 个物体的所有划分的数目, 证明公式

$$B_n = \frac{1}{e} \sum_{k=0}^{\infty} \frac{k^n}{k!}.$$

(b)* $B_n \sim \frac{1}{\sqrt{n}} \lambda(n)^{n+1/2} e^{\lambda(n)-n-1}$,

其中 $\lambda(n)$ 满足 $\lambda(n) \log \lambda(n) = n$.

10. 找到 B_n 的递推关系.

11. 令 $p(x)$ 为序列 B_n 的指数生成函数, 即

$$p(x) = \sum_{n=0}^{\infty} \frac{B_n}{n!} x^n.$$

确定 $p(x)$.

12. (a) 证明

$$B_n = \sum_{\substack{k_1,\ldots,k_n\geq 0\\ k_1+2k_2+\cdots+nk_n=n}} \frac{n!}{k_1!(1!)^{k_1}k_2!(2!)^{k_2}\ldots k_n!(n!)^{k_n}}.$$

根据上述表达式推导 $p(x)$ 的公式.

(b) 如果上述求和遍历所有满足 $k_1+k_2+\cdots+k_n=n$ 的系统 $(k_1,\ldots,k_n)$, 我们又可以得到什么 (渐近的) 结果呢?

13. 给出

$$B_n = \frac{1}{e}\sum_{k=0}^{\infty}\frac{k^n}{k!}$$

的另一个证明.

14. (a) 将一个 n 元集合划分成偶数个子集, 令 Q_n 表示该划分的数目 ($Q_0=1$). 确定

$$q(x) = \sum_{n=0}^{\infty}\frac{Q_n}{n!}x^n,$$

并找到与 1.9a 的公式类似的地方.

(b) 将一个 n 元集合划分成大小为偶数的一些子集, 令 R_n 表示该划分的数目 ($R_0=1$). 确定

$$r(x) = \sum_{n=0}^{\infty}\frac{R_n}{n!}x^n.$$

15. 令 S_n 表示一场竞赛的所有可能的结果, 其中平局是可能的. 更确切地, S_n 表示满足条件 "如果 f 能取值 i, 那么它也能取满足 $1\leq j\leq i$ 的每个 j" 的映射 $f:\{1,\ldots,n\}\to\{1,\ldots,n\}$ 的数目. 令 $S_0=1$.

(a) 证明恒等式

$$S_n = \sum_{k=0}^{n}k!\left\{{n \atop k}\right\} = \sum_{k=0}^{\infty}\frac{k^n}{2^{k+1}}$$

并确定生成函数

$$s(x) = \sum_{n=0}^{\infty}\frac{S_n}{n!}x^n.$$

(b) 证明渐近式

$$\frac{S_n(\log 2)^{n+1}}{n!} \to \frac{1}{2} \quad (n\to\infty).$$

*

16. 将 n 划分成至多 r 项 (之和) 的划分的数目, 等于将 n 划分成任意多项且每项最大为 r 的划分的数目.

17. 将 n 划分为恰好 m 项的划分的数目, 等于将 $n-m$ 划分为至多 m 项的划分的数目. 为下面划分数寻找一个类似的恒等式: 将 n 划分为恰好 m 个不同项的划分的数目.

18*. 将 n 划分为 (任意数目的) 不同项的划分的数目, 等于将 n 划分为奇数项的划分的数目.

19*. (五角数定理) 如果 $n \neq \frac{3k^2 \pm k}{2}$, 那么将 n 划分成奇数个不同项的划分的数目, 等于将 n 划分成偶数个不同项的划分的数目.

20. 令 π_n 表示 n 的划分的数目, 确定序列 π_n 的生成函数.

21. 通过计算各自的生成函数证明: 将 n 划分成不同项的划分的数目等于将它划分成奇数项的划分的数目 (1.18).

22. 由问题 1.19 可以得到哪个恒等式?

23. 根据组合知识证明下列恒等式:

(a) $$(1+x)(1+x^3)(1+x^5)\cdots = \sum_{k=0}^{\infty} \frac{x^{k^2}}{(1-x^2)(1-x^4)\dots(1-x^{2k})},$$

(b) $$(1+x^2)(1+x^4)(1+x^6)\cdots = \sum_{k=0}^{\infty} \frac{x^{k^2+k}}{(1-x^2)(1-x^4)\dots(1-x^{2k})}.$$

24. 我们寻找 n 的满足如下性质的划分: 1 和 n 之间的每个数字都可以唯一的表示成这个划分的一个部分和, 那么什么时候平凡划分 $n=1+\cdots+1$ 是唯一的?

25. 周长为 $2n$ 且每条边都为整数的非全等三角形的个数等于周长为 $2n-3$ 且每条边都为整数的非全等三角形的个数, 也等于将 n 划分为恰好三项的划分的个数. 试确定这个数字.

*

26. 假设我们有 n 福林, 每天只能买以下商品中的一种: 椒盐卷饼 (1 福林), 糖果 (2 福林), 冰淇淋 (2 福林). 问有多少种方法 (M_n) 去花完这些钱?

27. 如果我们每次只走 1 或 2 个台阶, 那么有多少种方法 (用 A_n 来表示) 来走完 n 个台阶呢? 确定

$$\sum_{n=1}^{\infty} A_n x^n.$$

28. (a) 我们有 n 福林并且每天恰好要购买一件商品, 价格为 i 福林的商品有 a_i 种 $(i=1,\dots,k)$. 设 $\vartheta_1,\dots,\vartheta_k$ 为多项式 $x^k - a_1x^{k-1} - \cdots - a_k = 0$ 的 k 个不同的根. 证明花钱的方法数为

$$C_n = \begin{vmatrix} 1 & \vartheta_1 & \dots & \vartheta_1^{k-2} & \vartheta_1^{k-1+n} \\ \vdots & \vdots & & \vdots & \vdots \\ 1 & \vartheta_k & \dots & \vartheta_k^{k-2} & \vartheta_k^{k-1+n} \end{vmatrix} \Bigg/ \begin{vmatrix} 1 & \vartheta_1 & \dots & \vartheta_1^{k-1} \\ \vdots & \vdots & & \vdots \\ 1 & \vartheta_k & \dots & \vartheta_k^{k-1} \end{vmatrix}.$$

(b) 确定 C_n 的生成函数以及它的公式.

29. 确定 n 阶矩阵

$$\underbrace{\begin{pmatrix} 0 & 1 & & & & \mathbf{0} \\ 1 & 0 & 1 & & & \\ & 1 & \ddots & \ddots & & \\ & & \ddots & \ddots & \ddots & \\ & & & \ddots & 0 & 1 \\ \mathbf{0} & & & & 1 & 0 \end{pmatrix}}_{n}$$

的特征值.

30. 由 a, b, c, d 构成的长度为 n 的序列, 如果要求 a 和 b 不相邻, 请问共有多少个不同的序列?

31. 由 $\{1,\ldots,n\}$ 中元素构成的不包含相邻整数的 k-元组有多少个?

32. 将 $\{1,\ldots,n\}$ 映射到它自身的单调递增函数有多少个?

33. (a) 将 $\{1,\ldots,n\}$ 映射到它自身的满足如下条件的单调递增函数 f 有多少个: 对任意 $1 \le x \le n$, 有 $f(x) \le x$.

(b) 满足如下条件的由 n 个 0 和 n 个 1 构成的序列共有多少个: 对每个 $1 \le k \le 2n$, 前 k 位数中 0 的数目至少跟 1 的数目一样多.

34. 证明满足如下条件的序列 $(x_1,\ldots,x_r)$ $(1 \le x_i \le n)$ 的数目是 $(n-r)n^{r-1}$ $(1 \le r \le n)$: 对每一个 $i = 1,\ldots,n$, 要求序列包含 $\{1,2,\ldots,i\}$ 中少于 i 项.

*

35. 按如下方式构造 n 元集 S 的划分的一个序列: 从 S 出发, 第 $i+1$ 个划分是由第 i 个划分通过如下操作得到的: 将第 i 个划分中的任一个包含多于一个元素的集合分成两个非空子集. 因此 $n-1$ 步之后就得到了一个每个集合只有一个元素的划分. 执行这一过程共有多少种方法?

36. 如果将前面的问题改为: 第 $i+1$ 个划分是由第 i 个划分通过如下操作得到的: 将第 i 个划分中的所有包含多于一个元素的集合分成两个非空子集. 那么现在执行这一过程共有多少种方法呢?

37. 我们想把一根长为 n 的木棍分解成 n 个单位长的小木棍. 按照以下方式, 分别有多少种方法?

(a) 在每一步, 我们将其中一根长度大于 1 的小木棍分为两段.

(b) 在每一步, 我们将所有长度大于 1 的小木棍分为两段.

38. 有多少种方法可以将括号放入到乘积 $x_1 \cdot x_2 \cdot \cdots \cdot x_r$ 中 (任一括号正好围住恰好两个因子的乘积)？

39. 一个凸 n 边形的三角剖分的个数 D_n 是多少? (一个三角剖分是 $n-3$ 条对角线的集合, 其中这些对角线是两两内部不交的并且因此将 n 边形分成 $n-2$ 个三角形.)

40. 不用前面的结论, 确定 D_n 的生成函数, 并用它证明前面问题的结果.

41. 有多少种方法可以将一个凸 n 边形用 $n-3$ 条不相交的对角线分成三角形, 使得每个三角形都与凸 n 边形有一条公共边?

*

42. 为下面每个表达式找到一个闭公式:

(a) $\displaystyle\sum_{k=0}^{\lfloor n/2\rfloor}\binom{n}{2k}$,

(b) $\displaystyle\sum_{k=0}^{m}\binom{n-k}{m-k}$,

(c) $\displaystyle\sum_{k=0}^{m}\binom{u}{k}\binom{v}{m-k}$,

(d) $\displaystyle\sum_{k=0}^{m}(-1)^k\binom{u}{k}\binom{u}{m-k}$,

(e) $\displaystyle\sum_{k=m}^{n}\binom{k}{m}\binom{n}{k}$,

(f) $\displaystyle\sum_{k=0}^{\lfloor n/7\rfloor}\binom{n}{7k}$,

(g) $\displaystyle\sum_{k=0}^{\lfloor n/2\rfloor}\binom{n-k}{k}z^k$,

(h) $\displaystyle\sum_{k=0}^{m}(-1)^k\binom{n}{k}$,

(i) $\displaystyle\sum_{k=0}^{m}\binom{u+k}{k}\binom{v-k}{m-k}$.

43. 证明下面的恒等式:

(a) $\displaystyle\sum_{k=0}^{m}\binom{m}{k}\binom{n+k}{m}=\sum_{k=0}^{m}\binom{m}{k}\binom{n}{k}2^k$,

(b) $\displaystyle\sum_{k=0}^{m}\binom{m}{k}\binom{n+k}{m}=(-1)^m\sum_{k=0}^{m}\binom{m}{k}\binom{n+k}{k}(-2)^k$,

(c) $\displaystyle\sum_{k=0}^{p}\binom{p}{k}\binom{q}{k}\binom{n+k}{p+q}=\binom{n}{p}\binom{n}{q}$,

(d) $\sum_{k=0}^{p}\binom{p}{k}\binom{q}{k}\binom{n+p+q-k}{p+q}=\binom{n+p}{p}\binom{n+q}{q}$,

(e) $\frac{d}{dx}\binom{x}{n}=\sum_{k=1}^{n}\frac{(-1)^{k+1}}{k}\binom{x}{n-k}=\sum_{k=1}^{n}\frac{1}{k}\binom{x-k}{n-k}$.

44*. 证明下列的 Abel 恒等式:

(a) $\sum_{k=0}^{n}\binom{n}{k}x(x+k)^{k-1}(y+n-k)^{n-k}=(x+y+n)^n$,

(b) $\sum_{k=0}^{n}\binom{n}{k}(x+k)^{k-1}(y+n-k)^{n-k-1}=\left(\frac{1}{x}+\frac{1}{y}\right)(x+y+n)^{n-1}$,

(c) $\sum_{k=1}^{n-1}\binom{n}{k}k^{k-1}(n-k)^{n-k-1}=2(n-1)n^{n-2}$.

45. 令

$$f_n(x)=x(x-1)\dots(x-n+1).$$

证明

$$f_n(x+y)=\sum_{k=0}^{n}\binom{n}{k}f_k(x)f_{n-k}(y).$$

给出这种多项式序列的其他例子.

§2. 筛　法

计数理论和素数理论中的一个强有力的工具是容斥原理 (Eratosthenes 筛法), 它将某些集合的并的基数与它们交的基数联系起来, 后者的基数常常要容易处理一些. 然而, 公式看上去不太优美: 它包含一些符号交错的项, 并且通常都会有很多交错项!

筛法的一个自然背景是概率论语言. 当然, 这仅意味着由基础集的基数确定的一个划分, 但是它有一个优点: 可以定义事件出现的独立性. 事件几乎独立的情形在数论以及某些组合应用中, 是极其重要的. 数论学家们已经发展了精巧的方法来估计事件 (通常是被某些素数整除) 几乎独立时的公式, 这里我们给出其中某些方法的组合背景, 然而, 它们实际的用处依赖于那些复杂的数的理论方面的考虑, 这里我们用两个问题来解释.

应该要强调的是筛法公式在很多不同情形中都有应用, 这些分散在整本书中, 但是 §15 (重构) 可能会特别指出这一关联.

容斥原理的一个漂亮推广, 通常被认为是 Möbius 函数理论, 这源自 L. Weisner, P. Hall 和 G.C. Rota (参见 [St]); 本节后半部分将是关于这个理论的.

1. 在一个具有 30 个学生的高中班级里, 12 个学生喜欢数学, 14 个学生喜欢物理, 13 个学生喜欢化学, 5 个学生既喜欢数学又喜欢物理, 7 个学生既喜欢物理又喜欢化学, 4

个学生既喜欢数学又喜欢化学. 有 3 个学生这三门课都喜欢. 问有多少个学生三门课都不喜欢?

2. (a) (筛法公式) 设 $A_1, \ldots, A_n$ 为概率空间 (Ω, P) 中的任意事件. 对每个 $I \subseteq \{1, \ldots, n\}$, 令

$$A_I = \prod_{i \in I} A_i; \quad A_\emptyset = \Omega;$$

并且设

$$\sigma_k = \sum_{|I|=k} \mathsf{P}(A_I), \quad \sigma_0 = 1.$$

那么

$$\mathsf{P}(A_1 + \cdots + A_n) = \sum_{j=1}^{n} (-1)^{j-1} \sigma_j.$$

(b) (容斥公式) 设 $A_1, \ldots, A_n \subseteq S$, 其中 S 是一个有限集合, 设

$$A_I = \bigcap_{i \in I} A_i; \quad A_\emptyset = S,$$

那么

$$|S - (A_1 \cup \cdots \cup A_n)| = \sum_{I \subseteq \{1, \ldots, n\}} (-1)^{|I|} |A_I|.$$

3. 给定 n 的素数分解 $p_1^{\alpha_1}, \ldots, p_r^{\alpha_r}$, 请确定 1 到 n 之间与 n 互素的整数的个数 $\varphi(n)$.

4. 证明恒等式

$$\sum_{i=0}^{n} (-1)^i \binom{n}{i} i^k = \begin{cases} 0, & \text{如果 } 0 \le k < n, \\ (-1)^n n!, & \text{如果 } k = n. \end{cases}$$

如果 $k > n$, 那么我们可以得到什么呢?

5. 设 $p(x_1, \ldots, x_n)$ 是一个次数为 m 的多项式, 用 $\sigma^k p$ 表示由如下方式得到的多项式: 以任意可能的组合, 用 0 替换 p 中的 k 个变量, 将所得到的 $\binom{n}{k}$ 个多项式求和 $(\sigma^0 p = p)$. 证明

$$\sigma^0 p - \sigma^1 p + \sigma^2 p - \cdots = \begin{cases} 0, & \text{如果 } m < n, \\ c \cdot x_1 \ldots x_n, & \text{如果 } m = n. \end{cases}$$

c 是多少?

6. 设 $A_1, \ldots, A_n$ 为任意事件, $B_i = f_i(A_1, \ldots, A_n)$ $(i = 1, \ldots, k)$ 为关于 $A_1, \ldots, A_n$ 的多项式并且 $c_1, \ldots, c_n$ 为实数. 那么有

$$\sum_{i=1}^{k} c_i \mathsf{P}(B_i) \ge 0$$

对任何 $A_1,\ldots,A_k$ 都成立, 如果它在如下情形下是成立的: $\mathsf{P}(A_j)=0$ 或 1, 当 $j=1,\ldots,n$.

7. (a) 设 $A_1,\ldots,A_n$ 是 2.2a 中定义的事件, 则其中恰有 q 个出现的概率是

$$\sum_{j=q}^{n}(-1)^{j+q}\binom{j}{q}\sigma_j.$$

(b) 用 η 表示 A_i 出现的个数 (这是一个随机变量), 那么

$$\mathsf{E}(x^\eta)=\sum_{j=0}^{n}(x-1)^j\sigma_j.$$

8. 用 D_p 表示事件 $A_1,\ldots,A_n$ 中至少有 p 个出现的事件, 请用类似的公式表示事件 D_p 出现的概率.

9. (Bonferoni 不等式) 部分和

$$\mathsf{P}(\bar{A}_1\ldots\bar{A}_n)-\sigma_0+\sigma_1-\sigma_2+\ldots$$

是符号交替的.

10. 证明

$$\sigma_r\le\frac{n-r+1}{r}\sigma_{r-1}.$$

如果对某些 $r+1\le m\le n$ 有 $\sigma_m=0$, 不等式将会变的更紧一些.

11. 对每个 $I\subseteq\{i,\ldots,n\}$, 给定数 p_I, 什么时候能够找到事件 $A_1,\ldots,A_n$ 满足

$$\mathsf{P}(A_I)=p_I?$$

*

12. 设 G 是 $V(G)=\{1,\ldots,n\}$ 的一个简单图. 记 $\mathcal{O}_0$ 是 $V(G)$ 的奇独立子集的集合, $\mathcal{E}_1$ 是那些生成至多一条边的偶子集的集合, 那么

$$\mathsf{P}(\bar{A}_1\ldots\bar{A}_n)\le\sum_{I\in\mathcal{E}_1}\mathsf{P}(A_I)-\sum_{I\in\mathcal{O}_0}\mathsf{P}(A_I).$$

寻找一个类似的下界估计. (注意到, $\mathsf{E}(G)=\emptyset$ 时, 我们可以得到筛法公式.)

13. (Brun 筛法) 设 $f(k)\ge 0$ 是定义在 $\{1,\ldots,n\}$ 上的任意整值函数, 并且令

$$\mathcal{G}=\{I\subseteq\{1,\ldots,n\}:|I\cap\{1,\ldots,k\}|\le 2f(k),k=1,\ldots,n\}.$$

那么

$$\mathsf{P}(\bar{A}_1\ldots\bar{A}_n)\le\sum_{I\in\mathcal{G}}(-1)^{|I|}\mathsf{P}(A_I).$$

寻找一个类似的下界估计.

14*. (Selberg 筛法) (a) 对每个 $I \subseteq \{1, \ldots, n\}$, 设 λ_I 是一个实数且 $\lambda_\emptyset = 1$, 那么

$$\mathsf{P}(\bar{A}_1, \ldots, \bar{A}_n) \le \sum_{I,J \subseteq \{1,\ldots,n\}} \lambda_I \lambda_J \mathsf{P}(A_{I \cup J}).$$

总存在 λ_I 的一个选择, 使得等号成立.

(b) 寻找类似的下界的估计.

15*. (Cont'd) 设 $p_i = \mathsf{P}(A_i)$ 并且

$$p_I = \prod_{i \in I} p_i.$$

确定在约束条件

$$\lambda_\emptyset = 1, \quad \lambda_I = 0 \text{ 当 } |I| > k \text{ 时}$$

下

$$\sum_{I,J \subseteq \{1,\ldots,n\}} \lambda_I \lambda_J p_{I \cup J}$$

的最小值和极小系统 $\{\lambda_I\}$, 其中 $p_1, p_2, \ldots, p_n$ 和 k 都是给定的.

16*. (Cont'd) 设 $\epsilon > 0,\ M \ge 1,\ 0 < p_i < 1$ 且

$$S = \sum {p_1}^{l_1} \ldots p_n^{l_n},$$

其中求和遍历 $p_1^{l_1} \ldots p_n^{l_n} \ge \frac{1}{M}$ 的系统 $l_1, \ldots, l_n \ge 0$. 假设

$$|\mathsf{P}(A_K) - p_K| < \varepsilon \quad (K \subseteq \{1, \ldots, n\}),$$

那么

$$\mathsf{P}(\bar{A}_1 \ldots \bar{A}_n) \le \frac{1}{S} + \frac{\varepsilon M^2}{(1-p_1)^2 \ldots (1-p_n)^2}.$$

17*. 证明: 对于足够大的 x, 在序列 $l, k+l, \ldots, k(x-1)+l$ $(0 < l < k)$ 中素数的个数不超过

$$3 \cdot \frac{k}{\phi(k)} \cdot \frac{x}{\log\ x}.$$

*

18*. 设 G 是 $V(G) = \{1, \ldots, n\}$ 上的简单图且所有顶点的度至多为 d, 并设 A_i 是与点 i 相关的一个事件. 假设

(i) $\mathsf{P}(A_i) \le \frac{1}{4d}$, 并且

(ii) 每个 A_i 与由所有的 A_j 组成的集合是相互独立的, 其中 j 与 i 不相邻.

那么

$$\mathsf{P}(\bar{A}_1 \ldots \bar{A}_n) > 0.$$

19. (二阶矩量法) 证明不等式

$$\mathsf{P}(\bar{A}_1\ldots\bar{A}_n)\leq\frac{\sigma_1+2\sigma_2}{\sigma_1^2}-1.$$

20. 设 $\mathsf{P}(A_i)=p$, 并且假设任意两个事件是相互独立的. 分别运用前面的 2.9、Selberg 方法 (2.14 − 16, 2.15 中 $k=2$ 的情形) 和前面的公式估计

$$\mathsf{P}(\bar{A}_1\ldots\bar{A}_n),$$

并比较这些结果.

*

21. 设 $V=\{x_1,\ldots,x_n\}$ 是由 $\leq$ 定义的一个偏序集. 称一个 $n\times n$ 矩阵 (a_{ij}) 是相容的, 如果

$$a_{ij}\neq 0\Rightarrow x_i\leq x_j.$$

证明相容矩阵的和、积、逆 (如果存在) 仍然是相容的.

22. 证明存在唯一的一个定义在 $V\times V$ 上的函数 μ 满足

$$\mu(x,y)=0\quad \text{如果 } x\not\leq y,$$

$$\mu(x,x)=1,$$

$$\sum_{x\leq y\leq z}\mu(x,y)=0\quad (x<z)$$

(V 的 Möbius 函数).

23. 求函数 $\mu(x,y)$ 的值, 如果 V 是

(a) 集合 S 的所有子集的格 (由包含关系排序),

(b) 一个树形图 (这里 $x\leq y$ 意味着从根到 y 的经过 x 的唯一路),

(c) 整数集 $1,\ldots,n$, 其中 $x\leq y$ 意味着 $x|y$.

24. 把偏序集 “上下颠倒”, 即考虑 $(V,\leq^*)$, 其中 $x\leq^* y$ 当且仅当 $y\leq x$. 令 μ^* 记作 $(V,\leq^*)$ 的 Möbius 函数, 那么

$$\mu^*(x,y)=\mu(y,x). \qquad (*)$$

25. 将 M 写成 Z 的一个多项式 (参见 2.22 的求解).

26. (Möbius 反演公式) 设 $f(x)$ 为定义在 V 上的任意函数, 并且令

$$g(x)=\sum_{z\leq x}f(z).$$

那么

$$f(x)=\sum_{z\leq x}g(z)\mu(z,x).$$

证明筛法公式是该公式的一种特殊情形.

27. 设 V 是一个格, $a\leq b\in V$, 并且用 0 和 1 来记 V 中的极小元和极大元, 那么

(a) $\sum\limits_{x\bigvee a=b}\mu(0,x)=0$ (如果 $a>0$);

(b) $\sum\limits_{x\bigwedge b=a}\mu(x,1)=0$ (如果 $b<1$).

28. 设 V 是一个格, 并且 $x\in V$ 满足 x 不能表示为原子的并集, 那么 $\mu(0,x)=0$.

29. 设 V 是一个格且 $\{A,B,C\}$ 是 V 的一个满足如下条件的划分: 如果 $x\in A$ 且 $y\leq x$, 则 $y\in A$; 另一方面, 如果 $x\in C$ 且 $x\leq y$, 则 $y\in C$. 那么

$$1+\sum_{x\in A}\sum_{y\in C}\mu(x,y)=\sum_{x,y\in B}\mu(x,y).$$

30. (a) 设 V 是集合 $S=\{1,\ldots,n\}$ 的所有划分构成的格, 其中 $\{A_1,\ldots,A_p\}\leq\{B_1,\ldots,B_q\}$ 是指每个 A_i 都包含在某个 B_j 中. 用 0 来表示每个集合都只有 1 个元素的划分, 1 表示只有一个集合的划分. 那么

$$\mu(0,1)=(-1)^{n-1}(n-1)!.$$

(b) 设 V 是一个 d-维凸多面体 P 的面构成的格, 按容积来排序 (最小的面是 $\emptyset$, 维数为 -1, 最大的面是 P 本身), 证明 $\mu(0,1)=(-1)^{d+1}$.

31. 设 $(V,\leq)$ 是一个格, $V=\{x_1,\ldots,x_n\}$, $f(x)$ 是 V 上的任一函数, 并且

$$g(x)=\sum_{y\leq x}f(y).$$

令 $g_{ij}=g(x_i\wedge x_j)$, 那么

$$\det(g_{ij})=f(x_1)\ldots f(x_n).$$

将这个公式推广到偏序集上.

32. 求行列式

$$\begin{vmatrix}(1,1)&(1,2)&\ldots&(1,n)\\(2,1)&(2,2)&\ldots&(2,n)\\ \\(n,1)&(n,2)&\ldots&(n,n)\end{vmatrix};\qquad\begin{vmatrix}(2,2)&(2,3)&\ldots&(2,n)\\(3,2)&(3,3)&\ldots&(3,n)\\ \\(n,2)&(n,3)&\ldots&(n,n)\end{vmatrix},$$

这里 (i,j) 表示 i 和 j 的最大公约数.

33*. 设 T 是一棵树, $V = V(T) = \{x_1, \ldots, x_n\}$, 并且

$$d_{ij} = d(x_i, x_j)$$

是 T 中 x_i 到 x_j 的距离, 那么

$$\det(d_{ij})_{i,j=1}^{n} = -(-2)^{n-2}(n-1).$$

34. 设 V 是一个偏序集, $x, y \in V$, 并且令 p_k 为链 $a_0 = x < a_1 < \cdots < a_k = y$ 的数目. 那么

$$\mu(x, y) = p_0 - p_1 + p_2 - p_3 + \cdots.$$

35. 设 V 是一个格并且设 R 是它的原子的集合, 用 q_k 记 R 中并为 1 的那些 k-元组的数目 ($q_0 = 0$ 除非 $|V| = 1$), 那么

$$\mu(0, 1) = q_0 - q_1 + q_2 - q_3 + \cdots.$$

36*. 设 C 是格 V 的满足如下条件的两两不可比较的元素的集合: 每个极大链 (线性序子集) 都包含 C 的一个元素. 用 q_k 记 C 中并为 1 但交为 0 的那些 k-元组的数目, 那么

$$\mu(0, 1) = q_0 - q_1 + q_2 - q_3 + \cdots.$$

37. 令 V 是一个秩为 r 的 (有限) 几何格, 则 $\mu(0, 1) \neq 0$ 且符号为 $(-1)^r$.

§3. 置 换

置换主要以组合结构的对称性在组合数学中起着作用, 对称群及其子群的多种性质都是重要的. 这里我们主要关注与广义代数系统 (如群表示) 无关的一些问题. 所以我们讨论简单的计数问题, 以及处理这些问题的两个重要工具: 循环次数多项式以及 M. Hall 和 C. Rényi 所给出的一种置换的编码.

当我们要计数某些结构时, 我们有时希望将它们中的某些考虑为本质上相同的 (如它们可能同构), 这通常意味着某个置换群作用在这些结构的基础集上, 并且我们不希望去区分两个结构, 如果这个群的某个元素将其中一个结构映射到另一个. 本节后半部分讨论的 Pólya 方法是处理这种情形的一个漂亮方式.

置换群的很多其他组合性质我们这里只是略微提及, 它们可以在例如下面的文献中找到: Wielandt, *Finite Permutation Groups*, Academic Press, 1966.

1. 在对称群 S_n 中共轭类的个数是多少?

2. 确定 S_n 中满足下列条件的置换的个数

(a) 没有固定点,

(b) 只包含一个轮换.

3. 我们随机地选取 $\{1,\ldots,n\}$ 的一个置换, 那么包含 1 的长度为 k 的轮换出现的概率是多少? (本题及以后的所有问题中, 我们假设所有置换的选取都是等概率的.)

4. 随机地选取 $\{1,\ldots,n\}$ 的一个置换, 1 和 2 属于同一个轮换的概率是多少?

5. 我们随机地选择 $\{1,\ldots,n\}$ 的一个置换, 轮换数的期望值是多少?

6. 我们有 n 个箱子, 每个箱子有不同的钥匙. 有人锁住了箱子, 并且把所有的钥匙随机地扔进箱子里, 每个箱子恰好放一把钥匙. 我们砸开了 k 个箱子, 那么我们现在能够打开剩下的所有箱子的概率是多少? (以数学形式: 我们随机地选取 $\{1,\ldots,n\}$ 的一个置换 π, π 中包含 $1,\ldots,k$ 的轮换覆盖了所有点的概率是多少?)

*

7. S_n 是 n 个元素的对称群, 用 $p_n(x_1,\ldots,x_n)$ 表示 S_n 中的轮换指标, 并且令 $p_0=1$. 证明

$$\sum_{n=0}^{\infty} p_n(x_1,\ldots,x_n)y^n = \exp\left(x_1y+\frac{x_2}{2}y^2+\cdots+\frac{x_k}{k}y^k+\ldots\right).$$

8. 确定下面群的轮换指标

(a) 正 n 边形的旋转群;

(b) 含有 nk 个元素的置换群, 其中置换保持作用在 k 个 n 元类的分拆 P 上不变. 推广这些结果.

9. 两个 (有效作用的) 置换群有相同的轮换指标, 那么它们必然同构吗?

10. 令 $q_n(x_1,\ldots,x_n)$ 表示交换群 A_n 的轮换指标 ($q_0=2$). 确定生成函数

$$\sum_{n=0}^{\infty} q_n(x_1,\ldots,x_n)y^n.$$

11. 如果数 $x_1,x_2,\ldots$ 中除有限个外都等于 1, 证明

$$\lim_{n\to\infty} p_n(x_1,\ldots,x_n)$$

存在. 确定它的值.

12. (a) 利用 3.7 给出 1.7(b) 中等式的一个新证明:

$$\sum_{k=0}^{n}\begin{bmatrix} n \\ k \end{bmatrix} x^k = x(x+1)\ldots(x+n-1).$$

(b) 利用该等式给出 3.5 的一个新证明.

13. n 个给定顶点上的 2-正则简单图的数目 g_n 的指数型生成函数是什么?

14. 请问分别有多少种方法把 $2n$ 个数字 $\{1,1,2,2,\ldots,n,n\}$ 划分成 n 对, 如果我们要求

(a) 一对中的元素没有顺序,

(b) 一对中的元素有顺序? (确定生成函数.)

15. 基于 S_n 的轮换指标, 给出 3.2 的一个新解法.

*

16. 随机地选取一个置换 π, 令 $\bar{\pi}(i)$ 表示满足 $\pi(j) \geq \pi(i)$ 的整数 $1 \leq j \leq i$ 的个数, 那么 $\bar{\pi}(1), \ldots, \bar{\pi}(n)$ 都是随机变量. 证明它们是相互独立的.

17. (a) 在一个跳远比赛中 (连续) 记录的期望值是多少? 其中 n 位参赛者每人跳一次, 每一跳都不相同且参赛者的比赛顺序是随机的.

(b) 恰好有 k 个记录的可能性是多少?

18*. 假设有一个跳远比赛, 这 n 个选手中任意两个人跳的距离都不相同. 他们按照设定好的顺序来比赛, 按如下方式来猜: 在选手完成之后, 你可以说 "这是跳的最好的." 假设在第 k 个选手跳完后我们这样说.

(a) 在这种最佳策略下, 我们能猜对冠军的概率 p_k 是多少 (之前结果的信息是已知的)?

(b) 为了能最大概率地猜中冠军, 我们应该采取什么样的策略呢 (假设我们时机掌握得恰好)?

19. 满足以下条件的 $\{1, \ldots, n\}$ 的置换 π 的个数是多少: 不存在三元组 $i<j<k$ 使得

$$\pi(j) < \pi(i) < \pi(k)?$$

20. 令 $a_{n,k}$ 表示具有 k 个逆序 (对 $i < j$ 满足 $\pi(i) > \pi(j)$) 的 $\{1, \ldots, n\}$ 的置换 π 的个数, 证明

$$\sum_{k=0}^{\binom{n}{2}} a_{n,k} x^k = (1+x)(1+x+x^2)\ldots(1+x+\cdots+x^{n-1}).$$

21. 沿着高速道路上有一些加油站, 假设这些加油站中可用汽油的数量等于我们的车 (油箱可以很大) 绕高速道路一周所需汽油的总量. 证明存在一个加油站满足: 如果我们以空油箱在这个加油站加满油出发, 我们可以绕高速道路一周但不会用尽汽油.

22. (a) 令 $x_1, \ldots, x_n$ 为实数. 对 $\{1, \ldots, n\}$ 中的每个置换 π, 定义

$$a(\pi) = \max\{0, x_{\pi(1)}, x_{\pi(1)} + x_{\pi(2)}, \ldots, x_{\pi(1)} + \cdots + x_{\pi(n)}\}.$$

同时考虑 π 的轮换 $C_1, \ldots, C_k$ 以及集合

$$b(\pi) = \sum_{l=1}^{k} \max\left(0, \sum_{j \in C_l} x_j\right).$$

那么 $\{a(\varrho) : \varrho \in S_n\}$ 和 $\{b(\pi) : \pi \in S_n\}$ 作为汇集相等.

(b) m 个男孩和 m 个女孩在跳舞时随机形成 "环" (可能是成对的或者是偶数个单人: 二元 "环" 和一元 "环"). 证明: 在每个 "环" 中男孩数和女孩数相等的概率为 $\frac{1}{m+1}$.

*

23. (a) 如果两个 k 边形不能通过旋转相互得到, 那么就认为它们是本质不同的, 请问由一个正 n 边形的顶点可以形成多少个凸 k 边形呢?

(b) 如果两个 k-染色可以通过旋转相互得到, 那么就认为它们是本质相同的, 请问一个正 n 边形的顶点有多少种 k-染色?

24. (Burnside 引理) 令 Γ 表示具有 k 个轨道的 $\{1,\ldots,n\}$ 的置换构成的一个群, 那么 Γ 中置换的固定点的平均数目是 k.

25. 设 Γ 是作用在集合 Ω 上的一个置换群. 假设 $\omega(x)$ 是与每个 $x\in\Omega$ 有关的一个"权", 满足 $\omega(x)$ 在 Γ 下是不变的, 即对 Γ 的任一给定轨道 Θ, 对所有的 $x\in\Theta$, $\omega(x)$ 取相同的值 $\omega(\Theta)$. 证明

$$\sum_{\Theta}\omega(\Theta)=\frac{1}{|\Gamma|}\sum_{\pi\in\Gamma}\sum_{\pi(x)=x}\omega(x).$$

26. (Pólya-Redfield 计数方法 I) 令 Γ 是集合 D 上轮换指标为 $F(x_1,\ldots,x_n)$ 的置换群, 且令 R 为另一集合. 我们称映射 $f,g:D\to R$ 是本质不同的, 如果不能找到满足

$$\pi f=g$$

的 $\pi\in T$. 从 D 到 R 的所有本质不同的映射的数目是多少?

27*. (Cont'd) 如果在集合 R 上给出了另一个置换群 Γ_1, 两个映射 f 和 g 被认为是本质不同的: 如果不存在 $\pi\in\Gamma$, $\varrho\in\Gamma_1$ 使得

$$\pi f=g\varrho.$$

那么又会发生什么呢? (用 Γ 和 Γ_1 的轮换指标 F 和 G 表示这个数.)

28*. (Cont'd) 计算从 D 到 R 的本质不同的单射 (一一映射) 的个数 (在给定群 Γ 和 Γ_1 的作用下).

29. (Pólya-Redfield 计数方法 II) 令 D 为有限集合, R 是任意集合; 令 Γ 是作用在 D 上轮换指数为 F 的置换群. 假定每个 $y\in R$ 有一个整的权重 $\omega(y)\geq 0$. 将 R 中权重为 n 的元素个数 (假设是有限的) 记为 r_n, 并且令

$$r(x)=\sum_{n=0}^{\infty}r_nx^n.$$

令 a_n 表示满足

$$(*)\qquad \sum_{x\in D}\omega(f(x))=n$$

的本质不同的映射 $f:D\to R$ (如 3.26 中定义的那样) 的数目. 证明

$$\sum_{n=0}^{\infty}a_nx^n=F(r(x),r(x^2),\ldots).$$

30. 采用上述技巧求解将 k 福林分配给 n 个人的问题 (问题 1.4(b)).

31. 运用 Pólya-Redfield-De Bruijn 方法, 给出 (1.11) 中集合划分的数目的指数型生成函数公式的一种新证明.

§4. 图论中两个经典的计数问题

我一直觉得这是一个非常令人惊讶的事实: 具有 n 个顶点的标号树的数目为 n^{n-2}. 惊讶的原因是我们并没有看见任何直接的方法去计数树, 人们也许预期一个不太简洁的结果. 此问题的困难和完美使很多作者去寻找证明, 通常都是通过选取该问题的一个很好的推广. 这里会给出其中一些, 读者可以测试一下自己的非常基本的计数技巧.

另一个理论, 只有很少的结果, 但是有非常独创的方法, 是图中 1-因子的计数. 当图为二部时的特殊情形等价于 "限制排列" 的问题, 即计数 $\{1,\dots,n\}$ 的满足如下条件的排列数目的问题: 将其中每个元素 i 映射到某个给定子集 A_i 的一个元素. 这里的方法也用到了很多计数技巧, 但是它们都仅对某些特殊情形有效.

非常有意思的是, 树的计数理论在电子网络理论的 Kirchoff 方程的求解中是很重要的, 而且 1-因子的计数在铁磁性中也扮演着很重要的角色 (参见 Seshu, Reed, *Linear Graphs and Electrical Networks*, Addison-Wesley, 1961; E.W. Montroll, in: *Applied Combinatorial Mathematics*, E.F. Beckenbach, ed. Wiley, 1964; 或 LP, Chapter 8.)

1. 给定点 $v_1,\dots,v_n$, 给定数 $d_1,\dots,d_n$ 满足 $\sum\limits_{i=1}^{n} d_i = 2n-2$, $d_i \ge 1$. 证明以 $\{v_1,\dots,v_n\}$ 为顶点集且 v_i 的度为 d_i $(i=1,\dots,n)$ 的树的数目为

$$\frac{(n-2)!}{(d_1-1)!\dots(d_n-1)!}.$$

2. (Cayley 公式) 证明顶点数为 n 的所有树的数目为 n^{n-2}.

3. 令

$$p_n(x_1,\dots,x_n)=\sum x_1^{d_T(v_1)-1}\dots x_n^{d_T(v_n)-1},$$

其中 $d_T(v_i)$ 表示 v_i 在树 T 中的度, 求和遍历顶点集为 $\{v_1,\dots,v_n\}$ 的所有树. 不使用 4.1, 证明

$$p_n(x_1,\dots,x_n)=(x_1+\dots+x_n)^{n-2},$$

并由此推导 Cayley 公式.

4. 令 $T_1,\dots,T_r$ 是顶点不交的树, $V=V(T_1)\cup\dots\cup V(T_r)$, 以 V 为顶点集且包含 $T_1,\dots,T_r$ 的树的数目是多少?

5. 令 T 是顶点为 $v_1,\dots,v_n$ 的树, 删除指标最小的叶子顶点并记下它的邻点的指标, 对新得到的树重复以上操作直到只剩一个顶点. 这个过程对应一个与 T 相关的 $n-1$ 个数的序列, 称为 T 的 Prüfer 码. 证明:

(a) T 的 Prüfer 码唯一地刻画 T;

(b) 给定任意满足 $1 \le a_i \le n$ 且 $a_{n-1} = n$ 的序列 $(a_1, \ldots, a_{n-1})$, 存在一棵 (唯一的) 树以该序列为 Prüfer 码;

(c) 推导出 Cayley 公式.

6. 用 T_n 表示以 $v_1, \ldots, v_n$ 为顶点的树的数目, 证明

$$(*) \qquad T_n = \sum_{k=1}^{n-1} k \binom{n-2}{k-1} T_k T_{n-k}$$

并由此恒等式证明 Cayley 公式.

7. (a) 指数生成函数

$$t(x) = \sum_{n=1}^{\infty} \frac{T_n}{(n-1)!} x^n$$

满足函数恒等式

$$t(x) e^{-t(x)} = x.$$

(b) 由这个恒等式证明 Cayley 公式.

8. 有 n 个顶点且恰有 $n-l$ 个叶子点的树共有多少棵?

9. (a) 令 G 为一个没有自环的有向图, $V(G) = \{v_1, \ldots, v_n\}$, $E(G) = \{e_1, \ldots, e_m\}$. 设 A 是 G 的点-边关联矩阵, 即矩阵 $A = (a_{ij})$ 定义为

$$a_{ij} = \begin{cases} 1, & \text{如果 } v_i \text{ 是 } e_j \text{ 的头}, \\ -1, & \text{如果 } v_i \text{ 是 } e_j \text{ 的尾}, \\ 0, & \text{其他情形}. \end{cases}$$

A_0 表示删除 A 的任意一行后余下的矩阵. 证明 G 的生成树的数目 $T(G)$ 等于 $\det A_0 A_0^T$.

(b) $A_0 A_0^T$ 的元素是什么?

(c) 由此推导 Cayley 公式.

10. 令

$$p_G(x_1, \ldots, x_n) = \sum x_1^{d_T(v_1)} \ldots x_n^{d_T(v_n)},$$

其中 G 是以 $\{v_1, \ldots, v_n\}$ 为顶点集的图, 求和遍历图 G 的所有生成树 (参见 4.3). 定义

$$a_{ij}(x_1, \ldots, x_n) = \begin{cases} -x_i x_j, & \text{如果 } v_i, v_j \text{ 相邻}, \\ 0, & \text{如果 } i \ne j \text{ 且 } v_i, v_j \text{ 不相邻}, \\ x_i \cdot \displaystyle\sum_{v_\nu \in \Gamma(v_j)} x_\nu, & \text{如果 } i = j; \end{cases}$$

以及

$$D = (a_{ij})_{i=1}^{n-1}{}_{j=1}^{n-1}.$$

证明

$$p_G(x_1, \ldots, x_n) = \det D.$$

11. 以 $\{v_1, \ldots, v_n; w_1, \ldots, w_m\}$ 为顶点集且每条边连接某个点 v_i 和某个 w_j 的树有多少棵?

12. (a) 图 G 的生成树的数目 $T(G)$ 可以由下式给出

$$T(G) = \sum (-1)^{n-r} T(\bar{G}[X_1]) \ldots T(\bar{G}[X_r]) |X_1| \ldots |X_r| n^{r-2},$$

其中求和遍历 $V(G)$ 的所有划分 $(X_1, \ldots, X_r)$, 且 $n = |V(G)|$.

确定 $T(G)$, 当 G 为

(b) 一个由 q 条独立边和 $n-2q$ 个孤立点构成的图的补图;

(c) 一个由顶点 v 的 q 条邻边及 $n-q-1$ 个孤立点构成的图的补图.

13. (a) “二叉平面树” 的数目是多少? 这里 “二叉平面树” 是指有 $2n$ 个嵌入到平面中的顶点且每个顶点度为 1 或 3, 并以某个指定的叶子点作为根节点的树. (称两棵平面树是 “相同的”, 如果它们之间存在一个同构, 这个同构在每个顶点处保持边的循环次序.)

(b) 以某个叶子点为根节点的 n 个顶点的平面树的数目是多少?

*

14. 顶点为 $v_1, \ldots, v_n$, 有 k 个连通分支, 并且满足 $v_1, \ldots, v_k$ 属于不同连通分支的森林 F 的数目 $E(n,k)$ 是多少?

15. 令 G 是以 a 为根的无圈有向图, 且假设 G 有一个以 a 为根的树状生成子图. G 的树状生成子图的数目是多少?

16. 令 G 是没有自环的有向图, $V(G) = \{v_1, \ldots, v_n\}$. 用 a_{ij} 表示连接 v_i 到 v_j 的弧的数目, 用 d_i^- 表示 v_i 的入度.

(a) G 的以 v_n 为根的树状生成子图的个数等于如下行列式的值:

$$\Delta(G) = \begin{vmatrix} d_1^- & -a_{12} & \cdots & -a_{1,n-1} \\ -a_{21} & d_2^- & \cdots & -a_{2,n-1} \\ \vdots & \vdots & & \vdots \\ -a_{n-1,1} & -a_{n-1,2} & \cdots & d_{n-1}^- \end{vmatrix}.$$

(b) 为下面多项式寻找一个类似的公式:

$$\sum y_1^{d_T^+(v_1)} \ldots y_n^{d_T^+(v_n)},$$

其中 T 遍历 G 的所有以 v_n 为根的生成树状子图 (参见 4.10).

17*. 令 n 是一个奇数, π 是 n 元集合 V 上的一个置换, 那么以 V 为顶点集且以 π 为自同构的树的数目为

$$\begin{cases} 0, & \text{如果 } \pi \text{ 没有不动点}, \\ k_1^{k_1-2}\prod_{i=2}^{n}\left(\sum_{d\mid i} dk_d\right)^{k_i-1}\left(\sum_{\substack{d\mid i\\ d\neq i}} dk_d\right), & \text{如果 } \pi \text{ 有一个不动点}, \end{cases}$$

其中 $k_i = k_i(\pi)$ 是 π 中 i 阶轮换的数目.

18. 用 W_n 表示有 n 个顶点且有一个指定的根节点的不同构的树的数目. 证明

$$2^n < W_n < 4^n \quad (n \geq 6).$$

19*. 设

$$\omega(x) = \sum_{n=1}^{\infty} W_n x^n.$$

(a) 证明等式

$$\omega(x) = x(1-x)^{-W_1}(1-x^2)^{-W_2}\ldots(1-x^n)^{-W_n}\ldots.$$

(b) 利用 (a) 以及 Pólya-Redfield 方法推导下列等式:

$$\omega(x) = x \cdot \exp\left(\frac{\omega(x)}{1} + \frac{\omega(x^2)}{2} + \ldots\right), \quad \omega(x) = x\sum_{n=0}^{\infty} p_n\left(\omega(x), \omega(x^2), \ldots\right),$$

其中 p_n 是对称群 S_n 的轮换指标.

20.** (a) 证明 $\omega(x)$ 的收敛半径为 $0 < \tau < 1$, 且在圆周 $|x| = \tau$ 也就是 $x = \tau$ 上有唯一的奇点. 此外, $\omega(x)$ 是这个奇点附近关于 $\sqrt{\tau - x}$ 的一个解析函数.

(b) 证明存在正常数 c 使得

$$W_n \sim cn^{-3/2}\tau^{-n}.$$

*

21. 令 G 为一个具有 2-着色 $\{U, V\}$ 的二部图, $U = \{u_1, \ldots, u_n\}$, $V = \{v_1, \ldots, v_n\}$, 且用 a_{ij} 表示 G 中 (u_i, v_j)-边的数目. 设

$$A = (a_{ij})_{i=1}^{n}\,_{j=1}^{n},$$

那么 G 中 1-因子的数目为 $\mathrm{per} A$.

22. 确定图 1 中 “梯” 图的 1-因子的数目.

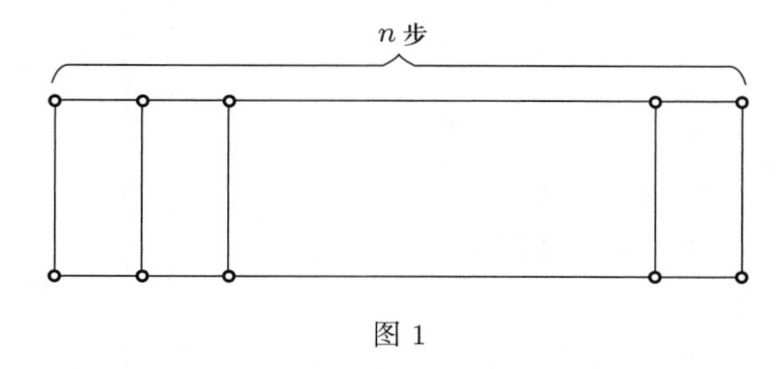

图 1

23. 从 $K_{n,n}$ 中去掉 n 条互不相交的边所得图的 1-因子的数目是多少? (换另外一个问题, 在一个由 n 对已婚夫妇组成的舞会上, 有多少种方式可以使得每个人都跳舞但没有人与其配偶跳舞?)

24. 令 B 为任意反对称矩阵, 那么 $\det B = (\mathrm{Pf}\ B)^2$.

25. (a) 令 G 是 $V(G) = \{1, \ldots, \}$ 上的简单定向图, B 定义为

$$B = (b_{ij}), \quad b_{ij} = \begin{cases} 1, & \text{如果 } (i,j) \in E(\overrightarrow{G}), \\ -1, & \text{如果 } (j,i) \in E(\overrightarrow{G}), \\ 0, & \text{其他情形.} \end{cases}$$

证明 G 的 1-因子个数至少为 $|\mathrm{Pf}\ B|$.

(b) 对于每一个定向图, 以下等价:

(i) $|\mathrm{Pf}\ B|$ 等于 G 的 1-因子个数;

(ii) 关于 G 的任一 1-因子交错出现的每个圈, 都有奇数条边定向为一个给定的方向;

(iii) 关于 G 的某个 (确定的) 1-因子交错出现的每个圈, 都有奇数条边定向为一个给定的方向.

26. (Cont'd) 令 G 为以 $\{1, \ldots, n\}$ 为顶点集的一个简单图, 随机定向 G 的每条边, 证明 $\det B = (\mathrm{Pf}\ B)^2$ 的期望等于 G 的 1-因子的数目.

27. 令 G 为连通的平面图, F 是它的一个 1-因子. 证明 G 有一个定向 $\overrightarrow{G}$ 使得每一个关于 F 交错的圈都包含奇数条边定向为某个给定的方向.

28. 利用前面的结论, 确定 “梯图” (4.19) 的 1-因子数.

29*. 令 a_n 为用多米诺骨牌覆盖 $(2n) \times (2n)$ 阶棋盘的方式的数目. 证明以下公式:

(a) $a_n = 2^{2n^2} \prod_{k=1}^{n} \prod_{l=1}^{n} \left(\cos^2 \frac{k\pi}{2n+1} + \cos^2 \frac{l\pi}{2n+1} \right)$;

(b)

$$a_n = 2^n \left| \begin{matrix} \binom{2n}{0} & \binom{2n-2}{2} & \binom{2n-4}{4} & \cdots & & & \\ 0 & \binom{2n}{0} & \binom{2n-2}{2} & \cdots & & & \\ \vdots & & \ddots & & & & \\ 0 & & & \cdots & \binom{2n}{0} & \binom{2n-2}{2} & \cdots \\ \binom{2n-1}{1} & \binom{2n-3}{3} & \cdots & & & & \\ 0 & \binom{2n-1}{1} & \binom{2n-3}{3} & \cdots & & & \\ \vdots & & \ddots & & & & \\ 0 & & & \cdots & \binom{2n-1}{1} & \binom{2n-3}{3} & \cdots \end{matrix} \right|^2 \begin{matrix} \left.\vphantom{\begin{matrix}1\\1\\1\\1\end{matrix}}\right\} \lfloor \frac{n-1}{2} \rfloor \text{行} \\ \left.\vphantom{\begin{matrix}1\\1\\1\\1\end{matrix}}\right\} \lfloor \frac{n}{2} \rfloor \text{行} \end{matrix}$$

$$\underbrace{\qquad\qquad\qquad\qquad\qquad\qquad}_{n-1\ \text{列}}$$

(c) 确定

$$\lim_{n\to\infty} \frac{\log a_n}{n^2}.$$

30. (a) 证明 $n \times n$ 阶 "棋盘" (指顶点为正方形, 两个顶点相邻当且仅当它们有一条公共边的图) 的生成树的数目等于用多米诺骨牌覆盖一个去掉左上角的 $(2n-1) \times (2n-1)$ 阶棋盘的方式数目.

(b) 证明任意平面图 G 的生成树的数目可以表示成另一平面图的 1-因子的数目.

31. 下列二部图的 k 元匹配的数目为多少?

$$V(G) = \{v_1, \ldots, v_n; u_1, \ldots, u_n\};$$

$$E(G) = \{(u_i, v_j) : i < j\}.$$

32. $\{1, \ldots, n\}$ 上具有以下性质的那些置换 π 的数目为多少?

$$|\pi(k) - k| \leq 1 \quad (k = 1, \ldots, n).$$

33*. 令 a_n 表示 $\{1, \ldots, n\}$ 上满足

$$|\pi(k) - k| \leq 2$$

的置换 π 的数目. 确定

$$f(x) = \sum_{n=0}^{\infty} a_n x^n.$$

34. 确定 $\{1, \ldots, n\}$ 上满足

$$\pi(k) \leq k + p - 1 \quad (k = 1, \ldots, n)$$

的那些置换 π 的数目 $U_{n,p}$.

35. 令 $a(n,p)$ 表示满足

$$|\pi(k)-k| \le n-p \quad (k=1,\ldots,n)$$

的那些置换 π 的数目. 证明如果 p 是固定的, 那么 $a(n,p)/(n-2p)!$ 是关于 n 的一个多项式.

36. 用 p_n 表示 $\{1,\ldots,2n\}$ 上满足

$$|\pi(i)-i| < n$$

的那些置换 π 的数目. 证明

$$p_n = \sum_{k=0}^{n} S(n,k)^2 (k!)^2.$$

§5. 奇偶性和对偶性

奇偶性的考虑经常被应用于图论中, 本节包含了奇偶性问题的众多例子, 以及这些练习所导出的不同类型的问题. 第一个图理论的结果, 哥尼斯堡七桥问题的欧拉解, 就是奇偶性的一个典型问题. 学习欧拉迹将引出另一个经典问题, 即找到走出迷宫的路.

奇偶性的考虑在图论中最重要的应用是圈和割的线性空间, 一方面这是拟阵理论的起点, 另一方面这也是代数拓扑的起源. 代数拓扑中的一些基本结果, 如 Sperner 引理 (5.29) , 都依赖于奇偶性讨论. 我们也注意到通过证明问题中的对象有奇数个来得到这些存在性结果 (例如 5.20, 以及更有说服力的 5.30). 圈和割的线性空间在平面图的刻画以及平面图与其对偶之间的关系的研究中起着重要的作用.

讨论完计数问题, 我们应该会很频繁地遇到*好的刻画*的概念 (参见*序言*). 问题 5.3、5.4、5.6 是好的刻画的充要条件的简单例子. 另一个重要的例子是平面性的 Kuratowski 准则. 注意到在这种意义下 MacLane 和 Whitney 准则不是 “好的刻画”. (同时这也说明 “好的刻画” 这个名字可能会误导, 这对定理的深度没有任何意义.)

1. (a) 是否存在一个度为 3, 3, 3, 3, 5, 6, 6, 6, 6, 6, 6 的图?
(b) 是否存在一个度为 3, 3, 3, 3, 3, 5, 6, 6, 6, 6, 6, 6, 6, 6 的二部图?
(c) 是否存在一个度为 1, 1, 3, 3, 3, 3, 5, 6, 8, 9 的简单图?

2. 什么数可以作为 k-正则简单图的阶?

3. 一个图是二部的当且仅当它的每个回路都是偶的. 这个命题 (用圈替代回路) 对有向图是否成立? 对强连通有向图呢?

4. 我们给有向图 G 的每条边关联一个值 $v(e)$, 也许这可以看作是从 e 的尾走到 e 的头所需要的工作, 往相反的方向走, 则需要 $-v(e)$ 的工作. 我们希望找到一个 “位势”,

即找到定义在 $V(G)$ 上的一个函数 $p(x)$, 使得如果 $e=(x,y)$, 那么 $v(e)=p(y)-p(x)$. 证明这是可能的当且仅当绕着任意一个回路走所需要的总工作为 0.

5. 强连通有向图 G 的点可以被两种颜色所染使得有向边上的两个点的颜色不同当且仅当 G 含有偶圈.

6. 如果 G 是一个弱连通有向图, 对每个 x 有 $d_G^-(x)=d_G^+(x)$, 那么 G 存在一条欧拉迹.

7. 定义 $G_{k,n}$ $(k\geq 2)$ 如下: $G_{k,n}$ 的点是由 $1,\ldots,n$ 组成的 k-维向量, 向量 $(a_1,\ldots,a_k)$ 和向量 $(b_1,\ldots,b_k)$ 被一条有向边相连, 如果 $a_2=b_1,a_3=b_2,\ldots,a_k=b_{k-1}$. 证明 $G_{k,n}$ 是:

(a) 欧拉的;

(b) 哈密顿的.

8. 我们可以将一个 2^k-圈 $(k\geq 2)$ 的顶点标为 0 或 1, 证明存在一种标号方式使得圈上的所有 k 长弧分别给出不同的 01-序列.

9. 若 G 有一个顶点的出度至少为 3, 那么它的欧拉迹的数目为偶数. (如果两条欧拉迹的边的圈排列相同, 那么就认为这两条欧拉迹是相同的.)

10. 令 G 为有向图, 其中每个顶点的出度等于它的入度. 令 T 是以 x_0 为根的生成反向树形图. 我们从 x_0 出发按如下规则沿 G 的边行走:

$(*)$ 从每个点 x 出发, 沿着之前没用过 (由 x 出发) 的边走到下一个点. 我们仅在没有其他选择时才使用 T 中的边.

证明我们将在 x_0 处停止, 在停止时我们已经通过了一条欧拉迹.

11. 令 $V(G)=\{x_0,\ldots,x_{n-1}\}$, $d_G^+(x_i)=d_G^-(x_i)=d_i$. 证明 G 中欧拉迹的数目是

$$(d_0-1)!\ldots(d_{n-1}-1)!$$

的倍数.

12. (迷宫问题) 由点 x_0 出发, 按如下规则沿连通图 G 的边行走:

$(*)$ 不在同一方向使用同一条边两次;

$(**)$ 每当到达前面未访问过的点 $x\neq x_0$, 我们沿着进入 x 的方向标记这条边. 我们使用标记过的边离开 x 仅当必须时, 即当我们之前已经用过了所有其他的边.

证明最终我们在 x_0 终止, 并且到那时每条边都以两个方向被通过.

13. 若 G 中每个顶点的度都为偶数, 则 G 可以被定向使得所得到的有向图 $\overrightarrow{G}$ 的每个点具有相同的入度和出度.

14. (a) 图 G 有一条欧拉迹当且仅当它是连通的且每个点的度为偶数.

(b) 如果连通图 G 有 $2k$ 个奇度点, 那么它是 k $(k\geq 1)$ 条边不相交的开迹的并.

15. 如果一个可平面地图有欧拉迹, 那么这个地图可以在铅笔不离开纸面, 不经过同一条线两次, 且线之间不相交 (最多可以接触) 的情况下一笔画完.

16. 证明: 连通图 G 的满足 $V(G') = V(G)$ 且每个点都为偶度的子图 G' 的个数为 2^{m-n+1} (其中 $m = |E(G)|, n = |V(G)|$).

17*. (a) 任意图 G 的点集都可划分成两类 V_1, V_2, 使得 V_1, V_2 生成的子图均为偶图.

(b) 对任意图 G, $V(G)$ 可以划分成两类 V_1, V_2, 使得 V_1 生成的子图是偶图, V_2 生成的子图是奇图.

(c) 假设一个图的每个顶点上都有一个灯和开关. 开始时, 所有的灯都是亮的, 按一次开关可以改变相应顶点及其邻点处灯的状态. 证明可以按下某些开关使得所有的灯都被关掉.

18*. (a) 令 G 是一个图, $m_r(G)$ 表示 G 中 r 元匹配的数目. 请用 $|V(G)| = n$ 和 $m_1(\bar{G}), m_2(\bar{G}), \ldots$ 来表示 $m_1(G), m_2(G), \ldots$.

(b) 如果 $|V(G)|$ 是偶数并且 $\bar{G}$ 有偶数个匹配, 那么 G 有一个 1-因子.

(c) G 有偶数个 1-因子当且仅当存在一个非空子集 $S \subseteq V(G)$ 使得每个点都与 S 中偶数个点相邻 (例如欧拉图).

19. 如果 G 是简单有向图且 $h(G)$ 表示 G 中哈密顿路的数目, 那么

$$h(G) \equiv h(\bar{G}) \pmod 2.$$

对于无向图, 结论是否正确呢?

20. 任何竞赛图都有奇数条哈密顿路.

21*. 3-正则图 G 的每条边 e 都包含在偶数个哈密顿圈中.

22. 含有至少 4 个点的 3-正则二部图具有偶数个哈密顿圈.

*

23. 设 G 是连通的平面图, G^* 是它的对偶, 证明 G 和 G^* 具有相同数目的生成树.

24. (欧拉公式) 证明: 若 G 是连通的平面图, 则它具有 $m - n + 2$ 个面, 其中

$$m = |E(G)|, \quad n = |V(G)|.$$

25. 假设 $n \geqslant 3$, (a) n 个顶点的简单平面图至多有 $3n - 6$ 条边.

(b) n 个顶点且不含三角形的简单平面图至多有 $2n - 4$ 条边.

26. 如果一个平面图是偶图, 那么它的面可以被 2-染色, 使得边界上有公共边的面具有不同的颜色.

27. 令 G 为简单的 4-正则平面图.

(a) 证明 G 存在一个定向使得每个点有两条边进来, 两条边出去, 并且在给定的嵌入中这两对边分离彼此.

(b) 证明不存在 G 的边的如下 2-染色, 每个点都关联于两条红边和两条蓝边, 并且在给定的嵌入中这两对边分离彼此.

28. (a) 你能在一个五边形内画一个平面图使得形成的面都是三角形 (当然, 除了最外面的那个面) 并且每个点的度都是偶数吗?

(b) 假设我们用一个平面图把一个五边形的内部分解成三角形, 使得除了五边形上的点外其他所有点的度都是偶数. 那么五边形上的哪些点有奇数度?

29. 令 G 是所有面均为三角形的平面图, 假设对 G 的顶点进行 3-染色. 证明得到三种颜色的面的数目为偶数.

30*. 设 G 为平面图, 满足除了外面 $abcd$ 外, 所有面都是三角形. 令 $V(G) = V_1 \cup V_2$, $a,\ c \in V_1$, $b,\ d \in V_2$, 那么 V_1 含有一条 (a, c)-路或者 V_2 含有一条 (b, d)-路.

*

31. 令 V 是向量 $(a_1, \ldots, a_n)^T$ 形成的空间, 其中 a_i 取自域 F. 对 $\mathbf{a}=(a_1, \ldots, a_n)^T$, $\mathbf{b}=(b_1, \ldots, b_n)^T$, 定义它们的内积 $\mathbf{a}^T\mathbf{b}=a_1b_1 + \cdots + a_nb_n$. 另外, 令 M 是 V 的子空间, A 是 V 上的线性变换, 判断下面的论断是否正确†

(a) 若 A 是非奇异的, 则它的转置 A^T 也是非奇异的.

(b) 一般地, 若 A 是非奇异的, 则 A^TA 也是非奇异的.

(c) 更一般地, A^TA 和 A 具有相同的零空间.

(d) $M \cap M^\perp = \{0\}$(其中 $M^\perp$ 是与 M 正交的子空间, 即 $M^\perp = \{\mathbf{a} : \mathbf{a}^T\mathbf{b} = 0$, 对每个 $\mathbf{b} \in M\}$).

(e) $\langle M \cup M^\perp \rangle = V$ ($\langle X \rangle$ 表示由 X 生成的子空间).

(f) $\dim M + \dim M^\perp = n$.

(g) $(M^\perp)^\perp = M$.

32. (a) 令 V 是 $GF(2)$ 上的 n-维向量空间, M 是 V 的子空间. 证明

$$\mathbf{j} = (1, \ldots, 1)^T \in \langle M \cup M^\perp \rangle.$$

(b) 令 A 是一个 0-1 对称矩阵. 证明 A 的对角线, 视为一个行向量, 包含在 $GF(2)$ 上 A 的行空间中. 利用这个事实给出 5.17 的一个新证明.

33. 令 $E(G) = \{e_1, \ldots, e_m\}$. 用 01-向量来表示 $E(G)$ 的每个子集, 其中第 j 个分量是 1 当且仅当 e_j 属于这个子集. 通过这种方式我们就把 $E(G)$ 的子集等同于 $GF(2)$ 上的一个 m-维向量空间 V_G 的元素.

(a) 确定由星图生成的子空间 U_G 和其正交子空间 W_G. 用这些线性空间给出 5.3、5.16、5.17 的新证明.

(b) 证明 5.17 (a) 的分解是唯一的当且仅当图 G 有奇数棵生成树.

34. 令 G 是 2-连通的平面图, 证明 G 的所有有限面的边界构成空间 W_G 的一组基.

---

†这个习题属于线性代数的范畴. 然而, 大部分教材都不考虑有限域上的内积, 但这对我们来说是很重要的情形. (注意到, 若 F 是复数域, 那么内积就与我们平常所介绍的不一样.) 这个习题可以帮助读者解释两者之间的相似和不同. (在实数域下, 所有的命题都是正确的.)

35*. 令 G 是一个图, $C_1,\ldots,C_f$ 是 G 的圈, 并假设

(1) G 的每条边至多被 $C_1,\ldots,C_f$ 中的两个所包含;

(2) $C_1,\ldots,C_f$ 组成 W_G 的一组基.

证明:

(a) 如果 $K=\sum_{i\in I} C_i$ 是一个圈, 并且有

$$\sum_{i\in J} C_i \subseteq \bigcup_{i\in I} C_i,$$

那么 $J\subseteq I$ ($I,J\subseteq\{1,\ldots,f\}$);

(b) G 的所有块或者都是单独的圈, 或者存在两个圈 C_i (记为 C_1 和 C_2) 使得 C_1+C_2 是一个圈;

(c) G 是平面的, 且 $C_1,\ldots,C_f$ 是面.

(d) (MacLane 定理) 图 G 是平面的当且仅当 W_G 存在一组基使得每条边至多属于其中两个元素.

36*. (Whitney 定理) 连通图 G 是平面的当且仅当存在另一个图 G^* 和一个 $E(G)$ 到 $E(G^*)$ 的一一对应 φ, 使得若 T 是 G 的生成树, 则 $\varphi(E(G)-E(T))$ 是 G^* 一棵生成树, 反之亦然.

37*. 令 G 是所有顶点度至少为 3 的极小非平面图 (即 G 的每个真子图都是平面的), 那么

(a) G 是 3-连通的;

(b) G 包含一个有弦的圈;

(c) $G\cong K_5$ 或者 $K_{3,3}$;

(d) (Kuratowski 定理) 一个图是平面的当且仅当它不包含 K_5 或 $K_{3,3}$ 的剖分 (如图 2).

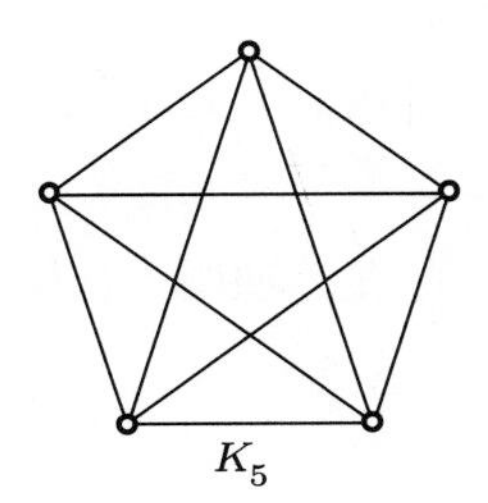

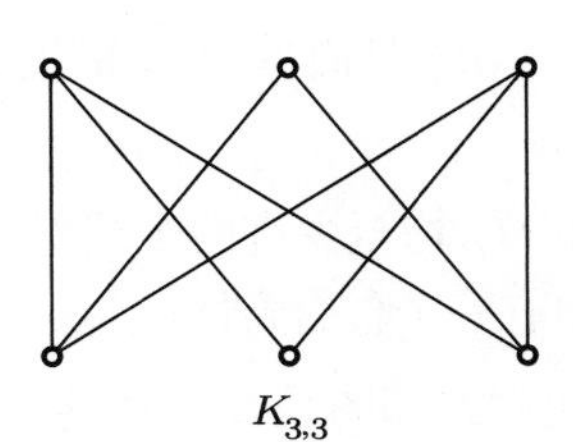

图 2

38*. 如果 G 是简单平面图, 那么 G 有一个平面嵌入使得所有边都是直线段.

§6. 连 通 性

图论中很多核心的概念都在本章中介绍: 点分离集, 边分离集, 连通分支、块、路、圈、树和森林. 这些概念出现在图论的很多领域中, 因此, 它们属于图论学家们使用的基本工具.

连通性理论是图论 (以及下一章中讨论的因子问题) 中的一个得到很好发展的分支, 一个主要原因是 Menger 定理, 它将基于分离定义的连通性与基于连通路定义的连通性联系起来了, 这给出了 k-连通图的一个 "好的刻画". 与 Menger 定理紧密联系的是最大流最小割定理, 这个定理在流理论中起着基础性的作用. 它以一个非常图论化的形式给出了连通和分离的对偶.

涉及两个给定点之间连通性的问题通常可以毫无困难地用 Menger 定理求解. 另一方面, 多于两个点之间的连通性的处理会很困难, 在很大程度上独立于 Menger 定理. 这些问题源自对极小 k-连通图、多物网络流、安全通信网络等的研究, 它们的求解很困难, 但是重复运用割的一些经典操作, 可能会得到一些一般方法的思路.

这一领域的一些强有力的结果都是结构定理, 它们证明某类图可以通过重复运用某个简单的变换来构造, 如 2-连通图可以通过重复粘贴 "耳朵" 得到 (参见 6.27, 6.28, 6.33, 6.52, 6.53, 6.64).

1. 证明对于每个图 G 有

$$c(G) + |E(G)| \geq |V(G)|.$$

2. (a) 设 G_1, G_2 是满足 $V(G_1) = V(G_2)$ 的两个图, 证明

$$c(G_1) + c(G_2) \leq c(G_1 \cup G_2) + c(G_1 \cap G_2).$$

(b) 如果没有条件 $V(G_1) = V(G_2)$, 结果依然成立.

3. 设 $d_1 \leq \cdots \leq d_n$ 是简单图 G 的度序列, 并假设对每个 $k \leq n - d_n - 1$ 有 $d_k \geq k$, 那么 G 是连通的.

4. 假设 G_1 和 G_2 均至少有两个结点. 证明 $G_1 \times G_2$ 是连通图当且仅当 G_1, G_2 都是连通的且它们中有一个包含奇圈.

5. 连通的 k-正则二部图是 2-连通的.

6. (a) 每个连通图 G 都存在一个顶点, 将它去掉后图仍然连通. 对强连通有向图又是怎样的情形呢?

(b) 设 G 是一个不包含 "樱桃" 的连通图, "樱桃" 即为有公共邻点的两个 1 度点. 证明我们可以去掉两个相邻点使得 G 仍连通.

(c) 设 G 是一个既非圈也非完全图的连通图. 证明我们可以去掉两个相邻点使得 G 仍连通.

7. (a) 设 T_1, T_2 是连通图 G 的两棵生成树, 证明 T_1 可以由 T_2 经过一系列的 "中间树" 得到, 其中每棵 "中间树" 都是通过对前一棵树删除一条边再增加另一条边得到的.

(b) 假设 G 是 2-连通的, 那么为了从 T_2 得到 T_1, 只需反复地应用下面的变换: 去掉与树的某个叶子点 x 关联的一条边, 再通过 G 的另一条边把 x 连到 G.

8. (a) 设 G 是有 n 个顶点的 2-连通图且 $n_1 + n_2 = n$, 那么 $V(G)$ 有一个 2-染色 $\{A_1, A_2\}$, 满足 $|A_i| = n_i$ 并且 A_1, A_2 导出连通子图.

(b) 设 G 是有 $2m$ 个顶点的 2-连通的非二部图, 那么 $V(G)$ 有一个划分 $\{A_1, A_2\}$, 满足 $|A_i| = m$ 并且 (A_1, A_2)-边构成一个连通的生成子图.

9. 有向图 G 是强连通的当且仅当对每个集合 $X \subseteq V(G)$, $X \neq \emptyset$, 存在至少一条边离开 X.

10. 设 G 是有向图, $x, y \in V(G)$, 且假设图 G 的边用红、绿、黑三种颜色染色, 那么下面两个论断恰有一个成立:

(i) G 中存在一条红黑两色的无向 (x, y)-路 P 满足 P 中的所有黑色边都由 x 指向 y;

(ii) 存在集合 $S \subset V(G)$, $x \in S$, $y \notin S$, 满足没有红色边以任何定向连接 S 和 $V(G) - S$, 同时没有黑色边由 S 到 $V(G) - S$.

11. (a) 假设我们可以通过去除 $\leq k$ 条边使得强连通有向图 G 不连通. 证明我们也可以通过反转 $\leq k$ 条边的方向使得图 G 不连通.

(b) 假设 G 是没有地峡的一个有向图并且我们可以由 G 通过收缩至多 k 条边得到一个强连通有向图. 证明我们也能通过反转至多 k 条边的方向得到一个强连通有向图.

(c) 如果去掉至多 k 条边可以将无自环的有向图 G 的所有圈都破坏掉, 那么我们也可以通过反转至多 k 条边的方向来破坏这些圈.

12. 竞赛图是强连通的当且仅当它包含一个哈密顿圈.

13. $n \geq 4$ 个点上的强连通竞赛图 T 包含至少两个点 x 满足 $T - x$ 是强连通的.

*

14. 设 G 是一棵有向树并且 $F \subseteq E(G)$, 证明存在点 $x \in V(G)$ 满足与 x 关联的 F 的边以 x 为头, 并且与 x 关联的其他边以 x 为尾.

15. 设 G 是一棵树并设

$$\varphi\colon V(G) \to V(G)$$

是满足如下条件的映射, 对任意的 $(x, y) \in E(G)$ 有

$$\varphi(x) = \varphi(y) \quad 或者 \quad (\varphi(x), \varphi(y)) \in E(G).$$

证明 φ 有一个不动点或者一条不动边.

16. 如果树 G 的一个子树集合的交非空, 那么交集是一棵子树.

17. (a) 如果 G 是连通图, 则任意两条最长路有一个公共顶点.

(b) 如果 G 是树, 则 G 的所有最长路有一个公共顶点.

18. 如果 $G_1, \ldots, G_k$ 是树 G 的两两相交的子树, 那么它们有一个公共点. (这给出了前面问题中 (b) 部分的一个新证明.)

19. 证明在连通图 G 中, 点 x 与 y 的距离 $d(x,y)$ 以及连接 x 与 y 的路的最大长度 $D(x,y)$ 都是可度量的, 即:

(a) $d(x,y) \geq 0$, 等号成立当且仅当 $x = y$;

(b) $d(x,y) = d(y,x)$;

(c) $d(x,y) + d(y,z) \geq d(x,z)$.

对 $D(x,y)$ 也是类似的.

20. 如果 G 是一棵树并且 $p_1, \ldots, p_n, q_1, \ldots, q_{n+1}$ 是它的点, 那么

$$\sum_{1 \leq i < j \leq n} d(p_i, p_j) + \sum_{1 \leq i < j \leq n+1} d(q_i, q_j) \leq \sum_{i=1}^{n} \sum_{j=1}^{n+1} d(p_i, q_j).$$

21. (a) 设 $\widetilde{d}(x) = \max_y d(x,y)$, 这里 x, y 是一棵树的顶点. 证明 $\widetilde{d}$ 的最小值在一个点 (G 的中心) 达到, 或者在两个相邻的点处达到 (G 的双心).

(b) 进一步证明 $\widetilde{d}(x)$ 是一个凸函数, 从某种意义上也就是, 如果 y, z 是 x 的邻点, 那么

$$2\widetilde{d}(x) \leq \widetilde{d}(y) + \widetilde{d}(z).$$

22. (a) 设 $s(x) = \sum_y d(x,y)$, 这里 x, y 是树 G 的两个点. 证明 $s(x)$ 是严格凸的, 也就是说, 对任意的点 x 和它的两个邻点 y, z 有

$$2s(x) < s(y) + s(z).$$

(b) 证明 $s(x)$ 在一个点 (称为重心) 或两个相关联的点处达到最小值.

(c) 构造一棵树, 满足它有一个中心和一个重心且其距离大于 1000.

23. 分别确定具有 n 个顶点的树使得 $\sum_{x,y} d(x,y)$ 最大和最小.

24. 在一棵 n 个顶点的直径至少为 $2k-3$ 的树中, 有至少 $n-k$ 条长为 k 的路.

25. 给定 n 个城市, 我们想在它们之间建立一个连通的电话网络. 任意两个城市之间线路 e 的费用 $v(e)$ 是已知的, 我们想要总费用最小. 因此, 我们想要找到一棵给定点上的树使得边的费用之和最小. 证明以下算法可以得到我们想要的结果: 在第 i 步, 从那些已被选定的边形成的图中选取一个连通分支 G_i, 选取一条具有最小费用的连接 G_i 与一个不在 G_i 中的顶点的边, 当 G_i 包含所有顶点时停止.

26. (Cont'd) 证明如果边有不同的费用, 那么最优树是唯一的.

*

27. 称一个 2-边连通图 G 的两条边是等价的, 如果它们相同或者移除它们会使图变得不连通. 证明

(a) 这是一个等价关系;

(b) 同一个等价类里的所有边位于一个圈上 (可能还含有其他边);

(c) 去掉一个等价类 P 里的边, 余下图的连通分支是 2-边连通的;

(d) 收缩 $G-P$ 的连通分支, 我们得到一个圈.

28. 每个 2-边连通图 G 可以按如下方式构造: $G=G_1\cup\cdots\cup G_r$, 其中 G_1 是一个圈并且 G_{i+1} 要么是一条与 $G=G_1\cup\cdots\cup G_r$ 恰有公共端点的路, 要么是与 $G=G_1\cup\cdots\cup G_r$ 有一个公共点的圈 (图 3). (这样的一个子图系统叫作 G 的一个耳分解.)

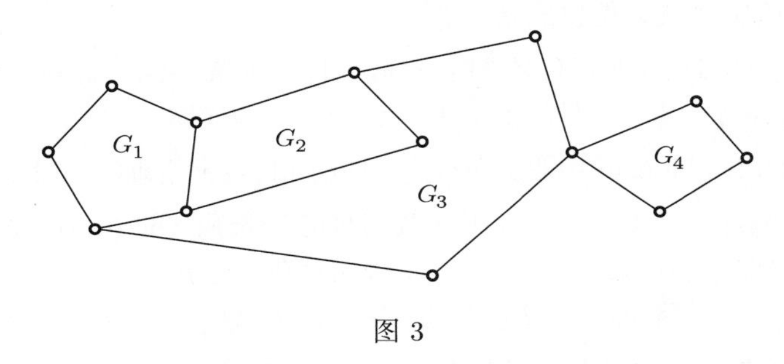

图 3

29. 图 G 可以被定向使得所得到的有向图 $\overrightarrow{G}$ 是强连通的当且仅当 G 是 2-边连通的.

30*. 我们称一条边适于圈 C 是指这条边在圈 C 上或者与 C 没有共同点.

设 $e_1,\ldots,e_k$ 是 2-边连通图 G 的独立边. 证明存在圈 C 使得 $e_1,\ldots,e_k$ 都适于 C.

31. 证明 "边 e, f 相同或者在同一个圈上" 是一个等价关系.

32. 简单图 G 的以下性质等价:

(i) G 是 2-连通的;

(ii) G 的任意两个顶点都在一个圈上;

(iii) G 的任意两条边在一个圈上, G 没有孤立点且 $|V(G)|\ge 3$.

33. (a) 设 G 是一个 2-连通图, 但不是圈, 那么 G 有一条路 P 满足: P 的所有内点 (如果有的话) 的度都为 2, 去掉 P 的边和内点后, 余下的图仍是 2-连通的.

(b) 根据 "耳分解", 给出 2-连通图的一个刻画, 类似于 6.28.

34. 设 p,q 是 2-连通图 G 的两个顶点, 证明 G 有一种定向方式使得它的每条边都包含在一条 (p,q)-路中.

35. 设 G 是一个 2-连通图, 那么下列性质是等价的:

(i) G 是临界二连通的;

(ii) G 中的圈不含弦.

36*. 图 G 是一个临界的 2-连通图. 证明 G 中的每个圈 C 都有一个 2 度点.

37*. 设 G 是一个临界的 2-连通图, 从 G 中移除所有 2 度点. 证明由此得到的图 G' 是不连通的森林.

38. 构造一个临界的 2-连通图 G, 使得存在点 $x \in V(G)$ 到每个 2 度点的距离至少是 1000.

*

39*. (Menger 定理) 设 G 是一个有向图, 并且 $a, b \in V(G)$. 证明

(a) 存在 k 条边不交的 (a,b)-路当且仅当在 a 和 b 之间, G 是 k-边连通的;

(b) 存在 k 条独立的 (a,b)-路当且仅当在 a 和 b 之间, G 是 k-连通的;

(c) 类似的叙述对无向图也成立.

40. 设 A, B 是 $V(G)$ 的两个不交子集, 且假设包含每条 (A,B)-路中一个点的任何集合 X 至少含有 k 个元素. 证明存在 k 条点不交的 (A,B)-路.

41. 请证明 6.39 (b) 和 6.40 中非定向点连通图的 Menger 定理的一般化推广.

42*. 设 $B \subset V(G)$, $a \in V(G) - B$, 假设我们给定 k 条独立的 (a,B)-路 $P_1, \ldots, P_k$ 以及 $k+r$ 条独立的 (a,B)-路 $Q_1, \ldots, Q_{k+r}$. 证明存在 $1 \le j_1 < \cdots < j_r \le k+r$ 以及与 P_i 终点相同的 (a,B)-路 $R_1, \ldots, R_k$, 使得 $R_1, \ldots, R_k, Q_{j_1}, \ldots, Q_{j_r}$ 是独立的.

43. 令 a, b, c 是图 G 中的不同点, 假设存在 k 条独立的 (a,b)-路 $P_1, \ldots, P_k$ 和一条与它们独立的 (b,c)-路 P_0, 假设同样还存在 k 条 (其他的) 独立的 (a,b)-路 $Q_1, \ldots, Q_k$ 和一条与它们独立的 (a,c)-路 Q_0. 证明 G 中有 $k+1$ 条独立的 (c,b)-路. (尝试不使用 Menger 定理).

44. 不使用 Menger 定理, 描述每个图 G, 它具有满足如下条件的两个不相邻顶点 a, b:

(i) G 中至多有 k 条独立的 (a,b)-路, 并且

(ii) 如果添加任意新边到 G 中, 那么得到的图将至少有 $k+1$ 条独立的 (a,b)-路.

由此导出 Menger 定理的无向独立路的形式.

45. 令 G 是一个有向图, $a, b \in V(G)$, 试判断下面的陈述是否正确:

(i) 如果任意两条连接 a 和 b 中的一个到另一个的路具有一条公共边, 那么存在一条边包含在所有这些路中.

(ii) 如果 G 在 a 和 b 之间是 k-边连通的, 那么它在 b 和 a 之间是 k-边连通的.

(iii) 如果 G 既是 a 和 b 之间的 k-边连通图, 也是 b 和 a 之间的 k-边连通图, 那么存在 k 条 (a,b)-路 $P_1, \ldots, P_k$ 以及 k 条 (b,a)-路 $Q_1, \ldots, Q_k$, 它们的边互不相交.

46. 假设图 G 中每个顶点 $x \ne a$, b 有相同的入度和出度, 并且 $d_G^+(a) - d_G^-(a) = k > 0$, 证明 G 中存在 k 条边不交的 (a,b)-路.

47. 如果 G 的每个点的出度与入度相等, 那么 6.45 的 (i), (ii) 和 (iii) 都是正确的.

*

48. 设 G 是一个图并且 $X,\ Y,\ Z \subseteq V(G)$. 建立不等式:

(a) $\delta_G(X \cup Y) + \delta_G(X \cap Y) \le \delta_G(X) + \delta_G(Y)$;

(b) $\delta_G(X - Y) + \delta_G(Y - X) \le \delta_G(X) + \delta_G(Y)$;

(c) $\delta_G(X - Y - Z) + \delta_G(Y - Z - X) + \delta_G(Z - X - Y) + \delta_G(X \cap Y \cap Z) \le \delta_G(X) + \delta_G(Y) + \delta_G(Z)$.

49*. 证明任何临界的 k-边连通图都有一个 k 度点.

50. 设 G 是一个 k-边连通图, 且设 $F_1, \dots, F_m$ 是 k 元边割. 证明 $G - (F_1 \cup \dots \cup F_m)$ 至多有 $2m$ 个连通分支.

51*. 设 G 是一个欧拉图, $x \in V(G)$, 并假设在图 G 的任意两个点 $u, v \neq x$ 之间是 k-边连通的. 那么我们可以找到 x 的两个邻点[†]$y,\ z$, 使得在移去两条边 (x, y) 和 (x, z) 并用一条新边连接 y 到 z 后, 所得到的图在任意两点 $u, v \neq x$ 之间仍是 k-边连通的.

52*. 设 G 是 $2k$-边连通的、$2k$-正则图. 证明 G 可以由如下构造得到:

I. 开始时, 我们给两个点连接 $2k$ 条边.

II. 对已经构造的图, 我们选取 k 条边, 将其中每条边用一个点来剖分, 且等同所有新点.

53*. 证明假如 $k \ge 2$ 且 x 的度为偶数, 那么 6.51 的论断对非欧拉图也是成立的.

54. (a) 设 G 是一个图且 $\vec{G}$ 是 G 的一个定向. 如果 $\vec{G}$ 是 k-边连通的, 那么 G 是 $2k$-连通的.

(b)* 相反地, 如果 G 是 $2k$-边连通的, 则存在一个定向 $\vec{G}$ 是 k-连通的 (6.29 的推广).

55. 设 α, β 是整数, G 是一个图且 a, a', b, b' 是 G 的四个顶点. 我们想要找到 α 条 (a, a')-路 $P_1, \dots, P_\alpha$ 以及 β 条 (b, b')-路 $Q_1, \dots, Q_\beta$, 使得 $P_1, \dots, P_\alpha, Q_1, \dots, Q_\beta$ 是边不交的. 证明如下条件是必要的:

(∗) 我们至少需要移动:

α 条边去分离 a, a';

β 条边去分离 b, b' 并且

$\alpha + \beta$ 条边去分离 $\{a, b\}, \{a', b'\}$ 或者 $\{a, b'\}, \{a', b\}$.

举例说明如上条件并不总是充分的.

56*. 设 a, a', b, b' 是欧拉图 G 的点且 α, β 是偶的正整数. 假设上题中的条件 (∗) 是满足的.

(a) 证明存在 G 的一个定向 $\vec{G}$ 满足

$$d^+_{\vec{G}}(a') - d^-_{\vec{G}}(a') = -\alpha, \quad d^+_{\vec{G}}(b') - d^-_{\vec{G}}(b') = -\beta,$$

$$d^+_{\vec{G}}(a) - d^-_{\vec{G}}(a) = \alpha, \quad d^+_{\vec{G}}(b) - d^-_{\vec{G}}(b) = \beta,$$

[†]如果 x 只有一个邻点, 那么 y 和 z 可以是等同的, 但这种情形是平凡的.

$$\text{对} \quad x \in V(G) - \{a, b, a', b'\} \quad \text{有} \quad d^+_{\vec{G}}(x) = d^-_{\vec{G}}(x).$$

(b) 证明 G 包含边不交的 α 条 (a, a')-路和 β 条 (b, b')-路.

57. 构造一个 5-连通图 G, 且 G 的四个点 a, b, c, d 满足每条 (a, b)-路跟每条 (c, d)-路有一个公共点.

*

58. 设 A, B 是 k-连通图 G 的将 a, b 分离的 k 元顶点子集. 证明 $(a, A \cup B)$-路的那些在 $A \cup B$ 中的端点构成的集合 C 是一个将 a, b 分离的 k-元集.

59. 设 G 是临界的 k-连通图, 且 H 是它的 k-连通子图. 证明 H 是临界的 k-连通的.

60*. (a) 设 G 是 k-连通图, A 是它的一个 k 元分离集, G_1 是 $G - A$ 的一个连通分支且假设 A 的选取使得 $|V(G_1)|$ 极小. 证明对任意 k 元分离集 B, 要么 $V(G_1) \subseteq B$, 要么 $V(G_1) \cap B = \emptyset$. 进一步地, 在前一种情形 $|V(G_1)| \leq \frac{k}{2}$.

(b) 每个临界的 k-连通图 G 都有一个 k 度点.

61*. 设 G 是简单 3-连通图, 并假设边 e 的两端点的度都至少为 4, 那么 G/e 和 $G - e$ 中一定有一个是 3-连通的.

62. 设 G 是临界的 3-连通图, e 是 G 中连接两个度至少为 4 的点的边, 那么 G/e 是一个临界的 3-连通图.

63. 如果 G 是临界的 3-连通图, 那么 G 中的每个圈至少包含两个度为 3 的点.

64. 假设 3-连通图 G 满足对任意边 e 有 $G - e$ 和 G/e 都不是 3-连通的, 证明 $G \cong K_4$.

65. 构造一个临界的 3-连通图以及其中一个点 x, 使得每个与 x 距离至多为 1000 的点的度都至少为 1000.

*

66. 在 k-连通图 G 中, 任意 k 个点都在一个圈上.

67*. 设 e_1, e_2, e_3 是 3-连通图 G 的独立边, 那么除非 e_1, e_2, e_3 形成一个分离系统, 否则就存在一个包含 e_1, e_2, e_3 的圈.

68. 设 $a, b, x_1, \ldots, x_k$ 是 $(k+1)$-连通图 G 的不同点, 证明存在一条包含 $x_1, \ldots, x_k$ 的 (a, b)-路.

69. 证明简单 3-连通平面图的一个圈 C 恰有一个桥当且仅当它是一个面的边界. 因此, 简单 3-连通平面图有唯一的平面嵌入.

70*. 每个 3-连通图 G 都有一个恰好包含一个桥的圈.

*

在这一章的余下部分中, 设 G 是一个具有指定点 a 和 b 的有向图. 我们还假设关联于每条边 e 的值 (“容量”) $v(e) \geq 0$.

71. (瓶颈定理) 设 P 和 C 分别遍历所有的 (a,b)-路和所有的 (a,b)-割, 证明

$$\max_P \min_{e\in P} v(e) = \min_C \max_{e\in C} v(e).$$

72. (最小路最大势定理) 势 φ 是 $V(G)$ 上的一个满足

$$(*) \qquad \varphi(a)=0, \quad \varphi(y)-\varphi(x)\le v(x,y) \text{ (其中 } (x,y)\in E(G))$$

的函数. 我们定义 (a,b)-路 P 的 "长度" 为 $u(p)=\sum_{e\in E(p)} v(e)$. 证明

$$\min_P u(P) = \max_\varphi \varphi(b).$$

73. 设 f 是一个 (a,b)-流并且 C 是一个 (a,b)-割. 证明 f 的值由以下公式给出

$$w(f)=\sum_{e\in C} f(e) - \sum_{e\in C^*} f(e).$$

74. (最大流最小割定理) 证明满足 $f(e)\le v(e)$ 的 (a,b)-流 f 的最大值由以下公式给出

$$\min_C \sum_{e\in C} \nu(e).$$

这里 C 遍历所有的 (a,b)-割.

75*. 前面一题给出了构造一个最大 (a,b)-流的算法.

设 f_k 是一个 (a,b)-流且 P_k 是一条 (无向)(a,b)-路. 设 A, B 分别是 P_k 的指向 a 和 b 的边的集合. 假设 P_k 满足: 对 $e\in A$ 有 $f(e)>0$, 且对 $e\in B$ 有 $f(e)<v(e)$ (如果不存在这样的路 P_k, 那么我们知道 f_k 是最优的). 令

$$\varepsilon = \min_{e\in A, e'\in B} (f_k(e), v(e')-f_k(e')).$$

对 $e\in B$ 将 $f_k(e)$ 的值增加 ε, 并对 $e\in A$ 将 $f_k(e)$ 的值减少 ε, 这样得到一个新的流 f_{k+1}. 证明下面的论断:

(a) 即使重复上面的过程无穷多次, 所得流的值也不一定收敛到一个最大流的值.

(b) 如果 P_k 总是被选作一条具有最小可能长度的路, 那么重复上述过程, P_k 的长度不会减小.

(c) 如果 P_k 总是一条具有最小长度的路, 那么我们在至多 n^3 步后得到一个最优的流 $(n=|V(G)|)$.

76. 假设对每个顶点 x 赋一个值 $u(x)$, 对每条边 e 赋一个值 $v(e)$. 什么时候对每个顶点 a 存在一个函数 $f(e)$ 满足

$$0\le f(e)\le v(e); \qquad \sum_{e=(a,y)} f(e) - \sum_{e=(y,a)} f(e) = u(a).$$

77. (a) 假设容量 $v(e)$ 是整数, 证明存在一个整的最大 (a,b)-流.

(b) 证明最大流最小割定理是 Menger 定理 6.39 在有向边情形下的结论.

78. 设 f 是一个整的 (a,b)-流且值为 $w(f)=w_1+\cdots+w_k$ $(w_i=1,2,\dots)$. 证明 f 是其值分别为 $w_1,\dots,w_k$ 的 k 个整的 (a,b)-流 $f_1,\dots,f_k$ 的和.

§7. 图的因子

这里我们考虑一个一般的问题: 给定一个图, 是否存在一个子图, 其顶点的度满足某些给定的条件? 这个问题的一个典型例子是 1-因子 (完美匹配) 的存在性问题, 这个问题的解 (对二部图是 König-Hall 定理, 对一般图是 Tutte 定理) 是一个著名的结果, 也许是图论中发展最好的领域.

除了它们的存在性问题外, 描述所有因子的结构的问题也是很重要的, 我们仅仅简短地介绍这个问题 (也参见 §4).

借助因子的结果可以处理的一个问题是, 一个给定的整数序列是否可以作为一个图 (有向图, 简单图) 的度序列. 事实上, 这引导我们去考虑完全图的分解问题, 相应的答案会更简单一些.

因子问题由一组具有满足条件的整数规划问题组成. 这两个领域之间联系的基本想法将会在 §13 给出, 更一般的情形是超图的情形. 然而, 在本卷中我们不打算很具体地介绍.

1. 设 G 是没有孤立点的图, 那么 $\nu(G)+\varrho(G)=|V(G)|$.

2. (König 定理) 设 G 为一个二部图, 那么 $\nu(G)=\tau(G)$, 并且 $\varrho(G)=\alpha(G)$.

3. (匈牙利方法) 设 G 为一个具有 2-着色 $\{A,B\}$ 的二部图, 并且设 M 是 G 的一个匹配. 设 A_1,B_1 是 A,B 中没有被 M 覆盖的顶点. 构造一个满足如下性质的极大森林 $F\subseteq G$:

$(*)$ B 中 F 的每个顶点 x 的度为 2, 并且其中与 x 相邻的一条边属于 M;

$(**)$ F 的每个分支都包含 A_1 中的一个点.

证明 M 是一个最大匹配当且仅当 B_1 中没有顶点与 F 的任一点相邻. 由此导出 König 定理 7.2, 并用这个结果导出一个在二部图中寻找最大匹配的算法.

4. (a) 设 G 为具有二部划分 $\{A,B\}$ 的二部图, 假设每个 $X\subseteq A$ 都至少与 B 中 $|X|$ 个顶点相邻. 证明 G 有一个匹配, 它将 A 中所有顶点匹配到 B 中的 (某些) 顶点. 寻找两个不同的证明方法, 分别使用和不使用 König 定理.

(b) 什么时候一个二部图 G 有 1-因子呢?

5. 设 G 为具有 2-着色 $\{A,B\}$ 的二部图, 并且

$$\delta=\max_{X\subseteq A}\{|X|-|\Gamma_G(X)|\}.$$

证明

$$\nu(G) = |A| - \delta.$$

6. (a) 假设 G 是具有 2-着色 $\{A, B\}$ 的二部图, 且令 $k \geq 0$ 为一个满足如下条件的给定整数: 对每个 $X \subseteq A$, $X \neq \emptyset$ 有

$$(*) \qquad |\Gamma_G(x)| \geq |X| + k$$

成立. 令 X_1, X_2 是满足 $(*)$ 中等式的两个集合且假设 $X_1 \cap X_2 \neq \emptyset$. 证明 $X_1 \cap X_2$ 仍然满足 $(*)$ 中的等式.

(b) 证明 (a) 中定义的 G 有一个包含 A 且满足如下条件的子图 G_1:

(1) 对所有 $x \in A$ 有 $d_{G_1}(x) = k + 1$;

(2) 对所有 $X \subseteq A, X \neq \emptyset$ 有 $|\Gamma_{G_1}(x)| \geq |X| + k$.

7. 证明对任意具有 2-着色 $\{A, B\}$ 的二部图 G, 下面三个论断等价:

(i) G 是连通的且 G 的每条边都包含在一个 1-因子中;

(ii) G 不是 $\bar{K}_2$ 且对每个 $x \in A$ 和 $y \in B$, $G - x - y$ 都有一个 1-因子;

(iii) G 不是 $\bar{K}_2$, $|A| = |B|$ 且对任意 $\emptyset \neq X \subset A$, $|\Gamma(X)| > |X|$.

(这样的图被称为*初等二部图*.)

8. 证明二部图 G 是初等的当且仅当它可以写成下面的形式:

$$G = G_0 \cup P_1 \cup \cdots \cup P_k,$$

其中 G_0 由两个点和一条连接它们的边组成, 且 P_i 是一条奇长的路连接 $G_0 \cup P_1 \cup \cdots \cup P_{i-1}$ 的两个在不同颜色类中的点并且和 $G_0 \cup P_1 \cup \cdots \cup P_{i-1}$ 中没有其他公共点.

9. 设 G 是不同于 K_2 的初等二部图, 并且假设删去 G 的任一条边后, G 都不是初等的. 证明 G 有一个度为 2 的顶点. 请问 G 的每条边是否都有一个度为 2 的端点呢?

10. 一个最大度为 $r = d(G)$ 的二部图 G 是 r 个匹配的并 (即色数为 r)†.

11. 令 G 是任意二部图并假设 $k \geq 1$, 那么 G 是满足如下条件的 k 个边不交的生成子图 $G_1, \ldots, G_k$ 的并:

$$\left\lfloor \frac{d(x)}{k} \right\rfloor \leq d_{G_i}(x) \leq \left\lceil \frac{d(x)}{k} \right\rceil \quad \text{对每个 } x \in V(G).$$

12. 设 G 是最小度为 r 的二部图, 那么 G 是 r 个不交的边覆盖的并.

13. 确定具有如下性质的最小数 $r = r(n)$: 每个具有 $2n$ 个顶点的 r-正则二部图 G 具有 1-因子满足这个 1-因子的每条边在 G 中都有一条平行边.

14. 设 G 是具有 2-着色 $\{A, B\}$ 的 r-正则二部图 $(r \geq 2)$, 其中 $A = \{a_1, \ldots, a_n\}$ 且 $B = \{b_1, \ldots, b_n\}$. 假设与 a_1 相关联的所有边并不都是平行的. 设点 x 在 $V(G)$ 中移动, 并将图变化如下:

† 一般地, 如果 G 是简单的, 图 G 的色数被 $\lfloor \frac{3}{2} d(G) \rfloor$ [Shannon] 和 $d(G) + 1$ 所界定, [Vizing][参见 B].

(1) x 从 a_1 开始, 沿着任意 (a_1, b_i) 到达 b_i, 同时将这条边去掉.

(2) 如果 x 到了 b_i, 且它是刚从 a_μ 进来的, 那么将它移动到满足 $a_\mu \neq a_\nu$, 且与 b_i 相邻的 第一个 点 a_ν, 并使边 (a_ν, b_i) 变为重边. (注意到 G 可能有重边, 因此, 即使去掉一条 (a_μ, b_i)-边, a_μ 仍可能与 b_i 是相邻的.)

(3) 如果 x 刚从 b_i 进入到点 a_ν, 那么将它移到 a_ν 的 第一个 邻点 $b_j \neq b_i$, 并去掉一条 (a_ν, b_j)-边.

证明在有限时间内, 这个过程将终止于如下情形: $x = a_1$ 且 a_1 通过 r 条重边与某个 b_i 相邻 (并且没有其他的点). 运用这个过程得到一个 1-因子.

15. (a) 假设具有二部划分 $\{A, B\}$ 的简单二部图 G 有一个 1-因子并且每个 $x \in A$ 的度至少为 k, 证明 G 至少有 $k!$ 个 1-因子.

(b) 具有 n 个顶点、m 条边的初等二部图至少有 $m - n + 2$ 个 1-因子.

16. 设 G 是具有二部划分 $\{A, B\}$ 的二部图, 并且 $f(x) \geq 0$ 是 $V(G)$ 上的整值函数. 证明 G 有一个 f-因子当且仅当

(i) $\sum\limits_{x \in A} f(x) = \sum\limits_{y \in B} f(y)$, 和

(ii) $\sum\limits_{x \in X} f(x) \leq m(X, Y) + \sum\limits_{y \in B - Y} f(y)$

对所有的 $X \subseteq A$, $Y \subseteq B$ 成立, 其中 $m(X, Y)$ 是连接 X 到 Y 的边数.

17. 令 G 为具有 n 个顶点、m 条边且最大度为 d 的二部图, 证明 G 可以作为一个导出子图被嵌入到一个具有 $2n - 2\lfloor \frac{m}{d} \rfloor$ 个顶点的 d-正则二部图中, 但是绝不能少于这么多个顶点.

18. 设 G 是具有二部划分 $\{A, B\}$ 的简单二部图满足 $|A| = |B| = n$, 且最大度 $d < \frac{n}{2}$. 证明 G 可以被嵌入到一个具有相同顶点集 $V(G)$ 且度为 $2d$ 的简单正则二部图中.

19. 设 $A = (a_{ij})$ 为非负的 $n \times n$ 矩阵满足 A 的所有行和与所有列和都为 1 (这样的矩阵称为是双随机的). 证明 $\mathrm{per} A > 0$, 即 A 的行列式有一个非零的展开项.

20. (a) 设 G 是具有 2-着色 $\{A, B\}$ 的简单二部图, 且令 $A = \{a_1, \ldots, a_n\}$ 且 $B = \{b_1, \ldots, b_n\}$. 设 $a_{ij} \neq 0$ 当且仅当 $(a_i, b_j) \in E(G)$, 并假定非零元 a_{ij} 是代数无关的超越数. 证明 G 具有 1-因子当且仅当 $\det(a_{ij}) \neq 0$.

(b) 通过这个观察来证明关于二部图中 1-因子的存在性的 Köng-Hall 准则 (见 7.4(a)).

21. 设 G 是一个有 n 个顶点的连通图, $E(G) = \{e_1, \ldots, e_m\}$. 考虑所有满足如下条件的向量 $(y_1, \ldots, y_m)$: 对每个顶点 v,

$$\sum_{e_i \ni v} y_i = 0 \tag{1}$$

成立, 请问由这些向量张成的空间的维数是多少?

*

22. 设 G 是有 $2n$ 个顶点的简单图, 且所有点的度至少为 n, 证明 G 有一个 1-因子.

23. 设 F_0 是 G 的任一匹配, 那么 G 有一个最大匹配, 它覆盖了被 F_0 覆盖的所有顶点.

24. (a) 构造一个具有唯一的 1-因子且所有顶点的度至少为 k 的图.

(b) 证明有唯一的 1-因子的图有割边.

(c) 如果一个有 $2n$ 个顶点的简单图有唯一的 1-因子, 那么

$$|E(G)| \leq n^2.$$

25. 如果 G 没有孤立点且最大度是 d, 那么

$$\nu(G) \geq \frac{|V(G)|}{d+1}.$$

26*. 设 G 是连通图满足对每个 $x \in V(G)$, $\nu(G-x) = \nu(G)$. 证明 G 是因子-临界的.

27*. (a) (Berge 公式) 证明对任何图 G,

$$\delta(G) \stackrel{\text{def}}{=} |V(G)| - 2\upsilon(G) = \max_{X \subseteq V(G)} \{c_1(G-X) - |X|\}.$$

(b) (Tutte 定理) 图有 1-因子当且仅当对每个 $X \subseteq V(G)$ 有 $c_1(G-X) \leq |X|$.

28. (a) 设 G 是一个满足如下条件的简单图:

(i) G 没有 1-因子, 但是

(ii) 连接 G 中任意两个不相邻的点得到的图有 1-因子.

(不使用 Tutte 定理) 证明 G 有如下结构: 它有一个顶点集合 V_1, V_1 中的每个点与其他点均相连, 且剩下的点生成不交的完全图.

(b) 基于 (a) 给出 Tutte 定理 7.27 (b) 一个新的证明.

29. (a) (Petersen 定理) 任意 2-连通 3-正则图具有 1-因子.

(b) 构造一个没有 1-因子的简单 3-正则图.

30. 设 G 是含有偶数个顶点的 $(k-1)$-边连通、k-正则图, 证明删去 G 的 $k-1$ 条边. 剩下的图 G' 含有 1-因子.

31. 设 G 是多于 1 个顶点的因子-临界图, 证明它可以被表示成如下形式

$$G = P_0 \cup P_1 \cup \cdots \cup P_k,$$

其中 P_0 是奇圈, P_{i+1} 要么是一条两个端点都在 $P_0 \cup P_1 \cup \cdots \cup P_i$ 中但没有内点在 $P_0 \cup P_1 \cup \cdots \cup P_i$ 中的奇长路, 要么是一个与 $P_0 \cup P_1 \cup \cdots \cup P_i$ $(i = 0, \ldots, k-1)$ 只有一个公共点的奇圈.

32*. (Gallai-Edmonds 结构定理) 令 G 是一个图, 用 D_G 表示至少没有被一个最大匹配所覆盖的点的集合, 令 A_G 表示 D_G 中点的邻集, 且 $C_G = V(G) - A_G - D_G$. 证明

(a) 删除 A_G 的一个点 x, 集合 D_G 和 C_G 不变.

(b) 由 D_G 导出的图的每个分支都是因子-临界的, 由 C_G 导出的图具有 1-因子.

(c) 如果 M 是任一最大匹配, 它包含由 D_G 导出的图的每个分支的一个最大匹配, 且包含由 C_G 导出的图的一个 1-因子.

(d) $\nu(G) = \frac{1}{2}\{|V(G)| - c(D_G) + |A_G|\}$.

(e) Tutte 定理可以由此得到.

(f) 确定图 4 中图的集合 A, C, D.

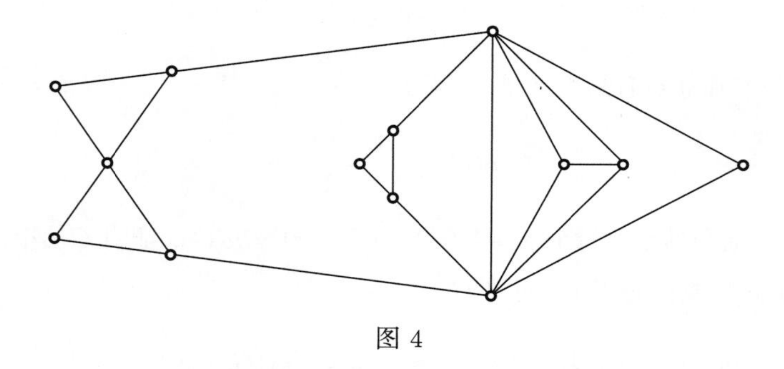

图 4

33. 设 M 是 G 的一个匹配, C 是长为 $2k+1$ 的圈, 它包含 M 中的 k 条边但与 M 的其他边不交. 设 G' 是收缩 C 之后得到的图, 并且 $M' = M - E(C)$. 那么 M 是 G 的最大匹配当且仅当 M' 是 G' 的最大匹配.

34*. (Edmonds 匹配算法) (a) 设 G 是一个图, M 是 G 的一个匹配, 考虑具有下列性质的极大森林 F:

($*$) F 的每个分支恰好包含未被 M 覆盖的一个点, 称为根节点.

($**$) 称 F 中与根节点的距离为奇数的点为内部点, 称其他点 (包括根节点) 为外部点, 每个内部点度为 2, 与之关联的两条边中有一条属于 M (图 5).

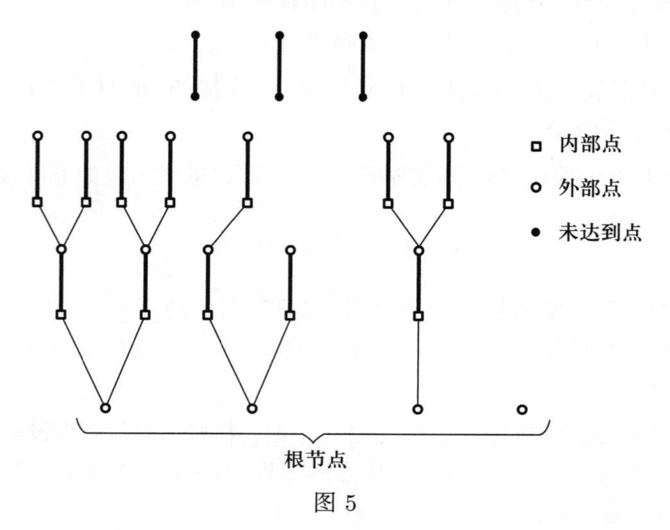

图 5

那么,如果不同分支的两个外部点是相邻的,那么 M 就不是最大匹配. 基于上面的观察和之前的问题,设计一个寻找最大匹配的算法.

(b) 在图 4 中测试你的算法.

35. 假设有 $2m$ 个顶点的 k-正则图有如下性质: 它的任意两个奇圈或者相交或者由一条边相连. 证明 G 有一个 1-因子.

36. (a) 如果 G 没有 1-因子,那么存在点 x 满足每条与 x 关联的边都包含在某个最大匹配中.

(b)* 如果 G 是有 1-因子的 2-连通图,那么存在一个点满足关联于这个点的每条边都出现在某个 1-因子中. (这样的点通常被称为完全覆盖的.)

37. 图 G 的 2-匹配的最大数目是

$$|V(G)| - \max_{\substack{X\subseteq V(G)\\ X \text{ 是独立的}}} \{|X| - |\Gamma_G(X)|\}.$$

38*. 每个图 G 都有一个最大匹配包含在一个最大 2-匹配中.

*

39. 令 G 是具有偶数条边的连通的 $2d$-正则图,证明 G 有 d-因子.

40. 每个 $2d$-正则图都是 d 个 2-因子的并.

41. 怎样的连通图 G 有一个生成子图 F 满足对每个 x 都有

$$d_F(x) = \left\lfloor \frac{d(x)}{2} \right\rfloor \text{ 或 } \left\lceil \frac{d(x)}{2} \right\rceil.$$

42. (a) 哪些连通图有一个度都为奇数的生成子图?

(b) 每个度都至少为 3 的 2-边连通图 G 都有一个度为正偶数的生成子图.

43*. 令 G 为一个图且 G 的每个顶点关联一个非负整数 $f(x)$,构造图 G' 满足它有 1-因子当且仅当

(a) G 有一个完美 f-匹配;

(b) G 有一个 f-因子.

44. 对有向图 G 的每个顶点 x,我们关联一个非负整数对 $(f(x), g(x))$,什么时候 G 有一个生成子图满足在每个顶点 x 的入度为 $f(x)$、出度为 $g(x)$?

45. 给定图 G,什么时候我们可以给它的边一个定向使得每个顶点 x 的出度等于一个指定的数 $f(x)$?

46. (a) 令 G 是包含圈的连通图,对 G 的每个顶点 x 我们关联数 $g(x)$. 证明 G 有一个生成子图 F,其在每个顶点 x 上的度都不同于 $g(x)$.

(b) 令 G 是树,对每个顶点 x 我们关联整数 $g(x)$,证明下面的论断恰好有一个成立;

(i) G 有一个入度为 $g(x)$ 的定向;

(ii) G 有一个所有的度都不同于 $g(x)$ 的生成子图.

*

47. 设 $0 < d_1 \le d_2 \le \cdots \le d_n$ 为整数, 证明存在度序列为 $d_1, \ldots, d_n$ 的树当且仅当

$$d_1 + \cdots + d_n = 2n - 2.$$

48. 设 $0 \le d_1 \le \cdots \le d_n$ 都是整数, 证明它们是一个无自环图的度序列当且仅当

(1) $d_1 + \cdots + d_n$ 是偶数, 且

(2) $d_n \le d_1 + \cdots + d_{n-1}$.

49. 设 $f_1, \ldots, f_n, g_1, \ldots, g_n \ge 0$ 都是整数. 证明存在 $\{v_1, \ldots, v_n\}$ 上的无自环有向图满足 $d_H^+(v_i) = f_i$ 和 $d_H^-(v_i) = g_i$ 当且仅当

(a) $f_1 + \cdots + f_n = g_1 + \cdots + g_n$, 且

(b) $\sum\limits_{i \in I} f_i \le \sum\limits_{j \in J} g_j + |I|(n - |J|) - |I - J| \quad (I, J \subseteq \{1, \ldots, n\})$.

简化这个条件如果 $f_1 \le \cdots \le f_n$ 且 $g_1 \le \cdots \le g_n$.

50. 证明存在度序列为 $d_1 \le d_2 \le \cdots \le d_n$ 的简单图当且仅当存在度序列为 $d'_1, \ldots, d'_{n-1}$ 的简单图, 其中

$$d'_k = \begin{cases} d_k, & \text{若 } k = 1, \ldots, n - d_n - 1, \\ d_k - 1, & \text{若 } k = n - d_n, \ldots, n - 1. \end{cases}$$

51. (a) 假设 $d_i \ge 0$ $(i = 1, \ldots, n)$, 且 $d_1 + \cdots + d_n$ 是偶的. 假设存在 $V = \{v_1, \ldots, v_n\}$ 上的无自环简单有向图 H 满足 $d_H^+(v_i) = d_H^-(v_i) = d_i$ $(i = 1, \ldots, n)$. 那么存在 V 上的简单图 G 满足 $d_G(v_i) = d_i$ $(i = 1, \ldots, n)$.

(b) 设 $0 \le d_1 \le \cdots \le d_n$, 证明存在度序列为 $d_1, \ldots, d_n$ 的简单图当且仅当

(1) $d_1 + \cdots + d_n$ 是偶的, 且

(2) 对每个 $1 \le k \le n$, $\quad \sum\limits_{i=n-k+1}^{n} d_i \le k(k-1) + \sum\limits_{i=1}^{n-k} \min(d_i, k)$.

52. 设 $0 \le d_1 \le d_2 \le \cdots \le d_n$ 是任意给定的整数. 证明它们是一个简单连通图的度序列当且仅当

(1) 它们满足 7.51 (b) 中的条件, 此外

(2) $d_1 > 0$, 且

(3) $\sum\limits_{i=1}^{n} d_i \ge 2(n-1)$.

53*. 设 $d_1, \ldots, d_n$ 为给定的整数, 证明它们是具有 1-因子的简单图的度序列当且仅当 $d_1, \ldots, d_n$ 和 $d_1 - 1, \ldots, d_n - 1$ 都是某个简单图的度序列.

§8. 顶点独立集

点的独立集的概念类似于边的独立集, 听起来比边的情况更简单一些. 然而, 它的处理要更加困难一些, 而且知道的结果也更少. 没有 "好" 的方法来确定最大独立集的大小, 有一些比较基本的原因 (参见 Cook, Karp 和 Levin 的工作, 序言中已经提到).

考虑关于独立数的临界图的问题, 已被证明是较容易处理的. 这些图具有很多好的性质, 并且推广了问题 8.25, 去寻找它们的分类是有可能的. α-临界图的结果的数量和深度都比色临界图的结果大的多 (参见下一章).

一个相关的问题是图上博弈的问题, 这是博弈论的一个非常普遍的背景. 建议读者将国际象棋游戏、井字游戏等翻译成有向图上的游戏, 如 8.8 那样, 并设计一些游戏, 使得可以将这些问题的令人吃惊的结果应用到这些游戏上 (如具有 "通过" 的国际象棋).

1. 所有度至多为 d 的图满足

$$\alpha(G) \geq \frac{|V(G)|}{d+1}.$$

2. 图 G 的顶点集可被不超过 $\alpha(G)$ 条点不交的路覆盖.

3. 图 G 的顶点可以被不超过 $\alpha(G)$ 个不交的圈、边和点所覆盖.

4*. 令 G 为有向图且 S 是 $V(G)$ 的子集满足存在由 S 中的点出发且覆盖 $V(G)$ 的不交 (有向) 路. 证明 S 包含一个具有相同性质的子集 S_0 满足

$$|S_0| \leq \alpha(G).$$

5. (a) 每个对称有向图有一个核.

(b) 无圈有向图 G 有一个唯一的核.

(c) 如果 G 的每个圈都是偶长的, 那么 G 有一个核.

6. 每个竞赛图 T 都有这样一个点, 从这个点出发可以通过一条长至多为 2 的 (有向) 路到达每个其他的点.

7. 每个有向图 G 包含一个独立集 $S \subseteq V(G)$, 满足每个点都可以从 S 出发通过一条长至多为 2 的 (有向) 路到达.

8. 令 G 为有向图并让选手 A, B 参与以下的游戏. A 先占据一个点, 然后轮流进行, 他们每一次占据一个从对手的最后一步可到达且仍未被占据的点. 一个选手输了, 如果轮到他时, 他却不能再进行下一步.

(a) 假设 G 没有圈. 证明 A 有一个获胜策略并确定他可以出发的那些点的集合.

(b) 现在去掉 G 是无圈的假设, 但假设它有一个度为 0 的点 x_0. 证明先开始的选手 A 仍然有一个获胜策略.

(c) 现在令 G 为任一有向图. 证明后开始的选手有一个获胜策略当且仅当他在 G 的每个强连通分支上有一个获胜策略.

9. (Cont'd) 令 G 为一个图 (或等价地, 一个对称有向图). 证明先开始的选手有一个获胜策略当且仅当 G 没有 1-因子.

*

10. 令 $T_1, \dots, T_k$ 为图 G 的最大独立集. 证明

$$|T_1 \cup \cdots \cup T_k| + |T_1 \cap \cdots \cap T_k| \geq 2\alpha(G).$$

11. 令 $T_1, \dots, T_k$ 为 G 的最大独立集且 X 是任一独立集. 令

$$S = X \cap T_1 \cap \cdots \cap T_k.$$

那么

$$|\Gamma(S)| - |S| \leq |\Gamma(X)| - |X|.$$

12. 令 G 为没有孤立点的 α-临界图. 那么每个点 x 包含在某个最大独立集中, 但不包含在所有的极大独立集当中. 如果 x, y 是不包含在 G 的同一个连通分支中的两个点, 那么存在一个最大独立集恰好包含它们中的一个. 如果 x, y 相邻, 则存在另一个最大独立集不包含它们中的任意一个.

13. 将一个 α-临界图中的每个点用一个完全图替换, 我们得到一个 α-临界图.

14. 每个图都是一个 α-临界图的导出子图.

15. (a) 找出无穷多个连通的 r-正则 α-临界图 $(r \geq 2)$.

(b) 哪些柏拉图立体是 α-临界的?

16. 哪些二部图是 α-临界的?

17*. α-临界图的任意两条相邻的边都包含在一个无弦的奇圈中.

18. α-临界图中没有可以生成完全图的割集 (特别地, 它没有割点).

19*. (a) 令 G_1, G_2 为除 K_2 以外的连通 α-临界图. 将 G_1 的点 x 分裂成两个非孤立的点 x_1 和 x_2, 删除 G_2 的边 (y_1, y_2), 并等同 x_i 和 y_i. (这样两个三角形导出一个五边形.) 证明得到的图是 α-临界的.

(b) 进一步证明每个连通的但不是 3-连通的 α-临界图都可以通过这种方式产生.

20. 一个没有孤立点的 α-临界图 G 至少有 $2\alpha(G)$ 个点.

21. 在一个 α-临界图中, $|\Gamma(X)| \geq |X|$ 对任意独立集 X 都成立.

22. 令 X 为 α-临界图 G 的独立集且 $x \in X$, 那么

$$d_G(x) \leq |\Gamma(X)| - |X| + 1.$$

23. (a) 没有孤立点的 n 个顶点的 α-临界图的最大度至多为 $n - 2\alpha(G) + 1$.

(b) n 个顶点的 α-临界图的边数至多为 $\binom{n-\alpha(G)+1}{2}$.

24*. 哪些连通的 α-临界图 G 是 $(|V(G)| - 2\alpha(G) + 1)$-正则的?

25. 刻画满足 $|V(G)| - 2\alpha(G) = 0, 1, 2$ 的连通 α-临界图.

26. 假设 $\alpha(G - x - y) = \alpha(G)$ 对所有的 $x, y \in V(G)$ 成立且 $|V(G)| = 2\alpha(G) + 1$. 证明 G 是一个奇圈.

27. 令 G 为满足如下条件的图: 对所有 $x, y, z \in V(G)$ 都有 $\alpha(G - \{x, y, z\}) = \alpha(G)$ 成立. 证明要么 $|V(G)| \geq 2\alpha(G) + 3$, 要么 $G \cong K_4$.

II. 提　　示

§1. 基本计数法

1. 一个接一个地考虑朋友.

2. 现在要考虑明信片. 第二个问题的答案是 $n!\left\{{k \atop n}\right\}$.

3. 如果我们形成了这些字母的所有排列, 那么同一单词出现的频率是多少呢?

4. (a) 设想将 k 个福林硬币排成一行, 假设人们一个接一个的来拿走这些福林, 只要你允许.

(b) 从每个人那里借 1 个福林硬币, 可归结为前面的情形.

5. 独立考虑不同种类的明信片.

6. (a) 可能的递推关系为

$$\left\{{n+1 \atop k}\right\} = \left\{{n \atop k-1}\right\} + k\left\{{n \atop k}\right\},$$

$$\left[{n+1 \atop k}\right] = \left[{n \atop k-1}\right] + n\left[{n \atop k}\right].$$

(b) 观察到在将 n 个元素分为 $n-k$ 项的划分中, 至少有 $n-2k$ 项为一个元素.

(c) 对 Stirling 划分数, 将 (a) 中的递推关系写为

$$\left\{{n \atop k-1}\right\} = \left\{{n+1 \atop k}\right\} - k\left\{{n \atop k}\right\},$$

这样得到一个 k 为负值的递推关系.

(d) $\left\{{n \atop k}\right\}$ 和 $\left[{-k \atop -n}\right]$ 满足相同的递推关系和初始条件.

7. (a) 如果 x 是一个整数, 第一个恒等式的两端都计数了从 n 元集到 x 元集的映射的个数.

(b) 两端都计数了 (π, α) 对的数目, 其中 π 是 n 元集 S 的一个排列, α 是在 π 的作用下用 x 种颜色对 S 的一种染色.

(c) 结合 (a) 和 (b) 中的恒等式.

8. 代入

$$j^n = \sum_{r=0}^{n} \left\{ {n \atop r} \right\} j(j-1)\dots(j-r+1).$$

9. (a) 使用如下恒等式

$$B_n = \sum_{k=0}^{\infty} \left\{ {n \atop k} \right\}.$$

(b) 证明 (a) 的和式中项的分布是渐近正态的. 如果我们令

$$g_n(y) = \frac{1}{\sqrt{2\pi}} y^{n-y-1/2} e^{y-1} \quad (\sim y^n/ey!),$$

那么

$$\frac{g_n(\lambda(n) + y\lambda(n)/\sqrt{n})}{g_n(\lambda(n))} \to e^{-y^2/2} \quad (n \to \infty).$$

10. 考虑包含一个给定元素的划分类.

11. 用之前的递归关系导出 $p(x)$ 的一个微分方程.

12. (a) 对一个划分, 考虑子集合以长度不减的顺序排序的所有排列.

(b) 结果 $\approx (e-1)^n$.

13. 考虑 e^{e^x} 的泰勒展开式.

14. (a) 将 1.12 中 $p(x)$ 公式的第二个推导加以修改之后用在这里.

(b) 1.11 中 $p(x)$ 公式的第一个证明方法可以简单地推广到这种情形.

15. (a) 用递归关系

$$S_n = \sum_{k=1}^{n} \binom{n}{k} S_{n-k}.$$

(b) 用下式来证明

$$S_n = \frac{n!}{2\pi i} \oint_{|z|=\varepsilon} \frac{s(z)}{z^n} dz.$$

16. 用一个图表来表示划分 $n = a_1 + \cdots + a_s$, $a_1 \geq \cdots \geq a_s$, 其中第 i 列由 a_i 个点组成.

17. 将划分 $n = a_1 + \cdots + a_m$ 和 $n - m = (a_1 - 1) + \cdots + (a_m - 1)$ 联合起来.

18. 令 $n = a_1 + \cdots + a_m$ 表示将 n 划分为不同项的一个划分. 将 a_i 写成 $a_i = 2^{\beta_i} b_i$, 其中 b_i 是奇数.

19. 如果

$$n = a_1 + \cdots + a_m, \quad a_1 > \cdots > a_m \geq 1$$

是 n 的一个划分, 那么尝试去构造一个新的划分: 它比原来的划分多一项, 将 a_1 减去 1, 新加的一项为 1. 一般来说这将是无效的, 因为我们可能会有 $a_1 - 1 = a_2$. 如果是这样的话, 我们也将 a_2 减去 1, 新加的一项为 2. 如此类推下去.

20. 结果是

$$S(x) = \frac{1}{(1-x)(1-x^2)(1-x^3)\dots}.$$

21. 将每一个生成函数表示成一个乘积, 类似于之前的求解.

22. 将 n 划分为奇数个不同项和偶数个不同项的划分的数目之差是

$$(1-x)(1-x^2)(1-x^3)\dots$$

中 x^n 的系数.

23. 恒等式 (a) 表示如下事实: 划分为不同的奇数项的划分的数目等于对称 Ferrers 图表划分的数目. (对称是指关于如下直线轴对称: 从左下角斜上升 45° 的直线.)

24. 从 1 开始, 确定哪个数字在这样一个划分中出现多少次. 如果 1 出现了 k_1 次, 那么接下来出现的最小次数为 k_1+1.

25. 如果 $n = x+y+z$ 是 n 的一个划分, 那么 $x+y$, $y+z$, $x+z$ 是周长为 $2n$ 的三角形的三条边.

26. 寻找 M_n 的一个 2 步递推关系; 猜测 1 步递推关系并用归纳法证明.

27. 寻找 A_n 的一个递推关系.

28. (a) 推导 C_n 的一个递推关系并证明上面的行列式满足这个递归关系以及初始值. 作为初始值, 可取 $C_{-k+1} = \dots = C_{-1} = 0$, $C_0 = 1$.

(b) 利用类似于 1.27 的递推关系.

29. 证明特征多项式

$$p_n(\lambda) = \det(\lambda I - A)$$

的递推关系

$$p_n(\lambda) = \lambda p_{n-1}(\lambda) - p_{n-2}(\lambda).$$

30. 令 x_n 和 y_n 分别为以 a 或 b, c 或 d 开始的这种序列的数目, 并寻找这些数之间的递归关系.

31. 用求解 1.17 类似的方法.

32. 这样的一个函数可以看作是一个多边形, 它将点 $(1,1)$ 和 (n,n) 连接起来, 每一步都向右或向上移动.

33. 为方便起见, 我们考虑从 $\{1,\dots,n\}$ 到 $\{0,\dots,n-1\}$ 的满足条件 $f(x) < x$ 的单调映射 f. 不具有这一性质的映射与连接 $(0,1)$ 和 $(n+1,n-1)$ 的步函数之间有一个一一对应. 结果是 $\frac{1}{n+1}\binom{2n}{n}$.

34. 用 $g(n,r)$ 表示问题中的数字. 建立并使用递推关系

$$g(n,r) = \sum_{k=0}^{r} \binom{r}{k} g(n-1,k).$$

35. 逆向考虑这一过程.

36. 用归纳法: 从 S 中移去一个元素, 那么剩余集合的划分序列几乎是按问题中程序生成的序列.

37. 将 (b) 转化为之前的问题.

38. 用 1.37 或者 1.33.

39. 将在乘积 $x_1 \ldots x_{n-1}$ 中加括号跟三角剖分联系起来.

40. 用递推关系

$$D_n = \sum_{k=2}^{n-2} D_k D_{n-k+1}.$$

41. 那些三角形形成一个链.

42. (a) 同时考虑 $\sum\limits_{k=0}^{\lfloor (n-1)/2 \rfloor} \binom{n}{2k+1}$ 的值.

(b) 考虑帕斯卡三角形.

(c) 寻找一个组合解释.

(d) 这是 $(1-x)^u(1+x)^u$ 中 x^m 的系数.

(e) $\binom{k}{m}\binom{n}{k} = \binom{n}{m}\binom{n-m}{n-k}$.

(f) 令 $\varepsilon = e^{\frac{2\pi i}{7}}$ 并利用

$$\sum_{j=0}^{6} \varepsilon^{kj} = \begin{cases} 7, & \text{如果 } 7|k, \\ 0, & \text{其他情形}. \end{cases}$$

(g) 为这些数字 (z 固定, n 变化) 寻找一个递推关系.

(h) 用归纳法证明, 结果是 $(-1)^m\binom{n-1}{m}$.

(i) 结果是 $\binom{u+v+1}{m}$.

43. (a) 寻找一个组合解释.

(b) 将 (a) 中的 n 用 $-n-1$ 来代替.

(c) 将

$$\binom{n+k}{p+q} = \sum_{j=0}^{k} \binom{n}{p+q-j}\binom{k}{j}$$

代入式子.

(d) 将 (c) 中的 n 用 $-n-1$ 来代替.

(e) 用 1.42 的 (c) 和 (i) 来展开 $\binom{x+t}{n} - \binom{x}{n}$.

44. (a) 将式子两端对 y 求微分, 并对 n 用归纳法.

(b), (c) 都可以由 (a) 得到.

45. 利用 $f_n(x) = n!\binom{x}{n}$.

§2. 筛 法

1. 喜欢数学或者物理的学生人数不是 $12+14$. 但是 26 又大了多少呢?

2. 确定由 $A_1, \ldots, A_n$ 生成的布尔代数的任何一个元素对等式每一边的贡献是多少.

3. 设 $S=\{1, \ldots, n\}$, 并且设 A_i 是由那些能被 p_i 整除的整数构成的集合.

4. 计算 k 个给定元素的集合到 n 个给定元素的集合的映射的个数.

5. 若 $x_i=0$ $(i=1, \ldots, n)$, 则 $p-\sigma^1 p+\ldots$ 变为零.

6. 考虑由 $A_1, \ldots, A_n$ 生成的布尔代数的一个元素 B 的"贡献".

7. (a) 应用之前的结果.

(b) 利用

$$\sigma_j=\mathsf{E}\left(\binom{\eta}{j}\right).$$

8. 对 $p, p+1, \ldots$, 将前面问题的结果加起来.

9. 这回到了如下的部分和

$$\binom{k}{0}-\binom{k}{1}+\binom{k}{2}-\cdots.$$

10. 证明

$$\sigma_r \leq \frac{m-r}{r} \sigma_{r-1}+\frac{1}{r}\binom{m}{r-1} \sigma_m.$$

11. 对于每个 $J \subseteq\{1, \ldots, n\}$,

$$\mathsf{P}\left(A_J \cdot \prod_{j \notin J} \bar{A}_j\right) \geq 0.$$

12. 用 $\mathcal{E}_0$ 和 $\mathcal{O}_1$ 来分别表示独立的偶子集的集合, 以及生成至多一条边的奇子集的集合. 用归纳法同时证明不等式

$$\left|\mathcal{E}_1\right| \geq\left|\mathcal{O}_0\right| \quad \text{和} \quad\left|\mathcal{O}_1\right| \geq\left|\mathcal{E}_0\right|.$$

13. 如果 $\mathsf{P}(A_1)=\cdots=\mathsf{P}(A_n)=1$, 那么满足 $J=I \cup\{n\}$ 的项 $(-1)^{|I|}$ 和 $(-1)^{|J|}$ 相抵消; 余下的项是正的.

14. (a) 运用 2.6.

(b) 下界估计如下:

$$\mathsf{P}(\bar{A}_1 \ldots \bar{A}_n) \geq 1-\sum_{\substack{I, J \subseteq\{1, \ldots, n\} \\ \max I=\max J}} \lambda_I \lambda_J \mathsf{P}(A_{I \cup J}),$$

其中, 对 $1 \leq k \leq n$ 有 $\lambda_{\emptyset}=0$, $\lambda_{\{k\}}=1$, 并且对 $|\lambda| \geq 2$ 有 λ_I 是任意的实数.

15. 设 $q_i = 1 - p_i$ 并且 $q_I = \prod_{i\in I} q_i$, 证明

$$p_{I\cup J} = p_I p_J \sum_{k\subseteq I\cap J} \frac{q_K}{p_K}.$$

16. 设 $P(A_K) = p_K + R_K$, $\mathscr{H} = \{K : p_K \geq \frac{1}{M}\}$, 最小化

$$\sum_{I,J\in\mathscr{H}} \lambda_I \lambda_J p_{I\cup J} \quad (\lambda_\emptyset = 1),$$

并且在这里估计

$$\sum_{I,J\in\mathscr{H}} \lambda_I \lambda_J R_{I\cup J}.$$

17. 设 $M = \sqrt{x}/\log^2 x$ 并且设 $P_1, \ldots, P_n$ 是那些 $\leq M$ 又不整除 k 的素数. 运用 Selberg 方法, 从给定的能够被 $P_1, \ldots, P_n$ 中之一整除的序列中 "移出" 那些数字.

18. 对 n 用归纳法证明

$$\mathsf{P}(A_1|\bar{A}_2 \ldots \bar{A}_n) \leq \frac{1}{2d}.$$

19. 设 ζ 是 A_i 出现的数目, 运用 Chebyshev 不等式

$$\mathsf{P}(\bar{A}_1 \ldots \bar{A}_n) = \mathsf{P}(\zeta = 0) \leq \frac{1}{\sigma_1^2} \mathsf{E}((\zeta - \sigma_1)^2).$$

20. 比较 2.19 的结果和 Selberg 方法得到的估计, 用 p 的幂级数来展开后者.

21. 只有涉及逆的叙述是非平凡的. 基于此, 证明 (a_{ij}) 是可逆的当且仅当 $a_{ii} \neq 0$ $(i = 1, \ldots, n)$.

22. 当 $m_{ij} = \mu(x_i, x_j)$ 时, 矩阵 $M = (m_{ij})$ 将等于什么呢?

23. $\mu(a, b)$ 只依赖于区间 $\{z : a \leq z \leq b\}$ 的结构.

24. 证明由 $(*)$ 定义的 μ^* 满足 μ 定义中的等式.

25. 运用事实 $(Z - I)^n = 0$.

26. (关于第二部分) 取 V 是 $\{1, \ldots, n\}$ 的所有子集构成的集合且

$$f(K) = \mathsf{P}\left(\prod_{i\notin K} A_i \prod_{j\in K} \bar{A}_j\right).$$

27. 运用

$$\sum_{x\leq b} \mu(0, x) = \sum_{a\leq b_1\leq b} \sum_{a\vee x = b_1} \mu(0, x).$$

28. 设 a 是满足条件 $a \leq x$ 的一个原子, 考虑

$$\sum_{y\vee a = x} \mu(0, y) = 0.$$

29. 根据 x, y 是否属于 A, B, C 来分解

$$\sum_x \sum_{y \geq x} \mu(x, y).$$

30. (a) 运用 2.27 并对 n 归纳.

(b) 对 d 用归纳并且由欧拉公式: 如果用 f_i 来表示一个 d-维凸多面体的 i-维面的个数 ($f_{-1} = f_d = 1$), 那么

$$\sum_{i=-1}^{d} (-1)^i f_i = 0.$$

31. 定义

$$f_{ij} = \begin{cases} f(x_i), & \text{如果 } i = j, \\ 0, & \text{其他情形}. \end{cases}$$

矩阵 $F = (f_{ij})$ 和 $G = (g_{ij})$ 之间的关系是什么呢?

32. 运用集合 $\{1, \ldots, n\}$ 的整除性的偏序和 2.31 的一个微小的修正.

33. 像在 2.32 的解答中对矩阵 G 一样, 为矩阵 $(d_{ij}) = D$ 找一个类似的表达式 $D = Z^T AZ$.

34. 用在 2.25 中类似的方式, 把 M 写成 $Z - I$ 的一个多项式.

35. 用 $q_k(x)$ 来表示 R 中并为 x 的 k-元组的数目. 证明

$$q_0(x) - q_1(x) + q_2(x) - q_3(x) + \cdots = \mu(0, x).$$

36. 运用 2.29 的等式, 做类似于前一问题的讨论.

37. 运用 2.27 并对 r 用归纳法.

§3. 置 换

1. 两个置换是共轭的当且仅当它们的所有轮换具有相同的基数.

2. (a) 用容斥原理; (b) 从一个给定点出发, 构造这样的一个置换.

3. 计数这样的置换: 包含 1 的轮换中元素的集合是给定的.

4. 如前一题类似地计数.

5. 确定 k-轮换中点数的期望值.

6. 用 3.3 中的解法二.

7. 证明下面的递推关系

$$np_n(x_1, \ldots, x_n) = \sum_{k=1}^{n} x_k p_{n-k}(x_1, \ldots, x_{n-k}).$$

8. 对于 (b), 用类的集合的一个置换来表示这些置换, 并且用 k 个置换来变换每个类.

9. 如果两个群中的对应元素都有相同的阶数, 那么它们的正则表示有相同的轮换指标.

10. 观察到等式

$$q_n(x_1,\ldots,x_n)=p_n(x_1,\ldots,x_n)+p_n(x_1,-x_2,\ldots,(-1)^{n-1}x_n).$$

11. 考虑

$$\sum_{n=0}^{\infty}(p_n-p_{n-1})y^n.$$

12. (a) 用 $f_n(x)$ 表示左边的项, 观察到 $f_n(x)=n!p_n(x,\ldots,x)$, 其中 $p_n(x_1,\ldots,x_n)$ 是 S_n 的轮换指标.

(b) 求 $f_n'(1)$ 的值.

13. 这样的图是由不相交的圈构成的. 如果我们将这些圈定向, 那么我们得到 n 个元素的置换的轮换分解的图.

14. (a) 将一个对中的两个数用边相连.

(b) 有多少种方法可以给之前的图定向?

15. 将这些数表示为轮换指标的特定值.

16. 序列 $\pi(1),\ldots,\pi(n)$ 唯一地刻画了置换 π.

17. 如果跳远者在第 i 次跳出的成绩 $\pi(i)$ 是最远的, 那么 π 是 $\{1,\ldots,n\}$ 的一个随机置换. 第 i 次跳远的成绩是一个记录当且仅当 $\pi(i)=i$.

18. 观察到采取的最优策略与前 k 个跳远的顺序是独立的. 确定 $p_{n-1},p_{n-2},\ldots$.

19. 这等价于 $\pi(j+1)\geq\pi(j)$.

20. π 中逆序的个数是

$$(\pi(1)-1)+(\pi(2)-1)+\cdots+(\pi(n)-1).$$

21. 假设我们出发的时候油箱里有很大的储备, 在用尽汽油时我们使用它. 考虑汽车跑完一圈所需要的最大的储备量.

22. (a) 称一个具有不同整数 $j_i(1\leq i\leq s)$ 的序列 $(j_1,\ldots,j_s)$ 是上升的, 如果满足

(i) $x_{j_1}+\cdots+x_{j_s}>0$, 但是

(ii) $x_{j_1}+\cdots+x_{j_\nu}\leq 0$ 对于 $1\leq\nu<s$.

(对 $s=1$, 一个元素的序列 (j_1) 是上升的当且仅当 $x_{j_1}>0$.) 称这个序列是下降的, 如果满足

(i′) $x_{j_1}+\cdots+x_{j_s}\leq 0$, 但是

(ii′) $x_{j_\nu}+\cdots+x_{j_s}>0$ 对于 $1<\nu\leq s$.

(注意到这两个定义不是完全类似的.) 考虑将 $\{1, \ldots, n\}$ 划分为上升的和下降的序列的那些划分, 并通过它们构造置换 π, 满足 $a(\pi)$ 和 $b(\pi)$ 都很容易地被确定, 也参见 3.21.

(b) 在 (a) 中令 $n = 2m$, $x_1 = \cdots = x_m = 1$ 且 $x_{m+1} = \cdots = x_{2m} = -1$.

23. (a) 在一个给定的旋转下, 计算保持不变的 k 边形的数目. (b) 用类似的办法.

24. 计算固定一个给定点的 Γ 的元素的个数.

25. 这仅仅是 3.24 的一个轻微的推广.

26. 我们想要确定 D 到 R 的映射的集合 Ω 上, 由 Γ 导出的置换群的轨道的数目.

27. 首先找到关于 F 的一个公式; 然后用

$$F(u_1, u_2, \ldots) = F\left(\frac{\partial}{\partial z_1}, \frac{\partial}{\partial z_2}, \ldots\right) e^{\sum\limits_{i=1}^{\infty} u_i z_i}\Big|_{z_i=0}.$$

28. 运用与上题类似的方法; 一个一一映射是 (π, ϱ) 的一个固定点, 它一定将 π 的一个轮换映射到 ϱ 的一个具有相同长度的轮换.

29. 首先确定满足 $(*)$ 以及在一个给定的 $\gamma \in \Gamma$ 下保持不变的映射 f 的数目 $q_n(\gamma)$ 的生成函数.

30. 如果 D 是福林的集合, R 是人的集合, 并且 Γ 是 D 上的对称群, 3.26 就给出了答案.

31. 在 3.27 中令 $|D| = n$, $|R| = N \geq n$, $\Gamma = \{1\}$ 且 $\Gamma_1 = S_N$; 令 $N \to \infty$.

§4. 图论中两个经典的计数问题

1. 假设 $d_n = 1$, 去掉顶点 v_n.

2. 利用上题的结果以及二项式定理.

3. 证明

$$p_n(x_1, \ldots, x_{n-1}, 0) = (x_1 + \cdots + x_{n-1}) p_{n-1}(x_1, \ldots, x_{n-1})$$

且使用恒等式 2.5.

4. 将每个 T_i 收缩为一个单点 v_i.

5. 尝试重构被删除点的序列 $b_1, \ldots, b_{n-1}$; 注意 b_i 是不在 $b_1, \ldots, b_{i-1}, a_i, \ldots, a_{n-1}$ 中出现的最后一个数.

6. 用每一种可能的方式删除树的一条边.

7. (a) 证明

$$\left(\frac{t(x)}{x}\right)' = t'(x)\frac{t(x)}{x}.$$

(b) 利用事实

$$T_n = \frac{1}{n}t^{(n)}(0) = \frac{(n-1)!}{2\pi i n}\oint_C \frac{t'(z)}{z_n}dz,$$

其中 C 是绕原点的任意简单闭曲线.

8. 利用 4.1, 结果是 $\frac{n!}{(n-l)!}S(n-2,l)$.

9. (a) 利用 Binet-Cauchy 公式:

$$\det A_0A_0^T = \sum(\det B)^2,$$

其中 B 遍历 A_0 的所有 $(n-1)\times(n-1)$ 型的子矩阵.

(b) A_0 的两行至多有一个公共非零元.

(c) n 个点的树的数目等于 n 个点的完全图 K_n 的生成树的数目.

10. 把 D 写成 $A_0A_0^T$ 的形式且使用与 4.9 的解答中类似的论证.

11. 这是以 $\{v_1,\ldots,v_n;w_1,\ldots,w_m\}$ 为顶点集的完全二部图的生成树的数目.

12. (a) 利用容斥原理和 4.4. (b) 和 (c) 利用 4.9 或 4.12(a).

13. (a) 将有 $k+1$ 个叶子点的二叉树看作一个图表来计算有 k 个因子的乘积.

(b) 设想这样一棵树的边是墙. 从根节点开始, 沿着墙走, 始终保持它在你的左侧. 当沿着一条远离根节点的边走的时候记作 1 否则记作 -1. 以这种方式将产生什么样的 ±1-序列呢?

14. 利用 4.4. 或者, 证明递归关系

$$E(n,k-1) = \left(1-\frac{1}{k}\right)nE(n,k).$$

15. 平凡的: 进入 $\neq a$ 的那些顶点的边可以被独立地选择.

16. (a) 利用归纳法, 将进入 v_1 的边分裂成两类 C_1, C_2 并且考虑图 $G-C_1$, $G-C_2$.

(b) 将 a_{ij} 看作变量并且替换 $a_{ij}=y_i$.

17. 如果存在一个不动点 x, 定向这样一棵树 T 来得到以 x 为根节点的一个树状图 $\overrightarrow{T}$. 收缩 π 的所有轨道并研究 $\overrightarrow{T}$ 的像.

18. 为证明上界考虑有根平面树.

19. (a) 将右边写成形式

$$x\prod_T\left(1+x^{|V(T)|}+x^{2|V(T)|}+\ldots\right),$$

其中 T 遍历树的所有同构类型.

(b) 根节点度为 d 的非同构有根树的数目记为 $W_n^{(d)}$. 首先对一个固定的 d, 用 Pólya-Redfield 方法给出 $W_n^{(d)}$ 的关于 $w(x)$ 的生成函数.

20. (a) $w(x)$ 满足等式

$$w(x)e^{-w(x)} = \varphi(x),$$

其中

$$\varphi(x) = x\exp\left(\frac{w(x^2)}{2} + \frac{w(x^3)}{3} + \dots\right)$$

关于一个比 w 更大的圆是解析的.

(b) 证明

$$w''(x) = B_1(\tau - x)^{-3/2} + B_2 2(\tau - x)^{-1/2} + h(x),$$

其中 $h(x)$ 在 (闭) 圆盘 $|x| \le \tau$ 上是连续的.

21. per$A$ 的每个展开项计数了平行于一个给定的 1-因子的数目.

22. 找到一个递推关系.

23. 利用容斥原理.

24. $\det B$ 的对应于有至少一个奇圈的置换的那些展开项将会抵消.

25. (a) Pf B 中的非零项对应于 G 的 1-因子.

(b) 在什么情况下 Pf B 中对应于两个 1-因子的项会有相同的符号?

26. $\det B$ 的不对应一个 1-因子的项具有 0 期望.

27. 证明存在一个定向满足, 如果我们沿着任意有界面的边界按正向前进, 我们将通过奇数条和它的定向一致的边.

28. 如图 6 中一样定向梯图, 并应用 4.21 和 4.23.

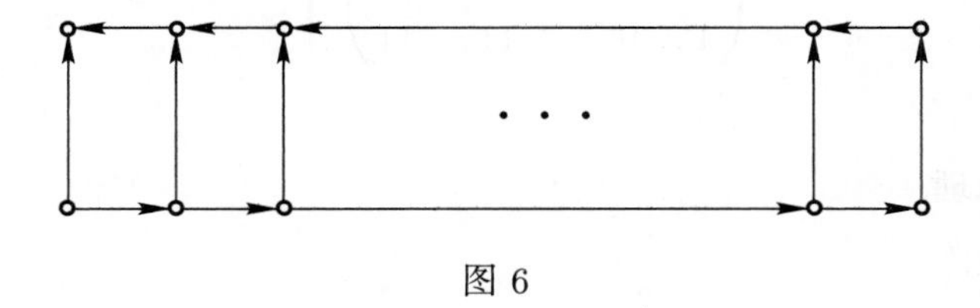

图 6

29. (a) 把 a_n^2 写成形式

$$\det p_n(A),$$

其中

$$p_n(\lambda) = \begin{vmatrix} -\lambda & 1 & & 0 \\ 1 & -\lambda & & \\ & & \ddots & 1 \\ 0 & & 1 & -\lambda \end{vmatrix}, \quad A = \begin{pmatrix} 0 & 1 & & 0 \\ -1 & 0 & & \\ & & \ddots & 1 \\ 0 & & -1 & 0 \end{pmatrix}.$$

利用 1.29 得到 $p_n(\lambda)$ 的根.

(b) 观察到公式 (a) 是两个多项式的结式并利用它的 Sylvester 行列式形式.

(c) 利用公式 (a), $\frac{\log a_n}{n^2}$ 将是逼近

$$\frac{1}{\pi^2}\int_0^{\pi}\int_0^{\pi}\log(4\cos^2 x+4\cos^2 y)\mathrm{d}x\mathrm{d}y$$

的一个和.

30. (a) 将 $n\times n$ 阶棋盘看作由 $(2n-1)\times(2n-1)$ 阶棋盘的每两个方格放一起组成.

(b) 取 G 和它的对偶的 "并".

31. 等同 u_i 和 v_i.

32. 找一个递推关系.

33. 将 a_n 看作一个矩阵的积和式并按它的第一行展开, 找到关于 a_n 以及其他一些类似的数的联合递推关系.

34. 这个数是

$$\operatorname{per}\begin{pmatrix} \overbrace{1\dots1}^{p} & \overbrace{00\dots00}^{n-p} \\ 1\dots1 & 10\dots00 \\ \vdots & \ddots\ \vdots \\ 1\dots1 & 11\dots10 \\ 1\dots1 & 11\dots11 \\ \vdots & \vdots \\ 1\dots1 & 11\dots11 \end{pmatrix}\begin{matrix} \left.\right\} n-p \\ \left.\right\} p \end{matrix}.$$

按第一行展开.

35. 利用容斥原理.

36. 这个数是矩阵

$$\begin{pmatrix} \overbrace{11\dots11}^{n} & \overbrace{00\dots00}^{n} \\ 11\dots11 & 10\dots00 \\ \vdots\ \vdots & \ddots \\ 11\dots11 & 11\dots10 \\ 01\dots11 & 11\dots11 \\ \vdots\ \ddots & \vdots \\ 00\dots01 & 11\dots11 \\ 00\dots00 & 11\dots11 \end{pmatrix}\begin{matrix} \left.\right\} n \\ \left.\right\} n \end{matrix}$$

的积和式. 计数具有 k 个元来自左上角块的展开项.

§5. 奇偶性和对偶性

1. (a) 一个图的度和是多少?

(b) 本章的标题具有误导性, 利用是否能被 3 整除.

(c) 最前面两个点和最后两个点互相连接会如何?

2. 利用 5.1(a) 的解法.

3. 如果每个回路都是偶的, 那么顶点对 x, y 之间的任何两条路的长度具有相同的奇偶性.

4. 若绕任意一个回路所需要的总工作为 0, 那么从 x 到 y 所需要的工作与我们所走的路无关.

5. 如果存在一个偶圈 C, 由 C 的 2-染色进行扩展, 可以定义 G 的一个 2-染色.

6. 取 G 中一个最长的闭迹, 证明它包含所有的边.

7. (a) 由前一题可知是平凡的.

(b) 注意到 $G_{k,n} = L(G_{k-1,n})$.

8. 这和 "$G_{k,2}$ 具有哈密顿圈" 意思相同.

9. 观察一条欧拉迹中度至少为 3 的顶点 x 连续两次出现所形成的片段.

10. 证明除 T 中与 x_0 距离最近的一条边外, 我们已经用到了所有的边.

11. 可以认为欧拉迹是从 x_0 出发经过某条特定的边, 证明每条欧拉迹都可通过 5.10 给出的算法, 由某个生成树形图得到.

12. 称点为 "好" 的, 如果与这个顶点相关联的所有边都以两个方向被通过. 观察途径中遇到的第一个 "坏" 点.

13. 证明并使用事实: 每个点的度都为偶数且不含孤立点的图是边不交的回路之并.

14. (a) 利用 5.13 和 5.6.

(b) 取一个新点, 将它与所有的奇度点相连.

15. 对边数进行归纳.

16. 对边数进行归纳; 注意到, 如果 G_1 是每个点都为偶数度的生成子图且 K 是一个回路, 那么 $(V(G), E(G_1) \triangle E(K))$ 也是偶的生成子图 (简单地说, 就是一个 "好" 子图).

17. (a) 对 n 进行归纳. 去除一个奇度点, 并取出它的邻域集的补图.

(b) 增加一个新点, 并将它与 $V(G)$ 的所有点相连.

(c) 增加一个新点, 并将它与所有的偶度点相连.

18. (a) 取出 $V(G)$ 上完全图的所有 r 元匹配, 然后去掉那些含有 G 中一条边的匹配.

(b) 由 (a) 可得.

(c) 1-因子的数目与邻接矩阵的行列式具有相同的奇偶性.

19. 利用类似于上一题的论断. 对无向图, 若 $|V(G)| > 3$, 结论也是对的.

20. 证明改变一条边的方向, 哈密顿路的数目的奇偶性不变.

21. 考虑 1-因子的满足 $F_1 \cap F_2 = \emptyset, e \in F_1$ 的对 (F_1, F_2). 证明这样的对的数目是偶的, 并利用这个结论.

22. 如图 7 那样简化图, 并且区分以不同方向通过边的哈密顿圈.

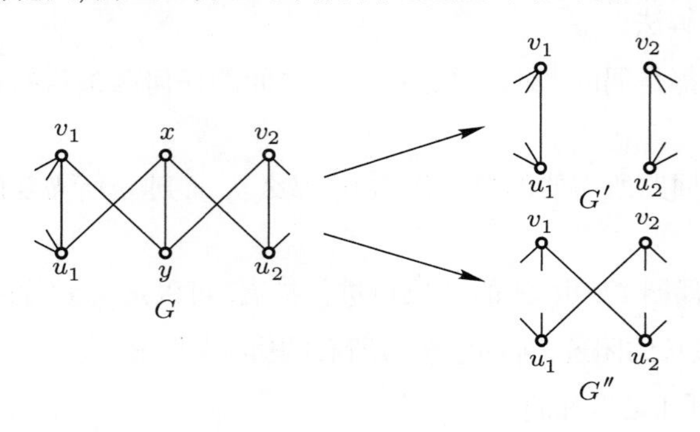

图 7

23. 令 F 是 G 的生成树, 证明 G^* 中那些不与 F 的边对应的那些边形成 G^* 的一棵生成树.

24. 利用上一题的证明.

25. 每一个面的边界上至少有三条边.

26. 移去一个面的边界上的边.

27. (a) 用面的 2-可染性.

(b) 利用欧拉公式计算红 – 蓝隅角.

28. (a) 考虑面的一个 2-染色.

(b) 在五边形的外面加一个新点, 并将它与所有奇度点相连.

29. 计算连接红点和蓝点的边的条数.

30. 如果 $x \in V_1$ 且 V_1 中有一条 (x, a) 路, 那么把 x 染成红色; 如果 $x \in V_2$ 且 V_2 中有一条 (x, b) 路, 那么把 x 染成蓝色; 否则染成绿色. 证明没有三角形包含所有三种颜色.

31. 只有 (f) 的证明有些难. 取 V 的满足 $\langle \mathbf{v}_1, \ldots, \mathbf{v}_k \rangle = M$ 的一组基 $\{\mathbf{v}_1, \ldots, \mathbf{v}_k, \mathbf{v}_{k+1}, \ldots, \mathbf{v}_n\}$, 考虑由

$$A : \mathbf{e}_i \longrightarrow \mathbf{v}_i$$

定义的变换 A.

32. (a) 证明并运用 $\langle M \cup M^{\perp} \rangle = (M \cap M^{\perp})^{\perp}$ 的事实.

(b) 如果 $\mathbf{a}$ 是由 A 的对角线形成的列向量, 那么对域 $GF(2)$ 上的每个向量 $\mathbf{v}$, 都有 $\mathbf{v}^T A \mathbf{v} = \mathbf{a}^T \mathbf{v}$ 成立.

33. (a) 星图生成割的子空间, 它的正交子空间是由偶子图的边集所组成.

(b) 利用 4.9.

34. 证明每个圈 C 是所有包含在 C 中的面之并.

35. (a) 证明 $\sum_{i\in I\cup J} C_i \subseteq K$.

(b) 考虑满足如下条件的集合 I: $K=\sum_{i\in I} C_i$ 是一个圈, $|I|\geq 2$ 且 $|I|$ 是极小的.

(c) 利用 (b) 并对 f 进行归纳.

(d) 由 (c) 和 5.34 可得.

36. 利用 MacLane 定理.

37. (a) 假设 $G=G_1\cup G_2$, $V(G_1)\cap V(G_2)=\{x,y\}$, 收缩 G_1-x 和 G_2-x.

(b) 考虑一条最长路.

(c) 移去圈中的弦, 画出它在这个平面中的其他部分, 选取一个圈使得圈内区域的数目尽量大. 证明这个图只含有在圈外的弦.

(d) 由 (c) 和 5.25(b) 可得.

38. 只需要考虑三角剖分. (证明!) 寻找恰好包含在两个三角形中的边 e, 收缩 e 并用归纳法.

§6. 连 通 性

1. 添加一条边可至多将连通分支数减少 1.

2. (a) 设 $T_1,\ldots,T_{c(G_1)}$ 是 G_1 的连通分支, $S_1,\ldots,S_{c(G_2)}$ 是 G_2 的连通分支. 构造图 G^*, 其顶点集为 $V(G)=\{t_1,\ldots,t_{c(G_1)},s_1,\ldots,s_{c(G_2)}\}$, t_i 和 s_j 相邻当且仅当 $T_i\cap S_j\neq\emptyset$, 观察这个图的连通分支.

(b) 把 $V(G_1)-V(G_2)$ 的顶点作为孤立点添加到 G_2 中.

3. 设 x_i 的度为 d_i, 考虑 G 的不包含 x_n 的连通分支 G_1; 这个分支只具有度数小于 $|V(G_1)|$ 的点!

4. 不妨假设 G_1 包含一个奇圈且连通, 证明 G_1 包含一条连接任意两个点的任意足够长的途径, 并运用这个事实.

5. 参见 5.1(b).

6. (a) 考虑一条最长路.

(b) 考虑一条最长路的端点.

(c) 如果不存在这样的点对, 那么一棵生成树的叶子点必然导出一个完全子图.

7. (a) 在每一步我们都可以增加 T_1 和 T_2 的公共边的数目.

(b) 对 T_1 和 T_2 的公共子树的边数使用 “逆” 归纳.

8. (a)-(b) 运用 6.7(b).

9. 证明存在一条 (a,b)-路, 考虑所有从 a 可到达的点的集合 X.

10. 收缩红边并且删除绿边.

11. (a)-(b)-(c). 如果 F 是满足如下条件的极小集: 将它移除 (收缩) 后得到一个满足所需性质的有向图, 那么 F 的逆也给出一个这样的图.

(b) 首先考虑 $|F|=1$ 的情形.

(c) 首先证明一个无圈图 G 的点可以按如下方式排列: 每条边的头比尾大.

12. 要证明一个强连通竞赛图包含一个哈密顿圈, 我们考虑一个极大圈.

13. 考虑一个非哈密顿圈的最长圈.

14. 反转 F 的边.

15. 找到一棵真子树满足 φ 将它映射到自身.

16. 考虑交集的两个点以及连接它们的路.

17. (a) 假设 P_1, P_2 是不交的最长路, 考虑一条 (P_1,P_2)-路 Q.

(b) 一条给定的最长路的中点包含在每一条最长路中.

18. 对 k 或 n 用归纳. 在第一种情形中找一条分离 G_k 和 $G_1\cap\cdots\cap G_{k-1}$ 的边.

19. 只有 (c) 是非平凡的. 在 $d(x,y)$ 的情形中, 考虑一条最短 (x,y)-路和一条最短 (y,z)-路; 在 $D(x,y)$ 的情形中, 考虑一条极大的 (x,z)-路.

20. 取一条边, 并计数有多少条包含它的形如 $(p_i,p_j),(p_i,q_j),(q_i,q_j)$ 的路.

21. (a) 证明删除所有的 1 度点, 对所有余下的顶点, $\widetilde{d}(x)$ 减少 1.

(b) 考虑以 x 为端点的一条最长路.

22. (a) 从 x 移向 y, 哪些点 z 的 $d(x,z)$ 增加, 减少?

(b) 由 (a) 易得.

(c) 在它的某个端点处取一条长路和一个大 "扇".

23. 为了确定 $\sum_{x,y}d(x,y)$ 的最小值, 观察到恰好有 $n-1$ 项等于 1; 其他的项都能等于 2 吗? 另一方面, 证明当 G 是一条路且 x 是它的一个端点时 $s(x)$ 是极大的.

24. 和 k 个点之外的其他每一个点联系, 从它开始的一条 k 长路, 满足不同的点对应不同的路.

25. 设 G 是由算法构造的树, H 是一棵具有最小费用且与 G 有最大可能数目的公共边的树. 假设 $G\neq H$, 考虑 G 的一条不在 H 中的边.

26. 用与 6.25 中类似的讨论.

27. 两条边等价当且仅当它们位于同一个圈上.

28. 选择满足条件的子图 $G_1,\ldots,G_i$ 并证明如果 $G_1\cup\cdots\cup G_i\neq G$, 则可以选择一个 G_{i+1}.

29. 非平凡的部分是: 如果 G 是 2-边连通的, 那么它有一个满足要求的定向. 运用

6.27 或者 6.28.

30. 找到一个圈使得除了一条边之外其余所有边都是适于该圈的, 收缩它并用归纳法.

31. 要证明如果 e_1, e_2 在圈 C_1 上并且 e_2, e_3 在圈 C_2 上, 那么 e_1, e_3 也在一个回路上, 从两个方向上考虑 C_2 上的临近 e_3 的 C_1 与 C_2 的公共点.

32. 在 (i)⇒(iii)⇒(ii)⇒(i) 中只有第一步是非平凡的, 首先对两条相邻边证明 (iii).

33. (a) 选择连接同一对顶点的 3 条路 P_1, P_2, P_3 满足 P_1 的长度最小, 证明 P_1 满足要求.

(b) 运用 (a) 或者 6.28 解答中类似的讨论.

34. 把 G 的顶点安排成一个序列使得 p 是第一个点, q 是最后一个点, 并且对任意一个其他点, 都有一条边连接它到前一个和后一个点.

35. 回路的一条弦被删除将不影响其 2-连通性.

36. 选择一条其端点是 x, y 的 (C, C)-路 P 使得在 C 上连接 x, y 的弧 R 是极小的, 那么在 R 上 x 的邻点 z 的度为 2.

37. 如果 G' 是连通的, 那么 G 包含一个回路, 它的 2 度点构成一条弧.

38. 等同两棵同构树的对应端点.

39. (a) 对 $|E(G)|$ 用归纳. 如果存在 $S \subseteq V(G)$ 定义了一个 k 元 (a, b)-割并且 $|S| \geq 2$, $|V(G) - S| \geq 2$, 那么对由收缩 S 和 $V(G) - S$ 得到的图运用归纳假设.

(b) 分裂每一个点 $x \neq a, b$ 为两个点 x_1, x_2, 其中 x_1 连接到 x_2 且 x_2 连接到 y_1 当且仅当 x 连接到 y.

(c) 用两条相反的定向边替换每条 (无向) 边.

40. 取两个新点 a, b; 连接 a 和 A 中的所有点, 连接 b 和 B 中的所有点.

41. 下面是一个普通的推广. 如果 $A, B \subseteq V(G)$ 是不交的集合, 且存在一个关联于每个顶点 x 的正整数 "容量" $w(x)$, 对与所有 (A, B)-路相交的每个集合 S, 我们有

$$\sum_{x \in S} w(x) \geq k,$$

那么存在 k 条 (A, B)-路使得每个点 x 至多包含在它们中的 $w(x)$ 个之中.

42. 选择 k 条独立的 (a, B)-路 $R_1, \ldots, R_i$ 使得 R_t 和 P_t 有相同的终点并且

$$|E(R_1 \cup \cdots \cup R_k) - E(Q_1 \cup \cdots \cup Q_{k+r})|$$

是极小的.

43. 选择 $B = V(P_0)$ 并运用 6.42.

44. 已知 Menger 定理容易得到 G 包含两个有 k 个公共点的完全图 G_1, G_2, $a \in V(G_1)$, $b \in V(G_2)$, $a, b \notin V(G_1 \cap G_2)$. 为了不用 Menger 定理, 我们需要证明每个点要么和 a 相连要么和 b 相连, 且与两点都相连的点分离 a 和 b.

45. 没有一个是正确的.

46. 运用 Menger 定理.

47. 对 (i): 删除一条 (a,b)-路 (如果有) 的边并应用 6.46.

48. 直接计数不等式两边的边数.

49. 考虑满足 $\delta_G(X)=k$ 的集合 X 且 $|X|$ 是极小的.

50. 收缩不在 $F_1,\ldots,F_m$ 中的边并考虑得到的图.

51. 设 $U\subset V(G)-\{x\}$ 是满足 $\delta_G(U)=k$ 且 x 有一个确定的邻点 y 在 U 中的一个极大集. 证明存在 x 的一个邻点 z 不在 U 中.

52. 反复运用之前的 "点分裂" 直至 x 消失.

53. 运用 6.48(c) 代替 6.48(a).

54. (a) 是平凡的.

对 (b), 找到一个度为 $2k$ 的点并且像在 6.52 的解答中那样 "分裂" 这个点.

55. 考虑一个四边形.

56. (a) 证明存在 $\alpha+\beta$ 条边不交的路连接 (a,b) 到 (a',b') 满足其中恰好有 α 条始于 a 且恰好有 α 条 (可能是另外的 α) 终于 a'.

(b) 像在 6.46 和 6.47 中那样运用类似的讨论.

57. 寻找一个平面的例子.

58. C 显然分离 a 和 b. 为了证明 $|C|=k$, 考虑在一条 $(b,A\cup B)$-路上从 b 点可以达到的那些点的集合 D, 并证明

$$C\cap D\subseteq A\cap B.$$

另一种可能的方法是运用 Menger 定理.

59. 如果 (x,y) 是 H 的一条边且 T 是 $G-(x,y)$ 的一个 $(k-1)$ 元分离集, 那么 $T\cap V(H)$ 分离 $H-(x,y)$.

60. (a) 假设论述是错误的. 设 $G-A=G_1\cup G_2$, $G-B=G_3\cup G_4$, $(G_1\cap G_2=G_3\cap G_4=\emptyset)$, 并且假设 $G_1\cap G_3\neq\emptyset$, $V(G_1)\cap B\neq\emptyset$. 设 $a\in G_1\cap G_3$, 并且设 C 是 $A\cup B$ 的可以从 a 经过一条 $(a,A\cup B)$- 路到达的点的集合. 证明

1° $|C|>k$,

2° $C\subseteq(A\cap V(G_3))\cup(A\cap B)\cup(B\cap V(G_1))$,

3° $G_2\cap G_4=\emptyset$,

4° $|V(G_4)|<|V(G_1)|$.

(b) 证明 (a) 中定义的 G_1 是 1 元集.

61. 设 $e=(a,b)$ 并假设 G/e 和 $G-e$ 都只是 2-连通的. 证明

(a) 存在 $G-e$ 的两个点 x,y 分离 a 和 b;

(b) 存在 G 的一个点 u 使得 $\{a, b, u\}$ 分离 x 和 y;

(c) 如果 $\{x, y\}$ 分离 a 和 u, 那么 x, y 和 b 是 x 仅有的邻点.

62. 证明如果 G 是简单图且 e 是 G 的连接度至少为 k 的两点的一条边, 另外 G/e 是 k-连通的, 那么 G 也是 k-连通的.

63. 对圈的长度用归纳法.

64. 设 a 是一个 3 度点, 连接 a 与 b_1, b_2, b_3. 证明如果 $G \neq K_4$, 那么在 $G - a - b_i$ $(i = 1, 2, 3; b_{j+3} = b_j)$ 中存在一个点 u_i 分离 b_{i+1} 和 b_{i+2}. 然后运用这个事实.

65. 在平面上画一棵没有 2 度点的树 T 使得它的叶子点在它的凸包上; 然后添加凸包 C 的边. 证明这个图 G 是线临界 3-连通图.

66. 对 k 用归纳, 如果 $x_1, \ldots, x_{k-1}$ 在 C 上, 但 x_k 不在, 考虑 k 条独立的 (x_k, C)-路.

67. 假设没有圈包含给定的三条边. 寻找一个包含它们中两条边且不与第三条相交的圈, 然后像在 6.66 中那样, 研究连接第三条边到这个圈的那些路.

68. 运用类似 6.66 中的讨论.

69. 证明一个面的边界的每一个桥都包含圈上的所有顶点.

70. 设 $f \in E(G)$ 并选择 $G - f$ 中的一个圈 C, 使得 C 的包含 f 的桥 B 是极大的.

71. 假设 $v(e_1) \geq \cdots \geq v(e_m)$, 其中 $E(G) = \{e_1, \ldots, e_m\}$, 考虑满足 $\{e_1, \ldots, e_k\}$ 包含一条 (a, b)-路的第一个指标 k.

72. 确定满足如下条件的势函数 φ: 对每个点 x, 存在一个值为 $\varphi(x)$ 的 (a, x)-路.

73. 设 C 由 $S \subseteq V(G)$ 给定, 考虑

$$\sum_{x \in S} \Big(\sum_{e=(x,y)} f(e) - \sum_{e=(y,x)} f(e) \Big).$$

74. 证明的非平凡部分是要找到一个 (a, b)-流 f 和一个 (a, b)-割 C 满足

$$w(f) = \sum_{e \in C} v(e).$$

考虑一个满足 $f \leq v$ 的最大流 f. 对每条边 $e \in E(G)$, 我们引入一条新边 e' 和它有相同的端点但是有不同的方向, 并设

$$v_0(e) = \begin{cases} v(e) - f(e), & \text{如果 } e \in E(G), \\ f(e_1), & \text{如果 } e = e_1', e_1 \in E(G). \end{cases}$$

之后我们考虑由分别满足 $v_0(e) > 0$ 和 $v_0(e') > 0$ 的那些边 e, e' 确定的有向图 G_1, 证明 G_1 在 a 和 b 之间是不连通的.

75. (a) 设 ω_n 是在第 n 步时流值的增加量; 那么 $\sum_{n=1}^{\infty} \omega_n$ 一定是收敛的. 尝试获得 $\omega_n = \alpha^n$, $\alpha < 1$. 另外, 在每一步一定存在满足 $f_k(e) = 0$ 或者 $v(e)$ 的边. 在两个连续相等的状态下 $f_k(e)$ 的值将如何改变呢?

(b) 证明如果我们删除路 P_k 和 P_{k+1} 在不同方向上使用的那些边, $P_k \cup P_{k+1}$ 仍包含两条 (a,b)-路 Q_1, Q_2 满足 $Q_1 \cap Q_2 \subseteq P_k \cap P_{k+1}$.

(c) 当一条边被 P_k 和 P_{k+l} 在不同方向上被使用时, 我们有 P_{k+l} 比 P_k 要长.

76. 引入两个新的点 a_0, b_0; 连接 a_0 到每个满足 $u(x) \geq 0$ 的点 x 并给新边 e 一个容量 $v(e) = u(x)$; 连接每个满足 $u(x) < 0$ 的点 x 到 b_0 并给新边一个容量 $v(e) = -u(x)$. 这个问题等价于在所得图 G_1 中寻找一个合适的 (a,b)-流.

77. (a) 用 $v(e)$ 条平行边来代替每条边 e 并运用 Menger 定理.

(b) 首先对有理容量 $v(e)$ 的情形, 证明满足如下条件的一个 (a,b)-流 $f(e) \leq v(e)$ 和一个 (a,b)-割 C 存在:

$$\sum_{e \in C} v(e) = w(f).$$

78. 我们可以假设 $k = 2$. 考虑一个整的 (a,b)-流 f' 满足 $w(f') \geq w_1$; $f'(e) \leq f(e)$ 并且 $\sum_e f'(e)$ 是极小的.

§7. 图的因子

1. 证明覆盖所有顶点的最小边集由不交的星图组成.

2. 可以使用 Menger 定理 (6.39). 为了得到一个直接的证明, 可以考虑 G 的满足 $\tau(G') = \tau(G)$ 的极小子图 G', 并证明 G' 由独立边构成.

3. 从在 A 中 F 的每个顶点 y 出发, 存在一条 M 交错路连接 y 到 A_1.

4. 为了得到一个直接的证明, 对 $|A|$ 使用归纳法; 尝试寻找子集 $\emptyset \neq A_1 \subset A$ 满足 $|\Gamma(A_1)| = |A_1|$.

5. 运用与 7.4(a) 的解法一中相似的证明方法.

6. (a) 观察到

$$\Gamma(X_1 \cup X_2) = \Gamma(X_1) \cup \Gamma(X_2), \quad \Gamma(X_1 \cap X_2) \subseteq \Gamma(X_1) \cap \Gamma(X_2).$$

(b) 考虑满足 $V(G_1) = V(G)$ 以及性质 (2) 的极小子图 G_1, 观察到性质 (1) 意味着有 1 元集以等式满足 (2).

7. 很容易验证蕴涵式 (i)⇒(iii)⇒(ii)⇒(i).

8. 根据上一题的结果很容易证明 "如果". 反过来, 固定一个 1-因子 F, F 的一条边作为 G_0, 并选取与 F 交错的路 $P_1, \ldots, P_k$ (参考 6.28 的解答).

9. 上一题问题中的 P_k 不能是一条单边!

10. 首先对 r-正则图证明结论. 证明 G 有 1-因子, 并删去这个 1-因子的边.

11. 将每个顶点 x 分裂成 $\lfloor \frac{d(x)}{k} \rfloor$ 个度为 k 的顶点, 并且, 如果有必要, 其中一个顶点的度为 $d(x) - k\lfloor \frac{d(x)}{k} \rfloor$.

12. 运用 7.11 并且使 $k = r$.

13. 在 $V(G)$ 上定义图 G_1, 连接两个顶点当且仅当在 G 中多于一条边连接它们, 那么什么样的 r 能使得 G_1 不满足 7.4(b) 中的条件?

14. 为了证明我们不会进入到一个无穷圈, 考虑所有那些 x 经过无穷次的边并且证明每个顶点至多与其中的两条相邻.

15. 区分初等和非初等图.

16. 归结到一个网络流问题, 类似于 7.2 中的解法一.

17. 嵌入到一个这样大小的 G' 是直接地, 为了证明小的 G' 不可以, 只需用两种不同的方法计数离开 G 的一个颜色类的边数.

18. 需要证明: 如果 $\tilde{G}$ 是 $V(G)$ 上的二部图, 其中 $x \in A$ 与 $y \in B$ 相连当且仅当它们在 G 中不相邻, 那么 $\tilde{G}$ 有一个 $(n-2d)$-因子.

19. 构造一个 $\{u_1, \ldots, u_n, v_1, \ldots, v_n\}$ 上的二部图 G, 其中 u_i 与 v_j 相邻当且仅当 $a_{ij} > 0$. 只需要证明这个二部图有 1-因子.

20. (a) 如果 G 有一个 1-因子, 对应于它的展开式不能相互抵消, 因为元素是代数无关的.

(b) 如果 G 没有 1-因子, 那么 (a_{ij}) 列是线性相关的. 考虑线性相关的列的最小集.

21. 如果 G 是二部的, 那么条件 (1) 不是线性独立的.

22. 假设没有, 令 F 为一个最大匹配并且 u, v 是不在 F 中的两个顶点, 那么有多少条边将 $\{u, v\}$ 连接到 F 的任意一条边呢?

23. 考虑一个与 F_0 有尽可能多的公共边的最大匹配 F.

24. (a) 对 k 用归纳法.

(b) 考虑在 6.27 中给出的分解, 你也可以用 6.30.

(c) 使用 (b) 的加强形式: 如果 G 有唯一的 1-因子 F_1, 那么它有一条割边属于 F.

25. 考虑一个最大匹配 F 并且从每个未被 F 覆盖的点中选择一条边.

26. 对 x 和 y 之间的距离使用归纳法证明对每个 $x \neq y \in V(G)$ 有 $\nu(G-x-y) < \nu(G)$.

27. (a) $\delta(G) \geq \max\ldots$ 是简单的, 为了证明 $\leq$, 运用归纳法和之前的结论.

(b) 由 (a) 能平凡地得到.

28. (a) 只需要证明 "相邻" 在 $G - V_1$ 中是等价关系.

(b) 加边不影响定理的不等式.

29. (a) 运用 Tutte 定理.

(b) 3-正则图的割边一定包含在每个 1-因子中.

30. Tutte 的条件是满足的, 这可以用与 7.29(a) 中类似的解法, 通过计数边数和删掉的边数来得到.

31. 使用与 7.8 中类似的讨论, 一条接一条的选择路 $P_0, P_1, \ldots, P_k$ 使得关于一个给定的最大匹配 F 是交错的.

32. (a) 设 $x \in A_G$ 且设 $z \in D_G$ 是 x 的一个邻点. 假设 $y \notin D_G$, 但是 $G-x$ 的某个最大匹配 M' 不包含 y, 考虑 G 中不包含 z 的最大匹配 M, 并且形成 $M \cup M'$.

(b) 删除 A_G 中的所有点, 运用 (a).

对于 (c)–(e), 运用 (a) 和 (b).

33. 从 G' 的任意匹配 M_0, 我们得到 G 中有一个 $|M_0|+k$ 条边的匹配. 对另一方向的证明, 考虑之前问题中描述的 Gallai-Edmonds 结构.

34. 如果同一个分支中的两个外部点是相连的, 如同 7.33 中那样, 我们将得到一个奇圈. 否则, 删除内部点.

35. 考虑 7.32 中集合 D_G 的分支, 运用与 7.29 类似的讨论.

36. (a) 令 F 是最大匹配并且 x 是未被 F 覆盖的顶点.

(b) 找到一条边 e 满足 e 在部分但不是全部的 1-因子中, 并且 $G-e$ 是 2-连通的 (参见 6.36).

37. 很容易看到没有超过给定值的 2-匹配. 为了找到一个具有这样大小的 2-匹配, 取 G 的两个拷贝 G, G', 其中 $V(G)=\{v_1,\ldots,v_n\}$ 且 $V(G')=\{v'_1,\ldots,v'_n\}$, 并定义二部图 G_0, v_i 与 v'_j 相邻当且仅当 $(v_i,v_j)\in E(G)$.

38. 首先考虑因子-临界图, 然后运用 Gallai-Edmonds 结构定理 7.32.

39. 考虑 G 的一条欧拉迹.

40. 考虑一个伪对称定向 (5.13) 并将每个顶点分裂成两个点, 分离出边和入边. 对这个二部图运用 7.10 的结论.

41. 增加一个新点 x 并将它与所有奇度点相连, 如果有必要, 可在 x 处增加一个自环.

42. (a) 顶点的数目必定是偶数!

(b) G 是一个 2-连通 3-正则图的收缩.

43. (a) 将每个点用 $f(x)$ 个独立顶点代替.

(b) 如果任一边都至少有一个端点满足 $f(x)=1$, 那么一个 f-匹配就是一个 f-因子.

44. 将每个顶点 x 分裂成两个顶点 x', x'', 将它们分别与出边和入边相关联.

45. 剖分每条边并定义 f 在新点上的值为 1. 在得到的图中寻找一个 f-因子.

46. 运用归纳法.

47. 运用归纳法.

48. 证明序列 $d_1,\ldots,d_{n-2},d_{n-1}-1,d_n-1$ 满足同样的条件.

49. 运用 7.44.

50. 将度为 $d_1, \ldots, d_n$ 的图 G 变换为具有相同的度且 v_n 与 $v_{n-d_n}, \ldots, v_{n-1}$ 相邻的一个图.

51. (a) 选取图 H 使得具有尽可能多的方向相反的有向边对. 证明 H 的那些反向边不在 H 中的边不能形成一个偶圈或者是两个不交的奇圈.

(b) 由 (a) 和 7.49 能平凡地得到.

52. 为了证明条件的充分性, 考虑一个具有这些度的图并且逐个地减少连通分支的数目.

53. 设 G 是 $V = \{v_1, \ldots, v_n\}$ 的图, 并且 $d_G(v_i) = d_i$, G' 是 $d_{G'}(v_i) = d_i - 1$ 的图. 选取尽可能 "相近" 的 G' 和 G.

§8. 顶点独立集

1. 考虑一个极大独立集.

2. 令 S_1 为 G 的极大独立集, 并令 S_{i+1} 为 $G - S_1 - \cdots - S_i$ 的极大独立集. 证明 S_{i+1} 有一个到 S_i 的匹配.

3. 找到包含一个点 x 以及它所有邻点的一个圈或一条边.

4. 如果 $(x, y) \in E(G)$, 其中 $x, y \in S$, 考虑 $G - x$.

5. (a) 取任意一个极大独立集. (b) 利用归纳法, 删除一个入度为 0 的点以及它的邻点. (c) 利用 5.3.

6. 考虑有最大出度的点.

7. 删除一个点以及由它出发通过一条边可达的所有点, 并利用归纳法.

8. (a) 观察到, 选手是否再进行下一步都会赢只取决于对手的最后一步; 如果他不能赢, 则称这最后一步为一个 "胜招" (对对手而言). 胜招构成的集合具有哪些性质呢? (b) 点 x_0 只有当 A 以它为出发点时才会涉及. (c) 观察到当他们一旦离开一个分支, 他们在这个分支将不会再进行.

9. 如果 G 没有 1-因子, A 应该选择一个最大匹配且从不在这个最大匹配中的一个点出发.

10. 对 k 用归纳法.

11. 利用与前一个问题类似的论证.

12. 删除与点 x 关联的一条边.

13. 用两个相邻点 x_1, x_2 代替单个点 x, 并让 x_1, x_2 都与 x "原来的" 邻点相连, 只需要证明在这种情况下该结论成立即可.

14. 只需把给定的图 G_0 嵌入到 G 中, 使得 $\alpha(G - e) > \alpha(G)$ 对 G_0 的所有边都成立.

15. (a) 对 $r=2$, 奇圈满足条件. 对 $r>2$, 通过用完全图替代顶点来增加度数. (b) 四面体和二十面体.

16. 一个 α-临界的二部图由独立边构成. 假设存在点 $x\in V(G)$ 连接两个点 y_1, y_2, 考虑 $G-(x,y_i)$ 的一个最大独立集 S_i 以及由 $S_1\Delta S_2\cup\{x\}$ 导出的子图 (参见 7.2 的解).

17. 按照之前的解可得.

18. 如果 S 是生成完全图的一个极小割集且 $x\in S$, 考虑连接 x 与 $G-S$ 的不同分支的两条边.

19. (a) 证明 $\alpha(G)=\alpha(G_1)+\alpha(G_2)$. (b) 假设 $G=G_1\cup G_2$ 且满足 $V(G_1)\cap V(G_2)=\{x,y\}$, $|V(G_i)|\geq 3$. 对每个 $X\subseteq\{x,y\}$ 和 $i=1,2$, 通过列出关于这些数的几个不等式, 确定 G_i 中与 $\{x,y\}$ 的交集为 X 的一个独立集的最大顶点数.

20. 对由所有极大独立集构成的集合应用 8.10.

21. 应用 8.11.

22. 令 $T_1,\ldots,T_k$ 为包含 x 的所有最大独立集构成的集合; 再次应用 8.11.

23. (a) 利用之前的结果. (b) 利用 (a) 的结论.

24. 这些图只有完全图和奇圈; 如果 T, S 为满足 $T\cap S\neq\emptyset$ 的最大独立集, 那么 $\Gamma(T\cup S)=V(G)-T-S$. 利用这个事实来证明.

25. 利用 8.19 和前一个问题的结论.

26. 考虑一个 α-临界生成子图.

27. 再次考虑 G 的一个 α-临界生成子图.

III. 解　　答

§1. 基本计数法

1. I. 可以给第一个人邮寄 k 种明信片中的一种. 无论给第一个人邮寄的是哪种明信片, 我们仍然可以给第二个人邮寄 k 种明信片中的任何一种, 所以共有 $k \cdot k = k^2$ 种方式给前两个人邮寄明信片. 接着, 无论给他们邮寄的是哪一种, 我们仍然可以给第三个人邮寄 k 种明信片中的任何一种, 等等. 所以共有 k^n 种方式寄出明信片.

II. 如果要求给他们邮寄不同的明信片, 仍然可以给第一个人邮寄 k 种明信片中的一种. 但是无论给第一个人邮寄的是哪种明信片, 接下来对第二个人来说, 只有 $k-1$ 种明信片可选; 同样地, 无论给第一个人和第二个人邮寄的是哪两种明信片, 对第三个人来说, 只有 $k-2$ 种明信片可选; 等等. 因此, 将这些明信片邮寄给他们的方式共有 $k(k-1)\dots(k-n+1)$ 种 (当然, 如果 $n>k$, 则结果为 0).

III. 这个问题跟第一个问题是一样的, 只是这里我们有 $\binom{k}{2}$ 对明信片, 而不是 k. 因此结果是 $\binom{k}{2}^n$.

2. I. 这些明信片是独立的, 每张明信片都可以邮寄给任何一个人, 因此, 答案是 n^k.

II. 令 $C_1,\dots,C_k$ 表示明信片, 可以将集合 $S=\{C_1,\dots,C_k\}$ 划分为 n 个不交的非空集合 $S_1,\dots,S_n$. 因此, $\{S_1,\dots,S_n\}$ 是 S 的一个划分. 由将 S 划分为 n 个非空集合的任一划分, 我们可以得到共有 $n!$ 种可能性来邮寄明信片. 因此答案是 $n!\left\{ {k \atop n} \right\}$.

3. 单词 CHARACTERIZATION 的字母共有 16! 种排列. 然而, 并不是所有的排列都给出一个新的单词, 事实上, 在任一排列中, 如果我们将其中的 3 个 A, 2 个 C, 2 个 R, 2 个 I 或者是 2 个 T 调换一下, 我们可以得到相同的单词. 所以对任一排列, 都有 $3!\cdot 2\cdot 2\cdot 2\cdot 2=96$ 种排列给出相同的单词, 所以答案是

$$\frac{16!}{96}.$$

更一般地, 如果有 k_{A} 个 A, k_{B} 个 B, 等等, 那么结果是

$$\frac{(k_{\mathrm{A}}+k_{\mathrm{B}}+\dots)!}{k_{\mathrm{A}}!k_{\mathrm{B}}!\dots}.$$

4. (a) 如果我们把福林按照提示中描述的程序进行分配, 我们只需要说 $n-1$ 次 “请

下一个人". 如果我们确定在哪一点 (在哪个福林之后) 说"请下一个人", 那么我们可以唯一地确定这个分配. 我们需要从 $k-1$ 个位置中选出 $n-1$ 个位置, 因此结果为

$$\binom{k-1}{n-1}.$$

(b) 向每个人借 1 个福林. 如果我们分配 $n+k$ 个使得每个人至少分得一个, 这等同于在没有限制下来分配 k 个福林. 更确切地, 分配 $n+k$ 个福林使得每个人至少分得一个, 这就等价于把 n 个福林分给 k 个人. 因此答案是

$$\binom{n+k-1}{n-1}.$$

5. 根据前面的求解, 第一类明信片的分配方式有

$$\binom{a_1+n-1}{n-1}$$

种; 无论选哪一类, 第二类明信片的分配方式有

$$\binom{a_2+n-1}{n-1}$$

种, 等等. 因此答案为

$$\binom{a_1+n-1}{n-1}\binom{a_2+n-1}{n-1}\cdots\binom{a_k+n-1}{n-1}.$$

6. (a) 我们用 $\left\{{n+1 \atop k}\right\}$ 表示将 $\{1,\ldots,n+1\}$ 划分为 k 个部分的划分数, 考虑 $\{1,\ldots,n+1\}$ 的划分在 $\{1,\ldots,n\}$ 上的限制. 通过这种方式, 我们得到将 $\{1,\ldots,n\}$ 划分为 k 个部分的每个划分恰好 k 次, 划分成 $k-1$ 部分的每个划分恰好 1 次. 因此

$$\left\{{n+1 \atop k}\right\}=\left\{{n \atop k-1}\right\}+k\left\{{n \atop k}\right\}.$$

我们可以通过下述方法得到另一个递推关系: 如果将包含 $n+1$ 的部分删除, 就可以得到将 $n-r-1$ 个元素划分为 $k-1$ 个部分的一个划分, 其中 r 表示这个部分中元素的个数. 我们有 $\binom{n}{r-1}$ 种方式来选择这样的部分. 因此

$$\left\{{n+1 \atop k}\right\}=\sum_{r=1}^{n+1}\binom{n}{r-1}\left\{{n+1-r \atop k-1}\right\}=\sum_{m=0}^{n}\binom{n}{m}\left\{{m \atop k-1}\right\}.$$

对于 Stirling 循环数, 我们可以将每个有 k 个圈的 $\{1,\ldots,n+1\}$ 的排列限制到集合 $\{1,\ldots,n\}$ 上: 如果 $n+1$ 是给定的元素, 那么我们只要删除它就可以; 否则, 在包含它的圈中跳过它. 这样, 每个有 $k-1$ 个圈的 $\{1,\ldots,n\}$ 的排列恰好得到一次, 每个有 k

个圈的 $\{1,\ldots,n\}$ 的排列恰好得到 n 次 (因为 $n+1$ 可以放在任何一个元素之后). 于是我们得到

$$\begin{bmatrix} n+1 \\ k \end{bmatrix} = \begin{bmatrix} n \\ k-1 \end{bmatrix} + n\begin{bmatrix} n \\ k \end{bmatrix}.$$

基于这些递推关系, 可以很容易得到两类 Stirling 数的如下列表, 如表 1a, 表 1b 所示:

表 1a Stirling 划分数表

$n \backslash k$	0	1	2	3	4	5	6	7
0	1	0	0	0	0	0	0	0
1	0	1	0	0	0	0	0	0
2	0	1	1	0	0	0	0	0
3	0	1	3	1	0	0	0	0
4	0	1	7	6	1	0	0	0
5	0	1	15	25	10	1	0	0
6	0	1	31	90	65	15	1	0
7	0	1	63	301	350	141	21	1

表 1b Stirling 循环数表

$n \backslash k$	0	1	2	3	4	5	6	7
0	1	0	0	0	0	0	0	0
1	0	1	0	0	0	0	0	0
2	0	1	1	0	0	0	0	0
3	0	2	3	1	0	0	0	0
4	0	6	11	6	1	0	0	0
5	0	24	50	35	10	1	0	0
6	0	120	274	225	85	15	1	0
7	0	720	1764	1624	735	175	21	1

(b) 通过考虑多于一个元素的部分的并 S, 将 $\{1,\ldots,n\}$ 的划分分为 $n-k$ 个类. 如果 $|S|=j$, 那么, 依据提示我们有 $j \leq 2k$. 令 $a_{j,k}$ 表示将 j 个元素的集合分成 $j-k$ 部分且每一部分至少有两个元素的划分的个数, 对给定的 j, 我们有 $\binom{n}{j}$ 种方式来选择 S, 于是

$$\left\{ \begin{matrix} n \\ n-k \end{matrix} \right\} = \sum_{j=0}^{2k} a_{j,k} \binom{n}{j},$$

上式显然是 n 的 ($2k$ 次) 多项式. 同理可证明 $\begin{bmatrix} n \\ n-k \end{bmatrix}$ 也是 n 的多项式.

(c) 当 n 或 k 为 0 时初始条件将决定 $\left\{ {n \atop k} \right\}$. $n=0$ 时的值通过递推关系可以唯一确定所有 $n>0$ 时的值 (很容易证明 $k=0$, $n>0$ 时的值为 0). 用提示中给出的递推关系, 我们知道 $k=0$ 时的值将确定所有 $k<0$ 时的值 (同样地 $n=0$, $k<0$ 也成立). 最后, 递推关系为

$$k\left\{ {n \atop k} \right\} = \left\{ {n+1 \atop k} \right\} - \left\{ {n \atop k-1} \right\},$$

通过 $n-k$ 时的递推关系, 我们可以得到所有 $n<0$, $k>0$ 时的值. 同理, 可以类似地得到 Stirling 循环数的结果.

(d) 通过 (a) 写出 $\left[{-k \atop -n} \right]$ 的递推关系:

$$\left[{-k+1 \atop -n} \right] = \left[{-k \atop -n-1} \right] - k\left[{-k \atop -n} \right],$$

或者

$$\left[{-k \atop -n+1} \right] = \left[{-k+1 \atop -n} \right] + k\left[{-k \atop -n} \right]$$

所以, $\left[{-k \atop -n} \right]$ 满足与 $\left\{ {n \atop k} \right\}$ 相同的递推公式. 由于它们满足相同的初始条件, 由 (c) 可知它们相等. [参见 D.E. Knuth, Two notes on notation, *Amer. Math. Monthly*, 1992.]

7. (a) 首先假设 x 是正整数. 令 $|X|=x$, $|N|=n$, N 到 X 的映射的个数为 x^n (参见 1.1). 另外, 用 k 表示 N 到 X 的映射的值域的大小. 对给定的 k, 我们可以用 $\left\{ {n \atop k} \right\}$ 种方式将 N 中的元素映射到 X 中的同一个元素. 一旦确定了 N 的这个划分, 我们需要去寻找它的每个部分的一个像, 以及不同部分的不同像. 这可以用 $x(x-1)\dots(x-k+1)$ 种方式完成. 因此

$$\left\{ {n \atop k} \right\} x(x-1)\dots(x-k+1)$$

是值域大小为 k 的 N 到 X 映射的个数. 这就证明了 x 为正整数时的恒等式. 但是这意味着如果我们将 x 看作是一个变量的话, 等式两边的多项式有无穷个公共值. 因此它们是相等的.

(b) 同样地, 我们假设 x 是正整数. 如果集合 S 的一个排列 π 恰好有 k 个圈, 那么 x^k 是 π 作用下 S 不变量的 x-染色的数目. 等式的左边是 $S=\{1,\dots,n\}$ 的所有排列 π 的和. S 的一个给定的 x-染色被计算了 $k_1!\dots k_x!$ 次, 其中 k_i 是颜色为 i 的元素的数目. 一个给定序列 $k_1,\dots,k_x$ 出现的次数为 $n!/k_1!\dots k_x!$ (参见 1.3), 因此由 1.4(b), 这个和为

$$\sum_{\substack{k_1,\dots,k_x\ge 0\\ k_1+\dots+k_x=n}} \frac{n!}{k_1!\dots k_x!} k_1!\dots k_x! = n!\binom{x+n-1}{n} = x(x+1)\dots(x+n-1).$$

(c) 由 (a) 和 (b)(后者用 $-x$ 代替 x), 我们有

$$\begin{aligned}x^n &= \sum_{k=0}^{n} \left\{ {n \atop k} \right\} x(x-1)\dots(x-k+1)\\ &= \sum_{k=0}^{n} \left\{ {n \atop k} \right\} \sum_{j=0}^{k} (-1)^{k-j} \left[{k \atop j} \right] x^j\\ &= \sum_{j=0}^{k} (-1)^j x^j \sum_{k=0}^{n} (-1)^k \left\{ {n \atop k} \right\} \left[{k \atop j} \right],\end{aligned}$$

对比公式左右两端的系数, 结果得证.

8.

$$\begin{aligned}\frac{1}{k!}\sum_{j=0}^{k}(-1)^{k-j}\binom{k}{j}j^n &= \sum_{j=0}^{k}\frac{(-1)^{k-j}}{j!(k-j)!}\sum_{r=0}^{n}\left\{ {n \atop r} \right\} j(j-1)\dots(j-r+1)\\ &= \sum_{j=0}^{k}\sum_{r=0}^{j}(-1)^{k-j}\left\{ {n \atop r} \right\}\frac{1}{(k-j)!(j-r)!}\\ &= \sum_{r=0}^{k}\frac{\left\{ {n \atop r} \right\}}{(k-r)!}\sum_{j=r}^{k}(-1)^{k-j}\binom{k-r}{k-j}\\ &= \sum_{r=0}^{k}\frac{\left\{ {n \atop r} \right\}}{(k-r)!}(1-1)^{k-r} = \left\{ {n \atop k} \right\}.\end{aligned}$$

9. (a) 因为 $k > n$ 时 $\left\{ {n \atop k} \right\} = 0$, 我们有

$$B_n = \sum_{k=0}^{\infty} \left\{ {n \atop k} \right\} = \sum_{k=0}^{\infty} \frac{1}{k!} \sum_{j=0}^{k} (-1)^{k-j} \binom{k}{j} j^n$$

$$= \sum_{j=0}^{\infty} \frac{j^n}{j!} \sum_{k=j}^{\infty} \frac{(-1)^{k-j}}{(k-j)!} = \sum_{j=0}^{\infty} \frac{j^n}{j!} \cdot \frac{1}{e}.$$

(b) 首先我们证明

$$B_n \sim \frac{1}{\sqrt{2\pi}} \sum_{k=1}^{\infty} k^{n-k-\frac{1}{2}} e^{k-1} \quad (n \to \infty). \tag{1}$$

事实上, 选取 k_0 使得对 $k \geq k_0$, 有

$$\left| \frac{k!}{\sqrt{2\pi k}(k/e)^k} - 1 \right| < \varepsilon,$$

其中 ε 是任意给定的正数. 因为

$$\sum_{k=0}^{k_0-1} \frac{k^n}{k!} = o\left(\frac{k_0^n}{k_0!} \right) = o(B_n),$$

我们有

$$B_n \sim \frac{1}{e}\sum_{k=k_0}^{\infty}\frac{k^n}{k!}.$$

类似地,

$$\frac{1}{\sqrt{2\pi}}\sum_{k=1}^{\infty}k^{n-k-\frac{1}{2}}e^{k-1} \sim \frac{1}{\sqrt{2\pi}}\sum_{k=k_0}^{\infty}k^{n-k-\frac{1}{2}}e^{k-1}.$$

由 k_0 的选取, 我们有

$$1-\varepsilon < \frac{\frac{1}{\sqrt{2\pi}}\sum_{k=k_0}^{\infty}k^{n-k-\frac{1}{2}}e^{k-1}}{\frac{1}{e}\sum_{k=k_0}^{\infty}k^n/k!} < 1+\varepsilon.$$

这就证明了 (1).

现在令

$$g_n(x) = \begin{cases} \frac{1}{\sqrt{2\pi}}x^{n-x-\frac{1}{2}}e^{x-1}, & x \geq 0, \\ 0, & x \leq 0. \end{cases}$$

那么 $g_n(x)$ 在点 $\lambda(n)$ 处有唯一的最大值. 令

$$h_n(y) = \frac{g_n(\lambda(n)(1+y/\sqrt{n}))}{g_n(\lambda(n))}.$$

则 $h_n(y)$ 在 $y=0$ 处有唯一的最大值, 最大值为 1, 而且由上可知

$$B_n \sim \left\{\sum_{k=-\infty}^{\infty}\frac{\sqrt{n}}{\lambda(n)}h_n(y_k)\right\}\cdot\frac{\lambda(n)}{\sqrt{n}}g_n(\lambda(n)), \tag{2}$$

其中

$$y_k = k\frac{\sqrt{n}}{\lambda(n)} - \sqrt{n}.$$

{} 的和式中与积分 $\int_{-\infty}^{\infty}h_n(y)dy$ 很接近, 而且它们的差小于 $(n/\lambda(n))\max h_n(y) = o(1)$. 我们接下来证明

$$h_n(y) \to e^{-y^2/2} \quad (n\to\infty) \tag{3}$$

以及函数 $h_n(y)$ 有一个共同的可积强函数. 由 Lebesgue 定理可知,

$$B_n \sim \frac{\lambda(n)}{\sqrt{n}}g_n(\lambda(n))\int_{-\infty}^{\infty}e^{-y^2/2}dy = \frac{\lambda(n)}{\sqrt{n}}g_n(\lambda(n))\sqrt{2\pi} = \frac{1}{\sqrt{n}}\lambda(n)^{n+\frac{1}{2}}e^{\lambda(n)-n-1}.$$

那么 (3) 可由下面的变换得到

$$\log h_n(y) = -(n-\lambda(n))\left\{\frac{y}{\sqrt{n}} - \log\left(1+\frac{y}{\sqrt{n}}\right)\right\} \tag{4}$$

$$-\left(\lambda(n)\frac{y}{\sqrt{n}}+\frac{1}{2}\right)\log\left(1+\frac{y}{\sqrt{n}}\right).$$

其中等式右边第二项 $\sim \frac{y}{\sqrt{n}}(\lambda(n)\frac{y}{\sqrt{n}}+\frac{1}{2})=o(1)$ (当 $n\to\infty$ 时); 当 $n>y^2$ 时, 第一项等于

$$(n-\lambda(n))\left(-\frac{y^2}{2n}+\frac{y^3}{3n\sqrt{n}}-\dots\right)=-\frac{y^2}{2}+o(1),$$

这就证明了 (3) 式.

为了确定 $h_n(y)$ 的一个可积强函数, 首先令 $y>0$, 那么由 (4) 式 (当 $n\ge 16$ 时)

$$\log h_n(y)<-\frac{n}{2}\left(\frac{y}{\sqrt{n}}-\log\left(1+\frac{y}{\sqrt{n}}\right)\right).$$

这个上界是单调递减的, 所以

$$h_n(y)<\exp\left(-2y+8\log\left(1+\frac{y}{4}\right)\right)\quad(n\ge 16).$$

对于 $y<0$ 时我们类似地有 (假设$n>y^2$)

$$\log h_n(y)<-\frac{n}{2}\left(\frac{y}{\sqrt{n}}-\log\left(1+\frac{y}{\sqrt{n}}\right)-\frac{1}{2}\log\left(1+\frac{y}{\sqrt{n}}\right)\right),$$

于是容易知道 $y<-3$ 时不等式右边是单调递增的, 因此有

$$h_n(y)<e^{-y^2}.$$

这对于 $n\le y^2$ 也成立, 因为此时 $h_n(y)=0$. 在区间 $-3\le y\le 0$ 里可以用 1 来估计 $h_n(y)$, 我们就得到了想要的可积强函数. [L. Moser, M. Wyman, *Trans. Royal Soc. Can.* **49** (1955) 49–54.]

10. 令 S 为需要划分的集合且 $x\in S$. 如果包含 x 的部分有 k 个元素, 则它的选择方式有 $\binom{n-1}{k-1}$ 种, 剩下的 $n-k$ 个元素有 B_{n-k} 种划分方法. 所以满足条件 "包含 x 的部分具有 k 个元素" 的划分的个数为

$$\binom{n-1}{k-1}B_{n-k}.$$

如果我们让 $B_0=1$, 那么这个式子对于 $k=n$ 依然是成立的. 因此,

$$B_n=\sum_{k=1}^{n}\binom{n-1}{k-1}B_{n-k}=\sum_{k=0}^{n-1}\binom{n-1}{k}B_k.$$

11. 由上题的递推公式, 我们有

$$p(x)=\sum_{n=0}^{\infty}\frac{B_n}{n!}x^n=1+\sum_{n=1}^{\infty}\frac{x^n}{n!}\sum_{k=0}^{n-1}\binom{n-1}{k}B_k$$
$$=1+\sum_{k=0}^{\infty}\frac{B_k}{k!}\sum_{n=k+1}^{\infty}\frac{x^n}{n}\frac{1}{(n-k-1)!}.$$

因此,

$$p'(x) = \sum_{k=0}^{\infty} \frac{B_k}{k!} \sum_{n=k+1}^{\infty} \frac{x^{n-1}}{(n-k-1)!} = \sum_{k=0}^{\infty} \frac{B_k x^k}{k!} \sum_{r=0}^{\infty} \frac{x^r}{r!} = p(x)e^x,$$

或者说

$$(\log p(x))' = \frac{p'(x)}{p(x)} = e^x, \quad p(x) = e^{e^x + c},$$

其中 c 是常值. 通过设 $x = 0$ 我们可以得到 c 的值为

$$1 = p(0) = e^{e^0 + c}, \quad c = -1.$$

因此, 我们有

$$p(x) = e^{e^x - 1}.$$

12. (a) 令 k_i 表示一个划分中具有 i 个元素的划分的数目, 则

$$k_1 + 2k_2 + \cdots + nk_n = n.$$

假设给定 $k_1, \ldots, k_n$, 我们来计数划分的数目. 如果我们考虑 n 元集的任一排列, 我们可以得到这样一个划分: 取前 k_1 个元素为 1 元集, 接下来的 $2k_2$ 个元素为 2 元集, 等等. 我们可以得到任意给定的划分恰好

$$k_1!(1!)^{k_1} \cdot k_2!(2!)^{k_2} \ldots k_n!(n!)^{k_n}$$

次. 另外, 我们可以建立 n 元集的排列如下: 首先放置 1 元集, 然后是 2 元集, 等等. 然而共有 $k_i!$ 种可能的方式来排列 i 元集, $(i!)^{k_i}$ 种可能的方式来排列 i 元集中的元素. 因此包含 k_i 个 i 元集 ($i = 1, \ldots, n$; $k_1 + 2k_2 + \cdots + nk_n = n$) 的划分的数目是

$$\frac{n!}{k_1!(1!)^{k_1} k_2!(2!)^{k_2} \ldots k_n!(n!)^{k_n}}.$$

这就证明了上述断言. 现在

$$p(x) = \sum_{n=0}^{\infty} \frac{B_n}{n!} x^n = \sum_{n=0}^{\infty} \sum_{\substack{k_1, \ldots, k_n \geq 0 \\ k_1 + 2k_2 + \cdots + nk_n = n}} \frac{1}{k_1!(1!)^{k_1} k_2!(2!)^{k_2} \ldots k_n!(n!)^{k_n}} x^n.$$

事实上我们可以在每一项中允许无穷个 k_i, 满足限制 $k_1 + 2k_2 + \cdots = n$, 因为当 $r > n$ 时显然有 $k_r = 0$. 所以

$$p(x) = \sum_{n=0}^{\infty} \sum_{\substack{k_i \geq 0 \\ k_1 + 2k_2 + \cdots = n}} \frac{x^n}{\prod_{i=1}^{\infty} k_i!(i!)^{k_i}} = \sum_{k_i \geq 0} \frac{x^{\sum_{i=1}^{\infty} ik_i}}{\prod_{i=1}^{\infty} k_i!(i!)^{k_i}},$$

这里求和遍历所有的包含有限个非零值的非负整数序列 $k_1, k_2, \ldots$. 因此,

$$p(x)=\prod_{i=1}^{\infty}\left(\sum_{k_i=0}^{\infty}\frac{x^{ik_i}}{k_i!(i!)^{k_i}}\right)=\prod_{i=1}^{\infty}\exp\left(\frac{x^i}{i!}\right)=e^{e^x-1}.$$

(b) 如果我们考虑

$$\sum_{\substack{k_1,\ldots,k_n\geq 0\\ k_1+\cdots+k_n=n}}\frac{n!}{k_1!(1!)^{k_1}k_2!(2!)^{k_2}\ldots k_n!(n!)^{k_n}},$$

则我们可以观察到这是

$$\left(\sum_{i=1}^{n}\frac{1}{i!}\right)^n\approx(e-1)^n$$

的多项式展开. 事实上它们的差为

$$\begin{aligned}(e-1)^n-\left(\sum_{i=1}^{n}\frac{1}{i!}\right)^n&=\left(e-1-\sum_{i=1}^{n}\frac{1}{i!}\right)\left(\sum_{k=0}^{n-1}(e-1)^k\left(\sum_{i=1}^{n}\frac{1}{i!}\right)^{n-k}\right)\\&<\left(\frac{1}{(n+1)!}+\frac{1}{(n+2)!}+\ldots\right)n(e-1)^n\to 0.\end{aligned}$$

13. 由 1.12,

$$e^{e^x}=\sum_{n=0}^{\infty}\frac{eB_n}{n!}x^n.$$

另一方面,

$$e^{e^x}=\sum_{k=0}^{\infty}\frac{e^{kx}}{k!}=\sum_{k=0}^{\infty}\frac{1}{k!}\sum_{n=0}^{\infty}\frac{(kx)^n}{n!}=\sum_{n=0}^{\infty}\frac{1}{n!}\sum_{n=0}^{\infty}\frac{k^n}{k!}x^n.$$

因此,

$$\frac{eB_n}{n!}=\frac{1}{n!}\sum_{k=0}^{\infty}\frac{k^n}{k!},$$

这就证明了此结论.

相反地, 这个问题中的公式预示着 1.11 的结果.

14. (a) 由

$$Q_n=\sum_{\substack{k_1,\ldots,k_n\geq 0\\ k_1+2k_2+\cdots+nk_n=n\\ k_1+k_2+\cdots+k_n\text{为偶数}}}\frac{n!}{k_1!(1!)^{k_1}\ldots k_n!(n!)^{k_n}},$$

于是

$$q(x)=\sum_{n=0}^{\infty}\sum_{\substack{k_1,\ldots,k_n\geq 0\\ k_1+2k_2+\cdots+nk_n=n\\ k_1+k_2+\cdots+k_n\text{为偶数}}}\frac{x^n}{k_1!(1!)^{k_1}\ldots k_n!(n!)^{k_n}}$$

$$= \sum_{\substack{k_1,k_2,\cdots\geq 0\\ k_1+k_2+\ldots\text{有限且为偶数}}} \prod_{i=1}^{\infty} \frac{x^{ik_i}}{k_i!(i!)^{k_i}}$$

$$= \sum_{r=0}^{\infty} \frac{1}{(2r)!} \sum_{\substack{k_1,k_2,\cdots\geq 0\\ k_1+k_2+\cdots=2r}} \frac{(2r)!}{k_1!k_2!\ldots} \prod_{i=1}^{\infty} \left(\frac{x^i}{i!}\right)^{k_i}.$$

第二个和式刚好是下面多项式的展开

$$\left(\sum_{i=1}^{\infty} \frac{x^i}{i!}\right)^{2r} = (e^x - 1)^{2r},$$

所以有

$$q(x) = \sum_{r=0}^{\infty} \frac{1}{(2r)!}(e^x - 1)^{2r} = \mathrm{ch}(e^x - 1).$$

为了得到系数的表达式, 我们有

$$\mathrm{ch}(e^x - 1) = \frac{e^{e^x-1} + e^{1-e^x}}{2} = \sum_{n=0}^{\infty} \frac{B_n + D_n}{2} x^n,$$

其中

$$B_n = \frac{1}{e} \sum_{k=0}^{\infty} \frac{k^n}{k!}$$

是所有划分的数目,

$$D_n = e \sum_{k=0}^{\infty} \frac{(-1)^k k^n}{k!}$$

是划分为奇数个部分和偶数个部分的划分数之差.

(b) 如果包含 x 的部分有 $2k$ 个元素, 那么我们可以得到下面的递推关系:

$$R_n = \sum_{k=1}^{\lfloor n/2 \rfloor} \binom{n-1}{2k-1} R_{n-2k}. \tag{1}$$

显然, $R_{2m+1} = 0$.

$$r'(x) = \sum_{n=1}^{\infty} \frac{R_n}{(n-1)!} x^{n-1} = \sum_{n=1}^{\infty} \frac{x^{n-1}}{(n-1)!} \sum_{k=1}^{\lfloor n/2 \rfloor} \binom{n-1}{2k-1} R_{n-2k}$$

$$= \sum_{k=1}^{\infty} \frac{1}{(2k-1)!} \sum_{n=2k}^{\infty} \frac{R_{n-2k}}{(n-2k)!} x^{n-1}$$

$$= \sum_{k=1}^{\infty} \frac{x^{2k-1}}{(2k-1)!} \sum_{n=2k}^{\infty} \frac{R_{n-2k} x^{n-2k}}{(n-2k)!} = r(x) \sum_{k=1}^{\infty} \frac{x^{2k-1}}{(2k-1)!} = r(x)\mathrm{sh}x,$$

因此,

$$r(x) = e^{\operatorname{ch} x - 1}.$$

(跟之前一样, 我们将 $x = 0$ 代入可以得到指数中的常数 -1.) [A. Rényi, *MTA III. Oszt. Közl.* **16** (1966) 77–105.]

15. (a) 如果恰好有 $k \geq 1$ 个元素通过 f 映射到 1, 那么这些元素有 $\binom{n}{k}$ 种选法, 剩下的元素恰好有 S_{n-k} 种方法映射到 $2, \ldots, n$. 因此

$$S_n = \sum_{k=1}^{n} \binom{n}{k} S_{n-k}$$

或者

$$\frac{2S_n}{n!} = \sum_{k=0}^{n} \frac{1}{k!} \frac{S_{n-k}}{(n-k)!} \quad (n \geq 1).$$

于是

$$\begin{aligned} 2s(x) = \sum_{n=0}^{\infty} \frac{2S_n}{n!} x^n &= 1 + \sum_{n=0}^{\infty} \left(\sum_{k=0}^{n} \frac{1}{k!} \frac{S_{n-k}}{(n-k)!} \right) x^n \\ &= 1 + \left(\sum_{m=0}^{\infty} \frac{S_m}{m!} x^m \right) \left(\sum_{k=0}^{\infty} \frac{x^k}{k!} \right) = 1 + s(x) e^x, \end{aligned}$$

因此

$$s(x) = \frac{1}{2 - e^x}.$$

展开上式, 得到

$$s(x) = \frac{1}{2} \frac{1}{1 - e^x/2} = \frac{1}{2} \sum_{k=0}^{\infty} \left(\frac{e^x}{2} \right)^k = \sum_{k=0}^{\infty} \frac{1}{2^{k+1}} \sum_{n=0}^{\infty} \frac{k^n x^n}{n!},$$

这里通过比较两边 x^n 的系数可以得到 S_n 的公式.

(b) 根据柯西公式,

$$\frac{S_n}{n!} = \frac{1}{2\pi i} \oint_{|z|=\epsilon} \frac{dz}{(2 - e^z) z^{n+1}}$$

对任意足够小的 ϵ. 上式也可以写成

$$\frac{1}{2\pi i} \oint_{|z|=2} - \frac{1}{2\pi i} \oint_{|z - \log 2| = \epsilon},$$

因为被积函数唯一的奇异点是 $z = 0$ 和 $z = \log 2 + 2k\pi i$, 因此只有 $z = \log 2$ 在 $z = 2$ 和 $|z| = \epsilon$ 所围成的区域中. 当 $n \to \infty$ 时, 第一项趋于 0, 我们已知第二项等于

$$\frac{-1}{z^{n+1} \frac{d}{dz}(2 - e^z)} \Big|_{z = \log 2} = \frac{1}{2(\log 2)^{n+1}} (\to \infty).$$

这就证明了断言.

16. 如果 $n = a_1 + \cdots + a_s$ 是 n 的一个划分, $a_1 \geq \cdots \geq a_s$, 那么我们可以按如下的方式构造一个图表, 就是所谓的划分的 Ferrer 图表: 从底部开始, 在第 i 列上放 a_i 个实点 (如图 8 所示).

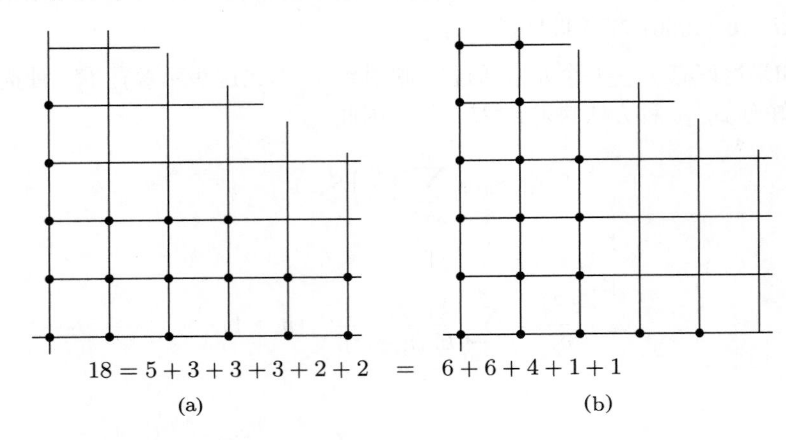

图 8

这个构造给出了数 n 的划分与按如下方式排列的由 n 个点构成的阵列之间的一个一一对应: 连续的两列中点的数目是 (并非严格的) 递减的. 我们也可以将这些点作为格点来考虑, 这样的话, 我们有一个格点的集合 S, 这些格点满足: 如果 $(i, j) \in S$, 那么 $i \geq 0$, $j \geq 0$; 如果 $(i, j) \in S$, $0 \leq i' \leq i$, $0 \leq j' \leq j$, 那么 $(i', j') \in S$. 因此, 在直线 $x = y$ 上反射一个 Ferrer 图表, 我们可以得到另一个 Ferrer 图表. 如果一个 Ferrer 图表至多有 r 列, 那么这个反射的 Ferrer 图表在任意一列上最多有 r 个点, 即它表示一个每项至多为 r 的划分. 这就给出了划分成至多 r 项的划分与划分成每项至多为 r 的划分之间的一个一一对应.

17. 令 $a_1 + a_2 + \cdots + a_m = n$ 是一个将 n 划分为 m 项的划分, 且 $a_1 \geq a_2 \geq \cdots \geq a_m$, 则

$$n - m = (a_1 - 1) + \cdots + (a_m - 1) \tag{1}$$

且 $a_1 - 1 \geq a_2 - 1 \geq \cdots \geq a_m - 1$, (1) 中后面的 a_i 可能是 0. 这样我们得到 $n - m$ 的不超过 m 项的划分. 反之, 如果我们有 $n - m$ 的一个不超过 r 项的划分, 其中 $r \geq m$, 则对每一项加 1 并在最后加上 $m - r$ 个 1 我们得到 n 的划分, 这种一一对应关系证明了该命题.

令 $a_1 + a_2 + \cdots + a_m = n$ 是将 n 划分为 m 个不同项的划分, 则有 $a_1 > a_2 > \cdots > a_m \geq 1$, 因此

$$a_1 - (m-1) \geq a_2 - (m-2) \geq \cdots \geq a_{m-1} - 1 \geq a_m \geq 1,$$

所以下面的分解

$$n-\binom{m}{2}=(a_1-(m-1))+(a_2-(m-2))+\cdots+a_m$$

是一个将 $(n-\binom{m}{2})$ 划分为 m 项的划分.

相反, 如果我们将 $n-\binom{m}{2}$ 划分为恰好 m 项, 然后将 $m-1,\ldots,1,0$ 加到这些项之中, 我们得到一个将 n 划分为 m 个不同项的划分. 因此, 将 n 划分为恰好 m 个不同项的划分的数目等于将 $n-\binom{m}{2}$ 划分为恰好 m 项的划分的数目.

18. 如果

$$(1) \qquad n=a_1+\cdots+a_m, \quad a_1>\cdots>a_m\geq 1,$$

那么令

$$a_i=2^{\beta_i}b_i, \quad \text{其中 } b_i \text{ 是奇数}.$$

用 $2^{\beta_i}b_i$ 代替 (1) 中的每个 a_i, 我们得到 (如果有必要的话, 重新排列这些项)n 的一个具有奇数项的划分. 奇数 d 出现的次数是

$$(2) \qquad \sum_{b_i=d}2^{\beta_i}.$$

下面我们证明上面的对应是一个双射, 即 n 的任一奇数项的划分恰好出现一次. 事实上, 考虑 n 的一个奇数项的划分, 设有 γ_1 个 1, γ_3 个 3... 如果这是如上所产生的, 那么对任意奇数 d,

$$\gamma_d=\sum_{b_i=d}2^{\beta_i}.$$

因为这里的 β_i 一定是互异的 (因为 $\beta_i=\beta_j$, $b_i=b_j=d$ 将蕴含着 $a_i=a_j=2^{\beta_i}d$), 所以它们由 γ_d 唯一确定. 因此, n 的任一项都为奇数的划分最多出现一次. 另外 γ_d 可以写成 2 的不同幂的和:

$$\gamma_d=\sum 2^{\beta_i(d)},$$

那么这些数 $d2^{\beta_i(d)}$ 就形成了 n 的一个所有项互异的划分使得对应的奇数项的划分与开始时的那个划分是一样的.

19. 考虑划分

$$n=a_1+\cdots+a_m, \quad a_1>\cdots>a_m$$

及其对应的 Ferrer 图表. 我们在第一列和最后一列画上直线, 在最下面一行也画上直线, 同时经过第一列的最高点沿斜下方 45° 方向画一条直线 (图 9).

因为 $a_1>\cdots>a_m$, 所以这个图表包含在由这四条直线构成的梯形中. 我们用 p 来表示上方斜边上点的数量. 现在我们对此图表做如下变换: 如果 $p<a_m$, 那么我们取走前 p 列中每列最上方的点, 并用这 p 个点构成一列放在最后 (图 9 $a\to b$). 得到的

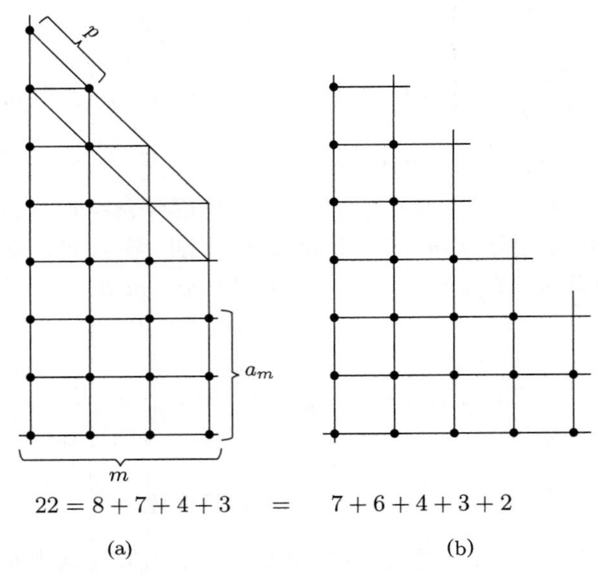

图 9

图表具有不同的行数, 这是平凡的如果 a_m 非递减, 即 $p < m$; 并且这也是清楚的如果 $p = m$ 且 $a_m > p + 1$. 现在排除掉 $a_m = p + 1$ 且 $m = p$ 的情形, 因为此时

$$n = (p+1) + (p+2) + \cdots + (2p) = \frac{3p^2 + p}{2}.$$

如果 $a_m \leq p$, 那么我们删除最后一列, 并给前 a_m 列各加上一个点 (图 9 $b \to a$). 这是可行的, 除非它没有 a_m 列, 即 $m - 1 < a_m$. 但 $m \geq p \geq a_m$, 所以现在只可能是 $m = p = a_m$; 但此时

$$n = p + (p+1) + \cdots + (2p-1) = \frac{3p^2 - p}{2},$$

所以上述情况也被排除了. 因此我们定义了一种变换, 它将 n 的不同项的划分的 Ferrer 图表彼此关联. 很容易验证 (这也是为什么图 9 可以被用来解释我们考虑的两种情况) 执行两次变换我们可以得到原图表, 即这种变换将 n 的不同项的划分进行了两两配对. 因为每一对中包含一个偶数项的划分和一个奇数项的划分, 所以这种配对证明了此问题的结论. [Euler; 也参见 1.22]

20. 如果我们考虑

$$(1 + x + x^2 + \dots)(1 + x^2 + x^4 + \dots)(1 + x^3 + x^6 + \dots),$$

那么 x^n 的系数是 x^n 可以表示为形如 $x^{k_1}x^{2k_2}\dots x^{nk_n}$ 的方法数, 即 n 的划分数. 因此,

$$S(x) = \sum_{n=0}^{\infty} \pi_n x^n = (1 + x + x^2 + \dots)(1 + x^2 + x^4 + \dots)\dots$$

$$= \frac{1}{1-x} \cdot \frac{1}{1-x^2} \cdot \frac{1}{1-x^3} \cdots = \frac{1}{(1-x)(1-x^2)\ldots}.$$

(我们跳过了这些无穷乘积的收敛性问题; 这很容易解决, 但它们也可被视为形式级数.)

21. 乘积

$$(1+x)(1+x^2)(1+x^3)\ldots$$

中 x^n 的系数是将 n 划分成不同项的划分数目, 而乘积

$$(1+x+x^2+\ldots)(1+x^3+x^6+\ldots)(1+x^5+x^{10}+\ldots)\ldots$$

中 x^n 的系数是将 n 划分为奇数项的划分数目. 因此我们只需证明

$$\begin{aligned}&(1+x)(1+x^2)(1+x^3)\ldots\\ =&(1+x+x^2+\ldots)(1+x^3+x^6+\ldots)(1+x^5+x^{10}+\ldots)\ldots\end{aligned}$$

或者等价地,

$$(1) \qquad (1+x)(1+x^2)(1+x^3)\cdots = \frac{1}{(1-x)(1-x^3)(1-x^5)\ldots}.$$

现在

$$(1-x)(1+x)(1+x^2)(1+x^4)\ldots(1+x^{2^k})\cdots = 1,$$

用 x^{2k+1} 替换 x 得到

$$(1-x^{2k+1})(1+x^{2k+1})(1+x^{2(2k+1)})(1+x^{4(2k+1)})\cdots = 1.$$

取 $k=0,1,2,\ldots$, 把这些等式相乘就可以得到所有的二项式 $1-x^{2k+1}$ 和所有的二项式 $1+x^n$; 因此

$$(1-x)(1-x^3)(1-x^5)\ldots(1+x)(1+x^2)(1+x^3)\cdots = 1,$$

这就证明了 (1).

22. 如果我们展开

$$(1-x)(1-x^2)(1-x^3)\ldots$$

我们从 n 的每个奇数项划分中得到 $-x^n$, 从 n 的每个偶数项划分中得到 $+x^n$. 所以, 由 1.19, x^n 抵消了, 除非 $n \neq (3k^2 \pm k)/2$.

让我们来确定 $n=(3k^2+k)/2$ 的情形. 1.19 解答中建立的 n 的划分之间的对应将含奇数项的划分与含偶数项的划分两两配对, 除了划分 $n=(k+1)+(k+2)+\cdots+(2k)$, 而这个划分将贡献系数 $(-1)^k$.

类似地, 如果 $n=(3k^2-k)/2$, 我们得到 $(-1)^k x^k$. 因此,

$$(1-x)(1-x^2)(1-x^3)\cdots = 1+\sum_{k=1}^{\infty}(-1)^k\{x^{\frac{3k^2-k}{2}}+x^{\frac{3k^2+k}{2}}\}.$$

[本题的另一个漂亮的分析性证明, 当然也可以证明 1.19, 可以参见 Rademacher, *Lectures on Elementary Number Theory*, Blaisdell, 1964.]

23. (a) 让我们来证明提示中给出的组合断言. 如果给定一个主对角线上有 k 个点的对称 Ferrer 图表, 那么令 a_1 表示第一行和第一列的总点数, a_2 表示第二行和第二列但不在第一行和第一列的总点数, 依次下去 (参见图 10), 则 $a_1 > a_2 > \cdots > a_k$ 都是奇数且构成 n 的一个划分. 反过来, 我们可以由 n 的具有 k 个不同奇数的任意划分来构造一个主对角线上有 k 个点的对称 Ferrer 图表. 这就证明了提示中的断言.

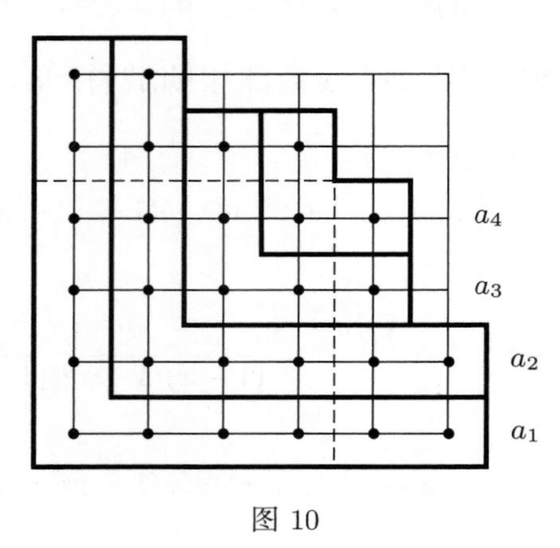

图 10

把 n 划分成不同奇数的划分的数目是

$$(1+x)(1+x^3)(1+x^5)\ldots$$

中 x^n 的系数, 主对角线上具有 k 个元素的对称 Ferrer 图表的数目计数如下: 我们可以移去角落里的 $k \times k$ 方格, 并考虑把这个方格上方的第 i 行和这个方格右边的第 i 列相加, 这样我们就得到了将 n 划分成 k^2 和一些不超过 $2k$ 的偶数的划分. 这样的划分数目是下式中 x^n 的系数

$$x^{k^2}(1+x^2+x^4+\ldots)(1+x^4+x^8+\ldots)\ldots(1+x^{2k}+x^{4k}+\ldots) \tag{1}$$
$$= \frac{x^{k^2}}{(1-x^2)(1-x^4)\ldots(1-x^{2k})}.$$

因此

$$\sum_{k=0}^{\infty} \frac{x^{k^2}}{(1-x^2)(1-x^4)\ldots(1-x^{2k})}$$

是具有 n 个点的对称 Ferrer 图表的数目的生成函数. 这就证明了 (a).

(b) 现在可以类似地证明 (b), 但也可以从另一个观察得出. 把 n 划分为 k 个不同奇数的方法数是下式中 $x^n y^k$ 的系数

$$(1+xy)(1+x^3y)(1+x^5y)\ldots.$$

另外, 我们知道这个数等于主对角线上有 k 个点且总点数为 n 的对称 Ferrer 图表的数目, 也就是 (1) 式中 x^n 的系数. 这就给出了恒等式

$$(1+xy)(1+x^3y)\cdots=\sum_{k=0}^{\infty}\frac{x^{k^2}y^k}{(1-x^2)(1-x^4)\dots(1-x^{2k})}.$$

令 $y=x$, 我们就可以得到 (b) [Euler].

24. 假设划分中有 k_1 个 1, 由这些 1 构成的部分和可以唯一表示每个不超过 k_1 的数, 所以 $2,\dots,k_1$ 都不出现在这个划分中, 由于 k_1+1 必须表示为一个部分和, 所以它在划分中必定以某个重数 $k_2>0$ 出现, 那么所有不超过 $k_2(k_1+1)+k_1$ 的数都将被接受 (即它们都有唯一的表示). 依次类推, 我们得到在划分中出现的数为 $1,k_1,(k_1+1)(k_2+1),\dots,(k_1+1)(k_2+1)\dots(k_m+1)$, 其中 $(k_1+1)\dots(k_i+1)$ 的重数为 k_{i+1} $(i=1,\dots,m)$. 由于所有数的和必为 n, 所以我们有

$$n=k_1\cdot 1+k_2(k_1+1)+\cdots+k_{m+1}(k_1+1)\dots(k_m+1)$$

或

$$n+1=(k_1+1)\dots(k_{m+1}+1).$$

如果 $m=0$, 那么我们就得到了全 1 的平凡划分; 如果 $n+1$ 是素数, 则必然是这种情形. 另外, 如果 $n+1$ 是合数, 那么

$$n+1=(k_1+1)(k_2+1),$$

其中 $k_1,\ k_2\geq 1$, 那么

$$n=\underbrace{1+\cdots+1}_{k_1}+\underbrace{(k_1+1)+\cdots+(k_1+1)}_{k_2}$$

是一个合适的划分 [参见 R].

25. 第一个论断是容易的: 如果整数 a,b,c 是一个周长为 $2n-3$ 的三角形的三边长, 那么 $a+1,b+1,c+1$ 也平凡地满足三角不等式, 从而它们是周长为 $2n$ 的三角形的三边长. 反过来, 如果 a,b,c 是一个周长为 $2n$ 的三角形的三边长, 那么

$$(a-1)+(b-1)-(c-1)=a+b-c-1\geq 0,$$

又由于 $a+b-c-1=2n-2c-1$ 是奇数, 所以我们有

$$(a-1)+(b-1)-(c-1)>0.$$

因此, $a-1,\ b-1,\ c-1$ 是周长为 $2n-3$ 的三角形的三边长.

为了证明第二个论断, 观察到如果

$$n=x+y+z,$$

其中 x, y, z 是正整数, 那么

$$(x+y)+(x+z)+(y+z)=2n,$$
$$(x+y)+(x+z)=y+z+2x>y+z,$$

即 $x+y, y+z, x+z$ 是周长为 $2n$ 的三角形的三边长. 反过来, 如果整数 a, b, c 是这样一个三角形的三边长, 那么令

$$x=n-a, \quad y=n-b, \quad z=n-c,$$

我们得到

$$x=\frac{b+c-a}{2}>0, \quad y>0, z>0.$$

同时

$$x+y=c, \quad x+z=b, \quad y+z=a.$$

因此, 我们得到了 n 的划分与周长为 $2n$ (且边长为整数) 的三角形之间的一一对应.

为了确定将 n 划分为恰好三项的划分的数目, 我们观察到将 m 划分为恰好两项且每项不超过 a 的划分数目为

$$\begin{cases} 0, & \text{如果 } a<\dfrac{m}{2}, \\ a-\left\lfloor\dfrac{m-1}{2}\right\rfloor, & \text{如果 } \dfrac{m}{2}\leq a<m, \\ \left\lfloor\dfrac{m}{2}\right\rfloor, & \text{如果 } a\geq m. \end{cases}$$

因此, 划分

$$n=a+b+c, \quad a\geq b\geq c$$

的数目为

$$\sum_{\frac{n-a}{2}\leq a<n-a}\left(a-\left\lfloor\frac{n-a-1}{2}\right\rfloor\right)+\sum_{n-a\leq a}\left\lfloor\frac{n-a}{2}\right\rfloor$$

或等价地

$$\sum_{\frac{n}{3}\leq a<\frac{n}{2}}\left(a-\left\lfloor\frac{n-a-1}{2}\right\rfloor\right)+\sum_{\frac{n}{2}\leq a\leq n}\left\lfloor\frac{n-a}{2}\right\rfloor.$$

由此可见, 结果取决于 n 模 6 的余数, 如若 $n=6k$, 则结果为 $3k^2$.

26. 第一天, 我们有 3 种选择: 我们可以买一个椒盐卷饼. 这种情形下, 我们还有 M_{n-1} 种方法去花完剩下的 $n-1$ 福林; 或者我们花 2 福林去买糖果, 那么我们有 M_{n-2} 种方法花完剩下的福林; 类似地, 我们有 M_{n-2} 种方法花完剩下的福林, 如果我们首先花 2 福林去买冰淇淋的话. 因此我们有

$$M_n=M_{n-1}+2M_{n-2} \tag{1}$$

我们需要计算一些初始值, 显然地,

$$M_0 = M_1 = 1, \quad M_2 = 3.$$

所以由 (1),

$$M_3 = 5, \quad M_4 = 11, \quad M_5 = 21, \quad M_6 = 43.$$

由此我们猜测

$$M_n = 2M_{n-1} + (-1)^n. \tag{2}$$

实际上, (2) 可由 (1) 用归纳法容易地得到:

如果

$$M_{n-1} = 2M_{n-2} + (-1)^{n-1}, \quad 2M_{n-2} = M_{n-1} + (-1)^n,$$

那么

$$M_n = M_{n-1} + 2M_{n-2} = M_{n-1} + (M_{n-1} + (-1)^n) = 2M_{n-1} + (-1)^n.$$

现在我们有

$$\begin{aligned} M_n &= 2M_{n-1} + (-1)^n = 2(2M_{n-2} + (-1)^{n-1}) + (-1)^n \\ &= 4M_{n-2} + 2(-1)^{n-1} + (-1)^n \\ &= 8M_{n-3} + 4(-1)^{n-2} + 2(-1)^{n-1} + (-1)^n \\ &= \cdots = 2^n - 2^{n-1} + 2^{n-2} - \cdots + (-1)^n \\ &= \frac{2^{n+1} + (-1)^n}{2 - (-1)} = \frac{1}{3}(2^{n+1} + (-1)^n). \end{aligned}$$

当然, 如果可以更早地猜测到这一结果, 那么就可以无需考虑 (2) 而直接由 (1) 用归纳法证得.

27. 我们开始时可以选择走 1 个台阶或者 2 个台阶. 对第一种情况, 我们有 A_{n-1} 种可能来继续; 对第二种情况, 我们有 A_{n-2} 种可能. 因此

$$A_n = A_{n-1} + A_{n-2} \tag{1}$$

由于我们有

$$A_1 = 1, A_2 = 2$$

这个序列实际上就是斐波那契序列. 设 $A_0 = 1$ 且

$$f(x) = \sum_{n=0}^{\infty} A_n x^n.$$

于是有

$$xf(x) = \sum_{n=1}^{\infty} A_{n-1}x^n,$$

$$x^2 f(x) = \sum_{n=2}^{\infty} A_{n-2}x^n,$$

且由 (1) 可得

$$f(x) - xf(x) - x^2 f(x) = A_0 + (A_1 - A_0)x + \sum_{n=2}^{\infty}(A_n - A_{n-1} - A_{n-2})x^n = A_0 = 1,$$

从而

$$f(x) = \frac{1}{1-x-x^2}.$$

为了得到 A_n 的显式表达式, 我们写为

$$\begin{aligned} f(x) &= \frac{1/\sqrt{5}x}{1-\frac{1+\sqrt{5}}{2}x} - \frac{1/\sqrt{5}x}{1-\frac{1-\sqrt{5}}{2}x} \\ &= \frac{1}{\sqrt{5}x}\sum_{k=0}^{\infty}\left(\left(\frac{1+\sqrt{5}}{2}x\right)^k - \left(\frac{1-\sqrt{5}}{2}x\right)^k\right) \\ &= \frac{1}{\sqrt{5}}\sum_{n=0}^{\infty}\left(\left(\frac{1+\sqrt{5}}{2}\right)^{n+1} - \left(\frac{1-\sqrt{5}}{2}\right)^{n+1}\right)x^n. \end{aligned}$$

所以

$$A_n = \frac{1}{\sqrt{5}}\left(\left(\frac{1+\sqrt{5}}{2}\right)^{n+1} - \left(\frac{1-\sqrt{5}}{2}\right)^{n+1}\right).$$

28. (a) 如果在第一天, 我们购买了价值 i 福林的一种商品, 那么我们有 C_{n-i} 种方法花完剩余的钱. 因此,

$$C_n = \sum_{i=1}^{k} a_i C_{n-i} \quad (n > k). \tag{1}$$

为了方便起见, 我们令 $C_0 = 1, C_{-1} = \cdots = C_{-k+1} = 0$. 当 $n \geq 1$ 时, 这些新值仍满足 (1) 式.

可以观察到, 对任意固定的 ν, 序列 $M\vartheta_\nu^n$ 满足 (1), 这是因为

$$M\vartheta_\nu^n = \sum_{i=1}^{k} a_i M\vartheta_\nu^{n-i}$$

等价于

$$M\vartheta_\nu^{n-k}(\vartheta_\nu^k - a_1\vartheta_\nu^{k-1} - \cdots - a_{k-1}\vartheta_\nu - a_k) = 0,$$

这是显然成立的. 因此, 任意序列

$$x_n = \sum_{\nu=1}^{k} M_\nu \vartheta_\nu^n \tag{2}$$

也满足 (1) 式. 让我们来寻找形如 (2) 的序列 C_n. 为了方便起见, 设

$$x_n = C_{n-k+1},$$

那么 $x_0 = x_1 = \cdots = x_{k-2} = 0$, $x_{k-1} = 1$, 或者

$$\begin{aligned} M_1 + M_2 + \cdots + M_k &= 0 \\ \vartheta_1 M_1 + \vartheta_2 M_2 + \cdots + \vartheta_k M_k &= 0 \\ &\vdots \\ \vartheta_1^{k-2} M_1 + \vartheta_2^{k-2} M_2 + \cdots + \vartheta_k^{k-2} M_k &= 0 \\ \vartheta_1^{k-1} M_1 + \vartheta_2^{k-1} M_2 + \cdots + \vartheta_k^{k-1} M_k &= 1 \end{aligned} \tag{3}$$

用 D 表示范德蒙行列式

$$\begin{vmatrix} 1 & \vartheta_1 & \dots & \vartheta_1^{k-1} \\ \vdots & \vdots & & \vdots \\ 1 & \vartheta_k & \dots & \vartheta_k^{k-1} \end{vmatrix}$$

根据 Cramer 法则, 对 $M_1, M_2, \dots, M_k$, (3) 有一组解, 事实上,

$$M_\nu = \frac{1}{D} \begin{vmatrix} 1^{\underset{\smile}{1}} & \vartheta_1 & \dots & \vartheta_1^{k-1} \\ \vdots & \vdots & & \vdots \\ 0^{\underset{\smile}{\nu}} & 0 & \dots & 1 \\ \vdots & \vdots & & \vdots \\ 1^{\underset{\smile}{k}} & \vartheta_k & \dots & \vartheta_k^{k-1} \end{vmatrix} = \frac{1}{D} \begin{vmatrix} 1 & \vartheta_1 & \dots & \vartheta_1^{k-2} & 0 \\ \vdots & \vdots & & \vdots & \\ 1 & \vartheta_\nu & \dots & \vartheta_\nu^{k-2} & 1 \\ 1 & \vartheta_k & \dots & \vartheta_k^{k-1} & 0 \end{vmatrix}$$

第二项是按如下方式得到的: 将第 i $(i \neq v)$ 行减去第 v 行的 ϑ_i^{k-1} 倍, 再将最后一列的 ϑ_v^{j-1} 倍加到第 j 列 $(j = 1, \dots, k-1)$. 因此,

$$x_n = \sum_{\nu=1}^{k} M_\nu \vartheta_\nu^n = \frac{1}{D} \begin{vmatrix} 1 & \vartheta_1 & \dots & \vartheta_1^{k-2} & \vartheta_1^n \\ \vdots & \vdots & & \vdots & \vdots \\ 1 & \vartheta_k & \dots & \vartheta_k^{k-2} & \vartheta_k^n \end{vmatrix}$$

且 $C_n = x_{n+k-1}$ 即为所求.

(b) 设

$$f(x) = \sum_{n=0}^{\infty} C_n x^n,$$

则

$$f(x)-\sum_{i=1}^{k}a_ix^if(x)=C_0+\sum_{n=1}^{\infty}x^n(C_n-a_1C_{n-1}-\cdots-a_kC_{n-k})$$

(其中 $C_{-1}=\cdots=C_{-k+1}=0,\ C_0=1$). 因此最后一个和式为 0, 所以

$$f(x)=(1-a_1x-\cdots-a_kx^k)=1$$

并且

$$f(x)=\frac{1}{1-a_1x-\cdots-a_kx^k}.$$

为了得到系数的显式表达, 我们观察到分母的根为 $1/\vartheta_1,\ldots,1/\vartheta_k$, 从而 $f(x)$ 可以写成

$$f(x)=\frac{1}{(1-\vartheta_1x)\ldots(1-\vartheta_kx)}=\sum_{\nu=1}^{k}\frac{A_\nu}{1-\vartheta_\nu x}.$$

两边同乘 $1-\vartheta_\nu x$ 并代入 $x=1/\vartheta_\nu$, 我们得到

$$A_v=\prod_{j\neq\nu}\left(1-\frac{\vartheta_j}{\vartheta_\nu}\right).$$

从而

$$f(x)=\sum_{\nu=1}^{k}A_\nu\frac{1}{1-\vartheta_\nu x}=\sum_{\nu=1}^{k}A_\nu\sum_{n=0}^{\infty}\vartheta_\nu^nx^n=\sum_{n=1}^{\infty}\left(\sum_{\nu=1}^{k}\prod_{j\neq\nu}\left(1-\frac{\vartheta_j}{\vartheta_\nu}\right)\vartheta_\nu^n\right)x^n,$$

因此

$$C_n=\sum_{\nu=1}^{k}\prod_{j\neq\nu}\left(1-\frac{\vartheta_j}{\vartheta_\nu}\right)\vartheta_\nu^n=\sum_{\nu=1}^{k}\prod_{j\neq\nu}(\vartheta_\nu-\vartheta_j)\vartheta_\nu^{n-k+1}.$$

请读者自己验证这个公式等于 (a) 中给出的公式.

29. 我们有

$$p_n(\lambda)=\underbrace{\begin{vmatrix}\lambda & -1 & & \\ -1 & \lambda & & \mathbf{0}\\ & & \ddots & \\ \mathbf{0} & & & -1\\ & & -1 & \lambda\end{vmatrix}}_{n}=\underbrace{\begin{vmatrix}\lambda & -1 & & \\ -1 & \lambda & & \mathbf{0}\\ & & \ddots & \\ \mathbf{0} & & & -1\\ & & -1 & \lambda\end{vmatrix}}_{n-1}+\underbrace{\begin{vmatrix}-1 & 0 & \ldots & & \\ -1 & \lambda & -1 & & \mathbf{0}\\ & -1 & \lambda & & \\ & & & \ddots & \\ \mathbf{0} & & & & -1\\ & & & -1 & \lambda\end{vmatrix}}_{n-1}$$

$$=\lambda p_{n-1}(\lambda)-p_{n-2}(\lambda)\quad(n\geq 3).$$

如果我们令 $p_0(\lambda)=1$ 且 $p_{-1}(\lambda)=0$, 则这个递推关系对 $n\geq 1$ 依然成立. 正如 1.27 的解答, 我们用 ϑ_1, ϑ_2 来表示

$$x^2-\lambda x+1=0$$

的根 (ϑ_1, ϑ_2 当然是 λ 的函数: $\vartheta_1=\frac{\lambda+\sqrt{\lambda^2-4}}{2}$, $\vartheta_2=\frac{\lambda-\sqrt{\lambda^2-4}}{2}$). 那么

$$p_n(\lambda)=c_1\vartheta_1^{n+1}+c_2\vartheta_2^{n+1}.$$

分别取 $n=0$ 和 -1, 我们得到

$$c_1+c_2=0,$$

$$c_1\vartheta_1+c_2\vartheta_2=1.$$

因此

$$c_1=\frac{1}{\sqrt{\lambda^2-4}},\quad c_2=\frac{-1}{\sqrt{\lambda^2-4}}$$

且

$$p_n(\lambda)=\frac{1}{\sqrt{\lambda^2-4}}(\vartheta_1^{n+1}-\vartheta_2^{n+1}).$$

所以, 如果

$$p_n(\lambda)=0,$$

则

$$\vartheta_1^{n+1}=\vartheta_2^{n+1},$$

或者等价地,

$$\vartheta_1=\varepsilon^2\vartheta_2,$$

其中

$$\varepsilon=e^{\frac{k\pi i}{n+1}},\quad 0\leq k\leq n.$$

从 $\vartheta_1=\varepsilon^2\vartheta_2$ 中解出 λ, 我们得到

$$\lambda=\pm(\varepsilon+\frac{1}{\varepsilon})=\pm 2\cos\frac{k\pi}{n+1}.$$

这里我们可以省略 $\pm$, 这是因为 $-\cos\frac{k}{n+1}=\cos\frac{n+1-k}{n+1}$. 经过替换, 很容易看到这些数 (当 $k=1,2,\ldots,n$ 时) 都是 $p_n(\lambda)$ 的根, 因此 $k=0$ 不是根. 于是, A 的特征值是

$$2\cos\frac{k\pi}{n+1},\ k=1,\ldots,n$$

[也可参见 4.28 和 11.5].

30. 如果我们有一个长度为 $n-1$ 且 a, b 不相邻的序列, 那么我们可以按照如下方法得到一个长度为 n 的序列:

(1) 如果它以 a [b] 开头, 那么我们就把 c 或 d 或 a [b] 放在最前边;

(2) 如果它以 c 或 d 开头, 那么我们就把 a, b, c 或 d 放在最前边.
因此如果用 x_n 表示以 a 或 b 开头的长度为 n 的序列的数目, y_n 表示以 c 或 d 开头的长度为 n 的序列的数目, 那么我们有如下的递推关系

$$x_n = x_{n-1} + 2y_{n-1},$$
$$y_n = 2x_{n-1} + 2y_{n-1}.$$

为了求解这些递推关系式, 设

$$v_n = \begin{bmatrix} x_n \\ y_n \end{bmatrix}, \quad A = \begin{pmatrix} 1 & 2 \\ 2 & 2 \end{pmatrix}.$$

因此, 我们可以得到

$$v_n = Av_{n-1} = \cdots = A^{n-1}\begin{bmatrix} 2 \\ 2 \end{bmatrix} = A^n \begin{bmatrix} 0 \\ 1 \end{bmatrix}.$$

设

$$L = \begin{pmatrix} \dfrac{3+\sqrt{17}}{2} & 0 \\ 0 & \dfrac{3-\sqrt{17}}{2} \end{pmatrix},$$

$$T = \begin{pmatrix} \sqrt{\dfrac{\sqrt{17}-1}{2\sqrt{17}}} & -\sqrt{\dfrac{\sqrt{17}+1}{2\sqrt{17}}} \\ \sqrt{\dfrac{\sqrt{17}+1}{2\sqrt{17}}} & \sqrt{\dfrac{\sqrt{17}-1}{2\sqrt{17}}} \end{pmatrix}.$$

我们可以将 A 化为对角形式: $A = TLT^{-1}$ (L 的对角线元素就是 A 的特征值, T 由 A 的特征向量构成). 我们想去确定

$$x_n + y_n = [1 \quad 1]A^n \begin{bmatrix} 0 \\ 1 \end{bmatrix} = \frac{1}{2}[0 \quad 1]A^{n+1}\begin{bmatrix} 0 \\ 1 \end{bmatrix} = \frac{1}{2}[0 \quad 1]TL^{n+1}T^{-1}\begin{bmatrix} 0 \\ 1 \end{bmatrix}.$$

这里

$$[0 \quad 1]T = \left[\sqrt{\frac{\sqrt{17}+1}{2\sqrt{17}}} \quad \sqrt{\frac{\sqrt{17}-1}{2\sqrt{17}}}\right]$$

因此

$$x_n + y_n = \frac{\sqrt{17}+1}{4\sqrt{17}}\left(\frac{3+\sqrt{17}}{2}\right)^{n+1} + \frac{\sqrt{17}-1}{4\sqrt{17}}\left(\frac{3-\sqrt{17}}{2}\right)^{n+1}.$$

31. 设 $\{a_1, a_2, \ldots, a_k\} \subseteq \{1, 2, \ldots, n\}$ 满足 $a_{\nu+1} \geq a_\nu + 2$, 那么

$$a_1 < a_2 - 1 < \cdots < a_k - (k-1),$$

即 $\{a_1, a_2-1, \ldots, a_k-(k-1)\}$ 是 $\{1,2,\ldots,n-k+1\}$ 的一个 k-元子集. 反过来, 对任一 k-元子集 $\{a'_1, a'_2, \ldots, a'_k\} \subseteq \{1,2,\ldots,n-k+1\}$, 集合 $\{a'_1, a'_2+1, \ldots, a'_k+(k-1)\}$ 是 $\{1,2,\ldots,n\}$ 的不包含任何两个相邻整数的子集, 所以答案就是 $\binom{n-k+1}{k}$.

32. 对任意这样的映射 f, 考虑下面的多边形: 连接 $(x, f(x))$ 和 $(x+1, f(x))$, 连接 $(x, f(x))$ 和 $(x, f(x)-1), (x, f(x)-2), \ldots, (x, f(x-1))$ (这里令 $f(0)=1$). 同样连接 $(n+1, f(n))$ 和 $(n+1, f(n)+1), \ldots, (n+1, n)$(图 11). 那么我们得到一个连接 $(1,1)$ 到 $(n+1,n)$ 的多边形, 它的边连接相邻的格子点, 并且如果我们沿着它从 $(1,1)$ 走到 $(n+1,n)$, 那么我们总是向右或向上走, 称这样的多边形为阶梯折线. 反过来, 一个连接 $(1,1)$ 到 $(n+1,n)$ 的阶梯折线就代表了 $\{1,2,\ldots,n\}$ 到它自身的一个单调映射. 因此, 我们只需要去计数这样的多边形的数目.

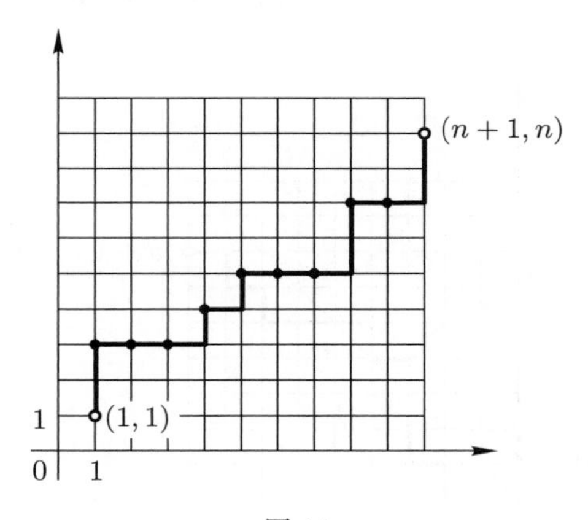

图 11

设 $e_1, \ldots, e_{2n-1}$ 是阶梯折线的边, 其中有 n 条横边和 $n-1$ 条竖边. 反过来, 如果我们选定了某 n 条边作为横边, 那么我们就可以唯一的确定一个阶梯折线. 因此, 连接 $(1,1)$ 到 $(n+1,n)$ 的阶梯折线的数目为

$$\binom{2n-1}{n}.$$

33. (a) 我们仍然要计数从 $\{1,2,\ldots,n\}$ 到 $\{0,1,\ldots,n-1\}$ 的满足性质 $f(x) < x$ 的所有单调映射的数目. 构造对应于这样的 f 的阶梯折线, 它将连接点 $(1,0)$ 到点 $(n+1, n-1)$ 并且不与直线 $x=y$ 相交.

由上一题我们知道, 阶梯折线的总数为 $\binom{2n-1}{n}$. 所以, 如果我们计数出与直线 $x=y$ 相交的阶梯折线的数目, 那么我们也就知道与这条直线不相交的阶梯折线的数目.

设 P 是与直线 $x=y$ 相交的阶梯折线, 令 (a,a) 是它们的第一个交点. 将 $(1,0)$ 与 (a,a) 之间的部分沿着直线 $x=y$ 翻转, 那么, 我们得到一个连接 $(0,1)$ 与 $(n+1,n-1)$ 的阶梯折线 P'. 反过来, 如果 P' 是连接 $(0,1)$ 与 $(n+1,n-1)$ 的一个阶梯折线, 那么显然它必与直线 $x=y$ 相交. 如果我们再一次用 (a,a) 表示它们的第一个交点, 那么

我们得到一个连接 $(1,0)$ 与 $(n+1,n-1)$ 并与直线 $x=y$ 相交的阶梯折线. 因此, 连接 $(0,1)$ 与 $(n+1,n-1)$ 的阶梯折线的数目等于连接 $(1,0)$ 与 $(n+1,n-1)$ 并与直线 $x=y$ 相交的阶梯折线的数目 (见图 12). 现在 $(0,1)$ 与 $(n+1,n-1)$ 之间的阶梯折线的数目可以用上一题解答中的方法来确定. 这样的一个多边形有 $2n-1$ 条边, 其中 $n-2$ 条向上. 因此, 它们的数目为

$$\binom{2n-1}{n-2},$$

从而这个问题的答案是

$$\binom{2n-1}{n-1}-\binom{2n-1}{n-2}=\frac{1}{n+1}\binom{2n}{n},$$

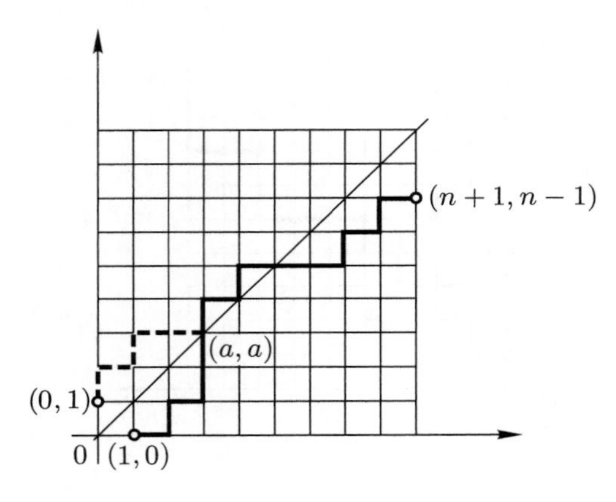

图 12

(b) 用 $f(k)$ 代表前 k 位的数字之和, 这个问题就等价于 (a). (数 $\frac{1}{n+1}\binom{2n}{n}$, 被称作 Catalan 数, 它是很多计数问题的答案, 参见 1.37 − 40.)

34. 考虑这样一个序列并删去所有元素 n, 得到的序列长为 k, 不妨设 $0\le k\le r$, 并且满足假设条件. 反过来, 如果一个由 $1,\dots,n-1$ 组成的长度为 k 的序列具有性质: 小于 i 的项少于 i $(i=1,\dots)$, 那么我们可以插入 $r-k$ 个新元素 n (有 $\binom{r}{k}$ 种做法), 得到一个具有相同性质且长为 r 的 $(1,\dots,n)$-序列. 因此,

$$g(n,r)=\sum_{k=0}^{r}\binom{r}{k}g(n-1,k)\quad(1\le r<n), \tag{1}$$

其中 $g(n,r)$ 表示长为 r 且具有性质小于 i 的项少于 i $(i=1,2,\dots)$ 的 $(1,\dots,n)$-序列的数目.

现在通过对 n 做归纳很容易得到

$$g(n,r)=(n-r)n^{r-1}. \tag{2}$$

当 $n=r$ 时 (2) 成立, 这是因为每个长度为 n 的 $(1,\ldots,n)$-序列都包含 n 个不大于 n 的项, 即 $g(n,r)=0$. 当 $n>r$ 时, 利用 (1) 式得

$$\begin{aligned} g(n,r) &= \sum_{k=0}^{r}\binom{r}{k}g(n-1,k) = \sum_{k=0}^{r}\binom{r}{k}(n-1-k)(n-1)^{k-1} \\ &= \sum_{k=0}^{r}\binom{r}{k}(n-1)^{k} - \sum_{k=0}^{r}\binom{r}{k}k(n-1)^{k-1} \\ &= n^r - r\sum_{k=1}^{r}\binom{r-1}{k-1}(n-1)^{k-1} = n^r - rn^{r-1} \end{aligned}$$

这就证明了 (2) 式. [H.E. Daniels, *Proc. Roy. Soc.* A **183** (1945) 405–435.]

35. 如果我们用相反的顺序来写这些划分, 从单位划分 (划分成 1 元集) 开始, 到零划分 $\{S\}$ 结束, 我们可以观察到每一行可由前面一行通过 "合并两个子集" 得到. 在第 i 行, 我们总是有 $n-i+1$ 个子集, 所以得到第 $i+1$ 个行的方法数为 $\binom{n-i+1}{2}$, 因此这种操作的方法总数是

$$\binom{n}{2}\binom{n-1}{2}\cdots\binom{2}{2} = \frac{n!(n-1)!}{2^{n-1}}.$$

36. 设 P_i 是第 i 步产生的划分, $P_0=\{S\}$; 我们称序列 $P_0,P_1,\ldots$ 为一个分裂过程. 用 P_i' 表示由 P_i 导出的集合 $S-\{x\}$ 上的划分 $(x\in S)$. 那么 P_{i+1}' 可由 P_i' 通过将 P_i 中所有多于一个元素的子集分裂成两个集合得到, 除了一种例外情况, 对 i 的某个特定值 i_0, P_{i_0}' 的一个子集虽然含有多于一个元素, 可能不用分裂: 在对应的步骤, 将 P_{i_0} 的包含 x 的子集 C 分裂成 $\{x\}$ 和 $C-\{x\}$. 现在, 令 P_i^* 和 P_i^{**} 分别表示由 P_i' 导出的 $C-\{x\}$ 和 $S-C$ 上的划分, 并令

$$Q_i = \begin{cases} P_i', & \text{如果 } i\le i_0, \\ P_{i+1}^*\cup P_i^{**} & \text{如果 } i>i_0. \end{cases}$$

那么 $Q_0=\{S\}, Q_1,\ldots$ 是集合 $S-\{x\}$ 的一个分裂过程.

反过来, 令 $Q_0,Q_1,\ldots$ 是 $S-\{x\}$ 上这样的一个分裂过程, 我们来确定有多少种方式从 S 的一个分裂过程 $P_0,P_1,\ldots$ 生成 $Q_0,Q_1,\ldots$. 我们指定集合 $C-\{x\}\in Q_0\cup Q_1\cup\ldots$. 一旦我们做到了这点, 我们就得到了一个唯一的序列 $P_0,P_1,\ldots$. 事实上, i_0 是第一个满足条件 $C-\{x\}\in Q_{i_0-1}$ 的指标. 因此, 我们由 Q_i 通过向包含 $C-x$ 的集合中添加 x 得到 P_i $(1\le i\le i_0)$; 我们可以由 Q_i 构造 P_i $(i_0<i)$: 将 Q_i 导出的 $C-\{x\}$ 的划分替换为由 Q_{i-1} 导出的 $C-\{x\}$ 上的划分, 并添加 x 作为一个单独集合. 容易验证, 通过这种方式, 我们可以由 $S-\{x\}$ 的任一分裂过程 $Q_0,Q_1,\ldots$ 以及指定数量的 $Q_0\cup Q_1\cup\ldots$ 来得到唯一的分裂过程 $P_0,P_1,\ldots$. 让我们来计算 $|Q_0\cup Q_1\cup\ldots|$, 所幸的是这仅依赖于 n. 显然, $S-\{x\}$ 的任意 1 元子集属于 $Q_0\cup Q_1\cup\ldots$, 这产生 $n-1$. 对每个 $C\in Q_0\cup Q_1\cup\ldots$, $|C|\ge 2$, 观察到它与某个分裂一一对应, 反之亦然.

共有 $n-2$ 次分裂 (由于每次分裂都使子集数增加 1), 从而我们有

$$|Q_0 \cup Q_1 \cup \ldots| = (n-1) + (n-2) = 2n-3.$$

因此, 集合 S 的分裂过程的数目为 $S-\{x\}$ 的分裂过程数目的 $2n-3$ 倍. 故由归纳法, 所求的数为

$$(2n-3)(2n-5)\ldots 1 = (2n-3)!!.$$

37. (a) 我们需要在每个 $n-1$ 个分点处进行分解; 如果我们指定不同分点的顺序, 那么这个过程就是确定的. 因此, 有 $(n-1)!$ 种方法.

(b) 我们称这样的一个过程为一个*断裂过程*. 考虑 n 元集 S 的任一分裂过程 $P_0, P_1, \ldots$ (参见前一问题的求解). 我们可以解释如下: 当我们分裂一个子集时, 我们指定其中的一半, 并将它放在另一半的前面. 所以, 每一步产生的划分的子集是有序的, 并且最后的划分给出了 S 的一个排序; 更进一步, 这个分裂过程对应于给定顺序的 S 的元素组成的 "木棍" 的一个断裂过程.

反之, 如果给定一个断裂过程和 S 的一个顺序, 那么对有序集 S 应用这个断裂过程, 我们可以得到一个分裂过程. 设 b_n 和 s_n 分别表示断裂过程和分裂过程的数目, 那么 "具有分裂成子集对的排序的分裂过程" 与 "由一个排序和一个断裂过程组成的对" 之间的上述对应意味着

$$2^{n-1}s_n = n!b_n.$$

$$s_n = (2n-3)(2n-5)\ldots 1,$$

从而

$$b_n = \frac{2^{n-1}(2n-3)(2n-5)\ldots 1}{n!} = \frac{(2n-2)!}{n!(n-1)!} = \frac{1}{n}\binom{2n-2}{n-1}.$$

38. *解法 1.* 考虑一个加括号的乘积. 最后一次执行的乘积意味着将乘积分成两块, 在每一块的内部有一些括号

$$(x_1\ldots x_i)(x_{i+1}\ldots x_n).$$

在最后一步之前的两个乘积意味着将其中每一块乘积又分成两块

$$((x_1\ldots)(\ldots x_i))((x_{i+1}\ldots)(\ldots x_n))$$

(其中的一些括号中可能只包含一个单独变量, 不让这种情况发生). 通过这种方式我们可以看到具有 n 个因子的乘积的加括号的方法数等于 n 长木棍的断裂过程的数目, 根据之前的结果, 即为

$$\frac{1}{n}\binom{2n-2}{n-1}.$$

解法 2. 令 $f(x)$ 表示在前 $x+1$ 个符号 $(x=1,2,\ldots,n-1)$ 之间闭括号的数目. 那么有

(a) $0 \le f(x) \le n-2$,

(b) $f(x)$ 是单调的, 并且

(c) $f(x) < x$ 这是因为在 $x+1$ 个符号之间至多只有 $x-1$ 对括号.

反过来, 令 $f(x)$ 是定义在 $\{1,\ldots,n-1\}$ 且满足性质 (a), (b), (c) 的函数, 那么 $f(x)$ 唯一地确定一个乘积的加括号过程. 一种更方便的描述加括号过程的方式是把 n 个元素乘起来 (在一个不满足结合律和交换律的结构中). 显然, 在 x_i 和 x_{i+1} 之间一定有 $f(i)-f(i-1)$ 个闭括号, 且在最后有 $n-2-f(n-1)$ 个闭括号.

现在 (从左边起) 考虑第一个闭括号, 将它前面的两个元素乘起来并移除这对括号, 然后在剩下的部分中考虑第一个闭括号, 将它前面的两个元素乘起来 (这两个元素中的某个可能是前面乘积的结果), 以此类推. 这样得到的乘积过程与用来确定 $f(x)$ 的加括号过程所描述的顺序是一致的. 容易验证, 我们可以将上述过程进行下去, 也就是说, 根据性质 (c) 我们永远不会得到一个前面只有一个元素的闭括号. 所以, 在具有性质 (a), (b), (c) 的函数与乘积的加括号过程之间我们有一个双射. 具有性质 (a), (b), (c) 的函数已经在 1.33 中计数过, 结果是

$$\frac{1}{n}\binom{2n-2}{n-1}.$$

39. 设我们的 n 边形的顶点为 $v_1,\ldots,v_n$. 如果在给定的三角剖分中, v_i 和 v_j 连成一条对角线, 就在乘积中加一对括号

$$x_1\ldots(x_i\ldots x_{j-1})x_j\ldots x_{n-1}.$$

很容易看出, 这个加括号过程是 "正确" 的. 反过来, 从每一个正确的加括号过程出发, 我们可以得到一个三角剖分. 所以由 1.38, 答案是

$$D_n=\frac{1}{n-1}\binom{2n-4}{n-2}.$$

40. 设 n 边形的顶点为 $v_1,\ldots,v_n$(按这个循环顺序). 在任何三角剖分中, 边 (v_1,v_n) 都包含在唯一的三角形 (v_1,v_n,v_k) 中. 如果 k 是固定的, 我们就有 D_k 种可能的方式去三角剖分 k 边形 $(v_1,\ldots,v_k)$ 以及 D_{n-k+1} 种可能的方式去三角剖分 $(n-k+1)$ 边形 $(v_k,\ldots,v_n)$. 如果我们令 $D_2=1$, 那么这对 $k=2$ 和 $k=n-1$ 也成立. 因此,

$$D_n=\sum_{k=2}^{n-1}D_kD_{n-k+1}\quad (n\ge 3),$$
$$D_2=1.$$

现在令

$$D(x)=\sum_{n=2}^{\infty}D_nx^n.$$

那么 (1) 蕴含着

$$D(x)^2=\sum_{k=2}^{\infty}D_kx^k\sum_{l=2}^{\infty}D_lx^l=\sum_{k=2}^{\infty}\sum_{l=2}^{\infty}D_kD_lx^{k+l}=\sum_{n=4}^{\infty}x^n\sum_{k=2}^{n-2}D_kD_{n-k}$$
$$=\sum_{n=4}^{\infty}D_{n-1}x^n=x\left(\sum_{n=3}^{\infty}D_nx^n\right)=x(D(x)-x^2).$$

所以,

$$D(x)^2-xD(x)+x^3=0,$$
$$D(x)=\frac{x\pm\sqrt{x^2-4x^3}}{2}.$$

由于 $D'(0)=0$, 在 $x=0$ 时我们肯定取负号; 又因为 $D(x)$ 是连续的, 当 $x<\frac{1}{4}$ 时我们肯定取负根. 所以

$$D(x)=\frac{1-\sqrt{1-4x}}{2}x.$$

由牛顿公式展开上式, 我们得到

$$D(x)=\frac{x}{2}\left(1-\sum_{k=0}^{\infty}\binom{1/2}{k}(-1)^k4^kx^k\right)=\sum_{k=1}^{\infty}(-1)^{k-1}\binom{1/2}{k}2^{2k-1}x^{k+1}.$$

又由于

$$\binom{1/2}{k}=\frac{(1/2)(-1/2)\dots(1/2-k+1)}{k!}$$
$$=(-1)^{k-1}\frac{1}{2^k}\frac{1\cdot3\cdot\dots\cdot(2k-3)}{k!}=(-1)^{k-1}\frac{1}{2^{2k-1}}\frac{1}{k}\binom{2k-2}{k-1}.$$

从而

$$D(x)=\sum_{k=1}^{\infty}\frac{1}{k}\binom{2k-2}{k-1}x^{k+1}=\sum_{n=0}^{\infty}\frac{1}{n-1}\binom{2n-4}{n-2}x^n.$$

因此结论成立.

41. 我们可以假设 $n\geq4$. 考虑点 v_1, 有 n 种可能的选择方法. 用一条对角线 d_1 连接 v_1 的两个邻点. 现在, 从另一侧面与这条对角线相邻的三角形肯定与 n 边形的边界有一条公共边, 所以它的第三条边一定是连接 d_1 的一个端点与另一个端点的邻点的两条对角线之一. 因此, 我们有两种不同的方法来选择第二条对角线 d_2. 类似地, 如果 $d_1,\dots,d_i$ $(i<n-3)$ 已经选定, 那么 d_{i+1} 有两种可能性. 因此我们找到了 $n2^{n-4}$ 种方法来选择点 v_1 和将凸 n 边形分成与凸 n 边形有公共边的三角形的对角线序列 $d_1,d_2,\dots,d_{n-3}$. 然而, (满足要求性质的) 每一种三角形划分都有两个包含 n 边形的两条 (相邻的) 边的三角形. 因此, 每一个被计数了两次, 所以结果是 $n2^{n-5}$.

42. (a) 我们有

$$\sum_{k=0}^{\lfloor \frac{n}{2} \rfloor}\binom{n}{2k}+\sum_{k=0}^{\lfloor \frac{n-1}{2} \rfloor}\binom{n}{2k+1}=\sum_{k=0}^{n}\binom{n}{k}=2^n,$$

$$\sum_{k=0}^{\lfloor \frac{n}{2} \rfloor}\binom{n}{2k}-\sum_{k=0}^{\lfloor \frac{n-1}{2} \rfloor}\binom{n}{2k+1}=\sum_{k=0}^{n}(-1)^k\binom{n}{k}=(1-1)^n=0,$$

所以

$$\sum_{k=0}^{\lfloor \frac{n}{2} \rfloor}\binom{n}{2k}=\frac{2^n+0}{2}=2^{n-1}\quad (n\geq 1).$$

(b) 我们用 $\binom{n-m+1}{0}$ 来代替最后一项 $\binom{n-m}{0}$, 于是最后两项的和是 $\binom{n-m+1}{0}+\binom{n-m+1}{1}=\binom{n-m+2}{1}$; 现在最后两项的和是 $\binom{n-m+2}{1}+\binom{n-m+2}{2}=\binom{n-m+3}{2}$, 以此类推. 最后, 我们得到 $\binom{n+1}{m}$ (见表 2).

表 2

1

1 1

1 2 1

1 3 3 1

1 4 6 4 1

1 5 10 10 5 1

1 6 15 20 15 6 1

1 7 21 35 35 21 7 1

1 8 28 56 70 56 28 8 1

(c) *解法* 1. 设 $|U|=u$, $|V|=v$, $U\cap V=\emptyset$. 那么, $\binom{u}{k}$ 是 U 中 k-元组的数目, $\binom{v}{m-k}$ 是 V 中 $(m-k)$-元组的个数; $\sum\limits_{k=0}^{m}\binom{u}{k}\binom{v}{m-k}$ 是 $U\cup V$ 中 m-元组的个数, 即

$$\sum_{k=0}^{m}\binom{u}{k}\binom{v}{m-k}=\binom{u+v}{m}. \tag{1}$$

解法 2. 恒等式

$$(1+x)^u(1+x)^v=(1+x)^{u+v}$$

两边中 x^m 的系数分别是 (1) 式的左右两端.

(d) 如果 m 是奇数, 等式 $(1-x)^u(1+x)^u=(1-x^2)^u$ 中 x^m 的系数是 0; 如果 m 是偶数, 系数为 $(-1)^{m/2}\binom{u}{m/2}$.

(e) 我们有

$$\binom{k}{m}\binom{n}{k}=\frac{k!}{m!(k-m)!}\frac{n!}{k!(n-k)!}=\frac{n!}{m!}\frac{1}{(k-m)!(n-k)!}$$
$$=\frac{n!}{m!(n-m)!}\frac{(n-m)!}{(k-m)!(n-k)!}=\binom{n}{m}\binom{n-m}{n-k}$$

因此,

$$\sum_{k=m}^{n}\binom{k}{m}\binom{n}{k}=\sum_{k=m}^{n}\binom{n}{m}\binom{n-m}{n-k}=\binom{n}{m}\sum_{k=m}^{n}\binom{n-m}{n-k}=\binom{n}{m}2^{n-m}.$$

(f)

$$\sum_{k=0}^{\lfloor\frac{n}{7}\rfloor}\binom{n}{7k}=\sum_{k=0}^{n}\left(\frac{1}{7}\sum_{j=0}^{6}\varepsilon^{kj}\right)\binom{n}{k}=\frac{1}{7}\sum_{j=0}^{6}\sum_{k=0}^{n}\binom{n}{k}\varepsilon^{kj}=\frac{1}{7}\sum_{j=0}^{6}(1+\varepsilon^j)^n$$
$$=\frac{2^n}{7}\left[1+2\sum_{j=1}^{3}\cos\frac{\pi jn}{7}\cos^n\frac{\pi j}{7}\right].$$

(g) 令

$$a_n=\sum_{k=0}^{\lfloor\frac{n}{2}\rfloor}\binom{n-k}{k}z^k.$$

那么

$$a_n=1+\sum_{k=1}^{\lfloor\frac{n}{2}\rfloor}\left(\binom{n-1-k}{k}+\binom{n-k-1}{k-1}\right)z^k$$
$$=\sum_{k=0}^{\lfloor\frac{n}{2}\rfloor}\binom{n-1-k}{k}z^k+\sum_{k=1}^{\lfloor\frac{n}{2}\rfloor}\binom{n-k-1}{k-1}z^k.$$

因为 $k=\frac{n}{2}$(如果这是个整数) 给出了一个 0 项, 所以在第一项中上界 $\lfloor\frac{n}{2}\rfloor$ 可以用 $\lfloor\frac{n-1}{2}\rfloor$ 来代替. 因此, 第一项是

$$\sum_{k=0}^{\lfloor\frac{n-1}{2}\rfloor}\binom{n-1-k}{k}z^k=a_{n-1}.$$

类似地, 第二项是

$$\sum_{k=1}^{\lfloor\frac{n}{2}\rfloor}\binom{n-1-k}{k-1}z^k=z\sum_{k=0}^{\lfloor\frac{n-2}{2}\rfloor}\binom{n-2-k}{k}z^k=za_{n-2}.$$

所以, 我们有下列递推关系

(1)
$$a_n = a_{n-1} + z a_{n-2}, \quad a_0 = a_1 = 1.$$

如 1.28 中那样, 如果我们令 $a_{-1} = 0$, 那么 (1) 仍是有效的. 因此, 由 1.28

$$a_n = \frac{\begin{vmatrix} 1 & \alpha^{n+1} \\ 1 & \beta^{n+1} \end{vmatrix}}{\begin{vmatrix} 1 & \alpha \\ 1 & \beta \end{vmatrix}} = \frac{\beta^{n+1} - \alpha^{n+1}}{\beta - \alpha},$$

其中, α, β 是下列方程的两个根

$$x^2 - x - z = 0,$$

也就是说,

$$\alpha = \frac{1 - \sqrt{1+4z}}{2}, \quad \beta = \frac{1 + \sqrt{1+4z}}{2},$$

因此,

$$a_n = \frac{1}{\sqrt{1+4z}} \left(\left(\frac{1 + \sqrt{1+4z}}{2} \right)^{n+1} - \left(\frac{1 - \sqrt{1+4z}}{2} \right)^{n+1} \right).$$

当 $z \neq -1/4$, 即 $\alpha \neq \beta$ 时, 上式是成立的. 当 $z = -1/4$ 时, 我们将 (1) 重写为

$$a_n - \frac{1}{2} a_{n-1} = \frac{1}{2} \left(a_{n-1} - \frac{1}{2} a_{n-2} \right).$$

故

$$a_n - \frac{1}{2} a_{n-1} = \frac{c}{2^n},$$

其中由 $a_1 - \frac{1}{2} a_0 = 1 - \frac{1}{2} = \frac{1}{2}$ 推得 $c = 1$, 即

$$a_n - \frac{1}{2} a_{n-1} = \frac{1}{2^n}.$$

因此,

$$\begin{aligned} a_n &= \frac{1}{2^n} + \frac{1}{2} a_{n-1} = \frac{1}{2^n} + \frac{1}{2} \left(\frac{1}{2^{n-1}} + \frac{1}{2} a_{n-2} \right) \\ &= \frac{1}{2^n} + \frac{1}{2^n} + \frac{1}{4} a_{n-2} = \cdots = \frac{n}{2^n} + \frac{1}{2^n} a_0 = \frac{n+1}{2^n}. \end{aligned}$$

(h) 结果是 $(-1)^m \binom{n-1}{m}$. 当 $m = 0$ 时, 这是显然的. 我们用归纳法证明:

$$\begin{aligned} \sum_{k=0}^{m} (-1)^k \binom{n}{k} &= \sum_{k=0}^{m-1} (-1)^k \binom{n}{k} + (-1)^m \binom{n}{m} \\ &= (-1)^{m-1} \binom{n-1}{m-1} + (-1)^m \binom{n}{m} = (-1)^m \binom{n-1}{m}. \end{aligned}$$

(i) $\{1,\ldots,u+v+1\}$ 的那些第 $(u+1)$ 个元素是 $u+k+1$ 的 $(u+v+1-m)$ 元组的个数是 $\binom{u+k}{k}\binom{v-k}{m-k}$. 将 $k=0,\ldots,m$ 时的情况相加, 我们就得到提示中的结果.

43. (a) 左边可以解释如下: 选择 m 元集合 M 的 k 个点; 然后我们从 n 元集 N 和之前选出的 k 个点之外选出 m 个点, 这样最后形成了对 (X,Y), 其中 $X\subseteq M$, $Y\subseteq N\cup X$ 且 $|Y|=M$. 这样选择的可能的方法数为

$$\sum_{k=0}^{m}\binom{m}{k}\binom{n+k}{m}.$$

同样的计数问题可以由下面的方式解决: 首先选择 $Y\cap M$ 和 $Y\cap N$; 若 $|Y\cap N|=j$, 则这有 $\binom{n}{j}\binom{m}{m-j}$ 种方法, 然后我们选出满足 $Y\cap M\subseteq X\subseteq M$ 的 X, 有 2^j 种方法. 所以整个过程中总共的选择数是

$$\sum_{j=0}^{m}\binom{n}{j}\binom{m}{j}2^j.$$

(b) 因为等式 (a) 意味着对无穷大的 n, 两个关于 n 的多项式相等, 所以这两个多项式是一样的. 这样我们用 $-n-1$ 代替 n, 然后得到等式的左边

$$\sum_{k=0}^{m}\binom{m}{k}\binom{-n-1+k}{m}=\sum_{k=0}^{m}\binom{m}{k}(-1)^m\binom{n+m-k}{m}$$
$$=(-1)^m\sum_{k=0}^{m}\binom{m}{k}\binom{n+k}{m}.$$

等式右边变成

$$\sum_{k=0}^{m}\binom{n}{k}\binom{-n-1}{k}2^k=\sum_{k=0}^{m}\binom{m}{k}(-1)^k\binom{n+k}{k}2^k=\sum_{k=0}^{m}\binom{m}{k}\binom{n+k}{k}(-2)^k.$$

这样我们证明了该命题.

(c)

$$\sum_{k=0}^{\infty}\binom{p}{k}\binom{q}{k}\binom{n+k}{p+q}=\sum_{k=0}^{\infty}\binom{p}{k}\binom{q}{k}\sum_{j=0}^{k}\binom{k}{j}\binom{n}{p+q-j}$$
$$=\sum_{j=0}^{\infty}\binom{n}{p+q-j}\sum_{k=0}^{\infty}\binom{p}{k}\binom{q}{k}\binom{k}{j}.$$

由 1.42(c) 得到

$$\sum_{k=0}^{\infty}\binom{p}{k}\binom{q}{k}\binom{k}{j}=\sum_{k=0}^{\infty}\binom{p}{k}\frac{q!}{(q-k)!j!(k-j)!}$$
$$=\sum_{k=0}^{\infty}\binom{p}{k}\binom{q}{j}\binom{q-j}{q-k}=\binom{q}{j}\binom{p+q-j}{q}.$$

再由 1.42(c), 左边的求和式为

$$\sum_{j=0}^{\infty}\binom{n}{p+q-j}\binom{q}{j}\binom{p+q-j}{q}=\sum_{j=0}^{\infty}\frac{n!}{(n-p-q+j)!(q-j)!(p-j)!j!}$$
$$=\sum_{j=0}^{\infty}\binom{n}{p}\binom{p}{j}\binom{n-p}{q-j}=\binom{n}{p}\sum_{j=0}^{\infty}\binom{p}{j}\binom{n-p}{q-j}$$
$$=\binom{n}{p}\binom{n}{q}.$$

(d) 与 (b) 的证明方法完全类似.

(e) 由 1.42(c), 我们有

$$\binom{x+t}{n}-\binom{x}{n}=\sum_{k=1}^{n}\binom{t}{k}\binom{x}{n-k}.$$

上式两边同除以 t, 并令 $t\to 0$ 得到第一种表示. 第二种表示可由类似于 1.42(i) 得到且有

$$\binom{x+t}{n}-\binom{x}{n}=\sum_{k=1}^{n}\binom{t+k-1}{k}\binom{x-k}{n-k}.$$

44. 我们对 n 做归纳法来证明 (a). 当 $n=0$ 时, 结论是平凡的. 现令 $n>0$, 我们有

$$\frac{\partial}{\partial y}(x+y+n)^n=n(x+y+n)^{n-1}=n(x+(y+1)+(n-1))^{n-1},$$
$$\frac{\partial}{\partial y}\sum_{k=0}^{n}\binom{n}{k}x(x+k)^{k-1}(y+n-k)^{n-k}$$
$$=\sum_{k=0}^{n}\binom{n}{k}x(x+k)^{k-1}(n-k)(y+n-k)^{n-k-1}$$
$$=n\sum_{k=0}^{n-1}\binom{n-1}{k}x(x+k)^{k-1}((y+1)+(n-1)-k)^{(n-1)-k}.$$

由归纳假设知, 这两个等式的右边是相等的. 要证明这个等式, 只需证明对 y 的任意取值 (a) 都成立. 选取 $y=-x-n$, 那么等式 (a) 的右边等于 0, 而左边是

$$\sum_{k=0}^{n}\binom{n}{k}x(x+k)^{k-1}(-x-k)^{n-k}=x\sum_{k=0}^{n}\binom{n}{k}(-1)^{n-k}(x+k)^{n-1}$$
$$=\sum_{k=0}^{n}\binom{n}{k}(-1)^{n-k}\sum_{j=0}^{n-1}\binom{n-1}{j}k^jx^{n-j}$$
$$=\sum_{j=0}^{n-1}\binom{n-1}{j}x^{n-j}\sum_{k=0}^{n}\binom{n}{k}k^j(-1)^{n-k}$$
$$=\sum_{j=0}^{n-1}\binom{n-1}{j}x^{n-j}S(j,n)n!=0\quad \text{因为 } j<n \text{ (由 1.8)}.$$

(b) 等式 (a) 的左边可以改写成

$$\begin{aligned}&\sum_{k=0}^{n}\binom{n}{k}x(x+k)^{k-1}(y+n-k)^{n-k-1}(y+n-k)\\&=\sum_{k=0}^{n}\binom{n}{k}x(x+k)^{k-1}y(y+n-k)^{n-k-1}\\&\quad+\sum_{k=0}^{n}\binom{n}{k}x(x+k)^{k-1}(y+n-k)^{n-k-1}(n-k).\end{aligned}$$

由 (a) 可知, 等式右边第二项变为

$$\begin{aligned}&\sum_{k=0}^{n-1}\binom{n-1}{k}x(x+k)^{k-1}((y+1)+(n-1)-k)^{(n-1)-k}\\&=n(x+(y+1)+(n-1))^{n-1}=n(x+y+n)^{n-1}.\end{aligned}$$

因此

$$\begin{aligned}\sum_{k=0}^{n}\binom{n}{k}x(x+k)^{k-1}y(y+n-k)^{n-k-1}&=(x+y+n)^{n}-n(x+y+n)^{n-1}\\&=(x+y)(x+y+n)^{n-1}.\end{aligned}$$

等式两边同除以 xy, 就得到等式 (b).

(c) 等式 (b) 的两边同时减去 $\frac{1}{x}(y+n)^{n-1}+\frac{1}{y}(x+n)^{n-1}$ 可得

$$\begin{aligned}\sum_{k=1}^{n-1}\binom{n}{k}(x+k)^{k-1}(y+n-k)^{n-k-1}&=\frac{1}{x}\{(x+y+n)^{n-1}-(y+n)^{n-1}\}\\&\quad+\frac{1}{y}\{(x+y+n)^{n-1}-(x+n)^{n-1}\}.\end{aligned}$$

令 $x,y\to 0$, 我们得到 (c).

45. 由 1.42(c)

$$\begin{aligned}\sum_{k=0}^{n}\binom{n}{k}f_k(x)f_{n-k}(y)&=\sum_{k=0}^{n}\binom{n}{k}k!\binom{x}{k}(n-k)!\binom{y}{n-k}\\&=\sum_{k=1}^{n}n!\binom{x}{k}\binom{y}{n-k}=n!\binom{x+y}{n}.\end{aligned}$$

(严格来讲, 等式

$$\sum_{k=0}^{n}\binom{x}{k}\binom{y}{n-k}=\binom{x+y}{n}$$

是在 x,y 都是自然数的情况下被证明的; 但是如果两边的多项式对变量的所有取值都相等, 那么这两个多项式相等.)

这些多项式的其他例子: $f_n(x) = x^n$ (此时问题中的公式就是二项式定理), $f_n(x) = x(x+1)\dots(x+n-1)$(这与 $f_n(x) = x(x-1)\dots(x-n+1)$ 的证法一致); $f_n(x) = x(x+n)^{n-1}$ (这可由前一题目中的等式 (b) 得到). [也可参见 G.C. Rota, R. Mullin, in *Graph Theory and its Applications*, Academic Press, New York 1970, 167–213.]

§2. 筛 法

1. 让我们从 30 中分别减去喜欢数学、物理、化学的学生人数

$$30 - 12 - 14 - 13.$$

但是这样一来, 既喜欢数学又喜欢物理的学生被减去了两次; 所以我们要把他们再加回来, 并且对另外两门学科也是一样

$$30 - 12 - 14 - 13 + 5 + 7 + 4.$$

但是对那些三门课程都喜欢的学生仍然存在问题. 他们被减去了三次, 又被加回来三次, 所以我们要把他们再减去一次才能得到结果

$$30 - 12 - 14 - 13 + 5 + 7 + 4 - 3 = 4.$$

2. (a) 设

$$B = A_1 A_2 \dots A_k \bar{A}_{k+1} \dots \bar{A}_n$$

是由 $A_1, \dots, A_n$ 生成的布尔代数的任意元素 (有一个指标的合适选择, 每个元素都有一个这样的形式). 公式中的每个事件都是确定的 (不相交的) 元素的并; 我们用 $\mathsf{P}(A_I)$ 和 $\mathsf{P}(A_1 + \dots + A_n)$ 表示对应元素的概率之和. 我们证明任何给定的元素的概率相互抵消.

左边 $\mathsf{P}(B)$ 的系数是

$$\begin{aligned} &1, \quad \text{如果 } k \neq 0, \\ &0, \quad \text{如果 } k = 0. \end{aligned}$$

B 出现在 A_I 中当且仅当 $I \subseteq \{1, \dots, k\}$, 因此右边的系数为

$$\sum_{j=1}^{k} \binom{k}{j} (-1)^{j-1} = 1 - \sum_{j=0}^{k} \binom{k}{j} (-1)^j = 1 - (1-1)^k = \begin{cases} 1, & \text{若 } k \neq 0, \\ 0, & \text{若 } k = 0. \end{cases}$$

所以 $\mathsf{P}(B)$ 在等式的两边具有相同的系数, 这就证明了 (a).

(b) 从 S 中以均匀分布任取一元素 x. 那么 A_i 能被 $x \in A_i$ 的那些事件所确定, 并且我们有

$$\mathsf{P}(A_i) = \frac{|A_i|}{|S|}.$$

所以通过上式我们有

$$\mathsf{P}(A_1 + \cdots + A_n) = \sum_{j=1}^{n} (-1)^{j-1} \sum_{|I|=j} \frac{|A_I|}{|S|} = \sum_{\emptyset \neq I \subseteq \{1,\ldots,n\}} (-1)^{|I|-1} \frac{|A_I|}{|S|},$$

或者, 等价地,

$$\mathsf{P}(\bar{A}_1 \ldots \bar{A}_n) = 1 - \mathsf{P}(A_1 + \cdots + A_n) = 1 - \sum_{\emptyset \neq I \subseteq \{1,\ldots,n\}} (-1)^{|I|-1} \frac{|A_I|}{|S|}.$$

两边同时乘以 $|S|$ 即可得到论断 (b).

3. 设 A_i 是 1 到 n 之间能被 p_i 整除的整数的集合. 接着对 $I \subseteq \{1, \ldots, r\}$, 令

$$A_I = \bigcap_{i \in I} A_i = \left\{ k : 1 \leq k \leq n, \prod_{i \in I} p_i | k \right\},$$

所以,

$$|A_I| = \frac{n}{\prod_{i \in I} p_i}.$$

因此,

$$\varphi(n) = \sum_{I \subseteq \{1,\ldots,r\}} (-1)^{|I|} \frac{n}{\prod_{i \in I} p_i}. \tag{1}$$

现在 $\prod_{i \in I} p_i$ 遍历了 n 的因子. 事实上, 是遍历了 n 的那些不被任何素数的平方所整除的因子. 为了用更简洁的形式来描写 (1) 式, 定义

$$\mu(k) = \begin{cases} 0, & \text{如果 } k \text{ 可被某素数的平方整除}, \\ (-1)^i, & \text{如果 } k \text{ 有 } i \text{ 个不同的素因子}. \end{cases}$$

则有

$$\varphi(n) = \sum_{k|n} \frac{\mu(k)}{k} n.$$

另外, 可以看出 (1) 式是如下乘积的扩张

$$\varphi(n) = n \prod_{i=1}^{r} \left(1 - \frac{1}{p_i}\right).$$

4. 设 $|X|=k$, $Y=\{y_1,\ldots,y_n\}$. 那么显然, 从 X 到 Y 并且是满射的那些映射的数目是

$$\begin{aligned}&0, && \text{如果 } k<n,\\ &n!, && \text{如果 } k=n.\end{aligned}$$

另一方面, 令 A_i 记作从 X 到 $Y-y_i$ 的映射的集合, S 记作从 X 到 Y 的所有映射的集合, 那么我们感兴趣的是 $S-(A_1\cup\cdots\cup A_n)$. 由容斥公式,

$$|S-(A_1\cup\cdots\cup A_n)|=\sum_{I\subseteq\{1,\ldots,n\}}(-1)^{|I|}|A_I|.$$

这里 A_I 是从 X 到 $Y-\{y_i:i\in I\}$ 的映射的集合, 所以

$$|A_I|=(n-|I|)^k.$$

因此

$$|S-(A_1\cup\cdots\cup A_n)|=\sum_{j=0}^{n}(-1)^j\binom{n}{j}(n-j)^k=\sum_{j=0}^{n}(-1)^{n-j}\binom{n}{j}j^k,$$

结论得证.

如果 $k>n$, 同样的容斥过程可以得到从 X 到 Y 的映射的数目是 $n!\left\{{n \atop k}\right\}$. 于是, 这个结果就是 1.8 的一个新的证明.

5. 将 $x_i=0$ 代入 $\sigma^0p-\sigma^1p+\ldots$, 如果我们令

$$\tilde{p}(x_1,\ldots,x_{i-1},x_{i+1},\ldots,x_n)=p(x_1,\ldots,x_{i-1},0,x_{i+1},\ldots,x_n),$$

我们有 $\sigma^kp|_{x_i=0}=\sigma^{k-1}\tilde{p}+\sigma^k\tilde{p}$ (p 的 k 个变量包含, 或者不包含 x_i),

$$\sigma^0p|_{x_i=0}=p|_{x_i=0}=\tilde{p}=\sigma^0\tilde{p},$$

所以

$$(\sigma^0p-\sigma^1p+\sigma^2p-\ldots)|_{x_i=0}=\sigma^0\tilde{p}-(\sigma^0\tilde{p}+\sigma^1\tilde{p})+(\sigma^1\tilde{p}+\sigma^2\tilde{p})-\cdots=0.$$

因此, $x_1\ldots x_n$ 整除 $\sigma^0p-\sigma^1p+\ldots$. 因为 $\sigma^0p-\sigma^1p+\ldots$ 的度至多为 m, 从而有

$$\sigma^0p-\sigma^1p+\cdots=\begin{cases}0, & \text{如果 } m<n,\\ cx_1\ldots x_n, & \text{如果 } m=n.\end{cases}$$

另外, 注意到 σ^kp $(k\geq 1)$ 当然不包含形如 $x_1\ldots x_n$ 的任何项; 所以 c 就是 $x_1\ldots x_n$ 在 $\sigma^0p=p$ 中的系数.

我们注意到, 对 $p(x_i,\ldots,x_n)=(x_i+\cdots+x_n)^k$ 和 $x_1=\cdots=x_n=1$, 我们可以得到先前的结果 (参照问题 4.3).

6. 我们用 $\mathsf{P}(B)$ 表示元素的概率之和, 我们将证明每个元素都有一个非负的系数. 设由 $A_1, \ldots, A_n$ 生成的布尔代数的任意元素为

$$B = A_1 \ldots A_k \bar{A}_{k+1} \ldots \bar{A}_n.$$

定义 $A_1' = \cdots = A_k' = 1$, $A_{k+1}' = \cdots = A_n' = 0$, 并且设 $B_i' = f_i(A_1', \ldots, A_n')$. 那么 $B \subseteq B_i$ 当且仅当 $B_i' \neq 0$.

因此, 由假设 [Ré] 知 $\mathsf{P}(B)$ 在 $\sum_{i=1}^{k} c_i \mathsf{P}(B_i)$ 中的系数为

$$\sum_{B_i \supseteq B} c_i = \sum_{i=1}^{k} c_i \mathsf{P}(B_i') \geq 0.$$

7. (a) 由之前的结果, 我们可以假设

$$\mathsf{P}(A_1) = \cdots = \mathsf{P}(A_k) = 1, \quad \mathsf{P}(A_{k+1}) = \cdots = \mathsf{P}(A_n) = 0.$$

那么, 当 $k = q$ 时左边是 1, 当 $k \neq q$ 时为 0. 右边是

$$\sum_{j=q}^{k} (-1)^{j+q} \binom{k}{j} \binom{j}{q}.$$

如果 $q > k$, 和式显然是 0; 如果 $q = k$, 和式为 1; 最后, 如果 $q < k$, 则

$$\binom{k}{j}\binom{j}{q} = \frac{k!}{q!(j-q)!(k-j)!} = \binom{k}{q}\binom{k-q}{j-q}.$$

所以, 我们有

$$\begin{aligned} \sum_{j=q}^{k} (-1)^{j+q} \binom{k}{q}\binom{k-q}{j-q} &= \binom{k}{q} \sum_{j=q}^{k} (-1)^{j-q} \binom{k-q}{j-q} \\ &= \binom{k}{q} (1-1)^{k-q} = 0 \quad \text{[K. Jordán; Ré]}. \end{aligned}$$

(b) $\mathsf{E}\left(\binom{\eta}{j}\right)$ 表示满足如下条件的 j 元组的个数的期望值: 事件 $A_1, \ldots, A_n$ 中 j 个事件全部出现. 因为一个给定的 j 元组 $\{A_{i_1}, \ldots, A_{i_j}\}$ 同时出现的概率是 $\mathsf{P}(A_{i_1} \ldots A_{i_j})$, 我们有

$$\mathsf{E}\left(\binom{\eta}{j}\right) = \sum_{1 \leq i_1 < \cdots < i_j \leq n} \mathsf{P}(A_{i_1} \ldots A_{i_j}) = \sigma_j.$$

所以

$$\mathsf{E}(x^\eta) = \mathsf{E}\left(\sum_{j=0}^{\eta} \binom{\eta}{j} (x-1)^j\right) = \sum_{j=0}^{n} \sigma_j (x-1)^j.$$

8. 由前面的结论, 通过 1.42(h) (参见 [Ré]) 知要求的概率是

$$\sum_{q=p}^{n}\sum_{j=q}^{n}(-1)^{j+q}\binom{j}{q}\sigma_j=\sum_{j=p}^{n}\sigma_j\sum_{q=p}^{j}(-1)^{j+q}\binom{j}{q}=\sum_{j=p}^{n}\sigma_j\sum_{\nu=0}^{j-p}(-1)^{\nu}\binom{j}{\nu}$$
$$=\sum_{j=p}^{n}\sigma_j(-1)^{j-p}\binom{j-1}{j-p}=\sum_{j=p}^{n}(-1)^{j+p}\binom{j-1}{p-1}\sigma_j.$$

9. 设 $j>0$ 是奇数, 我们想要证明

$$\mathsf{P}(\bar{A}_1\ldots\bar{A}_n)-\sigma_0+\sigma_1-\cdots+\sigma_j\geq 0.$$

由 2.6, 我们可以假设

$$\mathsf{P}(A_1)=\cdots=\mathsf{P}(A_k)=1,\quad \mathsf{P}(A_{k+1})=\cdots=\mathsf{P}(A_n)=0.$$

$k=0$ 的情形是平凡的, 所以令 $k\geq 1$. 那么如果 j 是奇数, 我们需要证明

$$0-1+\binom{k}{1}-\binom{k}{2}+\cdots+\binom{k}{j}\geq 0.$$

由 1.42(h) 显然有

$$1-\binom{k}{1}+\binom{k}{2}-\cdots-\binom{k}{j}=(-1)^j\binom{k-1}{j}.$$

j 为偶数的情形是类似的.

10. I. 由 2.6 知我们可以再次假设

$$\mathsf{P}(A_1)=\cdots=\mathsf{P}(A_k)=1,\quad \mathsf{P}(A_{k+1})=\cdots=\mathsf{P}(A_n)=0.$$

那么,

$$\sigma_r=\binom{k}{r},\quad \sigma_{r-1}=\binom{k}{r-1},$$

因而我们只需证明

$$\binom{k}{r}\leq\frac{n-r+1}{r}\binom{k}{r-1}$$

或者, 两边除以 $\binom{k}{r}$,

$$1\leq\frac{n-r+1}{r}\cdot\frac{r}{k-r+1}=\frac{n-r+1}{k-r+1},$$

而它是显然成立的 [M. Frèchet; Ré].

II. 用通常的方法证明不等式

$$\sigma_r\leq\frac{m-r}{r}\sigma_{r-1}+\frac{1}{r}\binom{m}{r-1}\sigma_m.$$

只需证明

$$\binom{k}{r} \le \frac{m-r}{r}\binom{k}{r-1} + \frac{1}{r}\binom{m}{r-1}\binom{k}{m}.$$

整理后得到

$$\frac{k-m+1}{r}\binom{k}{r-1} \le \frac{1}{r}\binom{m}{r-1}\binom{k}{m}.$$

$k < m$ 的情形是显然成立的, 所以假设 $k \ge m$. 两边同时除以左边的式子, 我们得到

$$1 \le \frac{1}{k-m+1} \cdot \binom{m}{r-1}\binom{k}{m} \Big/ \binom{k}{r-1} = \frac{1}{m-r+1}\binom{k-r+1}{m-r},$$

而上式是显然成立的.

特别地, 如果 $\sigma_{r+1} = 0$, 那么我们有 $\sigma_r \le \frac{1}{r}\sigma_{r-1}$.

11. I. 假设我们有这样的事件 $A_1, \ldots, A_n$ 并且令 $J \subseteq \{1, \ldots, n\}$. 由筛法公式 2.2(a) 知

$$\mathsf{P}\left(\prod_{i \notin J} \bar{A}_i \cdot A_J\right) = \sum_{I \subseteq \{1,\ldots,n\}-J} (-1)^{|I|}\mathsf{P}(A_I A_J) = \sum_{J \subseteq K \subseteq \{1,\ldots,n\}} (-1)^{|K-J|} p_K.$$

因为概率是非负的, 所以我们有: 对每个 $J \subseteq \{1, \ldots, n\}$

$$\sum_{J \subseteq K \subseteq \{1,\ldots,n\}} (-1)^{|K-J|} p_K \ge 0, \tag{1}$$

成立. 另外, 显然

$$p_\emptyset = 1. \tag{2}$$

II. 我们只要证明 (1) 和 (2) 就可以了. 取 2^n 个元素 v_J $(J \subseteq \{1, \ldots, n\})$, 定义

$$\begin{aligned} \mathsf{P}(v_J) &= \sum_{J \subseteq K \subseteq \{1,\ldots,n\}} (-1)^{|K-J|} p_K, \\ A_\emptyset &= \{v_J : J \subseteq \{1, \ldots, n\}\}, \\ A_i &= \{v_J : i \in J\} \quad (i = 1, \ldots, n). \end{aligned}$$

那么

$$A_I = \prod_{i \in I} A_i \{v_J : I \subseteq J \subseteq \{1, \ldots, n\}\}.$$

我们断言

$$\mathsf{P}(X) = \sum_{v_J \in X} \mathsf{P}(v_J)$$

定义了 $A_\emptyset$ 和 $\mathsf{P}(A_I)=p_I$ 上的一个概率测度. 下面我们先来证明第二个论断:

$$\begin{aligned}\mathsf{P}(A_I)&=\sum_{I\subseteq J\subseteq\{1,\ldots,n\}}\mathsf{P}(v_J)=\sum_{I\subseteq J\subseteq\{1,\ldots,n\}}\ \sum_{J\subseteq K\subseteq\{1,\ldots,n\}}(-1)^{|K-J|}p_K\\&=\sum_{I\subseteq K\subseteq\{1,\ldots,n\}}p_K\sum_{I\subseteq J\subseteq K}(-1)^{|K-J|}.\end{aligned}$$

这里

$$\sum_{I\subseteq J\subseteq K}(-1)^{|K-J|}=\begin{cases}1, & \text{如果 } I=K,\\ 0, & \text{其他情形},\end{cases}$$

所以我们有

$$\mathsf{P}(A_I)=p_I.$$

要证明 P 是一个概率测度, 我们只要注意到 (1) 蕴含着 $\mathsf{P}\geq 0$, 而 (2) 蕴含着 $\mathsf{P}(A_\emptyset)=1$ 即可 [Ré].

12. 由 2.6, 只需证明该不等式在如下情形下成立即可: 存在一个集合 $K\subseteq\{1,\ldots,n\}$ 满足

$$\mathsf{P}(A_j)=\begin{cases}1, & \text{如果 } j\in K,\\ 0, & \text{其他情形}.\end{cases}$$

如果 $K\neq\emptyset$, 则不等式两边都为 1. 所以假设 $K\neq\emptyset$. 那么不失一般性, 可以假设 $K=\{1,\ldots,n\}$; 否则的话我们考虑由 K 导出的子图即可. 不等式有如下形式

$$|\mathcal{E}_1|\geq|\mathcal{O}_0|. \tag{1}$$

我们对 n 归纳来证明上式和

$$|\mathcal{O}_1|\geq|\mathcal{E}_0|. \tag{2}$$

如果 G 是一个完全图, 那么

$$|\mathcal{O}_1|=n,\quad |\mathcal{E}_1|=\binom{n}{2}+1,\quad |\mathcal{E}_0|=1,\quad |\mathcal{O}_0|=n,$$

这样 (1) 式和 (2) 式就满足了. 假设 G 不是一个完全图, 并设 $n\in V(G)$ 与 $1,\ldots,h$ 关联, 但不与 $h+1,\ldots,n-1$ 关联. 由 $\{1,\ldots,h\}$ 和 $\{h+1,\ldots,n-1\}$ 分别导出 G 的子图 G^* 和 G^{**}, 并用 $\mathcal{E}_0^*$, $\mathcal{E}_0^{**}$ 等分别表示 G^* 和 G^{**} 的 $\mathcal{E}_0$ 等等. 于是, G 的一个独立集要么是 G^* 的独立集, 要么是由 n 和 G^{**} 的一个独立集构成的独立集. 所以

$$\begin{aligned}|\mathcal{E}_0|&=|\mathcal{E}_0^*|+|\mathcal{O}_0^{**}|,\\|\mathcal{O}_0|&=|\mathcal{O}_0^*|+|\mathcal{E}_0^{**}|.\end{aligned}\tag{3}$$

另外, G^* 的每个生成至多一条边的子集就是 G 的这样的一个子集; 并且如果 X 是 G^{**} 的一个这样的子集, 那么 $X \cup \{n\}$ 是 G 的一个这样的子集. 但是现在 G 可能包含其他导出至多一条边的子集, 例如, $\{1, n\}$. 因此, 我们只能断言

$$
\begin{aligned}
|\mathcal{E}_1| &\geq |\mathcal{E}_1^*| + |\mathcal{O}_1^{**}|, \\
|\mathcal{O}_1| &\geq |\mathcal{O}_1^*| + |\mathcal{E}_1^{**}|.
\end{aligned} \tag{4}
$$

现在由归纳假设,

$$|\mathcal{E}_1^*| \geq |\mathcal{O}_0^*|, \quad |\mathcal{O}_1^*| \geq |\mathcal{E}_0^*|,$$

并且类似的不等式对 G^{**} 也成立. 因此 (3) 和 (4) 蕴含着 (1) 和 (2).

由 (2) 式得到的下界估计正如由 (1) 式得到的上界估计一样:

$$\mathsf{P}(\bar{A}_1 \ldots \bar{A}_n) \geq \sum_{I \in \mathcal{E}_0} \mathsf{P}(A_I) - \sum_{I \in \mathcal{O}_1} \mathsf{P}(A_I).$$

[A. Rényi, *J. Math. Pures Appl.* **37** (1958) 393–398.]

13. 我们可以再假设对某些 $K \subseteq \{1, \ldots, n\}$ 有

$$\mathsf{P}(A_i) = \begin{cases} 1, & \text{如果 } i \in K, \\ 0, & \text{其他情形}. \end{cases}$$

如果 $K = \emptyset$, 两边均是 1, 所以假设 $K \neq \emptyset$. 那么我们只需证明

$$\sum_{\substack{I \in \mathbf{I}, \\ I \subseteq K}} (-1)^{|I|} \geq 0. \tag{1}$$

设 x 是 K 中的最大元. 在 (1) 中, 显然 $(-1)^{|I|}, (-1)^{|J|}$ 这种对相互抵消, 其中 $J = I \cup \{x\}$ $(x \notin I)$.

若 $J \in \mathcal{I}$ 且 $x \in J$, 则显然 $J - \{x\} \in \mathcal{I}$. 因此, 在 (1) 中, 只有 $(-1)^{|I|}$ 那些项留下来, 其中 $x \notin I$ 并且 $I \cup \{x\} \notin \mathcal{I}$. 我们证明所有这些项均为正. 事实上, $I \cup \{x\} \notin \mathcal{I}$ 意味着对某个 k

$$|(I \cup \{x\}) \cap \{1, \ldots, k\}| > 2f(k);$$

由于 $I \in \mathcal{I}$, 我们有

$$|I \cap \{1, \ldots, k\}| \leq 2f(k),$$

于是 $k \geq x$ 且

$$|I \cap \{1, \ldots, k\}| = 2f(k).$$

但是 $I \subseteq K \subseteq \{1, \ldots, x\} \subseteq \{1, \ldots, k\}$, 因此有

$$|I \cap \{1, \ldots, k\}| = |I| = 2f(k),$$

即 $(-1)^{|I|} = (-1)^{2f(k)} = 1$.

下界的估计如下: 令

$$\mathcal{I}' = \{I \subseteq \{1, 2, \ldots, n\} : |I \cap \{1, \ldots, k\}| \leq 2f(k) + 1 \quad (k = 1, \ldots, n)\}$$

那么

$$\mathsf{P}(\bar{A}_1 \ldots \bar{A}_n) \geq \sum_{I \in \mathcal{I}'} (-1)^{|I|} \mathsf{P}(A_I).$$

[从数论角度关于筛法的解释, 见 H. Halberstam, K.F. Roth, *Sequences*, Clarendon Press, Oxford, 1966.]

14. (a) 由 2.6 我们可以假设

$$\mathsf{P}(A_1) = \cdots = \mathsf{P}(A_k) = 1, \quad \mathsf{P}(A_{k+1}) = \cdots = \mathsf{P}(A_n) = 0. \tag{1}$$

如果 $k = 0$, 除了 $I = J = \emptyset$ 的情况外, $P(A_{I \cup J}) = 0$ 均成立, 那么我们只需要说明

$$1 \leq \lambda_\emptyset^2,$$

它显然成立. 如果 $k > 0$, 我们需要验证

$$0 \leq \sum_{I, J \subseteq \{1, \ldots, k\}} \lambda_I \lambda_J = \left(\sum_{I \subseteq \{1, \ldots, k\}} \lambda_I \right)^2,$$

而这个不等式也是显然成立的.

对 $\lambda_I = (-1)^{|I|}$, 右边恰好是筛法公式, 所以等式成立.

(b) 为了证明提示中给出的下界, 我们可以再次假设

$$\mathsf{P}(A_i) = \begin{cases} 1, & \text{如果 } i \in K, \\ 0, & \text{其他情形}. \end{cases}$$

(由于指标的序在公式中涉及, 这里我们不能再假设 K 是一个 $\{1, \ldots, k\}$ 的集合.) 当 $K = \emptyset$ $(1 \geq 1)$ 时该不等式是平凡的, 所以我们假设 $K \neq \emptyset$. 那么我们只需证明

$$0 \geq 1 - \sum_{\substack{I, J \subseteq K \\ \max I = \max J}} \lambda_I \lambda_J.$$

令

$$K = \{k_1, \ldots, k_\nu\}, \quad k_1 < \cdots < k_\nu,$$

那么该不等式可写为

$$1 \leq \sum_{j=1}^{\nu} \sum_{\substack{I \subseteq K \\ \max I = k_j}} \sum_{\substack{J \subseteq K \\ \max J = k_i}} \lambda_I \lambda_J = \sum_{j=1}^{\nu} \left(\sum_{\substack{I \subseteq K \\ \max I = k_j}} \lambda_I \right)^2 = \lambda_{\{k_1\}}^2 + \sum_{j=2}^{\nu} \left(\sum_{\substack{I \subseteq K \\ \max I = k_j}} \lambda_I \right)^2,$$

这是显然成立的.

15. 因为

$$p_{I\cup J} = p_I p_J / p_{I\cap J}$$

以及

$$\sum_{K\subseteq I\cup J} \frac{q_K}{p_K} = \prod_{i\in I\cap J} (1 + \frac{q_i}{p_i}) = \frac{1}{p_{I\cap J}},$$

我们有

$$\sum_{I,J\subseteq\{1,\ldots n\}} \lambda_I \lambda_J p_{I\cup J} = \sum_{\substack{|I|\le k\\|J|\le k}} \lambda_I \lambda_J p_I p_J \sum_{k\subseteq I\cap J} \frac{q_K}{p_K}.$$

因此,

$$\sum_{\substack{|I|\le k\\|J|\le k}} \lambda_I \lambda_J p_{I\cup J} = \sum_{|K|\le k} \frac{q_K}{p_K} \sum_{\substack{K\subseteq I\\|I|\le k}} \sum_{\substack{K\subseteq J\\|J|\le k}} \lambda_I \lambda_J p_I p_J$$

$$= \sum_K \frac{q_K}{p_K} \left(\sum_{\substack{K\subseteq I\\|I|\le k}} p_I \lambda_I \right)^2 = \sum_K \frac{q_K}{p_K} \mu_K^2,$$

其中,

(1)
$$\mu_K = \sum_{\substack{K\subseteq I\\|I|\le k}} p_I \lambda_I.$$

这里我们把 λ_I 表示成

(2)
$$\lambda_I = \frac{1}{p_I} \sum_{\substack{I\subseteq K\\|K|\le k}} (-1)^{|K-I|} \mu_K,$$

这是因为 μ_K 显然确定了 λ_I, 并且由 (2) 式定义的 λ_I 满足 (1) 式:

$$\sum_{\substack{K\subseteq I\\|I|\le k}} p_I \lambda_I = \sum_{\substack{K\subseteq I\\|I|\le k}} \sum_{\substack{I\subseteq J\\|J|\le k}} (-1)^{|J-I|} \mu_J = \sum_{\substack{K\subseteq J\\|J|\le k}} \mu_J \sum_{K\subseteq I\subseteq J} (-1)^{|J-I|} = \mu_K.$$

因此我们需要极小化

(3)
$$\sum_{|K|\le k} \frac{q_K}{p_K} \mu_K^2,$$

使之满足限制条件

(4)
$$\sum_{|K|\le k} (-1)^{|K|} \mu_K = 1.$$

上述结果可以通过拉格朗日方法或仅用如下的变换得到:

$$\sum_{|K|\le k}\frac{q_K}{p_K}\mu_K^2=\sum_{|K|\le k}\frac{p_K}{q_K}\left(\frac{q_K}{p_K}\mu_K-\frac{(-1)^{|K|}}{Q}\right)^2+\frac{1}{Q}, \tag{5}$$

其中

$$Q=\sum_{|K|\le k}\frac{p_K}{q_K},$$

它在 (4) 式的假设下自然成立. 又由于

$$\mu_K=\frac{1}{Q}\cdot\frac{p_K}{q_K}\cdot(-1)^{|K|} \tag{6}$$

是极小化 (5) 式右端的变量的一个取值, 且其满足 (4) 式的限制条件, 从而我们得到了 (3) 式的最小值是 $1/Q$, 且 (6) 式给出了极值. 因此,

$$\lambda_I=\frac{1}{p_I}\sum_{\substack{I\subseteq K\\|K|\le k}}(-1)^{|K-I|}\frac{1}{Q}\frac{p_K}{q_K}(-1)^{|K|}=\frac{(-1)^{|I|}}{Q_{q_I}}\sum_{\substack{L\subseteq\{1,\ldots,n\}-I\\|L|\le k-|I|}}\frac{p_L}{q_L}.$$

16. 由 2.14, 对任意选取的唯一限制为 $\lambda_\emptyset=1$ 的 λ_I $(I\subseteq\{1,\ldots,n\})$ 有

$$\mathsf{P}(\bar{A}_1\ldots\bar{A}_n)\le\sum_{I,J\subseteq\{1,\ldots,n\}}\lambda_I\lambda_J\mathsf{P}(A_{I\cup J}).$$

我们仅用满足如下限制的 λ_I: 对 $I\notin\mathscr{H}$, $\lambda_I=0$. 令

$$\mathsf{P}(A_I)=p_I+R_I,$$

我们有

$$\mathsf{P}(\bar{A}_1\ldots\bar{A}_n)\le\sum_{I,J\in\mathscr{H}}\lambda_I\lambda_Jp_{I\cup J}+\sum_{I,J\in\mathscr{H}}\lambda_I\lambda_JR_{I\cup J}. \tag{1}$$

正如前面的求解,

$$\lambda_I=\frac{(-1)^{|I|}}{Q_{q_I}}\sum_{\substack{L\subseteq\{1,\ldots,n\}-I\\L\cup I\in\mathscr{H}}}\frac{p_L}{q_L} \tag{2}$$

最小化第一项并且值为 $1/Q$, 其中

$$Q=\sum_{K\in\mathscr{H}}\frac{p_K}{q_K}.$$

我们现在来估计当 λ_I 由 (2) 式给出时, (1) 式中第二项的大小. 因为 $L\cup I\in\mathscr{H}$ 意味着 $L\in\mathscr{H}$, 所以我们有

$$|\lambda_I|\le\frac{1}{Qq_I}\sum_{\substack{L\subseteq\{1,\ldots,n\}-I\\L\cup I\in\mathscr{H}}}\frac{p_L}{q_L}\le\frac{1}{q_I}.$$

因此

$$\left|\sum_{I,J\in\mathscr{H}}\lambda_I\lambda_J R_{I\cup J}\right|\le\varepsilon\sum_{I,J\in\mathscr{H}}\frac{1}{q_I}\frac{1}{q_J}=\varepsilon\left(\sum_{I\in\mathscr{H}}\frac{1}{q_I}\right)^2\le\varepsilon\left(\sum_{I\in\mathscr{H}}\frac{Mp_I}{q_I}\right)^2$$
$$\le\varepsilon M^2\left(\sum_{I\subseteq\{1,\dots,n\}}\frac{p_I}{q_I}\right)^2=\varepsilon M^2\left(\prod_{i=1}^n\left(1+\frac{p_i}{q_i}\right)\right)^2=\frac{\varepsilon M^2}{q_1^2\dots q_n^2}.$$

第一项可估计如下:

$$Q=\sum_{K\in\mathscr{H}}\frac{p_K}{q_K}=\sum_{K\in\mathscr{H}}\prod_{k\in K}\frac{p_k}{1-p_k}=\sum_{K\in\mathscr{H}}\prod_{k\in K}(p_k+p_k^2+\dots).$$

如果我们展开这个式子, 就恰好得到这些项 $p_1^{l_1}\dots p_n^{l_n}$ 满足 $\prod_{l_i>0}p_i\ge\frac{1}{M}$; 那么我们一定得到所有满足至少是 $\frac{1}{M}$ 的这种形式的项, 因此

$$Q\ge S,$$

结论成立.

17. 设 $P_1,\dots,P_n,M$ 就是在提示中定义的那些量, 我们从 $l,k+l,\dots,(x-1)k+l$ 中随机选取一个数字并且设 A_i 是能被 P_i 整除的事件. 令

$$P_I=\prod_{i\in I}P_i\quad(I\subseteq\{1,\dots,n\}).$$

$x\cdot\mathsf{P}(A_I)$ 是 $l,k+l,\dots,(x-1)k+l$ 中为 P_I 的倍数的元素个数. 因为 $(P_I,k)=1$, 则对每个 $0\le\mu\le\frac{x}{P_I}-1$, P_I 在 $\mu P_I\cdot k+l,(\mu P_I+1)k+l,\dots,(\mu P_I+P_I-1)k+l$ 中有一个倍数. 所以

$$\left[\frac{x}{P_I}\right]\le x\mathsf{P}(A_I)\le\left\lfloor\frac{x}{P_I}\right\rfloor+1,$$

于是

$$\left|\mathsf{P}(A_I)-\frac{1}{P_I}\right|\le\frac{1}{x}.\tag{1}$$

从而如果我们令 $p_i=\frac{1}{P_i}$, $\varepsilon=\frac{1}{x}$, 则满足 2.16 的条件, 所以有

$$\mathsf{P}(\bar{A}_1\dots\bar{A}_n)\le\frac{1}{S}+\frac{\varepsilon M^2}{(1-p_1)^2\dots(1-p_n)^2}.$$

这里,

$$S=\sum\frac{1}{p_1^{l_1}\dots p_n^{l_n}},$$

其中和式遍历满足 $p_1^{l_1}\dots p_n^{l_n}\le M$ 的 $l_1,\dots,l_n\ge 0$ 的所有取值. 这个和式恰好是

$$S=\sum_{\substack{m\le M\\(m,k)=1}}\frac{1}{m}.$$

为了得到一个下界, 观察得到

$$\left(\sum_{\substack{m\leq M\\(m,k)=1}}\frac{1}{m}\right)\prod_{P|k}\left(1+\frac{1}{P}+\frac{1}{P^2}+\dots\right)\geq\sum_{m\leq M}\frac{1}{m}>\log M,$$

由此,

$$S\geq\log M\frac{1}{\prod_{P|k}\left(1+\frac{1}{P}+\dots\right)}=\log M\prod_{P|k}\left(1-\frac{1}{P}\right)=\log M\frac{\varphi(k)}{k}.$$

另外, 我们知道

$$(1-p_1)^2\dots(1-p_n)^2\geq\prod_{P\leq M}\left(1-\frac{1}{P}\right)^2\geq\frac{c}{\log^2 M}.$$

如果 x 足够大, 有

$$\mathsf{P}(\bar{A}_1\dots\bar{A}_n)\leq\frac{k}{\varphi(k)\cdot\log M}+\frac{M^2\log^2 M}{cx}\leq\frac{k}{\varphi(k)}\frac{2.5}{\log x}.$$

所以 x 足够大时, 序列 $l,k+l,\dots,(x-1)k+l$ 中素数的个数

$$\leq n+x\mathsf{P}(\bar{A}_1\dots\bar{A}_n)\leq\sqrt{x}+2.5\frac{k}{\varphi(k)}\frac{x}{\log x}\leq 3\frac{k}{\varphi(k)}\frac{x}{\log x}.$$

18. 我们通过对 n 用归纳来证明

$$\mathsf{P}(A_1|\bar{A}_2\dots\bar{A}_n)\leq\frac{1}{2d}.\tag{1}$$

事实上, 这意味着

$$\mathsf{P}(\bar{A}_1\dots\bar{A}_n)=\mathsf{P}(\bar{A}_2\dots\bar{A}_n)\mathsf{P}(\bar{A}_1|\bar{A}_2\dots\bar{A}_n)\geq\mathsf{P}(\bar{A}_2\dots\bar{A}_n)\left(1-\frac{1}{2d}\right)>0,$$

这是因为由归纳假设, $\mathsf{P}(\bar{A}_2\dots\bar{A}_n)>0$ (这保证了条件概率 $\mathsf{P}(A_1|\bar{A}_2\dots\bar{A}_n)$ 是有意义的).

设 $2,\dots,h$ 是 1 的邻点, 我们有

$$\mathsf{P}(A_1|\bar{A}_2\dots\bar{A}_n)=\frac{\mathsf{P}(A_1\bar{A}_2\dots\bar{A}_h|\bar{A}_{h+1}\dots\bar{A}_n)}{\mathsf{P}(\bar{A}_2\dots\bar{A}_h|\bar{A}_{h+1}\dots\bar{A}_n)}.$$

这里的分子是

$$\mathsf{P}(A_1\bar{A}_2\dots\bar{A}_h|\bar{A}_{h+1}\dots\bar{A}_n)\leq\mathsf{P}(A_1|\bar{A}_{h+1}\dots\bar{A}_n)=\mathsf{P}(A_1)\leq\frac{1}{4d}$$

(因为 A_1 与 $\bar{A}_{h+1}\dots\bar{A}_n$ 是独立的). 而对于分母, 我们有

$$\begin{aligned}\mathsf{P}(\bar{A}_2\dots\bar{A}_h|\bar{A}_{h+1}\dots\bar{A}_n)&=1-\mathsf{P}(A_2+\dots+A_h|\bar{A}_{h+1}\dots\bar{A}_n)\\&\geq 1-\sum_{i=2}^{h}\mathsf{P}(A_i|\bar{A}_{h+1}\dots\bar{A}_n).\end{aligned}$$

现在对 $\{i, h+1, \ldots, n\}$ 导出的图用归纳假设, 我们得到

$$\mathsf{P}(A_i|\bar{A}_{h+1}\ldots\bar{A}_n) \le \frac{1}{2d},$$

从而

$$\mathsf{P}(\bar{A}_2\ldots\bar{A}_h|\bar{A}_{h+1}\ldots\bar{A}_n) \ge 1 - \frac{h-1}{2d} \ge \frac{1}{2},$$

因为 $h-1$ 的度是 1, 而它最多为 d, 所以,

$$\mathsf{P}(A_1|\bar{A}_2\ldots\bar{A}_n) \le \frac{\frac{1}{4d}}{\frac{1}{2}} = \frac{1}{2d}.$$

[P. Erdős, L. Lovász, in: *Infinite and Finite Sets*, Coll. Math. Soc. J. Bolyai **10** (1974) Bolyai-North Holland, 609-627.]

19. 我们有

$$\begin{aligned}\mathsf{P}(\bar{A}_1\ldots\bar{A}_n) &= \mathsf{P}(\zeta=0) \le \mathsf{P}((\xi-\sigma_1)^2 \ge \sigma_1^2)\\ &\le \frac{1}{\sigma_1^2}\mathsf{E}((\zeta-\sigma_1)^2) = \frac{1}{\sigma_1^2}(\mathsf{E}(\zeta^2)-\sigma_1^2).\end{aligned}$$

现在令

$$\zeta_i = \begin{cases} 1, & \text{如果 } A_i \text{ 出现},\\ 0, & \text{其他情形},\end{cases}$$

则

$$\zeta = \sum_{i=1}^{n}\zeta_i.$$

从而

$$\mathsf{E}(\zeta^2) = \mathsf{E}\left(\sum_{i=1}^{n}\zeta_i^2 + 2\sum_{1\le i<j\le n}\zeta_i\zeta_j\right) = \sigma_1 + 2\sigma_2,$$

因此

$$\mathsf{P}(\bar{A}_1\ldots\bar{A}_n) \le \frac{1}{\sigma_1^2}(\sigma_1 + 2\sigma_2 - \sigma_1^2).$$

第一步实际上是切比雪夫不等式

$$\mathsf{P}(\zeta=0) \le \mathsf{P}\left(|\zeta-\mathsf{E}(\zeta)| \ge \frac{\mathsf{E}(\zeta)}{\mathsf{D}(\zeta)}\mathsf{D}(\zeta)\right) \le \frac{\mathsf{D}^2(\zeta)}{\mathsf{E}^2(\zeta)} = \frac{\mathsf{E}((\zeta-\sigma_1)^2)}{\sigma_1^2}.$$

20. I. 由 2.9,

$$\mathsf{P}(\bar{A}_1 \ldots \bar{A}_n) \leq 1 - np + \binom{n}{2}p^2 = \alpha.$$

II. 由 Selberg 方法,

$$\mathsf{P}(\bar{A}_1 \ldots \bar{A}_n) \leq \sum_{|I|,|J| \leq 1} \lambda_I \lambda_J p^{|I \cup J|},$$

其中, $\lambda_\phi = 1$, $\lambda_{\{i\}}$ 是任意的. 由 2.15, 可以选择合适的 λ_I 使得式子右边变成

$$\frac{1}{\sum_{|I| \leq 1} \frac{p^{|I|}}{(1-p)^{|I|}}} = \frac{1}{1 + \frac{np}{1-p}} = \beta.$$

III. 通过直接代入, 前面的公式给出了

$$\mathsf{P}(\bar{A}_1 \ldots \bar{A}_n) \leq \frac{1-p}{np} = \gamma.$$

显然地, $\gamma \geq \beta$, 所以 II 比 III 更好. 但是, I 和 II 是不可比较的. 一方面, 对固定的 p, 当 $n \to \infty$ 时, 有 $\beta \to 0$ 但 $\alpha \to \infty$, 所以当 n 很大时, II 甚至 III 要更好一些. 另一方面, 固定 n 并让 $p \to 0$. 那么, β 的幂级数为

$$1 - np + n(n-1)p^2 + \ldots .$$

当 p 非常小的时候, 上式比 α 要大.

21. 相容矩阵的和仍然是相容的, 这是平凡的. 设 $A = (a_{ij})$ 和 $B = (b_{ij})$ 都是相容矩阵, $AB = C = (c_{ij})$ 并且假设 $c_{ij} \neq 0$. 由于

$$c_{ij} = \sum_k a_{ik} b_{kj},$$

所以存在一个 k 满足 $a_{ik} \neq 0$ 且 $b_{kj} \neq 0$. 所以, $x_i \leq x_k$ 且 $x_k \leq x_j$, 因此由传递性, $x_i \leq x_j$, 故 C 是相容的.

设 A 是一个可逆的相容矩阵. 不失一般性我们可以假设 $x_i \leq x_j \Rightarrow i \leq j$ (这可以通过合适的标号来实现). 可以看到矩阵 A 的所有非零元都在对角线以上, 所以 $\det A = \prod_{i=1}^n a_{ii}$, 于是 $a_{ii} \neq 0$. 现在设 $B = (b_{ij})$ 是 A 的逆, 并且假设 B 是不相容的, 即存在 $x_i \not\leq x_j$ 且 $b_{ij} \neq 0$. 这里选取一个最大的 i, 我们有

$$\sum_{k=1}^n a_{ik} b_{kj} = 0,$$

但是

$$a_{ii} b_{ij} \neq 0,$$

所以一定存在一个 $k \neq i$ 满足

$$a_{ik}b_{kj} \neq 0.$$

因为 (a_{ij}) 是相容的, 这蕴含着 $x_i \leq x_k$, 从而 $i < k$. 考虑到 i 的选择, $b_{kj} \neq 0$ 蕴含着 $x_k \leq x_j$, 故 $x_i \leq x_j$, 矛盾.

[本节中剩下的大部分问题都基于 G.C. Rota 的文章: *Zeitschr. f. Wahrscheinlichkeitstheorie*, **2** (1964) 340–368.]

22. 定义

$$z_{ij} = \begin{cases} 1, & \text{如果 } x_i \leq x_j, \\ 0, & \text{其他情形}, \end{cases}$$

$Z = (z_{ij})$. 则关于 μ 的最后两个限制可以重写为

$$MZ = I,$$

其中 $M = (m_{ij})$, $m_{ij} = \mu(x_i, x_j)$ 且 I 是单位矩阵. 因为 $z_{ii} \neq 0$, 所以 Z 是可逆的 (参见之前的解答), 并且由之前的结果, $M = Z^{-1}$ 是一个相容矩阵. 这就定义了要求的函数 $\mu(x, y)$.

23. 注意到如果对每个满足 $a \leq y < b$ 的 y, 我们知道 $\mu(a, y)$, 那么方程

$$\sum_{a \leq y \leq b} \mu(a, y) = 0$$

唯一地确定 $\mu(a, b)$. 所以, 我们可以仅用 a 和 b 之间的元素对每个 $a \leq x \leq b$, 归纳地计算 $\mu(a, x)$. 因此, 如果 $a \leq b \in V$, $a' \leq b' \in V'$, 并且偏序集 $\{z \in V : a \leq z \leq b\}$ 和 $\{z' \in V' : a' \leq z' \leq b'\}$ 是同构的, 那么

$$\mu(a, b) = \mu(a', b').$$

(a) 我们断言 $\mu(X, Y) = (-1)^{|Y-X|}$ $(X \subseteq Y \subseteq S)$. 事实上,

$$\sum_{A \subseteq Y \subseteq B} (-1)^{|Y-A|} = \sum_{k=0}^{|B-A|} \binom{|B-A|}{k} (-1)^k = \begin{cases} 1, & \text{如果 } B = A, \\ 0, & \text{如果 } B \supset A. \end{cases}$$

(b) 在这里, 任意区间 $a \leq z \leq b$ 是一条链. 所以只需对链

$$a_1 < a_2 < \cdots < a_n$$

来计算 $\mu(a_1, a_n)$. 由定义我们有

$$\mu(a_1, a_1) = 1.$$

另外,

$$\mu(a_1,a_1)+\mu(a_1,a_2)=0,$$

因此,

$$\mu(a_1,a_2)=-1.$$

现在对于 $i\geq 3$,

$$\mu(a_1,a_1)+\mu(a_1,a_2)+\cdots+\mu(a_1,a_i)=0,$$

从而显然有

$$\mu(a_1,a_3)=\cdots=\mu(a_1,a_n)=0.$$

因此,

$$\mu(x,y)=\begin{cases}1, & \text{如果 } x=y,\\ -1, & \text{如果 } (x,y) \text{ 是一条边},\\ 0, & \text{其他情形}.\end{cases}$$

(c) 我们断言

$$\mu(x,y)=\mu\left(\frac{y}{x}\right), \tag{1}$$

其中 $\mu(k)$ 是 (数论的) Möbius 函数: 如果 $k=p_1^{\alpha_1}\dots p_r^{\alpha_r}$ ($p_1,\dots,p_r$ 是不同的素数), 那么

$$\mu(k)=\begin{cases}(-1)^r, & \text{如果 } \alpha_1=\cdots=\alpha_r=1,\\ 0, & \text{其他情形}.\end{cases}$$

显然, 由 (1) 式定义的 $\mu(x,y)$ 满足 $\mu(a,a)=1$. 另外, 如果 $a\neq b$, $a|b$, 那么

$$\sum_{a|y|b}\mu(a,y)=\sum_{a|y|b}\mu\left(\frac{y}{a}\right)=\sum_{d|\frac{b}{a}}\mu(d).$$

令

$$\frac{b}{a}=k=p_1^{\alpha_1}\dots p_r^{\alpha_r},$$

则

$$\sum_{d|k}\mu(d)=\sum_{1\leq i_1<\cdots<i_\nu\leq r}\mu(p_{i_1}\dots p_{i_\nu})=\sum_{v=0}^{r}\binom{r}{\nu}(-1)^\nu=0.$$

24. 我们需要证明

$$\mu^*(a,a)=1,$$

$$\sum_{a\leq^* x\leq^* b}\mu^*(a,x)=0 \qquad (a\neq b),$$

即

$$\mu^*(a,a)=1,$$
$$\sum_{b\le x\le a}\mu^*(x,a)=0.$$

第一个论断是平凡的. 为了证明第二个论断, 我们注意到, 根据 M 和 Z, 我们有

$$Z\cdot M=I,$$

由 $M=Z^{-1}$ 可知这是显然的.

25. 设 $Z-I=(u_{ij})$, 那么

$$\mu_{ij}=\begin{cases}1, & \text{如果 } x_i<x_j,\\ 0, & \text{其他情形.}\end{cases}$$

那么 $(Z-I)^n$ 中第 (i,j) 元素是

$$\sum_{k_1,\dots,k_{n-1}} u_{ik_1}u_{k_1k_2}\dots u_{k_{n-1}j}=0,$$

这是因为一个非零项将对应得到一条链 $x_i<x_{k_1}<x_{k_2}<\cdots<x_{k_{n-1}}<x_j$, 而这显然是不存在的. 因此

$$(I-Z)^n=0,$$

或者等价地

$$\sum_{i=1}^{n}\binom{n}{i}(-1)^{i-1}Z^i=I.$$

两边同乘以 M 得到

$$\sum_{i=1}^{n}\binom{n}{i}(-1)^{i-1}Z^{i-1}=M.$$

注意到, 我们可以用 V 中链的最大长度来替代 n.

26. $\sum_{z\le x}g(z)\mu(z,x)=\sum_{z\le x}\sum_{y\le z}f(y)\mu(z,x)=\sum_{y\le x}f(y)\sum_{y\le z\le x}\mu(z,x)=f(x).$
(注: 令 $f=(f(x_1),\dots,f(x_n))$, $g=(g(x_1),\dots,g(x_n))$, g 的定义意味着

$$g=f\cdot Z$$

并且断言为

$$f=gM=gZ^{-1}.)$$

为了得到筛法公式, 设 V 由 $\{1,\dots,n\}$ 的所有子集构成, 并且 $\le$ 表示包含关系. 由 2.23, $\mu(K,L)=(-1)^{|L-K|}$ $(K\subseteq L)$. 令

$$f(K)=\mathsf{P}\left(\prod_{i\notin K}A_i\prod_{j\in K}\bar{A}_j\right),$$

则

$$g(L)=\sum_{K\subseteq L} f(K)=\mathsf{P}\left(\prod_{i\notin L} A_i\right)=\mathsf{P}(A_{\bar{L}})$$

$(\bar{K}=\{1,\ldots,n\}-K)$. 从而

$$\mathsf{P}\left(\prod_{i=1}^{n}\bar{A}_i\right)=f(\{1,\ldots,n\})=\sum_{K\subseteq\{1,\ldots,n\}}(-1)^{n-|K|}\mathsf{P}(A_{\bar{K}})$$
$$=\sum_{K\subseteq\{1,\ldots,n\}}(-1)^{|K|}\mathsf{P}(A_K).$$

27. (a) 我们对 a 和 b 之间元素的个数用归纳法. 如果 $a=b$, 那么和式看起来是

$$\sum_{x\le b}\mu(0,x),$$

由 μ 的定义知其为 0. 设 $b>a$, 那么

$$\sum_{x\le b}\mu(0,x)=\sum_{a\le b_1\le b}\left(\sum_{a\vee x=b_1}\mu(0,x)\right).$$

由 μ 的定义知等式左边为 0, 由归纳假设知, 等式右边所有满足 $b_1<b$ 的项均为 0. 从而, 最后一项也为 0.

(b) 直接从 (a) 和 2.24, 通过逆转序即可证明.

28. 我们对 x 以下的元素的个数用归纳法. 如果 $x=0$, 断言是正确的 (0 是所有原子空集合的并). 现在令 $x>0$. 如果 $a\le x$ 是任一原子, 由前面的结论,

$$\sum_{y\vee a=x}\mu(0,y)=0.$$

显然, 这里没有 y 是原子的并. 所以由归纳假设, 任意具有 $y<x$ 的项都等于 0. 所以 $\mu(0,x)$ 也为 0.

29. 我们有

$$\sum_{y\ge a}\mu(a,y)=\begin{cases}1, & \text{如果 } a=1,\\ 0, & \text{其他情形,}\end{cases}$$

所以

$$\sum_{x,y}\mu(x,y)=1.$$

另外,

$$(1)\qquad \sum_{x,y}=\sum_{x\in A}\sum_{y\in C}+\sum_{x,y\in A\cup B}+\sum_{x,y\in B\cup C}-\sum_{x,y\in B}.$$

这里

$$\sum_{x,y\in A\cup B}\mu(x,y)=\sum_{y\in A\cup B}\sum_{x\leq y}\mu(x,y)=1,$$

并且类似地,

$$\sum_{x,y\in B\cup C}\mu(x,y)=\sum_{x\in B\cup C}\sum_{y\geq x}\mu(x,y)=1.$$

因此 (1) 有形式

$$1=\sum_{x\in A}\sum_{y\in C}\mu(x,y)+1+1-\sum_{x,y\in B}\mu(x,y),$$

证毕.

30. (a) 设 $b=\{\{1\},\{2,\ldots,n\}\}$, 应用 2.27:

$$\sum_{x\wedge b=0}\mu(x,1)=0,$$

或者等价地,

$$\mu(0,1)=-\sum_{\substack{x\wedge b=0\\ x\neq 0}}\mu(x,1). \tag{1}$$

确定满足 $x\wedge b=0$ 和 $x\neq 0$ 的划分 x. 设 $x=\{A_1,\ldots,A_p\}$ 是一个这样的划分. 设 $1\in A_1$, 那么对 $i>1$, $A_i=A_i\cap\{2,\ldots,n\}$ 是 $x\wedge b=0$ 的一个类, 所以 $|A_i|=1$. 由于 $x\neq 0$, $|A_1|\geq 2$, 但是 $A_1\cap\{2,\ldots,n\}$ 也是 $x\wedge b=0$ 的一个类, 所以 $|A_1|=2$. 因此 x 有如下形式

$$x=\{\{1,i\},\{2\},\ldots,\{i-1\},\{i+1\},\ldots,\{n\}\}.$$

区间 $\{z:x\leq z\leq 1\}$ 由不分离 1 和 i 的所有划分构成. 显然, 这个区间同构于 $n-1$ 元集的所有划分的格 (1 和 i “粘在一起”). 所以由归纳假设

$$\mu(x,1)=(-1)^{n-2}(n-2)!.$$

因为有 $n-1$ 个划分 x 要考虑, (1) 式蕴含了

$$\mu(0,1)=-(n-1)(-1)^{n-2}(n-2)!=(-1)^{n-1}(n-1)!.$$

[M.P. Schützenberger].

(b) 对每一个面 x, V 中的区间 $[0,x]$ 也是一个凸多面体的面构成的格 (就是 x). 所以由归纳法, 我们可以假设对每一个除 1 之外的面有

$$\mu(0,x)=(-1)^{\dim(x)+1}.$$

这样由 μ 的定义,

$$\mu(0,1)=-\sum_{x\neq 1}\mu(0,x)=\sum_{x\neq 1}(-1)^{\dim(x)}=-\sum_{i=-1}^{d-1}f_i(-1)^i.$$

由欧拉公式, 这恰好是 $(-1)^{d+1}$.

31. 如果 F 是按照提示里那样定义的, 我们有

$$Z^TFZ=G.$$

事实上,

$$\sum_{k=1}^{n}\sum_{l=1}^{n}z_{ki}f_{kl}z_{lj}=\sum_{k=1}^{n}z_{ki}f_{kk}z_{kj}=\sum_{\substack{k\\ x_k\leq x_i\\ x_k\leq x_j}}f(x_k)$$

$$=\sum_{\substack{k\\ x_k\leq x_i\wedge x_j}}f(x_k)=g(x_i\wedge x_j)=g_{ij}.$$

因此,

$$\det G=\det(Z^TFZ)=(\det Z^T)(\det F)(\det Z)=\det(F)=f(x_1)\dots f(x_k).$$

如果 V 只是一个偏序集, 那么我们与之前一样定义 F, 并考虑

$$\mathrm{G}=Z^TFZ=(g_{ij}).$$

与之前一样, 我们有

$$g_{ij}=\sum_{k=1}^{n}\sum_{l=1}^{n}z_{ki}f_{kl}z_{ij}=\sum_{\substack{x_k\leq x_i\\ x_k\leq x_j}}f(x_k).$$

我们不能再根据 $x_i\wedge x_j$ 来重写这个公式 (因为这个并没有定义), 所以我们不得不陈述此公式如下: 设 $f(x)$ 是 V 上的任一函数, 并令

$$g_{ij}=\sum_{\substack{x\leq x_i\\ x\leq x_j}}f(x).$$

那么

$$\det(g_{ij})=f(x_1)\dots f(x_n).$$

注记: 如果 V 的任意两个元素 x_i,x_j 有一个最大的下界 $x_i\wedge x_j$, 那么

$$g_{ij}=\sum_{x\leq x_i\wedge x_j}f(x)=g(x_i\wedge x_j),$$

其中

$$g(y)=\sum_{x\le y}f(x)$$

[H.S. Wilf, *Bull. Amer. Math. Soc.* **74** (1968) 960–964].

32. I. 设 $V=\{1,\ldots,n\}$, 设偏序是由整除性定义的, $g(x)=x$. 我们试图应用前面的公式 (V 不是一个格但是在运算 $x\wedge y=(x,y)$ 下是闭的, 从而由前面求解的最后注记知, 相同的公式成立). 为了得到合适的 $f(x)$ 我们应用 2.26, 由 2.3 的解答得到

$$f(x)=\sum_{y\le x}\mu(y,x)g(y)=\sum_{y|x}y\mu\left(\frac{x}{y}\right)=\varphi(x).$$

所以行列式的值是 $\varphi(1)\varphi(2)\ldots\varphi(n)$.

II. 就像在前面的解答中一样, 这个行列式恰好是 $\varphi(1)\ldots\varphi(n)\times\{G^{-1}$的左上角元素$\}$

$$G=((i,j))_{i,j=1}^{n}=Z^TFZ,$$

$$F=(f_{ij})=\begin{pmatrix}\varphi(1) & & 0\\ & \ddots & \\ 0 & & \varphi(n)\end{pmatrix},$$

$$Z=(z_{ij}),\quad z_{ij}=\begin{cases}1, & \text{如果 } i|j,\\ 0, & \text{其他情形}.\end{cases}$$

因此

$$G^{-1}=(Z^TFZ)^{-1}=MF^{-1}M^T,$$

其中 $M=(m_{ij})$,

$$m_{ij}=\begin{cases}\mu\left(\dfrac{j}{i}\right), & \text{如果 } i|j,\\ 0, & \text{其他情形}.\end{cases}$$

所以 G^{-1} 的左上角元素是

$$\sum_{k=1}^{n}\sum_{l=1}^{n}\mu(1,k)(F^{-1})_{kl}\mu(1,l)=\sum_{k=1}^{n}\frac{\mu^2(k)}{\varphi(k)}.$$

从而有

$$\begin{vmatrix}(2,2) & \ldots & (2,n)\\ \vdots & & \\ (n,2) & \ldots & (n,n)\end{vmatrix}=\varphi(1)\ldots\varphi(n)\sum_{k=1}^{n}\frac{\mu^2(k)}{\varphi(k)}.$$

33. 设

$$A = \begin{pmatrix} 0 & 1 & . & . & . & 1 \\ 1 & -2 & & & & \\ . & & . & & & 0 \\ . & & & . & & \\ . & 0 & & & . & \\ 1 & & & & & -2 \end{pmatrix}.$$

作为一个根考虑 x_1, 那么 T 可以看作是树状的并且这定义了 $V = V(T)$ 上的一个序: $x_i \leq x_j$, 如果 (唯一的)(x_1, x_j)-路包含 x_i. 那么令 Z 为像在 2.22 中定义的那样, 我们断言:

$$Z^T AZ = D.$$

事实上, $Z^T AZ$ 的第 (i,j) 元素为

$$d'_{ij} = \sum_{k=1}^{n}\sum_{l=1}^{n} z_{ki}a_{kl}z_{lj} = \sum_{x_k \leq x_i}\sum_{x_l \leq x_j} a_{kl}.$$

现在 a_{kl} 是非零的仅当 $k = l$ 或者 $k = 1$ 或者 $l = 1$, 所以我们有

$$\begin{aligned} d'_{ij} &= \sum_{x_k \leq x_i, x_j} (-2) + \sum_{x_k \leq x_i} 1 + \sum_{x_l \leq x_j} 1 \\ &= -2[d(x_i \wedge x_j, x_1) + 1] + [d(x_i, x_1) + 1] + [d(x_j, x_1) + 1], \end{aligned}$$

其中 $x_i \wedge x_j$ 是 (x_1, x_i)-路和 (x_1, x_j)-路的最后一个公共点. 因此有

$$d'_{ij} = d(x_i, x_1) + d(x_j, x_1) - 2d(x_i \wedge x_j, x_1) = d(x_i, x_j).$$

所以

$$\det D = \det A = -(n-1)(-2)^{n-2}$$

[R.L. Graham, H.O. Pollak, *Bell Sys. Tesh. J.* **50** (1971) 2495–2519].

34. 令 $U = Z - I = (u_{ij})$, 那么 $U^n = 0$. 进一步, 我们有

$$(I + U)(I - U + U^2 - U^3 + \cdots + (-1)^{n-1}U^{n-1}) = I + (-1)^{n-1}U^n = I.$$

因此

$$I - U + U^2 - U^3 + \cdots = (I + U)^{-1} = Z^{-1} = M.$$

所以

$$\mu(x, y) = \sum_{v=1}^{n}(-1)^v p'_v,$$

其中 p'_v 是 U^v 的第 (x, y) 个元素, 但是这个元素是

$$p'_v = \sum_{i,\ldots,i_v} u_{0i_1}u_{i_1i_2}\ldots u_{i_{v-1}1} = \sum_{x<x_{i_1}<\cdots<x_{i_{v-1}}<y} 1 = p_v.$$

35. 设

$$q(x) = q_0(x) - q_1(x) = q_2(x) - q_3(x) + \dots,$$

则

$$\sum_{x \le y} q(x) = \sum_{k=0}^{n} (-1)^k \sum_{x \le y} q_k(x).$$

现在令 $a_1, \dots, a_m$ 是所有 $\le y$ 的原子, 那么 $\sum_{x \le y} q_k(x)$ 计数了 $\{a_1, \dots, a_m\}$ 的所有 k-元组. 所以

$$\sum_{x \le y} q_k(x) = \binom{m}{k},$$

从而

$$\sum_{x \le y} q(x) = \sum_{k=0}^{n} (-1)^k \binom{m}{k} = \begin{cases} 1, & \text{如果 } m = 0, \text{ 即 } y = 0, \\ 0, & \text{如果 } m > 0, \text{ 即 } y > 0. \end{cases}$$

由 2.26 的 Möbius 反演公式, 我们有

$$q(x) = \sum_{y \le x} \mu(y, x) \sum_{z \le y} q(z) = \mu(0, x).$$

36. L 中的元素有三种类型:

(a) C 中的元素,

(b) 满足存在一个元素 $y \in C$, 使得 $x < y$ 的元素,

(c) 满足存在一个元素 $y \in C$, 使得 $x > y$ 的元素.

(a), (b) 和 (c) 将元素进行了划分. 事实上, 不存在任意一个 x 同时具有上述性质中的两个, 因为这将会给出 C 中的两个可比较的元素. 同时, 如果 x 不具有上述性质 (a), (b), (c) 中的任意一个, 那么没有包含 x 的极大链与 C 相交.

如果 (b) 和 (c) 成立, 我们分别记为 $x < C$ 和 $x > C$. 考虑 C 中并为 b 且交为 a 的那些 k-元组的个数 $q_k(a, b)$, 并设 $a < C < b$, 那么我们对 a 和 b 之间的元素个数用归纳法证明

$$q(a, b) = \sum_{k=2}^{n} (-1)^k q_k(a, b) = \mu(a, b).$$

设 $a_1, \dots, a_m$ 表示 a 和 b 之间 C 中的元素. 我们可以假设 $a = 0$ 和 $b = 1$, 因为 $\{a_1, \dots, a_m\}$ 形成子格 $\{z : a \le z \le b\}$ 中与 C 具有相同性质的一个集合. 我们有

$$\sum_{x < C < y} q_k(x, y) = \binom{m}{k},$$

从而

$$\sum_{x < C < y} q(x, y) = \binom{m}{2} - \binom{m}{3} + \dots = m - 1. \tag{1}$$

由 2.29 可知, μ 满足相同的恒等式:

$$\sum_{x<C<y}\mu(x,y)=\sum_{x,y\in C}\mu(x,y)-1=\sum_{x\in C}\mu(x,x)-1=m-1. \tag{2}$$

现在由归纳假设可知: 在 (1) 和 (2) 中, 如果 $x\neq 0$ 或者 $y\neq 1$, 那么 $q(x,y)=\mu(x,y)$. 因此, 我们一定有

$$q(0,1)=\mu(0,1).$$

37. 设 a 是任意一个原子, 则由 2.27 有

$$\sum_{a\vee x=1}\mu(0,x)=0.$$

因为 a 覆盖了 0, 所以要么 $x=1$, 要么 $a\vee x=1$ 覆盖 x, 所以 x 是一个反原子.

如果我们对 r 用归纳法, 我们可以假设 $\mu(0,x)$ 的符号为 $(-1)^{r-1}$ (区间 $0\leq z\leq x$ 的秩是 $r-1$, 这是因为任何由 1 扩展的极大 $(0,x)$-链形成一个极大 $(0,1)$-链). 所以

$$\mu(0,1)=-\sum_{\substack{x\neq 1\\ x\vee a=1}}\mu(0,x)$$

蕴含着我们的论断.

§3. 置 换

1. 如果 π,ϱ 是 $\{1,\ldots,n\}$ 的两个置换, 那么

$$\pi'=\varrho^{-1}\pi\varrho$$

是按下面的方式产生的一个新置换: 我们画出 π 的 "有向图", 也就是对 $i=1,\ldots,n$ 连接 i 与 $\pi(i)$; 然后将通过 ϱ 作用这个图得到的像看作置换 π' 的图. 从而两个置换是共轭的当且仅当它们的图是同构的. 这些图由不相交的圈 (对应于置换的轮换分解) 组成. 因此, 两个置换的图是同构的当且仅当它们的轮换的基数是相同的.

因此, 一个共轭类可以用这些轮换的基数来描述. 这些基数构成了数 n 的一个分拆; 并且反过来, 每个分拆也可以描述一个共轭类. 所以 S_n 的共轭类的个数就是 n 的所有分拆的个数 π_n (参见问题 1.20).

2. (a) 由容斥原理, 问题中的个数是

$$\sum_{X\subseteq\{1,\ldots,n\}}(-1)^{|X|}S_X,$$

其中 S_X 表示固定 X 中所有点的置换的个数. 这个数显然是 $(n-|X|)!$. 所以我们有

$$\sum_{X\subseteq\{1,\ldots,n\}}(-1)^{|X|}(n-|X|)!=\sum_{k=0}^{n}(-1)^k\binom{n}{k}(n-k)!=n!\sum_{k=0}^{n}\frac{(-1)^k}{k!}\approx\frac{n!}{e},$$

这里符号 $\approx$ 表示的误差小于 $\frac{1}{n+1}$.

(b) 如果我们想构造仅包含一个轮换的置换 π, 我们可以把 1 映射到 $2,\ldots,n$ 中的任意一个, 这有 $n-1$ 种可能, 我们可以把 $\pi(1)$ 映射到剩下的 $n-2$ 个元素中的任何一个, 等等. 如果 $\pi(1),\pi^2(1),\ldots,\pi^k(1)$ 已被选好, 那么对 $\pi\left(\pi^k(1)\right)$, 我们可以选择剩下的 $n-k-1$ 个元素中的任何一个. 所以这样的置换的个数是 $(n-1)(n-2)\ldots 1=(n-1)!$.

3. 我们计算长度为 k 的轮换中包含 1 的那些置换的个数. 有 $\binom{n-1}{k-1}$ 种可能的方式来选取这个轮换的元素; 在一个轮换中有 $(k-1)!$ 种方式来排列它们, 并且有 $(n-k)!$ 种方式来排列剩下的元素. 因此我们得到

$$\binom{n-1}{k-1}(k-1)!(n-k)!=(n-1)!,$$

并且概率是

$$\frac{(n-1)!}{n!}=\frac{1}{n},$$

结果不依赖于 k, 这是一个值得注意的事实.

解法二: 给定一个置换 π, 把它写成一些轮换的乘积 (我们也要把单个元素的轮换写出来, 即固定点) 满足每个轮换都以最小的元素结尾, 并且这些轮换的最后元素必须以递增的顺序排列. 因此第一个轮换以 1 结尾, 得到的数的序列可以看作是另一个置换 $\widehat{\pi}$. 很容易看出 π 可以由 $\widehat{\pi}$ 唯一地重新得到: π 的第一个轮换以 1 结尾, 第二个轮换的最后元素是在第一个轮换中没有出现的最小的数, 等等.

π 中包含 1 的轮换的长度由 1 在 $\widehat{\pi}$ 中的位置所确定. 这显然可以是 n 个位置中的任何一个, 并且具有相同的概率 $\frac{1}{n}$.

4. 我们计算 1 和 2 属于不同轮换的置换的个数. 如果包含 1 的轮换的长度为 k, 那么就有 $\binom{n-2}{k-1}$ 种可能来选择它的元素, 并且有 $(k-1)!$ 种可能在轮换中来排列它们; 我们有 $(n-k)!$ 种可能来排列余下的元素. 因此这样的置换的个数为

$$\begin{aligned}\sum_{k=1}^{n-1}\binom{n-2}{k-1}(k-1)!(n-k)!&=(n-2)!\sum_{k=1}^{n-1}(n-k)\\&=(n-2)!\frac{n(n-1)}{2}=\frac{n!}{2},\end{aligned}$$

其中该问题中的概率为 $\frac{1}{2}$.

解法二: 考虑 3.3 的解法二中介绍的置换的编码. 1 和 2 属于 π 的同一个轮换当且仅当在 $\widehat{\pi}$ 中 2 出现在 1 前面, 显然它的概率为 $\frac{1}{2}$.

5. 令 $1 \le k \le n$, 并且

$$\zeta_i = \begin{cases} 1, & \text{如果 } i \text{ 包含在一个 } k\text{-轮换中}, \\ 0, & \text{其他情况}. \end{cases}$$

那么 $\zeta_1 + \cdots + \zeta_n$ 就是 k-轮换中所包含点的个数, $\frac{1}{k}(\zeta_1 + \cdots + \zeta_n)$ 就是 k-轮换的个数. 现在

$$\mathsf{E}\left(\frac{1}{k}(\zeta_1 + \cdots + \zeta_n)\right) = \frac{1}{k}\sum_{i=1}^{n} \mathsf{E}(\zeta_i).$$

此时, 由 3.3,

$$\mathsf{E}(\zeta_i) = \frac{1}{n},$$

从而 k-轮换数的期望值是

$$\frac{1}{k}\sum_{i=1}^{n} \mathsf{E}(\zeta_i) = \frac{1}{k}.$$

因此轮换数的期望值是

$$\frac{1}{1} + \frac{1}{2} + \cdots + \frac{1}{n} \sim \log n.$$

6. 令 π 表示满足如下条件的置换:

$$\pi(j) = \text{包含钥匙 } j \text{ 的箱子的编号}.$$

假设我们已经砸开了箱子 $1, \ldots, k$. 显然我们能打开剩下的箱子当且仅当 π 的每个轮换包含 $1, \ldots, k$ 中的一个.

考虑在 3.3 的解法二中介绍的置换 $\widehat{\pi}$. 因为在 $\widehat{\pi}$ 的定义中 π 的轮换满足它们的最后的元素以递增的顺序排列, 所以只需要求最后一个轮换的最后元素至多为 k; 或者, 根据 $\widehat{\pi}$ 的定义, 只需要求 $\widehat{\pi} \le k$. 它的概率显然是 k/n. [J. Bognár, J. Mogyoródi, A. Prékopa, A. Rényi, D. Szász, *Problem Book on Probability* (in Hungarian), Tankönyvkiadó, Budapest, 1970, p.56.]

7. 我们有

$$n!p_n(x_1, \ldots, x_n) = \sum_{\pi \in S_n} x_1^{k_1(\pi)} \ldots x_n^{k_n(\pi)},$$

其中, $k_i(\pi)$ 表示 π 的 i-轮换的数目. 考虑基础集的一个点 v, 令 C_π 表示 π 中包含点 v 的轮换; 设它的长为 l_π. 同样令 ϱ_π 表示由 π 诱导的元素不包含在 C_π 的置换. 因此

$$n!p_n(x_1, \ldots, x_n) = \sum_{\pi \in S_n} x_{l_\pi} x^{k_1(\varrho_\pi)} \ldots x_{n-l_\pi}^{k_{n-l_\pi}(\varrho_\pi)}.$$

有 $(n-1)(n-2)\ldots(n-l_\pi+1)$ 种方式来选取长为 l_π 的轮换 C_π (参见 3.3); 对每个这

样的轮换, 我们可以对任何置换 ϱ_π 配对剩余的 $n-l_\pi$ 个点. 因此

$$
\begin{aligned}
n!p_n(x_1,\dots,x_n) &= \sum_{l=1}^{n}(n-1)\dots(n-l+1)x_l(n-l)!p_{n-l}(x_1,\dots,x_{n-l})\\
&= \sum_{l=1}^{n}(n-1)!x_l p_{n-l}(x_1,\dots,x_{n-l}).
\end{aligned}
$$

或者, 等价地,

$$n\cdot p_n(x_1,\dots,x_n)=\sum_{l=1}^{n}x_l p_{n-l}(x_1,\dots,x_{n-l}).$$

令

$$f(y)=\sum_{n=0}^{\infty}p_n(x_1,\dots,x_n)y^n,$$

那么

$$
\begin{aligned}
f'(y) &= \sum_{n=0}^{\infty}n\cdot p_n(x_1,\dots,x_n)y^{n-1}=\sum_{n=0}^{\infty}\sum_{l=1}^{n}x_l p_{n-l}(x_1,\dots,x_{n-l})y^{n-1}\\
&= \sum_{l=1}^{\infty}x_l y^{l-1}\sum_{n=l}^{\infty}p_{n-l}(x_1,\dots,x_{n-l})y^{n-l}=\left(\sum_{l=1}^{\infty}x_l y^{l-1}\right)f(y).
\end{aligned}
$$

因此

$$(\ln f(y))'=x_1+x_2y+\dots+x_ky^{k-1}+\dots,$$

$$\ln f(y)=C+x_1y+x_2\frac{y^2}{2}+\dots+x_k\frac{y^k}{k}+\dots,$$

将 $y=0$ 代入即可得到 $C=0$. 因此

$$f(y)=\exp\left(x_1y+x_2\frac{y^2}{2}+\dots+x_k\frac{y^k}{k}+\dots\right).$$

[G. Pólya, *Acta Math.* **68** (1937) 145–254; 这个文献与轮换指标方面的所有问题以及 "Pólya–Redfield 方法" 相关; 也可参见 N.G. deBruijn in: *Applied Combinatorial Mathematics,* (E.E. Beckenbach, ed.) Wiley, 1964.]

8. (a) 用 m 将旋转分解成 (n,m) 个长为 $n/(n,m)$ 的轮换, 因此轮换指标是

$$\frac{1}{n}\sum_{m=1}^{n}x_{n/(n,m)}^{(n,m)}=\frac{1}{n}\sum_{d|n}x_d^{n/d}\sum_{\substack{m\le n\\(m,n)=\frac{n}{d}}}1=\frac{1}{n}\sum_{d|n}\varphi(d)x_d^{n/d}.$$

更一般地, 令 G 为任意群, 并将它的正则表示考虑为一个置换群, 即定义, 对 $a\in G$ 和 $x\in G$,

$$a(x)=xa.$$

那么 a 就是集合 G 的一个置换, 并且将 G 分解成 $|G|/k$ 个长为 k 的轮换, 其中 k 是 a 的阶; 因为

$$xa^m = x \Leftrightarrow a^m = 1.$$

因此轮换指标是

$$\frac{1}{|G|}\sum_{d||G|} x_d^{|G|/d}\varphi(G,d),$$

其中 $\varphi(G,d)$ 是群 G 中阶为 d 的元素个数.

(b) 令 $P=\{C_1,C_2,\ldots,C_k\}$, $C_i=\{c_{i1},\ldots,c_{in}\}$. 保持 P 不变的一个置换可以描述如下: 我们取 $\{1,\ldots,k\}$ 的一个置换 π 和 $\{1,\ldots,n\}$ 的 k 个置换 $\varrho_1,\ldots,\varrho_k$. 我们用 $\langle\pi;\varrho_1,\ldots,\varrho_k\rangle$ 表示下面定义的置换

$$\langle\pi;\varrho_1,\ldots,\varrho_k\rangle(c_{ij}) = c_{\pi(i),\varrho(j)} \quad (1\le i\le k, 1\le j\le n).$$

我们来确定 $\langle\pi;\varrho_1,\ldots,\varrho_k\rangle$ 的轮换. 如果说 $(1,\ldots,l)$ 是 π 的一个轮换, 那么在 $\langle\pi;\varrho_1,\ldots,\varrho_k\rangle$ 下 c_{1j} 的迭代像在 $C_1,\ldots,C_l,C_1,\ldots$ 中. 因此, 存在某个 m, 满足第一个像 c_{1j} 是第 lm 个像. 为了确定这个 m, 我们观察到 c_{1j} 的第 l 个像是 $c_{1j'}$, 其中 $j'=\varrho_l(\ldots\varrho_1(j)\ldots)$. 所以, m 是 $\varrho_1,\ldots,\varrho_l$ 中包含 j 的轮换的长度. 因此, $C_1\cup\cdots\cup C_l$ 包含 $k_i(\varrho_1\ldots\varrho_l)$ 个长为 li 的轮换. 对 π 的其他轮换, 类似的论断也成立. 这个置换对应的项为

$$\prod x_l^{k_1(\varrho_{i_1}\cdots\varrho_{i_l})}x_{2l}^{k_2(\varrho_{i_1}\cdots\varrho_{i_l})}\ldots x_{nl}^{k_n(\varrho_{i_1}\cdots\varrho_{i_l})},$$

其中积式遍历 π 的所有轮换 $(i_1\ldots i_l)$. 对 $\varrho_1,\ldots,\varrho_l$ 的所有选择求和我们得到 (因为对不同的轮换, $\varrho_{i_1},\ldots,\varrho_{i_l}$ 可以被独立地选取),

$$\prod\left(\sum_{\varrho} x_l^{k_1(\varrho_{i_1}\cdots\varrho_{i_l})}\ldots x_{nl}^{k_n(\varrho_{i_1}\cdots\varrho_{i_l})}\right),$$

其中同样地, 积式遍历 π 的所有轮换 $(i_1\ldots i_l)$. 因为 $\varrho_{i_1}\ldots\varrho_{i_l}$ 表示每个置换 $(n!)^{l-1}$ 次,

$$\begin{aligned}\sum_{\varrho_{i_1},\ldots,\varrho_{i_l}} x_l^{k_1(\varrho_{i_1}\cdots\varrho_{i_l})}\ldots x_{nl}^{k_n(\varrho_{i_1}\cdots\varrho_{i_l})} &= (n!)^{l-1}\sum_{\pi\in S_n} x_l^{k_1(\pi)}\ldots x_{nl}^{k_n(\pi)}\\ &= (n!)^l p_n(x_l,\ldots,x_{nl}),\end{aligned}$$

其中 $p_n(x_l,\ldots,x_{nl})$ 是 S_n 的轮换指标. 因此

$$\begin{aligned}\prod_{(i_1,\ldots,i_l)}\left(\sum_{\varrho_{i_1},\ldots,\varrho_{i_l}} x_l^{k_1(\varrho_{i_1}\cdots\varrho_{i_l})}\ldots x_{nl}^{k_n(\varrho_{i_1}\cdots\varrho_{i_l})}\right) &= \prod_{(i_1,\ldots,i_l)}(n!)^l p_n(x_l,\ldots,x_{nl})\\ = \prod_{l=1}^{k}(n!)^{lk_l(\pi)}p_n(x_l,\ldots,x_{nl})^{k_l(\pi)} &= (n!)^k\prod_{l=1}^{k}p_n(x_l,\ldots,x_{nl})^{k_l(\pi)}.\end{aligned}$$

如果我们对 π 求和, 并且除以 $k!(n!)^k$, 其中 $k!(n!)^k$ 是群中置换的数目, 我们得到

$$p_k(p_n(x_1,\ldots,x_n),p_n(x_2,\ldots,x_{2n}),\ldots,p_n(x_k,\ldots,x_{kn})).$$

用同样的方法我们证明, 如果 Γ, Γ_1 是轮换指标分别为 $F(x_1,\ldots,x_k)$, $G(x_1,\ldots,x_k)$ 的置换群, 那么它们圈积 (置换 $\langle\pi;\varrho_1,\ldots,\varrho_k\rangle$ 的群, 其中 $\pi\in\Gamma$, $\varrho_i\in\Gamma_1$) 的轮换指标是

$$F(G(x_1,\ldots,x_n),G(x_2,\ldots,x_{2n}),\ldots,G(x_k,\ldots,x_{kn})).$$

[G. Pólya, *Acta Math.* **68** (1937) 145–254.]

9. 由上一问题的 (a), 如果我们可以找到两个具有相同数目的 k 阶元素的群, 其中 $k=1,2,\ldots$, 那么这些群的正则置换群表示给出了一个反例.

我们将寻找两个阶为 p^3 ($p>2$, 素数) 的非同构群, 其中每个 $\neq 1$ 的元素阶数都为 p. 其中一个是 $G_1=Z_p\times Z_p\times Z_p$. 令 G_2 为由如下形式的所有矩阵构成的,

$$\begin{pmatrix}1&a&b\\0&1&c\\0&0&1\end{pmatrix},$$

其中 $a,b,c\in GF(p)$. 因为

$$\begin{pmatrix}1&a&b\\0&1&c\\0&0&1\end{pmatrix}\begin{pmatrix}1&x&y\\0&1&z\\0&0&1\end{pmatrix}=\begin{pmatrix}1&a+x&b+y+az\\0&1&c+z\\0&0&1\end{pmatrix}, \tag{1}$$

这些矩阵形成了一个具有 p^3 个元素的群. 此外,

$$\begin{pmatrix}1&a&b\\0&1&c\\0&0&1\end{pmatrix}^k=\begin{pmatrix}1&ka&kb+\binom{k}{2}ac\\0&1&kc\\0&0&1\end{pmatrix},$$

这很容易通过对 k 进行归纳得到. 因此

$$\begin{pmatrix}1&a&b\\0&1&c\\0&0&1\end{pmatrix}^p=\begin{pmatrix}1&pa&p(b+\frac{p-1}{2}ac)\\0&1&pc\\0&0&1\end{pmatrix}=\begin{pmatrix}1&0&0\\0&1&0\\0&0&1\end{pmatrix},$$

即, 在群 G_2 中每个不是 1 的元素阶都为 p. 最后, $G_1\neq G_2$, 这是因为 G_2 是非交换的: (1) 中的矩阵是交换的当且仅当 $az=cx$. [G. Pólya, *Acta Math.* **68** (1937) 145–254.]

10. 我们有

$$\begin{aligned}p_n(x_1,-x_2,\ldots,(-1)^nx_n)&=\frac{1}{n!}\sum_{\pi\in S_n}(-1)^{k_2(\pi)+k_4(\pi)+\cdots}{x_1}^{k_1(\pi)}\ldots x_n^{k_n(\pi)}\\&=\frac{1}{n!}\left(\sum_{\pi\in A_n}{x_1}^{k_1(\pi)}\ldots{x_n}^{k_n(\pi)}-\sum_{\pi\in S_n-A_n}{x_1}^{k_1(\pi)}\ldots x_n^{k_n(\pi)}\right).\end{aligned}$$

因此

$$
\begin{aligned}
&p_n(x_1, x_2, \ldots, x_n) + p_n(x_1, -x_2, \ldots, (-1)^n x_n) \\
&= \frac{2}{n!} \sum_{\pi \in A_n} {x_1}^{k_1(\pi)} \ldots x_n^{k_n(\pi)} = q_n(x_1, \ldots, x_n).
\end{aligned}
$$

所以

$$
\begin{aligned}
\sum_{n=0}^{\infty} q_n(x_1, \ldots, x_n) y^n &= \exp\left(x_1 y + x_2 \frac{y^2}{2} + \cdots + x_k \cdot \frac{y^k}{k} + \ldots\right) \\
&\quad + \exp\left(x_1 y - x_2 \frac{y^2}{2} + \cdots + (-1)^k x_k \cdot \frac{y^k}{k} + \ldots\right).
\end{aligned}
$$

11. 令 $p_{-1} = 0$, 那么

$$
\begin{aligned}
\sum_{n=0}^{\infty} (p_n - p_{n-1}) y^n &= (1-y) \sum_{n=0}^{\infty} p_n y^n = (1-y) \exp\left(\sum_{k=1}^{\infty} \frac{x_k}{k} y^k\right) \\
&= \exp\left(\sum_{k=1}^{\infty} \frac{x_k}{k} y^k + \ln(1-y)\right) = \exp\left(\sum_{k=1}^{\infty} \frac{x_k - 1}{k} y^k\right).
\end{aligned}
$$

由对 x_i 的假设知, 在指数中有一个多项式, 所以这个函数是一个整函数. 因此, 它的泰勒级数在 $y = 1$ 处收敛:

$$
\lim_{N \to \infty} \sum_{n=0}^{N} (p_n - p_{n-1}) = \lim_{N \to \infty} p_N = \exp\left(\sum_{k=1}^{\infty} \frac{x_k - 1}{k}\right).
$$

12. (a) 显然

$$
n! p_n(x, \ldots, x) = \sum_{\pi \in S_n} x^{k_1(\pi) + \cdots + k_n(\pi)} = \sum_{k=0}^{n} \begin{bmatrix} n \\ k \end{bmatrix} x^k.
$$

因此

$$
\begin{aligned}
\sum_{n=0}^{\infty} \frac{f_n(x)}{n!} y^n &= e^{xy + x\frac{y^2}{2} + \cdots + x\frac{y^k}{k} + \cdots} = e^{x(-\ln(1-y))} = (1-y)^{-x} \\
&= \sum_{n=0}^{\infty} \binom{-x}{n} (-1)^k y^n = \sum_{n=0}^{\infty} \binom{x+n-1}{n} y^n.
\end{aligned}
$$

所以

$$
f_n(x) = n! \binom{x+n-1}{n} = x(x+1) \ldots (x+n-1).
$$

(b) 因为

$$
f'_n(1) = \sum_{k=0}^{n} k \begin{bmatrix} n \\ k \end{bmatrix}
$$

是置换中轮换的数目之和, 一个随机的置换中轮换数目的期望是 $\frac{1}{n!}f_n'(1)$. 计算它得到

$$\frac{1}{n!}f_n'(x) = \left(\frac{x(x+1)\dots(x+n-1)}{n!}\right)' = \frac{x(x+1)\dots(x+n-1)}{n!}\left(\frac{1}{x}+\dots+\frac{1}{x+n-1}\right),$$

从而

$$\frac{1}{n!}f_n'(1) = \frac{1}{1}+\dots+\frac{1}{n} \sim \log n.$$

13. 定向这样一个图的每个圈, 令 π 表示由这种方法得到的置换, 那么 $k_1(\pi)=k_2(\pi)=0$. 此外, 由相同的图我们得到 $2^{k_3(\pi)+\dots+k_n(\pi)}$ 个置换. 因此, 如果遍历一个给定图关联的置换求和

$$\sum \frac{1}{2^{k_3(\pi)+\dots+k_n(\pi)}}$$

我们得到 1; 并且如果我们的和式遍历满足 $k_1(\pi)=k_2(\pi)=0$ 的所有置换, 那么我们得到 2-正则简单图的数目. 因此

$$g_n = \sum_{\substack{\pi \\ k_1(\pi)=k_2(\pi)=0}} \frac{1}{2^{k_3(\pi)+\dots+k_n(\pi)}} = n!p_n\left(0,0,\frac{1}{2},\dots,\frac{1}{2}\right).$$

所以

$$\sum_{n=0}^{\infty}\frac{g_n}{n!}y^n = \sum_{n=0}^{\infty}p_n\left(0,0,\frac{1}{2},\dots,\frac{1}{2}\right)y^n = e^{\frac{1}{2}\left(\frac{y^3}{3}+\frac{y^4}{4}+\dots\right)} = e^{\frac{1}{2}(-\ln(1-y))-\frac{1}{2}y-\frac{1}{4}y^2} = \frac{1}{\sqrt{1-y}\ e^{\frac{1}{2}y+\frac{1}{4}y^2}}.$$

14. (a) 当 (i,j) 是我们的划分中的一对时, 我们就用一条边连接 i 和 j $(1\le i,j\le n)$, 这样我们就得到了一个 2-正则图; 此时重边和 (或) 自环将可能出现. 类似于之前, 我们得到的数目是

$$n!p_n\left(1,1,\frac{1}{2},\dots,\frac{1}{2}\right),$$

因此, 这个指数型生成函数是

$$\sum_{n=0}^{\infty}p_n\left(1,1,\frac{1}{2},\dots,\frac{1}{2}\right)y^n = e^{-\frac{1}{2}\ln(1-y)+\frac{y}{2}+\frac{y^2}{4}} = \frac{e^{\frac{y}{2}+\frac{y^2}{4}}}{\sqrt{1-y}}.$$

(b) 当 (i,j) 属于划分时, 我们用有向边连接 i 和 j. 通过改变边的方向我们得到一个圈, 我们将一个给定的划分和一个置换关联起来. 像之前一样, 我们从一个给定划分中得到

$$2^{k_3(\pi)+\dots+k_n(\pi)}$$

个置换, 但我们从一个给定的置换中得到

$$3^{k_2(\pi)}2^{3k_3(\pi)+4k_4(\pi)+\cdots+nk_n(\pi)}$$

个有向图 (即划分). 因此答案是

$$\sum_{\pi\in S_n}\frac{3^{k_2(\pi)}2^{3k_3(\pi)+\cdots+nk_n(\pi)}}{2^{k_3(\pi)+\cdots+k_n(\pi)}}=n!p_n(1,3,2^2,2^3,\ldots),$$

并且指数型生成函数是

$$\begin{aligned}p_n(1,3,2^2,2^3,\ldots)y^n&=e^{y+\frac{3}{2}\cdot y^2+\frac{2^2y^2}{3}+\cdots+\frac{2^{k-1}y^k}{k}}=e^{\frac{y^2}{2}+\frac{1}{2}(-\log(1-2y))}\\&=\frac{e^{\frac{y^2}{2}}}{\sqrt{1-2y}}\quad\text{[G. Baróti]}.\end{aligned}$$

15. (a) 显然地, 没有固定点的置换的数目是

$$n!p_n(0,1,\ldots,1).$$

这些数的指数型生成函数是

$$\begin{aligned}\sum_{n=0}^{\infty}p_n(0,1,\ldots,1)y^n&=e^{\frac{y^2}{2}+\frac{y^3}{3}+\cdots+\frac{y^k}{k}+\cdots}=e^{-y-\ln(1-y)}\\&=\frac{e^{-y}}{1-y}=(1+y+y^2+\ldots)\left(1-\frac{y}{1!}+\frac{y^2}{2!}-\ldots\right),\end{aligned}$$

因此

$$p_n(0,1,\ldots,1)=\sum_{k=0}^{n}\frac{(-1)^k}{k!}\sim\frac{1}{e}.$$

(b) 由 3.10, 恰好包含一个轮换的置换的数目是下面多项式中 x 的系数

$$x(x+1)(x+2)\ldots(x+n-1),$$

也就是说, 它等于 $(n-1)!$.

16. 令 $k_1,\ldots,k_n$ 为整数, $1\le k_i\le i$. 我们断言存在唯一的一个置换 π, 满足 $\bar{\pi}(k)=k_i$. 因为 $\bar{\pi}(n)$ 表示满足 $\pi(j)\ge\pi(n)$ 的整数 $1\le j\le n$ 的个数, 于是得到 $\pi(n)=n-k_n+1$.

假设我们已经确定了 $\pi(n),\pi(n-1),\ldots,\pi(n-k+1)$ 的值, 那么 $\pi(n-k)$ 一定是从 $(n,n-1,\ldots,1)$ 中删除 $\pi(n),\ldots,\pi(n-k+1)$ 所得序列中的第 k_{n-k} 个数, 由此我们可以看到 $\pi(n),\ldots,\pi(1)$ 是被 $k_n,\ldots,k_1$ 唯一确定的, 并且它们形成了 $\{1,\ldots,n\}$ 的一个置换. 此外, 由构造知此置换 π 将满足 $\bar{\pi}(i)=k_i(i=1,\ldots,n)$.

我们来确定

$$n!P(\bar{\pi}(i_1)=k_{i_1},\ldots,\bar{\pi}(i_r)=k_{i_r}),$$

其中 $1 \le k_i \le i$ 是给定的整数. 值 $\bar{\pi}(i), i \ne i_1, \dots, i_r$ 可以被任意选取; 因此

$$n!P(\bar{\pi}(i_1) = k_{i_1}, \dots, \bar{\pi}(i_r) = k_{i_r}) = \prod_{\substack{i \ne i_1, \dots, i_r \\ 1 \le i \le n}} i,$$

从而

$$P(\bar{\pi}(i_1) = k_{i_1}, \dots, \bar{\pi}(i_r) = k_{i_r}) = \frac{1}{i_1 \dots i_r}.$$

所以

$$P(\bar{\pi}(i_1) = k_{i_1}, \dots, \bar{\pi}(i_r) = k_{i_r}) = \prod_{\nu=i}^{r} P(\bar{\pi}(i_\nu) = k_{i_\nu}),$$

这就证明了 $\bar{\pi}(1), \dots, \bar{\pi}(n)$ 是相互独立的. [C. Rényi and A. Rényi, in: *Combinatorial Theory Appl.* Coll. Math. Soc. J. Bolyai **4**, Bolyai–North–Holland (1970) 945–971.]

17. (a) 根据提示中的标注, 我们必须确定满足 $\bar{\pi}(i) = i$ 的整数 i 的期望值. 令

$$\zeta_i = \begin{cases} 1, & \text{如果 } \bar{\pi}(i) = i, \\ 0, & \text{其他情形}. \end{cases}$$

那么我们感兴趣的是

$$\mathsf{E}(\zeta_1 + \dots + \zeta_n) = \sum_{i=1}^{n} \mathsf{E}(\zeta_i) = \sum_{i=1}^{n} P(\bar{\pi}(i) = i) = \sum_{i=1}^{n} \frac{1}{i} \sim \log n.$$

(b) 由之前的求解, (只有)$i_1, \dots, i_k$ 是记录的概率是

$$\prod_{\nu=1}^{k} \frac{1}{i_\nu} \cdot \prod_{i \ne i_1, \dots, i_k} \left(1 - \frac{1}{i}\right) = \frac{1}{n!} \prod_{i \ne i_1, \dots, i_k} (i-1),$$

于是恰好有 k 个记录的概率是

$$\frac{1}{n!} \sum_{1 \le j_1 < \dots < j_{n-k} \le n} (j_1 - 1) \dots (j_{n-k} - 1) = \frac{\left[{n \atop k}\right]}{n!},$$

其中最后一步由 1.7(b) 中的等式得到.

解法二: 观察到在 $\hat{\pi}$ (参见 3.3 中的解法二) 中 π 的轮换的最后一个元素恰好是"负记录", 即这些元素的后面没有任何比它小的元素, 所以 $\hat{\pi}$ 中"负记录"的个数等于 π 中轮换的个数. 因此有 k 个"负记录"的置换的个数与有 k 个轮换的置换的个数相同, 由 3.12(a) 知该个数为 $\left[{n \atop k}\right]$, 于是有 k 个记录的置换的个数也是一样的. [C. Rényi and A. Rényi, 如上.]

18. (a) 如果我们像 3.16 一样考虑 $\{1, 2, \dots, n\}$ 的一个相同的随机置换, 那么冠军就是满足 $\bar{\pi}(i) = i$ 的最后一个 i.

一个策略就是关联于每个序列 $(\bar{\pi}(1),\ldots,\bar{\pi}(k))$ $(1\le k\le n)$ 的一个函数, 序列中的每个元取 "是" 或 "否". 策略的值是指冠军之后第一个 "是" 的概率. 因为只有有限种策略, 所以存在一种最佳策略. 更进一步地, 如果我们迟到了, 即在第 k 跳之后才到达, 那么我们不得不遵循这样的策略: 对前 k 次跳都说 "否". 显然, 在这种情形下也存在最佳策略.

我们用 A_k 表示一个 (固定的) 最佳策略 (前 k 个为 "否") 获胜的事件, 并令 $\mathsf{P}(A_k)=p_k$. 观察到 A_k 与前 k 跳的顺序是独立的. 这是很清晰的且可证明如下: 令

$$\mathsf{P}(A_k|\bar{\pi}(1)=l_1,\ldots,\bar{\pi}(k)=l_k)=q_{l_1,\ldots,l_k},$$

并且令 $q_{m_1,\ldots,m_k}$ 为 $q_{l_1,\ldots,l_k}$ $(1\le l_i\le i)$ 中的最大数. 那么定义一个对序列 $(\bar{\pi}(1),\ldots,\bar{\pi}(\nu))$ 说 "是" 的策略当且仅当我们初始的策略对 $(m_1,\ldots,m_k,\bar{\pi}(k+1),\ldots,\bar{\pi}(\nu))$ 说 "是". 这个新的策略胜出的概率是 $q_{m_1,\ldots,m_k}$, 由此

$$q_{m_1,\ldots,m_k}\le\frac{1}{k!}\sum_{l_1,\ldots,l_k}q_{l_1,\ldots,l_k}=\mathsf{P}(A_k)=p_k.$$

这里我们必须取等号, 由此得 $q_{l_1,\ldots,l_k}=p_k$.

现在令 $k<n$. 那么

$$\begin{aligned}\mathsf{P}(A_k)&=\mathsf{P}(\bar{\pi}(k+1)=k+1)\mathsf{P}(A_k|\bar{\pi}(k+1)\\&=k+1)+\mathsf{P}(\bar{\pi}(k+1)<k+1)\mathsf{P}(A_k|\bar{\pi}(k+1)<k+1).\end{aligned}\tag{1}$$

这里第二项对应于第 $k+1$ 跳不是记录的情形, 在此情形下我们显然不会猜此次跳远获胜, 所以我们会说 "否", 并且在 $k+1$ 次跳远后得到最佳策略, 即

$$\mathsf{P}(A_k|\bar{\pi}(k+1)<k+1)=\mathsf{P}(A_{k+1}|\bar{\pi}(k+1)<k+1)=p_{k+1}.$$

由 3.16 知

$$\mathsf{P}(\bar{\pi}(k+1)<k+1)=\frac{k}{k+1}.$$

如果第 $k+1$ 跳是个记录, 那么我们有两种选择. 要么我们说 "是", 那么我们猜中的概率是

$$\mathsf{P}(\bar{\pi}(k+2)<k+2,\ldots,\bar{\pi}(n)<n)=\frac{k+1}{k+2}\cdots\frac{n-1}{n}=\frac{k+1}{n},$$

要么我们说 "否", 在这种情形下我们将在 $k+1$ 次 "否" 之后得到策略, 这时的概率为

$$\mathsf{P}(A_{k+1}|\bar{\pi}(k+1)=k+1)=\mathsf{P}(A_{k+1})=p_{k+1}.$$

所以

$$P_k(A_k|\bar{\pi}(k+1)=k+1)=\max\left(\frac{k+1}{n},p_{k+1}\right).$$

因为

$$\mathsf{P}(\bar{\pi}(k+1)=k+1)=\frac{1}{k+1},$$

由 (1) 得到

$$p_k=\max\left(\frac{p_{k+1}}{k+1},\frac{1}{n}\right)+\frac{k}{k+1}p_{k+1}=\max\left(p_{k+1},\frac{1}{n}+\frac{k}{k+1}p_{k+1}\right). \tag{2}$$

这使得递归地确定 $p_{n-1},p_{n-2},\ldots$ 成为可能. 如果我们在第 $n-1$ 跳之后才到达, 那么我们只能在最后一跳上猜测, 猜中的概率是

$$p_{n-1}=\mathsf{P}(\bar{\pi}(n)=n)=\frac{1}{n}.$$

现在对于 $k=n-1,\ldots,1$, 递归地定义 $\tilde{p}_k$ 如下

$$\tilde{p}_{n-1}=\frac{1}{n},\quad \tilde{p}_k=\frac{1}{n}+\frac{k}{k+1}\tilde{p}_{k+1}.$$

因为

$$\frac{\tilde{p}_k}{k}=\frac{1}{nk}+\frac{\tilde{p}_{k+1}}{k+1},$$

由此得到

$$\begin{aligned}\frac{\tilde{p}_k}{k}&=\frac{1}{nk}+\frac{1}{n(k+1)}+\cdots+\frac{1}{n(n-2)}+\frac{1}{n(n-1)},\\ \tilde{p}_k&=\frac{k}{n}\left(\frac{1}{k}+\cdots+\frac{1}{n-1}\right)\sim\frac{k}{n}\log\frac{n}{k}.\end{aligned} \tag{3}$$

现在我们有 $p_{n-1}=\tilde{p}_{n-1}$; 令 k 为满足 $p_k\neq\tilde{p}_k$ 的最大指标. 那么

$$p_k\neq\frac{1}{n}+\frac{k}{k+1}p_{k+1}=\frac{1}{n}+\frac{k}{k+1}\tilde{p}_{k+1},$$

于是

$$p_k=p_{k+1}.$$

由 (2) 可以得到

$$p_k=p_{k-1}=\cdots=p_1.$$

这个 k 是满足下面不等式的最大的值

$$\tilde{p}_{k+1}>\frac{1}{n}+\frac{k}{k+1}\tilde{p}_{k+1}=\tilde{p}_k,$$

即由 (3) 得到

$$\frac{1}{k+1}+\cdots+\frac{1}{n-1}>1. \tag{4}$$

这里 k 的值满足

$$\log\frac{n}{k+1}\approx 1,\quad k+1\approx\frac{n}{e}.$$

所以对 $m>k$ 有

$$p_m=\frac{m}{n}\left(\frac{1}{m}+\cdots+\frac{1}{n}\right)\approx\frac{m}{n}\log\frac{n}{m}$$

并且

$$p_1=\cdots=p_{k+1}=\frac{k+1}{n}\left(\frac{1}{k+1}+\cdots+\frac{1}{n}\right)\approx\frac{1}{e}.$$

(b) 上面的解答已经包含了最佳策略. 如果 k 满足 $\tilde{p}_k\le\tilde{p}_{k+1}$, 那么我们可以得到 (2) 中的等式, 由前面的讨论, 我们要说 “否”; 但是如果 $p_k>p_{k+1}$ 且我们有一个记录, 那么我们不得不说 “是”. 因此我们必须对前 k 种情形说 “否”, 其中 k 是使 (4) 成立的最大数. 之后我们要对出现的第一个记录说 “是”. [J. Bognár, J. Mogyoródi, A. Prékopa, A. Rényi, D. Száaz, *Problem Book on Probability* (in Hungarian), Tankönyvkiadó, Budapest, 1970, p.56.]

19. 如果不存在 3 元组 $i<j<k$ 满足 $\pi(j)<\pi(i)<\pi(k)$, 那么每个满足 $\pi(i)>\pi(j)$ 的 $i<j$ 也要满足 $\pi(i)>\pi(i+1)$; 因此 $\bar{\pi}(j)\le\bar{\pi}(j+1)$, 即映射 $\bar{\pi}$ 是单调的. 反过来, 如果 $\bar{\pi}$ 是单调的, 则不存在 $i<j<k$ 满足 $\pi(j)<\pi(i)<\pi(k)$. 间接地假设存在这样的三元组, 考虑 $\pi(j),\pi(j+1),\ldots,\pi(k)$, 在这个序列中必然存在两个连续项 $\pi(l),\pi(l+1)$ 满足 $\pi(l)<\pi(i)<\pi(l+1)$. 那么任意满足 $\pi(\nu)>\pi(l+1)$ 的 $\nu<l+1$ 也满足 $\nu<l$ 且 $\pi(\nu)>\pi(l)$; 此外, i 满足 $i<l$ 且 $\pi(i)>\pi(l)$ 但是 $\pi(i)<\pi(l+1)$, 因此 $\bar{\pi}(l)>\bar{\pi}(l+1)$, 矛盾.

因此, 我们寻找的数等于单调映射 φ 的数目: 其中 φ 是 $\{1,\ldots,n\}$ 到自身的映射且满足 $1\le\varphi(i)\le i$ 的个数. 由 1.33, 此数为

$$\frac{1}{n+1}\binom{2n}{n}.$$

20. 如果 π 是任意一个置换, 那么对一个固定的 j, 满足 $\pi(i)>\pi(j)$ 的对 $i<j$ 的个数等于 $\bar{\pi}(j)-1$. 因此, 逆序的总个数是

$$(\bar{\pi}(1)-1)+(\bar{\pi}(2)-1)+\cdots+(\bar{\pi}(n)-1).$$

因此, 恰有 k 个逆序的置换的个数是下列方程的解的个数:

$$x_1+\cdots+x_n=k,$$

其中 x_i 为满足 $0\le x_i\le i-1$ 的整数 (x_i 可以是 $\bar{\pi}(i)-1$). 类似于 1.20, 这个数是下列乘积中 x^k 的系数

$$1(1+x)\ldots(1+x+x^2+\cdots+x^{n-1}).$$

21. 假设我们有一个非常大的油箱里面装有充足的汽油来绕道路一周. 让我们从任意一起点出发, 并且开始绕行. 在每个加油站停下并买光里面所有的汽油, 那么根据假设当回到起点时, 汽油数量与开始出发时的汽油数量相同.

令 A 表示当油箱里面的汽油量最小时的点, 显然 A 点是在某一个加油站, 现在如果我们从 A 点出发, 我们显然可以绕完整个道路.

22. (a) 如提示中那样定义递增序列和递减序列. 令 π 为任意置换, 且 $C_1, \ldots, C_k$ 为它的轮换. 假设

$$\begin{cases} \sum_{j\in C_i} x_j > 0, & i = 1, \ldots, p, \\ \sum_{j\in C_i} x_j \leqslant 0, & i = p+1, \ldots, k. \end{cases}$$

我们断言轮换 $C_1, \ldots, C_p$ 中的每一个都有唯一的弧分解, 它们是递增序列. 例如, 令 $C_1 = (1, \ldots, r)$. 我们想象 C_1 是一个高速轨道 (参见 3.21), 其中每个正的 x_i 对应于一个含有 x_i 升汽油的加油站, 每个负的 x_i 对应于一段消耗 x_i 升汽油行驶的轨道 (在每个或两个连续的没有加油站的路段出现后, 也许会有两个加油站立即出现).

因为 $x_1 + \cdots + x_r > 0$, 所以沿着这条轨道我们得到一些汽油, 让我们继续行驶. 在油箱里的汽油数量是一个记录后取走那些加油站的汽油. 至少有一个这样的加油站, 这是因为: 每一次汽油的数量都会增加, 并且显然地, 如果我们回到某个记录点, 那么汽油的数量又将会是一个记录. 两个连续的记录点之间的一段轨道将给出我们希望的 C 的弧分解, 且是一个递增序列, 也很容易验证没有其他这样的分解.

相似地, 我们可以分解每一个 C_i, $p+1 \le i \le k$ 为递减的弧. 所以每个置换 π 都给出一个将 $\{1, \ldots, n\}$ 分解成不相交的递增和递减的序列的分解.

现在假设我们有一个将 $\{1, \ldots, n\}$ 分解成 u 个递增序列和 v 个递减序列的划分. 例如, 令 $1, \ldots, m$ 是出现在递增序列里的那些数. 构造这样的轮换, 它的每个元素是该划分中的一个递增序列, 并且其他轮换的元素是递减的 x 序列. 显然, 这样做的方式有 $u!v!$ 种. 每一种情形, 我们都得到一个置换 π 满足 $b(\pi) = x_1 + \cdots + x_m$.

现在我们将给定的划分中的 u 个递增序列排列成一个线性顺序, 紧随其后的是 v 个递减序列. 这样做的方式有 $u!v!$ 种. 这样我们得到 $\{1, \ldots, n\}$ 的一个置换 ϱ 满足

$$a(\varrho) = x_1 + \cdots + x_m.$$

很容易看到: 反过来, 每个置换 ϱ 可由唯一一个分解成递增序列和递减序列的划分得到.

于是, $\{1, \ldots, n\}$ 的每个分解成 u 个递增序列和 v 个递减序列的划分对应于 $u!v!$ 个置换 π 和相同数目的置换 ϱ, 并且对每个这样的 π 和 ϱ, $b(\pi) = a(\varrho)$. 这就证明了结论.

有意思的是, 这个结果在正交级数中有重要的应用. [F. Spitzer, *Trans. Amer. Math. Soc.* **82** (1956) 323–339.]

(b) 根据提示, 在 (a) 中令 $x_1 = \cdots = x_m = 1, x_{m+1} = \cdots = x_{2m} = -1$. 令 π 是 $\{1, \ldots, 2m\}$ 的一个置换. 这个对应于这些男孩和女孩形成的舞 “环”. 在每个 “环” 中男孩和女孩人数相等的条件等价于 $b(\pi) = 0$. 由 (a), 满足这个性质的置换 π 的数目和

$\{1,\ldots,2m\}$ 中满足 $a(\varrho)=0$ 的置换 ϱ 的数目相同. 每个这样的置换都给出一个元素为 1 和 -1 的序列, 该序列满足前 $r(r=1,\ldots,2m)$ 个元素的所有和都是非正的. 每个这样的 ± 1 序列都对应于 $(m!)^2$ 个满足 $a(\varrho)=0$ 的置换 ϱ. 由 1.33(b) 知, 这样的 ± 1 序列的数目为

$$\frac{1}{m+1}\binom{2m}{m}.$$

所以满足 $a(\varrho)=0$ 的置换 ϱ 的数目是

$$\frac{1}{m+1}\binom{2m}{m}(m!)^2=\frac{(2m)!}{m+1},$$

然后除以置换的总数 $(2m)!$, 就可以得到我们要求的概率.

23. (a) 将所有的 k 边形进行分类, 其中每一类包含可以由其他类通过旋转得到的 k-元组, 我们想要确定这些类的数目.

在一个类中, 存在 k 边形 K 的 n 个旋转的拷贝. 然而这些并不是都不一样的, 如果 $c(K)$ 表示将 K 映射到它自身的旋转个数, 那么这个类含有 $\frac{n}{c(K)}$ 个元素. 在所有的 k 凸边形上的和式

$$\sum_K c(K)$$

计数了那些包含 K 的类共 $c(K)\cdot\frac{n}{c(K)}=n$ 次. 因此, 我们想要确定

$$\frac{1}{n}\sum_K c(K).$$

我们考虑在 $\sum c(K)$ 中一个给定的旋转被计数了多少次. 如果被旋转了 m 次, 那么在此旋转下我们可以得到所有 k 凸边形保持不变如下: 我们把 n 边形分成 $\frac{n}{(m,n)}$ 个长度为 (m,n) 的弧, 并在这些弧中的一条上指定 $\frac{k(m,n)}{n}$ 个点, 其他的弧一定包含这个元素组的旋转拷贝, 所以我们唯一地确定了一个 k 凸边形. 因此, 在旋转 m 次后 k 凸边形保持不变的数目为

$$\begin{cases}\dbinom{(m,n)}{\frac{k(m,n)}{n}}, & \text{如果 } n\mid k(m,n),\\[2ex] 0, & \text{其他情况.}\end{cases}$$

从而

$$\frac{1}{n}\sum_K c(K)=\frac{1}{n}\sum_{\substack{m\le n\\ n\mid k(m,n)}}\binom{(m,n)}{\frac{k(m,n)}{n}},$$

在这里令 $d=\frac{n}{(m,n)}$, 我们发现 $d\mid(n,k)$, 并且对同一个 d 恰有 $\varphi(d)$ 项, 因此有

$$\frac{1}{n}\sum_K c(K)=\frac{1}{n}\sum_{d\mid(n,k)}\binom{n/d}{k/d}\varphi(d).$$

(b) 同上题过程一样, 我们考虑保持一个给定的 k-染色 α 不变的旋转的个数 $c(\alpha)$. 那么

$$\frac{1}{n}\sum_{\alpha} c(\alpha)$$

是本质不同的 k-染色的数目. 如果我们考虑旋转了 m 次的旋转, 那么将有 $k^{(n,m)}$ 个 k-染色保持不变, 从而

$$\frac{1}{n}\sum_{\alpha} c(\alpha) = \frac{1}{n}\sum_{m=1}^{n} k^{(n,m)} = \frac{1}{n}\sum_{d|n}\varphi(d)k^{\frac{n}{d}}.$$

24. 令 $V_1, \ldots, V_k$ 为 Γ 的轨道, $|V_i| = n_i$. 令 $x \in V_i$ 并且用 Γ_x 表示固定 x 的子群, 那么 Γ 中 Γ_x 的右陪集由 Γ 中满足如下条件的置换构成: 这些置换将 x 映射到 V_i 的一个给定元素. 因此 Γ_x 的指标为 n_i 并且

$$|\Gamma_x| = \frac{|\Gamma|}{n_i}.$$

现在令 $k_1(\pi)$ 表示置换 π 中固定点的个数, 那么固定点的平均数为

$$\frac{1}{|\Gamma|}\sum_{\pi\in\Gamma} k_1(\pi) = \frac{1}{|\Gamma|}\left(\sum_{x\in\{1,\ldots,n\}} |\Gamma_x|\right) = \frac{1}{|\Gamma|}\sum_{i=1}^{k} n_i\frac{|\Gamma|}{n_i} = k.$$

25. 考虑

$$\sum_{\pi\in\Gamma}\sum_{\pi(x)=x}\omega(x) = \sum_{x\in\Omega}\omega(x)|\Gamma_x|,$$

其中 Γ_x 是 x 的稳定子. 令 V_x 为包含 x 的轨道, 那么

$$|\Gamma_x| = \frac{|\Gamma|}{|V_x|},$$

从而

$$\sum_{\pi\in\Gamma}\sum_{\pi(x)=x}\omega(x) = \sum_{x\in\Omega}\omega(x)\frac{|\Gamma|}{|V_x|} = \sum_{\Theta}\sum_{x\in\Theta}\omega(x)\frac{|\Gamma|}{|\Theta|} = |\Gamma|\sum_{\Theta}\omega(\Theta).$$

26. 如果对 $f: D \to R$ 和 $\pi \in \Gamma$, 我们定义

$$\bar{\pi}(f)(x) = f(\pi(x)),$$

那么 $\bar{\pi}$ 可以被看作 D 到 R 的映射的集合 Ω 上的一个置换. 由伯恩赛德引理 3.24, Ω 上 Γ 的轨道数目, 即从 D 到 R 的本质不同的映射的数目, 等于作用在 Ω 上的 Γ 中元素的不动点的平均数目.

令 $\pi \in \Gamma$, 那么 $f \in \Omega$ 是 $\bar{\pi}$ 的不动点, 如果

$$f(\pi(x)) = f(x) \quad (x \in D),$$

即 f 是 D 中 Γ 的轨道上的一个常数. 令 $k(\pi)$ 表示 D 中 π 的轨道数目, 那么显然这种映射 f 的个数是 $|R|^{k(\pi)}$, 所以在 Ω 中 Γ 的元素的不动点的平均数目是

$$\frac{1}{|\Gamma|}\sum_{\pi\in\Gamma}|R|^{k(\pi)} = F(|R|,\ldots,|R|).$$

27. 考虑由

$$((\pi,\varrho)f)(x) = \varrho\left(f(\pi^{-1}(x))\right) \quad (\pi\in\Gamma,\ \varrho\in\Gamma,\ f\in\Omega,\ x\in D)$$

定义的作用在 Ω 上的置换群 $\Gamma_2 = \Gamma\times\Gamma_1$, 那么我们必须确定 Γ_2 的轨道个数. 由伯恩赛德引理 3.24, 这等于

$$\frac{1}{|\Gamma|\cdot|\Gamma_1|}\cdot\sum_{\pi\in\Gamma}\sum_{\varrho\in\Gamma_1}k_1(\pi,\varrho), \tag{1}$$

其中 $k_1(\pi,\varrho)$ 是置换 $(\pi,\varrho)\in\Gamma_2$ 中固定点的个数, 即满足对每个 $x\in D$,

$$\varrho(f(\pi^{-1}(x))) = f(x) \tag{2}$$

都成立的映射 $f\in\Omega$ 的个数. 为了确定这个数, 令 $k_i(\pi)=k_i,\ k_i(\varrho)=l_i\ (i=1,2,\ldots)$. 令 $C_1,\ldots,C_k$ 为 π 的轮换且 $c_i\in C_i$. 现在注意到 $f(c_1),\ldots,f(c_k)$ 的值唯一地确定 f; 由 (2) 得到,

$$f(\pi^t(c_i)) = \varrho^{-t}(f(c_i)) \tag{3}$$

并且 D 的每一个元素可以写为 $\pi^t(c_i)$, 对某些 t 和 i. 同样地, (3) 对 $t=|C_i|$ 一定成立:

$$f(c_i) = \varrho^{|C_i|}f(c_i),$$

即包含 $f(c_i)$ 的 ϱ 中轮换的长度一定整除 $|C_i|$.

反过来, 如果给定 $f(c_i), i=1,\ldots,k$, 满足包含 $f(c_i)$ 的 ϱ 中轮换的长度整除 $|C_i|$, 那么 (3) 定义了 (π,ϱ) 的一个固定点. 为了选择满足 $|C_i|=m$ 的点 c_i 的像, 我们有

$$\sum_{d|m}dl_d$$

种可能. 这可以被独立的完成, 所以

$$k_1(\pi,\varrho) = \sum_{m=1}^{|D|}\left(\sum_{d|m}dl_d\right)^{k_m}.$$

因此 (1) 可以被写为

$$\frac{1}{|\Gamma_1|}\frac{1}{|\Gamma|}\sum_{\varrho\in\Gamma_1}\sum_{\pi\in\Gamma}\prod_{m=1}^{|D|}\left(\sum_{d|m}dk_d(\varrho)\right)^{k_m(\pi)} = \frac{1}{|\Gamma_1|}\sum_{\varrho\in\Gamma_1}F(u_1(\varrho),u_2(\varrho),\ldots,),$$

其中

$$u_m(\varrho) = \sum_{d|m} dk_d(\varrho).$$

为了用 F 和 G 来表示它, 观察到

$$F(u_1(\varrho), u_2(\varrho), \dots) = F\left(\frac{\partial}{\partial z_1}, \frac{\partial}{\partial z_2}, \dots\right) e^{u_1(\varrho)z_1 + u_2(\varrho)z_2 + \dots}\Big|_{z_i=0}$$

并且有

$$\sum_{m=1}^{\infty} u_m(\varrho) z_m = \sum_{m=1}^{\infty} \sum_{d|m} dk_d(\varrho) z_m = \sum_{m=1}^{\infty} dk_d(\varrho) \sum_{s=1}^{\infty} z_{d_s}.$$

因此

$$\begin{aligned}
&\frac{1}{|\Gamma_1|} \sum_{\varrho \in \Gamma_1} F\left(\frac{\partial}{\partial z_1}, \frac{\partial}{\partial z_2}, \dots\right) e^{u_1(\varrho)z_1 + u_2(\varrho)z_2 + \dots} \\
&= F\left(\frac{\partial}{\partial z_1}, \frac{\partial}{\partial z_2}, \dots\right) \frac{1}{|\Gamma_1|} \sum_{\varrho \in \Gamma_1} \prod_{d=1}^{\infty} (e^{d(z_d + z_{2d} + \dots)})^{k_d(\varrho)} \\
&= F\left(\frac{\partial}{\partial z_1}, \frac{\partial}{\partial z_2}, \dots\right) G(e^{z_1 + z_2 + \dots}, e^{2z_2 + 2z_4 + \dots}, \dots),
\end{aligned}$$

所以, 本质不同的映射的个数是

$$F\left(\frac{\partial}{\partial z_1}, \frac{\partial}{\partial z_2}, \dots\right) G(e^{z_1 + z_2 + \dots}, e^{2z_2 + 2z_4 + \dots})\Big|_{z_i=0}.$$

[N.G. de Bruijn in: *Applied Combinatorial Mathematics,* (E.E. Beckenbach, ed.) Wiley, 1964.]

28. 我们用与之前相同的符号. 群 Γ_2 保持集合 Ω' 上 D 到 R 的所有一一映射不变. 我们想要确定 Ω' 中 Γ_2 群的轨道数. 与之前一样, 这等于

$$\frac{1}{|\Gamma| \cdot |\Gamma_1|} \cdot \sum_{\pi \in \Gamma} \sum_{\varrho \in \Gamma_1} k_1'(\pi, \varrho),$$

其中 $k_1'(\pi, \varrho)$ 是被 (π, ϱ) 保持固定的从 D 到 R 的那些一一映射的数目.

令 $C_1, \dots, C_k$ 是 π 的轮换, 那么仍然只需确定一个代表系 $\{c_1, \dots, c_k\}$ 的像, $c_i \in C_i$. 此外, 因为 f 是一一对应的, $f(c_i)$ 一定属于 ϱ 的长为 $|C_i|$ 的一个轮换. 令 $C_1, \dots, C_{k_i}$ 是 π 中长为 i 的轮换, 那么对 $c_1 \in C_1$ 的像, 我们有 $i \cdot l_i$ 种选择; $c_2 \in C_2$ 不能被映射到相同的轮换, 因此, 对 c_2 的像, 我们有 $i(l_i - 1)$ 种选择. 类似地做下去, 我们将有

$$(il_i)(i(l_i - 1)) \dots (i(l_i - k_i + 1)) = i^{k_i} l_i (l_i - 1) \dots (l_i - k_i + 1)$$

种可能来映射 $c_1,\dots,c_{k_i}$. 因为 π 中不同长度的轮换的像是不相交的, 所以我们可以独立地选择它们, 因此

$$k'_1(\pi,\varrho)=\prod_{i=1}^{|D|} i^{k_i} l_i(l_i-1)\dots(l_i-k_i+1),$$

从而 D 到 R 的本质不同的一一映射的数目为

$$\frac{1}{|\Gamma|}\frac{1}{|\Gamma_1|}\sum_{\pi\in\Gamma}\sum_{\varrho\in\Gamma_1}\prod_{i=1}^{|D|} i^{k_i(\pi)}k_i(\varrho)(k_i(\varrho)-1)\dots(k_i(\varrho)-k_i(\pi)+1).$$

现在观察到

$$\begin{aligned}&\frac{1}{|\Gamma|}\sum_{\pi\in\Gamma}\prod_{i=1}^{|D|} i^{k_i(\pi)}k_i(\varrho)(k_i(\varrho)-1)\dots(k_i(\varrho)-k_i(\pi)+1)\\&=F\left(\frac{\partial}{\partial z_1},\frac{\partial}{\partial z_2},\dots\right)(1+z_1)^{k_1(\varrho)}(1+2z_2)^{k_2(\varrho)}\dots\Big|_{z_i=0}\end{aligned}$$

因此, 结果是

$$\begin{aligned}&\frac{1}{|\Gamma_1|}\sum_{\varrho\in\Gamma_1}F\left(\frac{\partial}{\partial z_1},\frac{\partial}{\partial z_2},\dots\right)(1+z_1)^{k_1(\varrho)}(1+2z_2)^{k_2(\varrho)}\dots\Big|_{z_i=0}\\&=F\left(\frac{\partial}{\partial z_1},\frac{\partial}{\partial z_2},\dots\right)G(1+z_1,1+2z_2,\dots)\Big|_{z_i=0}.\end{aligned}$$

29. 根据提示, 考虑 $\gamma\in\Gamma$; 令 $C_1,\dots,C_k$ 为它的轮换. 我们证明

$$\sum_{n=0}^{\infty} q_n(\gamma)x^n=\prod_{i=1}^{k} r(x^{|C_i|}). \tag{1}$$

实际上, 右边式子中 x^n 的系数是

$$\sum_{\substack{\nu_1,\dots,\nu_k>0\\ \sum\nu_i|C_i|=n}} r_{\nu_1}\dots r_{\nu_k},$$

并且显然这个数等于满足 $(*)$ 且在每个集合 $C_1,\dots,C_k$ 上是常数的映射数目.

现在 (1) 式可以被重新写作

$$\sum_{n=0}^{\infty} q_n(\gamma)x^n=\prod_{j=1}^{|D|} r(x^j)^{k_j(\gamma)}.$$

由伯恩赛德引理 3.24 知

$$a_n=\frac{1}{|\Gamma|}\sum_{\gamma\in\Gamma} q_n(\gamma),$$

因此

$$\sum_{n=0}^{\infty} a_n x^n = \frac{1}{|\Gamma|}\sum_{\gamma\in\Gamma}\sum_{n=0}^{\infty} q_n(\gamma)x^n = \frac{1}{|\Gamma|}\sum_{\gamma\in\Gamma}\prod_{j=1}^{|D|} r(x^j)^{k_j(\gamma)} = F(r(x), r(x^2), \dots).$$

[G. Pólya, *Acta Math.* **68** (1937) 145–254.]

30. 设 D 表示 k 个福林的集合, R 表示要得到这些福林的 n 个人的集合. 这些福林的一种分配方式就是 D 到 R 的一个映射. 由于所有的福林是相同的, 称两个分配 f, g 是本质相同的如果存在 D 中的一个置换 π 满足

$$f(\pi(x)) = g(x) \qquad (x \in D).$$

由 3.26, 这样的分配的数目是

$$p_k(n, \dots, n),$$

其中 $p_k(x_1, \dots, x_k)$ 表示 S_k 的轮换指标. 由 3.12 的求解

$$p_k(n, \dots, n) = \binom{n+k-1}{k} = \binom{n+k-1}{n-1}.$$

31. 令 $|D| = n$, $|R| = N \geq n$. 两个映射 $f, g : D \to R$ 导出 D 的同一个划分当且仅当对 R 的某个置换 ϱ

$$g(x) = \varrho(f(x)) \qquad (x \in D).$$

因此, 由 3.27, D 的划分的数目是

$$P_n = \left(\frac{\partial}{\partial z_1}\right)^n p_N(e^{z_1+z_2+\cdots}, e^{2z_2+2z_4+\cdots}, \dots)\Big|_{z_i=0} = \left(\frac{\partial}{\partial z}\right)^n p_N(e^z, 1, \dots, 1)\Big|_{z=0},$$

也就是说, $\frac{P_n}{n!}$ 是 $p_N(e^z, 1, \dots, 1)$ 的泰勒级数中 z^n 的系数, 对任意的 $N \geq n$. 因为由 3.11 式

$$\lim_{N\to\infty} p_N(e^z, 1, \dots, 1) = e^{e^z - 1},$$

所以 $\frac{P_n}{n!}$ 也是 e^{e^z-1} 的幂级数中 z^n 的系数; 即

$$\sum_{n=0}^{\infty} \frac{P_n}{n!} z^n = e^{e^z - 1}.$$

§4. 图论中两个经典的计数问题

1. 对 n 用归纳法. $n = 1, 2$ 时结论是平凡的. 因为 $\sum_{i=1}^n d_i = 2n - 2 < 2n$, 所以存在某个 $d_i = 1$, 可以假设 $d_n = 1$, 去掉 v_n. 在我们考虑的任何树中, v_n 一定与某个 v_j 相邻, 其中 $1 \leq j \leq n-1$. 删除 v_n 后得到另一棵以 $\{v_1, \dots, v_{n-1}\}$ 为顶点集的树, 其顶点

度分别为 $d_1,\ldots,d_{j-1},d_j-1,d_{j+1},\ldots,d_{n-1}$. 相反地, 如果给定一棵以 $\{v_1,\ldots,v_{n-1}\}$ 为顶点集且各顶点度为 $d_1,\ldots,d_{j-1},d_j-1,d_{j+1},\ldots,d_{n-1}$ 的树, 那么连接 v_j 和 v_n, 可以得到一棵树, 其顶点集为 $\{v_1,\ldots,v_n\}$ 且顶点度分别为 $d_1,\ldots,d_n$. 以 $\{v_1,\ldots,v_{n-1}\}$ 为顶点集且顶点度分别为 $d_1,\ldots,d_{j-1},d_j-1,d_{j+1},\ldots,d_{n-1}$ 的树的数目为

$$\frac{(n-3)!}{(d_1-1)!\ldots(d_{j-1}-1)!(d_j-2)!(d_{j+1}-1)!\ldots(d_{n-1}-1)!}$$
$$=\frac{(d_j-1)(n-3)!}{(d_1-1)!\ldots(d_n-1)!}.$$

当 $d_j=1$ 时上式依然有效, 结果为 0. 因此, 以 $\{v_1,\ldots,v_n\}$ 为顶点集且顶点度分别为 $d_1,\ldots,d_n$ 的树的数目为

$$\sum_{j=1}^{n-1}\frac{(d_j-1)(n-3)!}{(d_1-1)!\ldots(d_n-1)!}=\left(\sum_{j=1}^{n-1}(d_j-1)\right)\frac{(n-3)!}{(d_1-1)!\ldots(d_n-1)!}$$
$$=\frac{(n-2)(n-3)!}{(d_1-1)!\ldots(d_n-1)!},$$

这就证明了想要的结论 [参见 B].

2. n 个点的树的数目为

$$\sum_{\substack{d_1,\ldots,d_n\geq 1\\ d_1+\cdots+d_n=2n-2}}\frac{(n-2)!}{(d_1-1)!\ldots(d_n-1)!}=\sum_{\substack{k_1,\ldots,k_n\geq 0\\ k_1+\cdots+k_n=n-2}}\frac{(n-2)!}{k_1!\ldots k_n!}$$
$$=(\underbrace{1+\cdots+1}_{n})^{n-2}=n^{n-2}.$$

[A. Cayley; 参见 B.]

3. $p_1(x_1,\ldots,x_{n-1},0)=\sum x_1^{d_T(v_1)-1}\ldots x_{n-1}^{d_T(v_{n-1})-1}$, 其中求和遍历所有包含叶子点 v_n 的树. 如果令 $S=T-v_n$, 则 S 是一棵以 $\{v_1,\ldots,v_{n-1}\}$ 为顶点集的树. 相反地, 对于任意以 $\{v_1,\ldots,v_{n-1}\}$ 为顶点集的树 S, 通过连接 v_n 与 S 的一个顶点, 我们可以得到 $n-1$ 棵包含叶子点 v_n 的树. 对这些树 T, 有

$$x_1^{d_T(v_1)-1}\ldots x_{n-1}^{d_T(v_{n-1})-1}=x_jx_1^{d_S(v_1)-1}\ldots x_{n-1}^{d_S(v_{n-1})-1},$$

其中 j 是与 v_n 相邻的顶点 v_j 的指标. 因此

$$\sum_{\substack{T\\ T-v_n=S}}x_1^{d_T(v_1)-1}\ldots x_n^{d_T(v_n)-1}=(x_1+\cdots+x_{n-1})\cdot x_1^{d_S(v_1)-1}\ldots x_{n-1}^{d_S(v_{n-1})-1}$$

且求和遍历所有以 $\{v_1,\ldots,v_{n-1}\}$ 为顶点集的树 S, 我们得到

$$p_n(x_1,\ldots,x_{n-1},0)=(x_1+\cdots+x_{n-1})p_{n-1}(x_1,\ldots,x_{n-1}). \tag{1}$$

现在对 n 做归纳得到

$$p_n(x_1,\ldots,x_n)=(x_1+\cdots+x_n)^{n-2}. \tag{2}$$

由 (1), 我们可以假设

$$p_n(x_1,\ldots,x_{n-1},0)=(x_1+\cdots+x_{n-1})^{n-2}.$$

令

$$p_n^*(x_1,\ldots,x_n)=(x_1+\cdots+x_n)^{n-2},$$

则有

$$p_n(x_1,\ldots,x_{n-1},0)=p_n^*(x_1,\ldots,x_{n-1},0),$$

类似地, 如果我们用任意非空变量集来替换 0, 那么 p_n 和 p_n^* 恒等. 因此, 使用 2.5 的记号, 对 $k=1,\ldots,n$, 有

$$\sigma_k p_n(x_1,\ldots,x_n)=\sigma_k p_n^*(x_1,\ldots,x_n).$$

因为 p_n, p_n^* 的次数为 $n-2<n$, 由 2.5, 有

$$p_n-\sigma_1 p_n+\sigma_2 p_n+\cdots+(-1)^n\sigma_n p_n=0,$$

$$p_n^*-\sigma_1 p_n^*+\sigma_2 p_n^*+\cdots+(-1)^n\sigma_n p_n^*=0,$$

这蕴含着 $p_n=p_n^*$.

取 $x_1=\cdots=x_n=1$ 即可得到 Cayley 公式. [A. Rényi, in: *Combinatorial Str. Appl.* Gordon and Breach, 1970, 355–360.]

4. 如果将每个 T_i 收缩到一个点 v_i $(i=1,\ldots,r)$, 那么任何以 V 为顶点集且包含 $T_1,\ldots,T_r$ 的树就可以映射到一棵以 $\{v_1,\ldots,v_r\}$ 为顶点集的树上. 让我们来计算有多少棵以 V 为顶点集的不同的树会被映射到一棵以 $\{v_1,\ldots,v_r\}=V$ 为顶点集的固定的树 T' 上.

对每条边 $(v_i,v_j)\in E(T')$, 如果都选择一条 (T_i,T_j)-边就可得到这样的一棵树, 另外, 显然, 任何以 V 为顶点集且被映射到 T' 上的树都能通过这种方式得到. 这样的树的选择方式有

$$\prod_{(v_i,v_j)\in E(T')}|V(T_i)|\cdot|V(T_j)|=\prod_{i=1}^{r}|V(T_i)|^{d_T(v_i)}$$

种, 因此, 以 V 为顶点集且包含 $T_1,\ldots,T_r$ 的树的数目为

$$\sum_{T'}\prod_{i=1}^{r}|V(T_i)|^{d_{T'}(v_i)},$$

其中求和遍历顶点集为 V' 的所有树. 由前面的公式, 这个值等于

$$|V(T_1)|\ldots|V(T_r)|(|V(T_1)+\cdots+|V(T_r)|)^{r-2}=|V(T_1)|\ldots|V(T_r)||V|^{r-2}.$$

[J.W. Moon; 参见 B.]

5. (a) 设被删去的顶点的指标为 $b_1,\ldots,b_{n-1}$. 如果已知 Prüfer 码, 让我们来看如何确定 b_i.

b_i 显然不同于 $b_1,\ldots,b_{i-1},a_i$. 另外, 对于 $j>i$, $b_i\neq a_j$; 因为 b_i 已经被删除, 所以它不可能是接下来的步骤中某个叶子点的邻点. 相反地, 如果 $k\notin\{b_1,\ldots,b_{i-1},a_i,\ldots,a_{n-1}\}$, 那么 v_k 是 $T-\{v_{b_1},\ldots,v_{b_{i-1}}\}$ 的一个叶子点; 否则它将是后面步骤中被删除顶点的一个邻点. 所以

$$b_i=\min\{k:k\notin\{b_1,\ldots,b_{i-1},a_i,\ldots,a_{n-1}\}\}. \tag{1}$$

因此, Prüfer 码唯一确定了数 b_i. 又因为 (v_{a_i},v_{b_i}) 是树 T 的边, 所以 Prüfer 码唯一确定 (刻画) 了 T.

(b) 令 $(a_1,\ldots,a_{n-1})$ 为满足 $1\leq a_i\leq n, a_{n-1}=n$ 的任意整数序列. 由 (1) 递归地定义 b_i, 并且对 $i=1,\ldots,n-1$, 连接 v_{a_i} 和 v_{b_i}. 我们断言通过这样的方式得到的图 T 是 Prüfer 码为 $(a_1,\ldots,a_{n-1})$ 的一棵树. 如果我们能证明 v_{b_i} 是 $T_i=T-\{v_{b_1},\ldots,v_{b_{i-1}}\}$ 的一个叶子点且没有指标更小的点是叶子点, 那么就可以证明我们需要证明的结论. 因为根据 (1), $a_i\neq b_1,\ldots,b_{i-1}$, 我们有

$$v_{a_i}\in V(T_i).$$

因此, v_{b_i} 在 T_i 中有一个邻点. v_{b_i} 不能与 T_i 的其他任何点相邻; 否则假设 (v_{a_j},v_{b_j}) 是 T_i 中与 v_{b_i} 相邻的另外一条边, 那么由于 $v_{b_j}\in V(T_i)$ 有 $j>i$, 且要么 $b_i=b_j$ 要么 $b_i=a_j$, 这都与 (1) 矛盾. 因此 v_{b_i} 是 T_i 的一个叶子点, 这就证明了 T 以及所有的 T_i 都是树.

现在假设 T_i 有一个满足 $k<b_i$ 的叶子点 v_k. 因为由 (1) 定义 b_i 时, 我们并没有考虑 k, 所以要么有 $k=b_\nu,\nu<i$, 要么有 $k=a_j,j\geq i$. 但因为 $v_{b_\nu}\in V(T_i)$, 所以第一种可能性并没有出现, 因此 $k=a_j,j\geq i$. 因为 $a_{n-1}=n\geq b_i>k$, 我们有 $j\leq n-2$. 根据以上的分析, v_{b_j} 是 T_j 的一个叶子点且邻点为 v_{a_j}. 但 $v_{a_j}=v_k$ 是 T_i 的一个叶子点, 所以它也一定是 T_j 的一个叶子点. 因此 $V(T_j)=\{v_{a_j},a_{b_j}\}$, 但这是不可能的, 因为 T_j 有 $n-j+1>3$ 个点.

由此即可得到 Cayley 公式: 满足 $1\leq a_i\leq n, a_{n-1}=n$ 的序列 $(a_1,\ldots,a_{n-1})$ 的数目显然为 n^{n-2}. [A. Prüfer, *Archiv f. Math. u. Phys.* **27** (1918) 142–144.]

6. 如果 T 是以 $V=\{v_1,\ldots,v_n\}$ 为顶点集的树且 $e\in E(T)$, 那么 $T-e$ 由两棵不交树组成, 这两棵树一起覆盖了顶点集 V. 通过这种方式我们可以得到 $(n-1)T_n$ 对这样的树对. 令 T',T'' 是覆盖顶点集 V 的两棵不交树; 令 $|V(T')|=k,|V(T'')|=$

$n-k, v_1 \in V(T')$, 那么我们有 $k(n-k)$ 种方式来增加一条连接 T' 和 T'' 的边以得到一棵顶点集为 V 的树. 因此 (T', T'') 这样的一个对可由 $k(n-k)$ 棵树 T 产生. 显然这样的树对 T', T'' 的数目为

$$\binom{n-1}{k-1} T_k T_{n-k},$$

因此

$$\sum_{k=1}^{n-1} \binom{n-1}{k-1} T_k T_{n-k} k(n-k) = (n-1) T_n. \tag{1}$$

因为

$$\binom{n-1}{k-1} = \frac{n-1}{n-k} \binom{n-2}{k-1},$$

所以得到了想要的结果. 观察到如果代入 $T_n = n^{n-2}$, 就可以得到一个 Abel 恒等式.

为了得到 Cayley 公式, 注意到如果把指标换成 $n-k$, 从 (1) 式我们可以得到

$$\sum_{k=1}^{n-1} \binom{n-1}{k} T_k T_{n-k} k(n-k) = (n-1) T_n, \tag{2}$$

因此, 把 (2) 式加到 (1) 式就有

$$\sum_{k=1}^{n-1} \binom{n}{k} T_k T_{n-k} k(n-k) = 2(n-1) T_n. \tag{3}$$

现在对 n 做归纳, 我们有

$$T_k = k^{k-2},\ T_{n-k} = (n-k)^{n-k-2} \quad (1 \le k \le n-1),$$

因而由 Abel 等式 1.44, (3) 式的左端是

$$\sum_{k=1}^{n-1} \binom{n}{k} k^{k-1} (n-k)^{n-k-1} = 2(n-1) n^{n-2}.$$

这就证明了

$$T_n = n^{n-2}.$$

[O. Dziobek, *Sitzungsber. Berl. Math. G.* **17** (1917) 64–67.]

7. (a) 上一问题的递归公式可以写成

$$\frac{T_n}{(n-2)!} = \sum_{k=1}^{n-1} \frac{kT_k}{(k-1)!} \frac{T_{n-k}}{(n-k-1)!},$$

因此

$$\sum_{n=2}^{\infty} \frac{T_n}{(n-2)!} x^{n-2} = \sum_{n=2}^{\infty} \left(\sum_{k=1}^{n-1} \frac{kT_k}{(k-1)!} \frac{T_{n-k}}{(n-k-1)!} \right) x^{n-2}. \tag{1}$$

上式右边是幂级数

$$\sum_{k=1}^{\infty} \frac{kT_k}{(k-1)!} n^{k-1} \quad 和 \quad \sum_{n=1}^{\infty} \frac{T_n}{(n-1)!} x^{n-1}$$

的乘积, 因此由 (1) 式可以得到

$$\left(\frac{t(x)}{x}\right)' = t'(x)\frac{t(x)}{x},$$

或等价地有

$$\left(\ln \frac{t(x)}{x}\right)' = \frac{\left(\frac{t(x)}{x}\right)'}{\frac{t(x)}{x}} = t'(x),$$

$$\ln \frac{t(x)}{x} = t(x) + C,$$

$$\frac{t(x)}{x} = c \cdot e^{t(x)}.$$

将 $x = 0$ 代入我们得到 $c = 1$, 因此

$$x = t(x)e^{-t(x)}.$$

(b) 对 $n \geq 1$, 由柯西积分公式我们有

$$T_n = \frac{1}{n} t^{(n)}(0) = \frac{(n-1)!}{2\pi i n} \oint_C \frac{t'(z)}{z^n} dz = \frac{(n-1)!}{2\pi i n} \oint_C \frac{t'(z)}{(t(z)e^{-t(z)})^n} dz,$$

其中 C 是以原点为中心的一个小环道. 因为 $t'(0) = 1 \neq 0$, 映射 t 是 0 的一个小邻域上的一个同胚. 因此 $t(C)$ 是围绕 0 的一条简单闭曲线, 于是有

$$T_n = \frac{(n-1)!}{2\pi i n} \oint_{t(C)} \frac{dw}{(we^{-w})^n} = \frac{(n-1)!}{2\pi i n} \oint_{t(C)} \frac{e^{wn}}{w^n} dw. \tag{2}$$

这里

$$\frac{1}{2\pi i} \oint_{t(C)} \frac{e^{wn}}{w^n} dw$$

是幂级数

$$e^{xn} = \sum_{k=0}^{\infty} \frac{(xn)^k}{k!}$$

中 x^{n-1} 的系数. 因此

$$T_n = \frac{(n-1)!}{n} \cdot \frac{n^{n-1}}{(n-1)!} = n^{n-2}.$$

[G. Pólya, *Acta Math.* **68** (1937) 145–254.]

8. 令 $v_1, \ldots, v_{n-l}$ 为指定的叶子点, 则由 4.1, 因为这时 $d_1 = \cdots = d_{n-l} = 1$, 要求的结果是

$$\sum_{\substack{k_{n-l+1}+\cdots+k_n=n-2 \\ k_i \geq 1}} \frac{(n-2)!}{k_{n-l+1}! \ldots k_n!}. \tag{1}$$

现在观察到

$$\frac{(n-2)!}{k_{n-l+1}! \ldots k_n!}$$

是将 $n-2$ 个物体划分为 l 个已标记的类 (即已存在指定的第一类, 第二类, ...) 的方式数目, 其中第 i 个类包含 k_{n-i+1} 个元素. 因此, (1) 计数了将 $n-2$ 个物体划分为 l 个已标记的非空类的总方式数目, 因而 (1) 式等于 $l!\left\{ {n-2 \atop l} \right\}$.

因为我们还没有指定叶子顶点, 有 $\binom{n}{l}$ 种方式来选取它们, 所以有 n 个顶点且恰有 $n-l$ 个叶子顶点的树的数目为

$$\binom{n}{l} l! \left\{ {n-2 \atop l} \right\} = \frac{n!}{(n-l)!} \left\{ {n-2 \atop l} \right\}.$$

[A. Rényi, *Mat. Kut. Int. Közl.* **4** (1959) 73–85.]

9. (a) 不失一般性, 我们假设 A 的第 n 行已经被删除. 令 B 为 A_0 的一个 $(n-1) \times (n-1)$ 子矩阵. 我们断言

$$\det B = \begin{cases} \pm 1, & \text{如果由对应于 } B \text{ 的列的边生成的子图 } G' \text{ 是一棵生成树,} \\ 0, & \text{其他情形.} \end{cases}$$

我们对 n 做归纳. 首先, 假设存在一个点 $v_i (i \neq n)$ 在 G' 中的度为 1, 那么 B 的第 i 行恰好包含一个 ± 1 (B 中此行的所有其他元素均为 0). 按此行展开 $\det B$, 与 $\det B$ 对应于 G' 类似, 得到的 $(n-2) \times (n-2)$ 阶行列式 $\det B'$ 将对应于 $G' - v_i$. 因为 G' 是 G 的一棵生成树当且仅当 $G' - v_i$ 是 $G - v_i$ 的一棵生成树, 而且 $|\det B| = |\det B'|$, 所以断言成立.

其次, 假设 G' 中除 v_n 外没有度为 1 的顶点, 那么 G' 不是一棵生成树. 因为 $|E(G')| = n - 1 < n$, 所以 G' 中一定有一个度为 0 的顶点. 如果这个点不是 v_n, 那么 B 有一个全 0 行, 从而 $\det B = 0$. 如果这个点是 v_n, 那么 B 的每一列都包含一个 1 和一个 -1, 所以 B 的行和为 0, 因此 $\det B = 0$.

最后, 使用 Binet-Cauchy 公式:

$$\det A_0 A_0^T = \sum (\det B)^2,$$

其中 B 遍历 A_0 的所有 $(n-1) \times (n-1)$ 子矩阵. 由上式可知,

$$(\det B)^2 = \begin{cases} 1, & \text{如果 } B \text{ 对应于一棵生成树,} \\ 0, & \text{其他情形,} \end{cases}$$

则结论成立.

(b) $A_0A_0^T$ 的第 (i,j) $(i \neq j)$ 个元素是 A_0 的第 i 行和第 j 行的内积. 在 A_0 的任意一列但至多一列中, 第 i 个元素和第 j 个元素中有一个为 0. 在对应于 (i,j)-边 (如果有的话) 的那一列中, 有一个 $+1$ 和一个 -1. 因此 $A_0A_0^T$ 的第 (i,j) 个元素为 -1.

显然, $A_0A_0^T$ 的第 (i,j) 个元素是 A_0 的第 i 行中非零元的个数, 即 v_i 的度数. 因此第 (i,j) 个元素为

$$\begin{cases} v_i \text{ 的度数}, & \text{如果 } i=j, \\ -1, & \text{如果 } v_i \text{ 和 } v_j \text{ 相邻}, \\ 0, & \text{其他情形}. \end{cases}$$

(c) n 个点的树的数目与 K_n 的生成树的数目相同, 也就是

$$\underbrace{\begin{vmatrix} n-1 & -1 & \dots & -1 \\ -1 & n-1 & \dots & -1 \\ \vdots & \vdots & \ddots & \vdots \\ -1 & -1 & \dots & n-1 \end{vmatrix}}_{n-1} = \begin{vmatrix} 1 & 1 & \dots & 1 \\ -1 & n-1 & \dots & -1 \\ \vdots & \vdots & \ddots & \vdots \\ -1 & -1 & \dots & n-1 \end{vmatrix}$$

(通过将所有的行加到第一行得到)

$$= \begin{vmatrix} 1 & 1 & \dots & 1 \\ 0 & n & \dots & 0 \\ \vdots & \vdots & \ddots & \vdots \\ 0 & 0 & \dots & n \end{vmatrix}$$

(通过将第一行加到其他行得到)

$$= n^{n-2}.$$

[G. Kirchhoff; 参见 Biggs.]

10. 我们以某种方式定向 G 得到一个有向图 $\overrightarrow{G}$ 并且定义 $E(G) = \{e_1, \dots, e_m\}$,

$$a_{ij} = \begin{cases} -\sqrt{x_ix_k}, & \text{如果 } e_j = (v_i, v_k), \\ \sqrt{x_ix_k}, & \text{如果 } e_j = (v_k, v_i), \\ 0, & \text{如果 } e_j \text{ 与 } v_i (1 \le i \le n, 1 \le j \le m) \text{ 不相邻}, \end{cases}$$

且令

$$A_0 = (a_{ij})_{i=1}^{n-1}{}_{j=1}^{m}.$$

很容易验证

$$D = A_0A_0^T.$$

令 B 是 A_0 的一个 $(n-1)\times(n-1)$ 子矩阵. 我们断言

$$\det B = \begin{cases} \pm\sqrt{x_1^{d_T(v_1)}}\ldots\sqrt{x_n^{d_T(v_n)}}, & \text{如果 } B \text{ 的列对应一棵生成树,} \\ 0, & \text{其他情形.} \end{cases}$$

利用与 4.9 的解答中相同的方式对 n 做归纳即可得到该式.

根据 Binet-Cauchy 公式,

$$\det A_0 A_0^T = \sum (\det B)^2 = \sum_T x_1^{d_T(v_1)}\ldots x_n^{d_T(v_n)},$$

其中 T 遍历 G 的所有生成树. 这就证明了我们想要的公式.

11. 我们需要确定完全二部图 $K_{n,m}$ 的生成树的数目. 由 4.9 (或者在 4.10 中令 $x_1=\cdots=x_n=1$) 有

$$T(K_{n,m}) = \begin{vmatrix} \overbrace{m & \ldots & 0}^{n} & \overbrace{-1 & \ldots & -1}^{m-1} \\ \vdots & \ddots & \vdots & \vdots & & \vdots \\ 0 & \ldots & m & -1 & \ldots & -1 \\ -1 & \ldots & -1 & n & \ldots & 0 \\ \vdots & & \vdots & \vdots & \ddots & \vdots \\ -1 & \ldots & -1 & 0 & \ldots & n \end{vmatrix};$$

把所有行加到第一行, 再把第一行加到后面 $m-1$ 行的每一行, 我们得到

$$T(K_{n,m}) = \begin{vmatrix} 1 & 1 & \ldots & 1 & 0 & \ldots & 0 \\ 0 & m & \ldots & 0 & -1 & \ldots & -1 \\ \vdots & & \ddots & \vdots & \vdots & & \vdots \\ 0 & 0 & \ldots & m & -1 & \ldots & -1 \\ 0 & 0 & \ldots & 0 & n & \ldots & 0 \\ \vdots & & & \vdots & \vdots & \ddots & \vdots \\ 0 & 0 & \ldots & 0 & 0 & \ldots & n \end{vmatrix} = m^{n-1}n^{m-1}.$$

12. (a) 令 $E(\bar{G}) = \{e_1,\ldots,e_m\}$, 且 A_k 表示以 $V(G)$ 为顶点集并包含 e_k 的那些树的集合. 用 S 表示以 $V(G')$ 为顶点集的所有树的集合. 那么, 由容斥原理得,

$$T(G) = |S - \bigcup_{k=1}^{m} A_k| = \sum_{K\subseteq\{1,\ldots,m\}} (-1)^{|K|}|A_K|, \tag{1}$$

其中

$$A_\emptyset = S,\quad A_K = \bigcap_{k\in K} A_k.$$

下面我们来确定 $|A_K|$. 令

$$E_K = \{e_k : k \in K\}, \quad G_K = (V(G), E_K),$$

并且令 $X_1^{(K)}, \ldots, X_{r_K}^{(K)}$ 为 G_K 的连通分支的顶点集. 如果 G_K 不是一个森林, 那么显然 $A_K = \emptyset$. 假设 G_K 是一个森林. A_K 由所有以 $V(G)$ 为顶点集且包含 G_K 的树组成. 根据 4.4, 这样的树的数目为

$$|X_1^{(K)}| \ldots |X_{r_K}^{(K)}| n^{r_K - 2}.$$

另外也有 $|K| = n - r_K$, 因而由 (1) 式得

$$T(G) = \sum_{\substack{K \subseteq \{1,\ldots,m\} \\ G_K \text{ 是一个森林}}} (-1)^{n-r_K} |X_1^{(K)}| \ldots |X_{r_K}^{(K)}| n^{r_K - 2}.$$

对于一个给定的划分 $\{X_1, \ldots, X_r\}$, 满足 $\{X_1^{(K)} \ldots X_{r_K}^{(K)}\} = \{X_1, \ldots, X_r\}$ 的项 K 的数目显然为

$$T(\bar{G}[X_1]) \ldots T(\bar{G}[X_r]);$$

因此, 如果对 $V(G)$ 的所有划分 $X_1, \ldots, X_r$ 求和, 我们得到

$$\sum (-1)^{n-r} T(\bar{G}[X_1]) \ldots T(\bar{G}[X_r]) |X_1| \cdot \cdots \cdot |X_r| n^{r-2},$$

这正是我们要的 [H.N.V. Temperley; 参见 B].

(b) 解法一. 由 4.9,

$$T(G) = \begin{array}{c} \qquad\quad \overbrace{\qquad\qquad\qquad\qquad\qquad\qquad\qquad\qquad\qquad}^{2q-1} \; \overbrace{\qquad\qquad\qquad}^{n-2q} \\ \begin{vmatrix}
n-2 & -1 & -1 & \ldots & -1 & -1 & -1 & \ldots & -1 \\
-1 & n-2 & 0 & & -1 & -1 & -1 & \ldots & -1 \\
-1 & 0 & n-2 & & -1 & -1 & -1 & \ldots & -1 \\
\vdots & & & \ddots & & & & & \\
-1 & -1 & -1 & & n-2 & 0 & -1 & \ldots & -1 \\
-1 & -1 & -1 & & 0 & n-2 & -1 & \ldots & -1 \\
-1 & -1 & -1 & & -1 & -1 & n-1 & \ldots & -1 \\
\vdots & \vdots & \vdots & & \vdots & \vdots & \vdots & \ddots & \vdots \\
-1 & -1 & -1 & \ldots & -1 & -1 & -1 & \ldots & n-1
\end{vmatrix} \end{array}.$$

把所有的行加到第一行, 再把第一行加到其他所有行, 我们得到

$$
\begin{array}{r}
\overbrace{\hspace{15em}}^{2q-1}\;\overbrace{\hspace{5em}}^{n-2q} \\
T(G)=\left|\begin{array}{c:cc:ccc:ccc}
0 & 1 & 1 & 1 & \dots & 1 & 1 & \dots & 1 \\ \hdashline
-1 & n-1 & 1 & 0 & \dots & 0 & 0 & \dots & 0 \\
-1 & 1 & n-1 & 0 & \dots & 0 & 0 & \dots & 0 \\ \hdashline
\vdots & & & & \ddots & & & & \\ \hdashline
-1 & 0 & 0 & 0 & \dots & 0 & n & \dots & 0 \\
\vdots & \vdots & \vdots & \vdots & & \vdots & \vdots & \ddots & \vdots \\
-1 & 0 & 0 & 0 & \dots & 0 & 0 & \dots & n
\end{array}\right|.
\end{array}
$$

现在把所有列的 $\frac{1}{n}$ 倍加到第一列, 我们得到

$$
\begin{array}{r}
\overbrace{\hspace{13em}}^{2q-1}\;\overbrace{\hspace{5em}}^{n-2q} \\
T(G)=\left|\begin{array}{c:cc:c:ccc}
\frac{n-2}{n} & 1 & 1 & \dots & 1 & \dots & 1 \\ \hdashline
0 & n-1 & 1 & & 0 & \dots & 0 \\
0 & 1 & n-1 & & 0 & \dots & 0 \\ \hdashline
\vdots & & & \ddots & & & \\ \hdashline
0 & 0 & 0 & & n & \dots & 0 \\
\vdots & \vdots & \vdots & & \vdots & \ddots & \vdots \\
0 & 0 & 0 & & 0 & \dots & n
\end{array}\right|
\end{array}
$$

$$
=\frac{n-2}{n}n^{n-2q}\begin{vmatrix} n-1 & 1 \\ 1 & n-1 \end{vmatrix}^{q-1}=(n-2)^q n^{n-q-2}.
$$

解法二. 在 4.12 的公式中, 只需要考虑这样的一些划分 $(X_1,\dots,X_r)$: 每个 X_i 是一个元素或由两个在 $\bar{G}$ 中相邻的顶点组成. 我们有 $\binom{q}{j}$ 种方式来选择 j 个这样的类, 因此

$$
T(G)=\sum_{j=0}^{q}\binom{q}{j}(-1)^{n-(n-j)}2^j n^{n-j-2}=n^{n-q-2}(n-2)^q \quad \text{[L. Weinberg; 参见 B]}.
$$

(c) 我们只详细给出基于 (a) 的解答. 这里只需要考虑划分 $(X_1,\dots,X_r)$, 其中 X_1 包含 v 和 j 个与 v 相邻的顶点并且其他所有的 X_i 都只有一个元素. 这样的划分有 $\binom{q}{j}$

个, 因此我们得到

$$T(G)=\sum_{j=0}^{q}\binom{q}{j}(-1)^{n-(n-j)}(j+1)n^{n-j-2}=n^{n-2}((1-x)^qx)'\Big|_{x=\frac{1}{n}}$$
$$=n^{n-2}\Big(1-\frac{1}{n}\Big)^q-n^{n-2}q\Big(1-\frac{1}{n}\Big)^{q-1}\frac{1}{n}$$
$$=(n-q-1)(n-1)^{q-1}n^{n-q-2}\quad\text{[P. V. O'Neil; 参见 B]}.$$

13. (a) 画一棵树使得 a 是最高点, 并且从 a 出发开始下降, 但又保持其他叶子点都在 "地面". 显然, 每棵二叉平面树可以用这种方式画出来. 与 a 不同的其他叶子点有一个自然的排序 $v_1,\ldots,v_k$; 按这个方向沿着 "地平" 线前进, 我们保持 a 在我们的左边. 注意到由

$$|E(T)|=\frac{1}{2}(k+1+3(2n-k-1))=2n-1,$$

我们得到 $k=n$.

可以将树看成一个图表来计算乘积 $x_1\ldots x_n$. 这些变量与地面上的叶子点相关, 并且每个内部顶点代表紧跟着它下面的两个点对应的那两个积的乘积. 因此有 $2n$ 个点的二叉平面树的数目等于 n 个因子做乘积所加的括号的数目, 由 1.38 可知该数目为 $\frac{1}{n}\binom{2n-2}{n-1}$.

(b) 考虑在提示中定义的与一棵有根平面树相关的 ±1-序列. 由归纳法显然知道前 k 个元素的和等于在已经走了 k 条边以后到根节点的距离. 因此这个和是正的, 除了 $k=2n-2$ 时为 0. 反之, 给定一个有 $n-1$ 个 $+1$ 和 $n-1$ 个 -1 且使得部分和为正数的序列, 存在唯一一棵有根平面树满足这个编码. 事实上, 我们可以按如下方式逐步地建立起墙以及它们周围的途径; 我们从根节点开始出发. 假设对应于前 k 个元素的墙已经被建好, 并且我们正在 k 步以后应该在的地方. 如果下一个元素是 $+1$, 我们暂时建立一个新的墙并且始终保持它在我们左侧. 如果下一个元素是 -1, 我们不用建立新的墙而只需要沿着墙朝根节点前进 (保持墙在我们的左侧). 很容易验证这是一个正确的 "解码". 所以 n 个顶点的平面有根树的数目等于有 $n-1$ 个 $+1$ 和 $n-1$ 个 -1 且使得所有部分和均为正数的序列的数目. 由 1.33(b) 可知这个数目为

$$\frac{1}{n-1}\binom{2n-4}{n-2}.$$

[G. Pólya, *Acta Math.* **68** (1937) 145–254. 注意 (a) 部分的结果和 (b) 部分的结果之间的关系; 请参考 D.A. Klarner, *J. Comb. Theory* **9** (1970) 401–411.]

14. *解法一*. 用点 $v_1,\ldots,v_k$ 画出任意一棵树 T, 那么任意一个有 k 个连通分支且使得 $v_1,\ldots,v_k$ 在不同的连通分支中的森林 F, 将和 T 一起产生一棵包含 T_0 的树; 反之亦然. 因此所求的结果与具有 n 个顶点且包含一个给定的 k-顶点子树的树的数目一样; 由 4.4 可知, 这个数目为

$$E(n,k)=kn^{n-k-1}. \tag{1}$$

解法二. 令 F 是某个以 $\{v_1,\ldots,v_n\}$ 为顶点集且有 $k-1$ 个连通分支的森林, 使得 $v_1,\ldots,v_{k-1}$ 在不同的连通分支 $T_1,\ldots,T_{k-1}$ 里. 令 $v_k\in V(T_i)$ 并删除在 (v_k,v_i)-路上与 v_k 相邻的边, 那么我们得到一个有 k 个连通分支且使得 $v_1,\ldots,v_k$ 在不同的连通分支里的一个森林 F'.

让我们看看一个给定的森林 F' 会出现多少次. 令 F' 的连通分支为 $T_1',\ldots,T_k'$ 且 $v_i\in V(T_i')$. 我们需要将 v_k 与 $V(T_1'\cup\cdots\cup T_{k-1}')$ 的一个点相连, 这有 $|V(T_1'\cup\cdots\cup T_{k-1}')|=n-|V(T_k')|$ 种可能.

不幸的是, 现在 $n-|V(T_k')|$ 依赖于 F' 的特殊选择. 但是我们可以在 $v_1,\ldots,v_k$ 的所有置换上对此求和. 这样, 一个给定的 F' 将被计数

$$(k-1)!\sum_{i=1}^{k}(n-|V(T_i')|)=(k-1)!(nk-n)$$

次; 另外, 从每个具有 $k-1$ 个连通分支 ($v_1,\ldots,v_{k-1}$ 在不同的连通分支中) 的森林 F, 我们可以得到 $k!$ 个森林 F'. 因此,

$$k!E(n,k-1)=(k-1)!n(k-1)E(n,k),$$

或者等价地有

$$E(n,k-1)=\frac{k-1}{k}nE(n,k). \tag{1}$$

所以

$$\begin{aligned}E(n,k)&=\frac{k}{k+1}nE(n,k+1)=\frac{k}{k+1}\frac{k+1}{k+2}n^2E(n,k+2)\\&=\cdots=\frac{k}{k+1}\frac{k+1}{k+2}\cdots\frac{n-1}{n}n^{n-k}E(n,n).\end{aligned}$$

因为由定义知 $E(n,n)=1$, 于是有

$$E(n,k)=kn^{n-k-1}.$$

又因为

$$T(n)=E(n,1)=n^{n-2},$$

所以我们也得到了 Cayley 公式的一个新的证明 [A. Cayley; 参见 B].

15. 对每个点 $x\neq a$ 选择一条进入它的边. 于是我们得到一个以 a 为根节点的树状图 T; 我们有 $n-1$ 条边 ($n=|V(G)|$), 且对每个点 x 我们可以找到一条边 $(x_1,x)\in E(T)$; 接着找一条边 $(x_2,x_1)\in E(T)$, 等等. 因为 G 是无圈图, 所以同一个点不可能在序列 $x,x_1,x_2,\ldots$ 中出现两次. 因此对每个点 x, 在 T 中存在唯一的一条 (a,x)-路, 所以 T 是以 a 为根节点的一个树状图.

反之, 每个以 a 为根节点的树状图可以通过这种方式生成. 因此这样的树状图的数目为

$$\prod_{x\neq a} d^-(x),$$

其中 $d^-(x)$ 是 x 的入度.

16. (a) 我们对 $|E(G)|$ 做归纳. 如果 $|E(G)| < n-1$, 那么 $\Delta(G)$ 包含一个全 0 列. 所以我们可以假设 $|E(G)| \geq n-1$. 同时我们也可以假设没有边进入根节点 v_n, 因为这样的边并不起作用.

首先假设存在一个点 v_1 是至少两条边的头. 将进入 v_1 的边分解为两个非空类 C_1, C_2. 因为任意一个树状图恰好包含一条进入 v_1 的边, 所以 G 的 (生成) 树状子图的数目等于 $G-C_1$ 和 $G-C_2$ 的树状子图的数目之和. 另外, $\Delta(G-C_i)$ 除某一行外所有的行都与 $\Delta(G)$ 的行相同; $\Delta(G-C_1)$ 的第一行和 $\Delta(G-C_2)$ 的第一行相加得到 $\Delta(G)$ 的第一行. 因此

$$\Delta(G-C_1)+\Delta(G-C_2)=\Delta(G).$$

因为由归纳假设, $\Delta(G-C_i)$ 是 $G-C_i$ 中以 v_n 为根节点的生成树状子图的数目, 所以论断成立.

在剩下的情形中, 恰好只有一条边进入每个点 $v_i, 1\leq i\leq n-1$. 一方面, 如果 G 是一个树状图, 那么我们只需要证明

$$\Delta(G)=1.$$

我们将以这样一种方式对这些点重新编号来证明这个结果: 如果 v_i 指向 v_j, 那么 $i>j$. 这样矩阵 $\Delta(G)$ 中对角线以上的元素全为 0 且对角线上的元素全为 1, 于是就有 $\Delta(G)=1$.

另一方面, 假设 G 不是一个树状图. 因为每个不等于 v_1 的点入度都为 1, 因此就有 $|E(G)|=n-1$, 所以 G 一定是不连通的; 不妨假设 $v_1,\ldots,v_k$ 构成 G 的一个不包含 v_n 的连通分支, 那么 $\Delta(G)$ 的前 k 行的和等于 0, 因此 $\Delta(G)=0$. 这就完成了证明.

(b) 我们用 x_e 条平行边替换 G 的每条边 e, 那么在得到的图 G' 中以 v_n 为根节点的树状图的数目为

$$\sum x_{e_1}\ldots x_{e_{n-1}},$$

其中求和遍历构成一个生成树状子图的边的所有 $(n-1)$-元组 $\{e_1,\ldots,e_{n-1}\}$. 如果 $e_i=(v_\nu,v_\mu)$, 令 $x_{e_i}=y_\nu$, 那么

$$\sum x_{e_1}\ldots x_{e_{n-1}}=\sum_T\prod_{i=1}^{n} y_i^{d_T(v_i)};$$

另一方面, 这个值等于

$$\Delta(G)=\begin{vmatrix}\sum\limits_{j\neq 1}a_{j1}y_j & -a_{12}y_1 & \cdots & -a_{1,n-1}y_1\\ -a_{21}y_2 & \sum\limits_{j\neq 2}a_{j2}y_j & \cdots & -a_{2,n-1}y_2\\ \vdots & & & \\ -a_{n-1,1}y_{n-1} & -a_{n-1,2}y_{n-1} & \cdots & \sum\limits_{j\neq n-1}a_{j,n-1}y_j\end{vmatrix}.$$

因为这个等式对满足 $y_i>0$ 的任意整数 y_i 都成立, 所以它恒成立 [参见 B].

17. I. 如果 π 没有不动点, 那么很容易证明没有树在它的作用下是不变的. 我们这里使用 “中心” 的符号 (见 6.21), 但如果读者不想参考后面的章节, 也很容易找到其他符号来代替. 如果我们的树有一个中心, 那这个中心一定是 π 的一个不动点. 如果它有一个双中心, 那 π 必定交换这个双中心的两个点. 于是它一定交换树中与连接这个双中心的边所关联的那两个分支, 这只有在树具有偶数个顶点时才是可能的.

II. 现在假设 x 是 π 的一个不动点. 令 $\vec{T}$ 为通过定向 T 使得 x 成为它的根节点而得到的树状图. 我们需要关于 $\vec{T}$ 的更多信息.

令 $V_1,\dots,V_m$ 为 π 中循环的基础集, $|V_1|\geq|V_2|\geq\cdots\geq|V_m|$, $V_m=\{x\}$.

(i) 显然, π 是 $\vec{T}$ 的一个自同构.

(ii) 如果 $(x,y)\in E(\vec{T})$, $x\in V_i$, $y\in V_j$, 那么 $|V_i|\mid|V_j|$. 事实上, 如果 $|V_i|$ 不整除 $|V_j|$, 那么存在 (x,y) 的一个像 $(\pi^k(x),\pi^k(y))$ 使得 $\pi^k(y)=y$ 但 $\pi^k(x)\neq x$. 这意味着 $\vec{T}$ 中有两条边进入 y, 这是不可能的, 因为 $\vec{T}$ 是一个树状图.

(iii) 如果 $(x,y)\in E(\vec{T})$, $x\in V_i$, $y\in V_j$, 那么 $i\neq j$. 因为存在一条边 (z,u) 满足 $u\in V_j$, $z\notin V_j$; 且有一个合适的像 $(\pi^k(z),\pi^k(u))$ 满足 $\pi^k(u)=y$; 因此 $\pi_k(z)=x\notin V_j$.

(iv) 如果我们收缩每一个 V_i 为一个点 v_i, 且删除 $\vec{T}$ 中由此产生的重边, 那么 $\vec{T}$ 将被映射到某个以 $\{v_1,\dots,v_m\}$ 为顶点集的树状图 $\vec{T}_1$ 上. 事实上, 经过与 (i) 和 (ii) 相同的论证, 可以证明 $\vec{T}$ 中进入 V_i 的所有边一定来自于相同的 V_j. 因此 $\vec{T}_1$ 中恰有一条边进入每一个 v_i, $i\neq m$. 因为显然从 v_m 出发经过 $\vec{T}_1$ 中的一条路可到达每个点 v_i, 所以 $\vec{T}_1$ 是一个以 v_m 为根节点的树状图.

(v) 由 (i) 知, $\vec{T}_1$ 是有向图 G_1 的一个子图, 其中 G_1 满足 $(v_i,v_j)\in E(G_1)$ 当且仅当 $|V_i|\mid|V_j|$.

现在我们来确定有多少棵树 T 可以生成一个给定的树状图 $\vec{T}_1$. 每一棵这样的树 T 可以通过取一条 (V_i,V_j)-边和每个 $(v_i,v_j)\in E(\vec{T}_1)$ 在 π 下的像得到; 反之, 如果我们选择一条 (V_i,V_j)-边以及每个 $(v_i,v_j)\in E(\vec{T}_1)$ 的像, 我们可以得到一棵在 π 下保持不变的树. 所有 (V_i,V_j)-边的集合由 $|V_i|$ 个轨道组成 (注意 $|V_i|\mid|V_j|$). 因此属于一个给定的树状图 $\vec{T}_1$ 的树 T 的数目为

$$\sum_{(v_i,v_j)\in E(\vec{T}_1)} |V_i| = \prod_{i=1}^{m} |V_i|^{d^-_{\vec{T}_1}(v_i)},$$

因而以 V 为顶点集且在 π 下保持不变的所有树的数目为

$$\sum_{\vec{T}_1} |V_1|^{D^-_{\vec{T}_1}(v_1)} \dots |V_m|^{D^-_{\vec{T}_1}(v_m)}.$$

由前面的问题可知这个值等于行列式

$$\Delta = \begin{vmatrix} \sum\limits_{j\neq 1} a_{j1}|V_j| & -a_{12}|V_1| & \dots & -a_{1,m-1}|V_1| \\ -a_{21}|V_2| & \sum\limits_{j\neq 2} a_{j2}|V_j| & \dots & -a_{2,m-1}|V_2| \\ \vdots & & & \\ -a_{m-1,1}|V_{m-1}| & -a_{m-1,2}|V_{m-1}| & \dots & \sum\limits_{j\neq m-1} a_{j,m-1}|V_j| \end{vmatrix},$$

其中

$$a_{ij} = \begin{cases} 1, & \text{如果 } |V_i| \mid |V_j| \ (1 \le i, j \le m), \\ 0, & \text{其他情形}. \end{cases}$$

这个行列式可按如下方法计算: 它具有形式

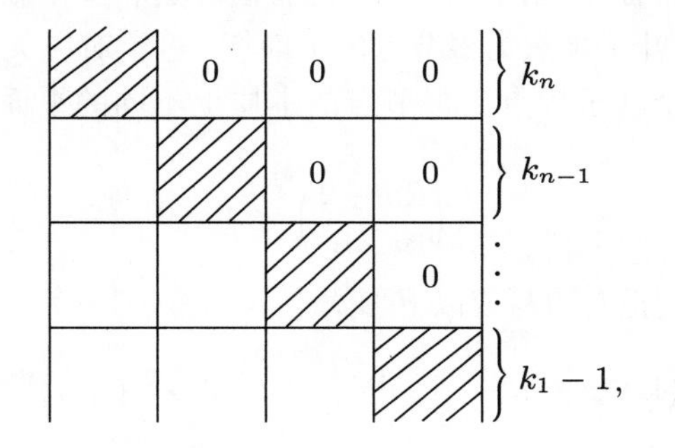

这是因为 $|V_i| \mid |V_j|$, $i \ge j$ 蕴含着 $|V_i| = |V_j|$. 因此 Δ 等于阴影部分子行列式的乘积. 考虑对应于 k_i 的区域, 它对角线上的元素为

$$\alpha_i = \sum_{d|i} dk_d - i,$$

所以这个子行列式的值, 当 $i > 1$ 且 $k_i \ge 1$ 时为

$$\Delta_i = \begin{vmatrix} \alpha_i & -i & \dots & -i \\ -i & \alpha_i & \dots & -i \\ \vdots & & \ddots & \vdots \\ -i & -i & \dots & \alpha_i \end{vmatrix} = (\alpha_i + i)^{k_i - 1}(\alpha_i - (k_i - 1)i)$$

$$=\left(\sum_{d|i} dk_d\right)^{k_i-1}\left(\sum_{\substack{d|i\\ d\neq i}} dk_d\right),$$

当 $i=1$ 时为

$$\Delta_1=\underbrace{\begin{vmatrix} k_1-1 & -1 & \dots & -1 \\ -1 & k_1-1 & & -1 \\ \vdots & & \ddots & \vdots \\ -1 & -1 & \dots & k_1-1 \end{vmatrix}}_{k_1-1}=k_1^{k_1-2}$$

(另外还需要检验如果 $k_i=0$ $(i=2,\dots,m)$ 则 $\Delta_i=1$; 如果 $k_1=1$ 则 $\Delta_1=1$). 因为

$$\Delta=\Delta_1\dots\Delta_n,$$

所以论断得证.

18. 由 Cayley 公式知有 n 个 (标记的) 顶点的有根树的数目为 n^{n-1}, 并且这些有根树当中至多有 $(n-1)!$ 棵是同构的, 于是有

$$W_n\geq\frac{n^{n-1}}{(n-1)!}=\frac{n^n}{n!}>2^n\quad(n\geq 6).$$

每一棵有根树都能在平面上画出来. 连接它的根节点和一个新的 1 度点得到一棵有 $n+1$ 个顶点且以一个叶子顶点为根节点的平面树. 这个对应关系表明, 非同构的有根树的数目不超过以一个叶子顶点为根节点的本质上不同的平面树的数目, 由 4.13(b), 即有

$$\frac{1}{n}\binom{2n-2}{n-1}<4^n.$$

19. (a) 根据提示, 我们把右边写成以下形式:

$$\begin{aligned}&x(1+x+x^2+\dots)^{W_1}(1+x^2+x^4+\dots)^{W_2}\dots\\ =&x\prod_T(1+x^{|V(T)|}+x^{2|V(T)|}+\dots),\end{aligned}$$

其中 T 遍历所有有根树. 在这个乘积中 x^n 的系数等于数 n 表示成形如

$$n=1+\sum_T \nu_T|V(T)|,\quad \nu_T\geq 0 \tag{1}$$

的表示方法的数目.

给定这样的一个表示, 对每一棵有根树 T 取 ν_T 个 T 的复制并且连接它们的根节点到一个新的根节点. 这样我们就得到一棵 n 个顶点的有根树, 反之, 每棵 n 个顶点的有根树都对应 (1) 式的一个解. 因此乘积中 x^n 的系数就是 W_n, 这就证明了恒等式. (根据 4.18, 很容易解决收敛问题, 这里将不再考虑.)

(b) 由 3.7 可知, 这两个等式等价. (对 $x \le 1$, 有 $w(x^n) = 0(x^n)$, 所以右边的级数是收敛的). 由 (a) 很容易得到

$$\log \frac{w(x)}{x} = -\sum_{n=0}^{\infty} W_n \log(1-x^n) = \sum_{n=0}^{\infty} W_n \sum_{k=1}^{\infty} \frac{x^{kn}}{k} = \sum_{k=1}^{\infty} \frac{1}{k} w(x^k),$$

由此第一个等式得证.

由 Pólya-Redfield 方法直接得到第二个等式, 设 $D = \{1, \ldots, d\}$, $R =${有根树的同构类型}, 对 $T \in R$, 设 $w(T) = |V(T)|$, 且令 Γ 是 D 上的对称群. 一棵 n 个顶点的有根树是 "分支" 的一个 d-元组, 其中 d 是根节点的度. 总权重为 $n-1$ 的有根树的分支是它本身, 因此根节点度为 d 的 n 个顶点的有根树的数目 $W_n^{(d)}$ 等于 D 到 R 的总权重为 $n-1$ 的本质不同的映射数. 因此由 3.29,

$$\sum_{n=1}^{\infty} W_n^{(d)} x^n = x p_d(w(x), w(x^2), \ldots).$$

对所有 d 求和, 我们得到问题中的等式 [A. Cayley].

20. 由 4.18, 我们知道 $w(x)$ 的收敛半径满足 $0 < \tau < 1$ 是平凡的, 所以

$$\varphi(z) = z \exp\left(\frac{w(z^2)}{2} + \frac{w(z^3)}{3} + \ldots\right)$$

在半径为 $\sqrt{\tau} > \tau$ 的圆周上是解析的. 把 4.19(a) 的第一个等式写成

$$w(z)e^{-w(z)} = \varphi(z). \tag{1}$$

根据 4.7, 这个等式也可以写成

$$w(z) = t(\varphi(z)) = \sum_{n=1}^{\infty} \frac{n^n}{n!} (\varphi(z))^n. \tag{2}$$

首先考虑 $0 \le x < \tau$. 因为 φ 的系数为正数, 由 (1) 得

$$0 < \varphi'(x) = w'(x)(1-w(x))e^{-w(x)}, \quad w(x) < 1.$$

还是由 (1) 得

$$\varphi(x) < \frac{1}{e}.$$

由 φ 的系数为正, 我们一定有 $|\varphi(z)| < \frac{1}{e}$ 对除 $z = \tau$ 以外的 $|z| \le \tau$ 都成立. 我们也一定有 $\varphi(\tau) = 1/e$, 否则 (2) 将定义 w 在一个更大的圆周上解析. 因此 w 在 τ 处连续且 $w(\tau) = 1$. 此外, (2) 定义 w 在除 $z = \tau$ 以外的边界上解析.

现在对 $0 < x < \tau$ 考察 x 在 τ 的邻域内的性态, 令 $y = \tau - x$, $u = 1 - w$. 那么 (1) 可以写成

$$\frac{u^2}{2} + \frac{u^3}{3} + \cdots + \frac{u^n}{n(n-2)!} + \cdots = 1 - e\varphi(x) = a_1 y + a_2 y^2 + \ldots,$$

其中

$$a_1 = e\varphi'(\tau) > 0.$$

因此

(3) $$u\sqrt{\frac{1}{2}+\frac{u}{3}+\ldots} = \sqrt{y}\sqrt{a_1+a_2y+\ldots}$$

(如果 y, u 是小的正数, 平方根将取正数). 对充分小的 u 等式左边是解析的且它在 0 点处的导数非零, 因此在 0 的充分小的邻域内, u 可以被表示成等式右边的一个解析函数. 所以对于一个充分小的 y, u 是 $\sqrt{y}$ 的一个解析函数. 因而

(4) $$w(x) = \sum_{k=0}^{\infty} b_k(\tau - x)^{k/2},$$

其中 $b_0 = 1$ 且由 (3), $b_1 = -\sqrt{2a_1} < 0$.

(b) 由上面的 (4), 对 $|z| < \tau$ 我们有

(5) $$w''(z) = \sqrt{\frac{a_1}{8}}(\tau - z)^{-3/2} + \frac{3b_3}{4}(\tau - z)^{-1/2} + h(z),$$

其中 $h(z)$ 在 τ 的一个邻域内有如下的展开式

(6) $$h(z) = \sum_{k=4}^{\infty} \frac{k(k-2)}{4} b_k(\tau - z)^{\frac{k-4}{2}}.$$

(5) 意味着 $h(z)$ 在开圆盘 $|z| < \tau$ 内是解析的, 并且甚至在除 $z = \tau$ 以外的边界上的所有点处是解析的. (6) 说明 $h(z)$ 甚至是连续的. 因此如果我们在 0 处展开 $h(z)$, 我们有

$$h(z) = \sum_{n=0}^{\infty} c_n z^n,$$

其中

$$c_n \frac{1}{2\pi i} \oint\limits_{|z|=\tau} \frac{h(z)}{z^{n+1}} dz = O(\tau^{-n}).$$

因此由 (5), $w''(x)$ 中 x^n 的系数为

$$\sqrt{\frac{a_1}{8}}\binom{-\frac{3}{2}}{n}(-1)^n\tau^{-n-\frac{3}{2}} + \frac{3}{4}b_3\binom{-\frac{1}{2}}{n}(-1)^n\tau^{-n-\frac{1}{2}} + O(\tau^{-n}).$$

这里第二项也是 $O(\tau^{-n})$, 而利用 Stirling 公式做基本计算可知第一项渐近于

$$c\sqrt{n}\tau^{-n}.$$

这就证明了问题中的论断.

21. 令 $a_{1,\pi(1)}a_{2,\pi(2)}\dots a_{n,\pi(n)}$ 为 per$A$ 的一个展开项. 观察到由 $(u_1, v_{\pi(1)})$-边, $(u_2, v_{\pi(2)})$-边, …, $(u_n, v_{\pi(n)})$-边构成的 1-因子的数目恰好就是

$$a_{1,\pi(1)}a_{2,\pi(2)}\dots a_{n,\pi(n)},$$

这是因为我们可以独立地选择一条 $(u_1, v_{\pi(1)})$-边, 一条 $(u_2, v_{\pi(2)})$-边, 等等. 对所有置换 π, 我们将这些数求和, 即对所有展开项求和. 这就证明了我们的结论 [参见 LP].

22. 令 a_n 表示要求的数. 我们有

$$a_0 = 1, \quad a_1 = 1. \tag{1}$$

令 F 为 n 阶梯图的任意一个 1-因子. 存在两种可能性: 如果 F 从左端点的一条竖直边出发, 那么有 a_{n-1} 种可能的方式继续; 但是如果 F 从一条水平边出发, 那么它可能是 a_{n-2} 个 1-因子中的一个. 因此

$$a_n = a_{n-1} + a_{n-2}. \tag{2}$$

(1) 和 (2) 表明 a_n 是第 n 个斐波那契数 (参见 1.27).

23. 显然, $K_{n,n}$ 的 1-因子数为 $n!$. 如果从 $K_{n,n}$ 中删除 n 条边, 那么我们不希望去计数 $K_{n,n}$ 中那些包含被删除边的 1-因子. 包含 j 条给定边的 1-因子的数目为 $(n-j)!$. 因此, 由容斥原理, 我们考虑的数为

$$\sum_{j=0}^{n}(-1)^j\binom{n}{j}(n-j)! = n!\sum_{j=0}^{n}\frac{(-1)^j}{j!}.$$

这里的和是 $\frac{1}{e}$ 的级数的部分和, 其余项小于 $\frac{1}{(n+1)!}$. 所以

$$\left|n!\sum_{j=0}^{n}\frac{(-1)^j}{j!} - \frac{n!}{e}\right| < \frac{1}{n+1}.$$

因此, 所求的数是接近 $\frac{n!}{e}$ 的整数.

24. 令 $B = (b_{ij})_{i,j=1}^n$, 那么

$$\det B = \sum \varepsilon(\pi) b_{1,\pi(1)}\dots b_{n,\pi(n)}, \tag{1}$$

其中 π 遍历 $\{1,\dots,n\}$ 上的所有置换, $\varepsilon(\pi)$ 是 π 的符号. 假设 π 的圈分解包含一个奇圈 $(i_1 i_2 \dots i_{2k+1})$, $k \geq 1$. 令 π' 是通过替换 $(i_1 i_2 \dots i_{2k+1})$ 为 $(i_{2k+1} i_{2k} \dots i_1)$ 得到的置换. 因为 B 是反对称的, 那么对应于 π 和 π' 的展开项将相互抵消. 同时, 因为 B 的对角线上有 0 元素, 所以如果 π 有一个不动点, 那么对应的展开项为 0. 所以在 (1) 中只需要考虑那些分解成偶圈 (且这些圈划分了 $\{1,\dots,n\}$) 的置换 π. 如果 n 是奇数, 那么 $\det B = (\mathrm{Pf}\ B)^2 = 0$, 所以论断得证. 称两个置换是等价的, 如果它们的圈分解仅在圈

的方向上是不同的. 那么, 对应于等价置换的所有项都相等. 对一个置换 π, 它的偶圈划分了 $\{1,\dots,n\}$, 令 $r(\pi)$ 为圈的数目且 $s(\pi)$ 为 2-圈的数目, 那么等价于 π 的所有项的和为

$$(-1)^{r(\pi)}2^{r(\pi)-s(\pi)}b_{1,\pi(1)}\dots b_{n,\pi(n)},$$

因此有

$$\det B=\sum(-1)^{r(\pi)}2^{r(\pi)-s(\pi)}b_{1,\pi(1)}\dots b_{n,\pi(n)},$$

其中 π 现在遍历等价类的一个代表元系.

考虑 $(\mathrm{Pf}\ B)^2$. 如果我们将它展开, 每一项都将形如

$$\varepsilon\delta b_{i_1i_2}\dots b_{i_{n-1}i_n}b_{j_1j_2\dots j_{n-1}j_n},\tag{2}$$

其中 $\{\{i_1,i_2\},\dots,\{i_{n-1}i_n\}\}$ 和 $\{\{j_1,j_2\},\dots,\{j_{n-1}j_n\}\}$ 为划分, ε 和 δ 是对应的符号.

考虑以 $\{1,\dots,n\}$ 为顶点集且边为 (i_{2l-1},i_{2l}) 和 $(j_{2l-1},j_{2l})(l=1,\dots,n)$ 的图. 这个图包含 s 条由这两种形式产生的边以及 $r-s$ 个 (i_{2l-1},i_{2l}) 边和 (j_{2l-1},j_{2l}) 边交替出现的圈. 我们可以假设在这些圈上 (i_{2l-1},i_{2l}) 和 (j_{2l-1},j_{2l}) 要么相同要么相继出现. 然后设

$$\varrho=\begin{pmatrix}i_1i_2\dots i_n\\ j_1j_2\dots j_n\end{pmatrix}.$$

根据 $(\mathrm{Pf}\ B)^2$ 的给定的项, 置换 π 在等价意义下被确定.

另外, $\varepsilon\delta$ 也是 ϱ 的符号. 因此, (2) 等于

$$(-1)^{r(\varrho)}b_{1,\varrho(1)}\dots b_{n,\varrho(n)}.$$

此外, 我们得到了 $(\mathrm{Pf}\ B)^2$ 的 $2^{r(\varrho)-s(\varrho)}$ 个项的等价置换. 因此

$$(\mathrm{Pf}\ B)^2=\sum_{\varrho}(-1)^{r(\varrho)}2^{r(\varrho)-s(\varrho)}b_{1,\varrho(1)}\dots b_{n,\varrho(n)}=\det B.$$

25. (a) 我们可以假设 n 是偶数, 否则结论是平凡的. 观察到 $\mathrm{Pf}\ B$ 中的每个非零项对应 G 的一个 1-因子, 且反之也成立. 此外, 每个这样的项的绝对值都为 1. 因此, G 的 1-因子数 $\geq |\mathrm{Pf}\ B|$.

(b) 等式成立当且仅当 $\mathrm{Pf}\ B$ 的所有非零项都有相同的符号. 为了用圈的定向来表达这一点, 令

$$\varepsilon b_{i_1i_2}b_{i_3i_4}\dots b_{i_{n-1}i_n},$$
$$\delta b_{j_1j_2}b_{j_3j_4}\dots b_{j_{n-1}j_n}\quad(\varepsilon,\delta=\pm1)$$

为 $\mathrm{Pf}\ B$ 中的两个非零项. 我们一定有 $(v_{i_{2l-1}},v_{i_{2l}})\in E(G)$, $(v_{j_{2l-1}},v_{j_{2l}})\in E(G)$. 令

$$F=(v_{i_1},v_{i_2}),\dots,(v_{i_{n-1}},v_{i_n}),$$
$$F'=(v_{j_1},v_{j_2}),\dots,(v_{j_{n-1}},v_{j_n})$$

为 G 中对应于以上展开项的两个 1-因子. $F\cup F'$ 分解成交错圈 $C_1,\ldots,C_r$ 以及同时属于 F 和 F' 的那些边. 给每个 C_i 一个任意的定向且令 π 表示对应于所得圈的置换. 因为我们可以随意排序 $(i_1,i_2),\ldots,(i_{n-1},i_n)$, 也可以给每对中的两个元素一个任意的排序, 我们可以假设 $(v_{i_{2l-1}},v_{i_{2l}})$ 和 $(v_{j_{2l-1}},v_{j_{2l}})$ 要么相同要么是同一个 (有向) 圈 C_i 上相继的边.

现在 Pfaffian 的两个展开项的比或积为

$$(\varepsilon\delta)b_{i_1i_2}b_{j_1j_2}b_{i_3i_4}b_{j_3j_4}\ldots b_{i_{n-1}i_n}b_{j_{n-1}j_n}. \tag{1}$$

这里 $\varepsilon\delta$ 是置换

$$\begin{pmatrix} i_1i_2\ldots i_n \\ j_1j_2\ldots j_n\end{pmatrix}=\pi$$

的符号. 也就是说

$$\varepsilon\delta=(-1)^r.$$

另外, 对于 $F\cup F'$ 的在 G 中定向与在包含它的圈 C_i 中的方向不一致的每条边, 乘积 $b_{i_1i_2}\ldots b_{j_{n-1}j_n}$ 包含一个 -1 (对于 $F\cap F'$ 的边, 对应的两个因子 $b_{i_{2l-1}i_{2l}}b_{j_{2l-1}j_{2l}}$ 相互抵消). 令 s 表示有偶数条边定向为一个给定方向的圈 C_i 的数目, 那么 (1) 等于

$$(-1)^r(-1)^{r-1}=(-1)^s.$$

现在就很容易证明这三个条件的等价性了.

(i) $\Rightarrow$ (ii): 假设 $|\mathrm{Pf}\ B|$ 等于 1-因子的数目. 令 C 为关于一个 1-因子 F 交错的一个圈, 并且令

$$F'=F\ \triangle\ E(C).$$

对应于 F 和 F' 的项一定有相同的符号, 所以之前的观察表明 C 在每个方向都有奇数条定向的边.

(ii) $\Rightarrow$ (iii): 平凡的.

(iii) $\Rightarrow$ (i): 如果 G 中所有关于一个给定的 1-因子 F_0 交错的圈 C 都具有这样的性质: 它们有奇数条边定向为一个给定的方向, 那么根据以上的讨论可知对任意一个 1-因子 F, 对应于 F 的项跟对应于 F_0 的项有相同的符号, 因此 $|\mathrm{Pf}\ B|$ 是 G 的 1-因子的数目. [P. W. Kasteleyn; 参见 B, LP.]

26. $\det B$ 的期望记作

$$\mathsf{E}(\det B)=\sum_{\pi}\varepsilon(\pi)\mathsf{E}(b_{1,\pi(1)}\ldots b_{n,\pi(n)}).$$

这里 $b_{i,j}$ 是满足 $\mathsf{E}(b_{i,j})=0$ 的随机变量. 如果某个展开项包含 $b_{i,j}$, 其中 (i,j) 不是一条边, 那么它恒为 0. 如果对某条边 (i,j), 它包含 $b_{i,j}$ 但不包含 $b_{j,i}$, 那么这个因式与展开项中的其他因式相互独立, 所以展开项的期望为 0. 最后, 如果某个展开项只要包含

$b_{j,i}$, 它就包含 $b_{i,j}$ (因此它对应于一个 1-因子), 那么它恒为 1, 从而它对 $\mathsf{E}(\det B)$ 的贡献为 1. [C.D. Godsil and I. Gutman, in: *Algebraic Methods in Graph Theorey*, (eds L. Lovász, V. T. Sós), Coll. Math. Soc. J. Bolyai **25** (1981) 241–249; LP.]

27. 首先我们用归纳法证明提示中的断言. 如果这个图是一棵树, 那么就不存在有界面, 所以断言是平凡的.

假设 G 不是一棵树. 删除 G 中在无穷面的边界上同时也属于圈上的一条边 e, 并且将余下的边按要求定向. 再把这条边加回来, 那么除了包含这条边以外的所有有界面都有这样一个性质: 按正方向沿着它们的边界前进, 我们找到奇数条边其定向为途径的方向. 给 e 一个合适的定向, 也可以保证增加的有界面有这样的性质.

现在我们证明关于给定的 1-因子 F 交错的任意圈 C 包含奇数条边沿着圈以一种方式 (或另一种方式) 定向. G 包含圈 C 内部的偶数 $2p$ 个顶点, 这是因为 F 匹配了这些点. 令 $|V(C)| = 2k$, 且用 $A_1, \ldots, A_f$ 表示 C 内部的面; 令 q_i 表示沿着 A_i 按正方向前进时, 按它本身的方向被穿过的边的数目.

考虑 $q_1 + \cdots + q_f$. 注意这里 C 内部的边恰好计数一次; C 上的边被计数当且仅当它们根据 C 的正定向而定向. 因此我们感兴趣的是数

$$q = q_1 + \cdots + q_f - m \equiv f - m \pmod 2,$$

其中 m 是 C 内部的边的数目.

现在考虑由 C 以及 G 中在 C 内部的那些边和点构成的图 G'. G' 有 $f+1$ 个面, $m+2k$ 条边以及 $2p+2k$ 个点. 由欧拉多面体定理 (也见 5.24),

$$f + 1 + 2p + 2k = m + 2k,$$

因此

$$m \equiv f + 1 \pmod 2$$

且

$$q \equiv f - m \equiv 1 \pmod 2,$$

得证 [P.W. Kasteleyn; 参见 B, LP].

28. 如果我们考虑图 6 中所示的梯图的定向, 我们发现任何有界面的边界都包含奇数条正定向的边. 因此, 由之前的结论, 关于一个 1-因子交错的任意圈都包含奇数条边, 它沿着圈按一种给定的方式定向.

4.24 中定义的对应矩阵 B 为

$$\begin{pmatrix} A & I \\ -I & -A \end{pmatrix},$$

其中

$$A=\begin{pmatrix}0&1&&0\\-1&0&&\\&&\ddots&\\&&0&1\\0&&-1&0\end{pmatrix},\quad I=\begin{pmatrix}1&&0\\&\ddots&\\0&&1\end{pmatrix}.$$

因为

$$I-A=(I+A)^T,$$

所以梯图的 1-因子数由下式给出

$$\det\begin{pmatrix}A&I\\-I&-A\end{pmatrix}^{1/2}=\det\begin{pmatrix}1&I-A^2\\-I&0\end{pmatrix}^{1/2}=(\det(I-A^2))^{1/2}$$
$$=(\det(I-A)\det(I+A))^{1/2}=\det(I+A).$$

由归纳法很容易验证这个值和第 n 个斐波那契数相同.

29. (a) 我们需要计算的是一个 $(2n)\times(2n)$ 阶的 "格子" 的 1-因子数, 格子正如图 13 所示. 如果我们考虑图中所给的定向, 它将满足这样的条件: 任意有界面的边界包含某个方向的一条边以及另一方向的其他三条边. 因此由 4.27 的解, 关于一个给定的 1-因子交错的任一圈都有奇数条边沿着圈定向为一个给定的方向. 因此, 如果我们与 4.24 中一样形成对应的矩阵 B, 1-因子数将等于 $\sqrt{\det B}$.

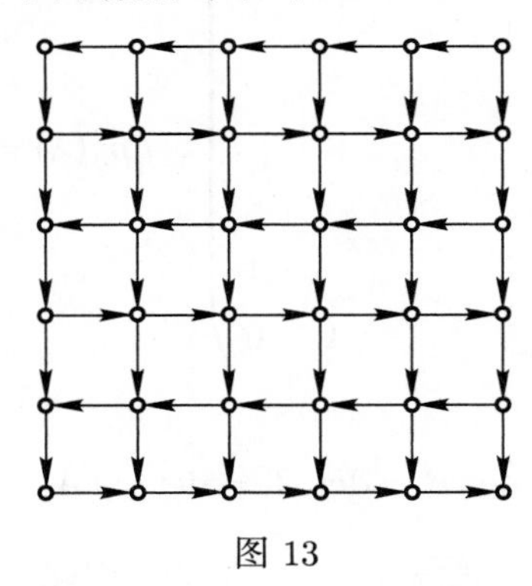

图 13

现在 B 可以写成以下形式

$$B=\underbrace{\begin{pmatrix}A&I&&&&\mathbf{0}\\-I&-A&I&&&\\&-I&\ddots&\ddots&&\\&&\ddots&\ddots&\ddots&\\&&&\ddots&A&I\\\mathbf{0}&&&&-I&-A\end{pmatrix}}_{n},\tag{1}$$

其中

$$A=\begin{pmatrix} 0 & 1 & & 0 \\ -1 & 0 & \ddots & \\ & \ddots & \ddots & 1 \\ 0 & & -1 & 0 \end{pmatrix}.$$

如果我们用 -1 乘以分块矩阵 (1) 的第一列, 然后第 3 和第 4 行, 然后第 4 和第 5 列, 然后第 7 和第 8 行, 等等, 我们得到分块矩阵

$$B'=\begin{pmatrix} -A & I & & & & 0 \\ I & -A & I & & & \\ & I & \ddots & \ddots & & \\ & & \ddots & \ddots & \ddots & \\ & & & \ddots & -A & I \\ 0 & & & & I & -A \end{pmatrix}.$$

设

$$A'=\begin{pmatrix} 0 & 1 & & & & 0 \\ 1 & 0 & 1 & & & \\ & 1 & \ddots & \ddots & & \\ & & \ddots & \ddots & \ddots & \\ & & & \ddots & \ddots & 1 \\ 0 & & & & 1 & 0 \end{pmatrix}, \quad p_n(\lambda)=\det(A'-\lambda I),$$

那么

$$\det B=\det B'=\det p_n(A).$$

根据 1.29, B 的特征值为 $2\cos\frac{k\pi}{2n+1}$, $k=1,\ldots,2n$. 因此

$$\det p_n(A)=\det\prod_{k=1}^{2n}\left(2\cos\frac{k\pi}{2n+1}I-A\right)=\prod_{k=1}^{2n}\det\left(2\cos\frac{k\pi}{2n+1}I-A\right).$$

令

$$q_n(\lambda)=\det(A-\lambda I),$$

那么, 反过来

$$\det B=\prod_{k=1}^{2n}q_n\left(2\cos\frac{k\pi}{2n+1}\right).$$

A 的特征值以及 A' 的特征值可以用相同的方式确定, 结果是 $2i\cos\frac{k\pi}{2n+1}$, $k=1,\ldots,2n$. 因此

$$\begin{aligned}\det B &= \prod_{k=1}^{2n}\prod_{l=1}^{2n}\left(2\cos\frac{k\pi}{2n+1}-2i\cos\frac{l\pi}{2n+1}\right)\\&=2^{4n^2}\prod_{k=1}^{2n}\prod_{l=1}^{2n}\left|\cos\frac{k\pi}{2n+1}-i\cos\frac{l\pi}{2n+1}\right|\\&=2^{4n^2}\prod_{k=1}^{2n}\prod_{l=1}^{2n}\left(\cos^2\frac{k\pi}{2n+1}+\cos^2\frac{l\pi}{2n+1}\right)^{1/2}\\&=2^{4n^2}\prod_{k=1}^{n}\prod_{l=1}^{n}\left(\cos^2\frac{k\pi}{2n+1}+\cos^2\frac{l\pi}{2n+1}\right)^{2}.\end{aligned}$$

所以

$$\begin{aligned}a_n=\sqrt{\det B}&=2^{2n^2}\prod_{k=1}^{n}\prod_{l=1}^{n}\left(\cos^2\frac{k\pi}{2n+1}+\cos^2\frac{l\pi}{2n+1}\right)\\&=\prod_{k=1}^{n}\prod_{l=1}^{n}\left(4\cos^2\frac{k\pi}{2n+1}+4\cos^2\frac{l\pi}{2n+1}\right).\end{aligned}$$

(b) 根为 $4\cos^2\frac{k\pi}{2n+1}$, $k=1,\ldots,n$ 的多项式为

$$f(x)=x^n-\binom{2n-1}{1}x^{n-1}+\binom{2n-2}{2}x^{n-2}\ldots,$$

观察到 a_n 是 $f(x)$ 和 $f(-x)$ 的结式, 根据结式的 Sylvester 形式, 有

$$a_n=\underbrace{\left|\begin{array}{cccc}1 & -\binom{2n-1}{1} & \binom{2n-2}{2} & \cdots\\ 0 & 1 & -\binom{2n-1}{1} & \cdots\\ \vdots & & \ddots & \\ 0 & & & \\ \hline 1 & \binom{2n-1}{1} & \binom{2n-2}{2} & \cdots\\ 0 & 1 & \binom{2n-1}{1} & \cdots\\ \vdots & & \ddots & \\ 0 & & & \end{array}\right|}_{2n\text{列}}\begin{array}{l}\left.\vphantom{\begin{array}{c}1\\0\\ \vdots\\0\end{array}}\right\}n\text{ 行}\\ \left.\vphantom{\begin{array}{c}1\\0\\ \vdots\\0\end{array}}\right\}n\text{ 行}.\end{array}$$

把第 $(n+k)$ 行加到第 $k(k=1,\ldots,n)$ 行, 那么前 n 行除以 2 且第 $(n-k)$ 行减去第 k 行, 所得行列式为

$$a_n = 2^n \underbrace{\begin{vmatrix} \binom{2n}{0} & 0 & \binom{2n-2}{2} & 0 & \cdots \\ 0 & \binom{2n}{0} & 0 & \binom{2n-2}{2} & \cdots \\ \vdots & & \ddots & & \\ \hdashline 0 & \binom{2n-1}{1} & 0 & \binom{2n-3}{3} & \cdots \\ 0 & 0 & \binom{2n-1}{1} & 0 & \cdots \\ \vdots & & & \ddots & \end{vmatrix}}_{2n\text{列}} \begin{matrix} \left.\vphantom{\begin{matrix}1\\1\\1\end{matrix}}\right\} n\text{ 行} \\ \left.\vphantom{\begin{matrix}1\\1\\1\end{matrix}}\right\} n\text{ 行}. \end{matrix}$$

例如, 假设 n 是偶数, 那么最后一列形如

$$a_n = 2^n \underbrace{\begin{vmatrix} \binom{2n}{0} & 0 & \binom{2n-2}{2} & 0 & \cdots & 0 \\ 0 & \binom{2n}{0} & 0 & \binom{2n-2}{2} & \cdots & 0 \\ \vdots & & \ddots & & & \vdots \\ 0 & \cdots & & \binom{2n}{0} & \cdots & \binom{n}{n} \\ 0 & \binom{2n-1}{1} & 0 & \binom{2n-3}{3} & \cdots & 0 \\ \vdots & & \ddots & & & \vdots \\ 0 & \cdots & & \binom{2n-1}{1} & \cdots & 0 \end{vmatrix}}_{2n\text{列}} \begin{matrix} \left.\vphantom{\begin{matrix}1\\1\\1\\1\end{matrix}}\right\} n\text{ 行} \\ \left.\vphantom{\begin{matrix}1\\1\\1\end{matrix}}\right\} n\text{ 行}. \end{matrix}$$

因此按第一列和最后一列展开, 我们得到

$$a_n = 2^n \left| \begin{array}{ccccc} \binom{2n}{0} & 0 & \binom{2n-2}{2} & 0 & \cdots \\ 0 & \binom{2n}{0} & 0 & \binom{2n-2}{2} & \cdots \\ \vdots & & \ddots & & \\ \hdashline \binom{2n-1}{1} & 0 & \binom{2n-3}{3} & 0 & \cdots \\ 0 & \binom{2n-1}{1} & 0 & \binom{2n-3}{3} & \cdots \\ \vdots & & \ddots & & \end{array} \right| \begin{array}{l} \left.\vphantom{\begin{array}{c}1\\1\\1\end{array}}\right\} n-2 \text{ 行} \\ \left.\vphantom{\begin{array}{c}1\\1\\1\end{array}}\right\} n \text{ 行}. \end{array}$$

现在这个行列式是具有以下形式的两个行列式的直积

$$\left| \begin{array}{cccc} \binom{2n}{0} & \binom{2n-2}{2} & \binom{2n-4}{4} & \cdots \\ 0 & \binom{2n}{0} & \binom{2n-2}{2} & \cdots \\ \vdots & & \ddots & \\ \binom{2n-1}{1} & \binom{2n-3}{3} & \binom{2n-5}{5} & \cdots \\ 0 & \binom{2n-1}{1} & \binom{2n-3}{3} & \cdots \\ \vdots & & \ddots & \end{array} \right| \begin{array}{l} \left.\vphantom{\begin{array}{c}1\\1\\1\end{array}}\right\} \frac{n-2}{2} \text{ 行} \\ \left.\vphantom{\begin{array}{c}1\\1\\1\end{array}}\right\} \frac{n}{2} \text{ 行}. \end{array}$$

论断成立. n 为奇数的情况类似可得.

(c) 我们有

$$\frac{\log a_n}{n^2} = \frac{1}{n^2} \sum_{k=1}^{n} \sum_{l=1}^{n} \log \left(4\cos^2 \frac{k\pi}{2n+1} + 4\cos^2 \frac{l\pi}{2n+1} \right).$$

右边趋向于

$$(1) \qquad \frac{4}{\pi^2} \int_0^{\pi/2} \int_0^{\pi/2} \log(4\cos^2 x + 4\cos^2 y) dx\, dy = c \approx 1.17.$$

因此,

$$\frac{\log a_n}{n^2} \to c \approx 1.17.$$

[P.W. Kasteleyn; 参见 LP, 和 E.W. Montroll, in: *Applied Combinatorial Mathematics*, (E.E. Beckenbach, ed.) Wiley, 1964; c 的一个级数展开参见后一篇参考文献.]

30. (a) 令 G 表示 $(2n-1)\times(2n-1)$ 阶的格子; 它的顶点为 $(i,j)(0\le i\le 2n-2, 0\le j\le 2n-2)$. 如果 i 和 j 都是偶数, 称点 (i,j) 是黑色的; 如果它们中有一个是奇数, 称为绿色的; 如果两个都是奇数, 称为红色的. 黑色的点构成一个 $n\times n$ 阶的格子图 H, 令 T 为 H 的任意一棵生成树. 令 $a=(2n-2,2n-2)$ 且 $x\neq a$ 为一个黑色的点, 那么 T 中连接 x 到 a 的路上的第一边包含一个绿色点 x'.

令 y 为红色的点, 在红色的点构成的格子中, 存在唯一一条连接 y 到格子图 G 的外边界的路不穿过 T, 并且在这条路上, 存在一条包含一个绿色的点的第一边. 令 y' 为这个绿色的点.

很容易验证点对 (x,x'), (y,y') 形成 $G-a$ 的一个 1-因子 (图 14).

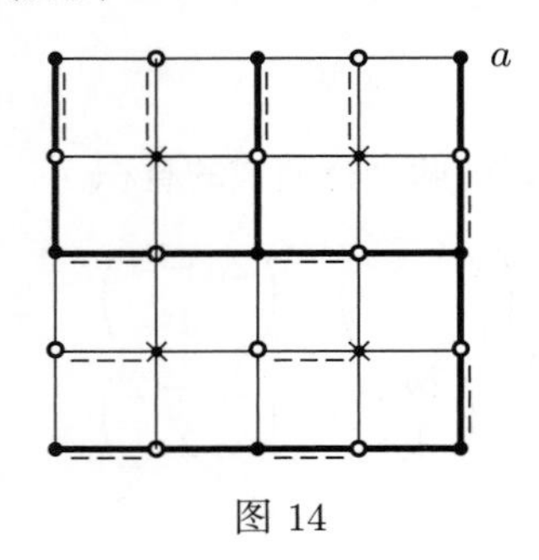

图 14

反之, 令 F 为 $G-a$ 的一个 1-因子. 考虑 H 中包含 F 的一条边的那些边构成的集合 T, 这些边形成一棵生成树. 事实上, F 中与黑色点相邻的边的数目为 n^2-1, 所以 T 包含 $n^2-1=|V(H)|-1$ 条边; 只需要证明它们不会形成圈. 由反证法, 假设它们形成一个圈 C. G 中在 C 内部的点的数目为奇数 (这很容易得到, 例如, 对 C 的长度做归纳), 因此 F 不可能匹配他们, 矛盾.

因此我们已经在 H 的生成树和 $G-x$ 的 1-因子之间建立了一个一一对应.

(b) 考虑 G 在平面中的嵌入且令 G^* 为它的对偶, 那么 $G\cup G^*$ 可以看作是具有 $|V(G)|+|V(G^*)|+|E(G)|$ 个顶点且 $4|E(G)|$ 条边的图 H. 固定点 $a\in V(G)$ 及 $b\in V(G^*)$, 并且考虑 G 的任意生成树 T, 这对应于 G 中的一棵树 T'. 此外, G^* 中那些不穿过 T 的边构成 G^* 的一棵生成树, 它在 H 中对应于一棵树 T''. 显然, T' 和 T'' 是点不交的并且它们覆盖了 H 的所有点.

观察到 T' 中与 a 距离为偶数的每个点度为 2; 因此 $T'-a$ 有唯一的一个 1-因子 F'_T. 类似地,$T''-b$ 有唯一的一个 1-因子 F''_T, 且 $F_T=F'_T\cup F''_T$ 是 $H-\{a,b\}$ 的一个 1-因子. 很容易发现 (与 (a) 部分类似) $H-\{a,b\}$ 的每个 1-因子由 G 中唯一的一棵生成树通过这种构造产生. [H.N.V. Temperley, in: *Combinatorics*, London Math. Soc. Lecture Notes Series **13** (1974) 202–204.]

31. 将边 (u_i,v_j) 定向为从 u_i 指向 v_j, 然后等同 u_i 和 $v_i(i=1,\dots,n)$, 从而我们的图被映射到传递竞赛图 T_n 上.

如果 M 是 G 中的一个 k 元匹配, 那么 M 被映射到 T_n 的一个边集 M', 满足 M'

至多有一条边进入和离开任意给定的点. 因此 M' 由不交的有向路构成; 如果我们将 T_n 中没有被 M' 涉及的点看作一元的路, 我们可以观察到 M 对应于一个覆盖 T_n 中所有点且有 $n-k$ 条不交的有向路的系统. 反之, 一个覆盖 $V(T_n)$ 且包含 $n-k$ 条不交的有向路的系统的边对应于 G 的一个 k 元匹配.

现在令 $P_1,\ldots,P_{n-k}$ 为覆盖 $V(T_n)$ 的不交的有向路, 那么 $\{V(P_1),\ldots,V(P_{n-k})\}$ 是 $V(T_k)$ 的一个划分. 将 $V(T_k)$ 划分为 $n-k$ 个类的每个划分都可由这种方式唯一地生成; 如果 $\{V_1,\ldots,V_{n-k}\}$ 是 $V(T_n)$ 的一个划分且 P_i 是由 V_i 导出的 (传递) 子竞赛图中唯一的 Hamilton 路, 那么 $V(P_i)=V_i$ 且 $P_1,\ldots,P_{n-k}$ 是覆盖 $V(T_n)$ 的不交的有向路.

因此, 在 G 的 k 元匹配和 $V(T_n)$ 的有 $n-k$ 个 (非空) 类的划分之间存在一个一一对应, 因而问题中所求的数为 $\left\{ {n \atop n-k} \right\}$.

32. 令 F_n 表示这样的置换的数目. 由假设, $\pi(n)=n$ 或者 $\pi(n)=n-1$, 以 n 为不动点且满足所要求性质的置换 π 的数目为 F_{n-1}. 因为它必然交换 n 和 $n-1$(没有其他值被映射到 n), 所以满足 $\pi(n)=n-1$ 的那些置换的数目为 F_{n-2}. 因此

$$F_n = F_{n-1} + F_{n-2}.$$

因为 $F_0=F_1=1$, 所以 F_n 是第 n 个斐波那契数.

还可以按如下方式阐述这个问题: 令 $\{v_1,\ldots,v_n\}$, $\{u_1,\ldots,u_n\}$ 是两个不交的点集. 连接 u_i 到 v_j 当且仅当 $|i-j|\le 1$ (图 15). 如果 π 是任意符合条件的置换, 那么二元对 $(i,\pi(i))$ 形成所得图 G 的一个 1-因子, 反之亦然. 因此我们想知道图 G 的 1-因子的数目. 因为 G 同构于图 1 (题 4.22) 中的图, 所以这个数就是第 n 个斐波那契数.

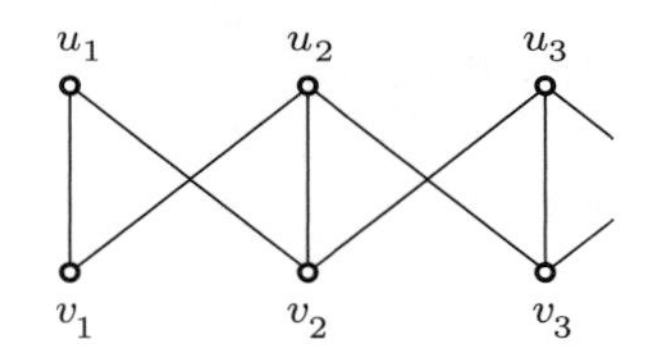

图 15

33. 很容易发现

$$a_n = \operatorname{per} \underbrace{\begin{pmatrix} 1 & 1 & 1 & & & & \\ 1 & 1 & 1 & 1 & & & \mathbf{0} \\ 1 & 1 & 1 & & \ddots & & \\ & 1 & & \ddots & & \ddots & \\ & & \ddots & & \ddots & & 1 \\ & & & \ddots & & 1 & 1 \\ \mathbf{0} & & & & 1 & 1 & 1 \end{pmatrix}}_{n}.$$

按第一行展开我们得到

$$a_n = a_{n-1} + b_{n-1} + c_{n-1}, \tag{1}$$

其中

$$b_n = \mathrm{per}\underbrace{\begin{pmatrix} 1 & 1 & 1 & & & & \\ 1 & 1 & 1 & 1 & & & \mathbf{0} \\ 0 & 1 & 1 & 1 & \ddots & & \\ & 1 & 1 & 1 & & \ddots & \\ & & 1 & & & & 1 \\ & & & \ddots & & 1 & 1 \\ \mathbf{0} & & & & 1 & 1 & 1 \end{pmatrix}}_{n},$$

$$c_n = \mathrm{per}\underbrace{\begin{pmatrix} 1 & 1 & 1 & & & & \\ 1 & 1 & 1 & 1 & & & \mathbf{0} \\ 0 & 1 & 1 & 1 & \ddots & & \\ & 0 & 1 & 1 & & \ddots & \\ & & 1 & & & & 1 \\ & & & \ddots & & 1 & 1 \\ \mathbf{0} & & & & 1 & 1 & 1 \end{pmatrix}}_{n},$$

为得到一个完全递归关系, 我们还需要按第一列展开 b_n, c_n

$$b_n = a_{n-1} + b_{n-1}; \tag{2}$$

但关于 c_n 我们得到一个新的积和式

$$c_n = b_{n-1} + d_{n-1}, \tag{3}$$

其中

$$d_n = \mathrm{per}\underbrace{\begin{pmatrix} 1 & 1 & 0 & & & & \\ 1 & 1 & 1 & 1 & & & \mathbf{0} \\ 0 & 1 & 1 & 1 & 1 & & \\ & 1 & 1 & 1 & & \ddots & \\ & & 1 & & & & 1 \\ & & & \ddots & & 1 & 1 \\ \mathbf{0} & & & & 1 & 1 & 1 \end{pmatrix}}_{n}.$$

同样展开 d_n

(4)
$$d_n = a_{n-1} + e_{n-1},$$

其中

$$e_n = \operatorname{per}\underbrace{\begin{pmatrix} 1 & 1 & 1 & & & & \\ 0 & 1 & 1 & 1 & & & 0 \\ 0 & 1 & 1 & 1 & 1 & & \\ & 1 & 1 & 1 & & \ddots & \\ & & 1 & & & & 1 \\ 0 & & & \ddots & & 1 & 1 \\ & & & & 1 & 1 & 1 \end{pmatrix}}_{n}.$$

显然

(5)
$$e_n = a_{n-1}.$$

对 $n = 2$ 有 $a_2 = b_2 = c_2 = d_2 = 2$, $e_2 = 1$. 从这些值出发, (1)–(5) 式导出 a_n, b_n, c_n, d_n, e_n 的递归关系. 设

$$A = \begin{pmatrix} 1 & 1 & 1 & 0 & 0 \\ 1 & 1 & 0 & 0 & 0 \\ 0 & 1 & 0 & 1 & 0 \\ 1 & 0 & 0 & 0 & 0 \\ 1 & 0 & 0 & 0 & 1 \end{pmatrix}, \quad \mathbf{v}_n = \begin{pmatrix} a_n \\ b_n \\ c_n \\ d_n \\ e_n \end{pmatrix},$$

那么根据惯例

$$\mathbf{v}_n = A\mathbf{v}_{n-1} = \cdots = A^{n-2}\mathbf{v}_2 = A^{n-1}\mathbf{v}_1 = A^n\mathbf{v}_0,$$

其中

$$\mathbf{v}_0 = \begin{pmatrix} 1 \\ 0 \\ 0 \\ 0 \\ 0 \end{pmatrix}, \quad \mathbf{v}_1 = \begin{pmatrix} 1 \\ 1 \\ 0 \\ 1 \\ 1 \end{pmatrix}.$$

因此

$$\sum_{n=0}^{\infty} t^n \mathbf{v}_n = \left(\sum_{n=0}^{\infty} t^n A^n\right)\mathbf{v}_0 = (I - tA)^{-1}\mathbf{v}_0.$$

我们感兴趣的是 $(I-tA)^{-1}\mathbf{v}_0$ 的第一项, 即 $(I-tA)^{-1}$ 左上角的元素. 由 Cramer 法则, 这一项等于

$$f(t)=\frac{\begin{vmatrix}1-t & 0 & 0 & 0\\ -t & 1 & -t & 0\\ 0 & 0 & 1 & -t\\ 0 & 0 & 0 & 1\end{vmatrix}}{\begin{vmatrix}1-t & -t & -t & 0 & 0\\ -t & 1-t & 0 & 0 & 0\\ 0 & -t & 1 & -t & 0\\ -t & 0 & 0 & 1 & -t\\ -t & 0 & 0 & 0 & 1\end{vmatrix}}=\frac{1-t}{t^5-2t^3-2t+1}.$$

[D.H. Lehmer, in: *Comb. Theory Appl.* Coll. Math. Soc. J. Bolyai **4**, Bolyai-North-Holland (1970) 755–770.]

34. 将提示中的积和式按第一行展开得到

$$u_{n,p}=p\cdot u_{n-1,p}.$$

因此

$$u_{n,p}=pu_{n-1,p}=\cdots=p^{n-p}u_{p,p}=p^{n-p}p!.$$

35. 我们想要确定

$$\text{(1)}\qquad \operatorname{per}\begin{pmatrix}1 & \dots & & 1 & 0 & \dots & 0\\ \vdots & & & & & \ddots & \vdots\\ 1 & & & & & & 0\\ 0 & & & & & & 1\\ \vdots & \ddots & & & & & \vdots\\ 0 & \dots & 0 & 1 & & \dots & 1\end{pmatrix}\begin{matrix}\left.\vphantom{\begin{matrix}1\\ \vdots\\ 1\end{matrix}}\right\}p\\ \left.\vphantom{\begin{matrix}0\\ \vdots\\ 0\end{matrix}}\right\}n-p\end{matrix},$$

(下方标注: 左侧 p 列, 右侧 $n-p$ 列)

也就是

$$\operatorname{per}\underbrace{\begin{pmatrix}1 & \dots & 1\\ \vdots & & \vdots\\ 1 & \dots & 1\end{pmatrix}}_{n}$$

的不包含取自 (1) 式中全 0 的两个三角形的任意元素的那些展开项的数目. 由容斥原理知

$$a(n,p)=\sum_{U,V}(-1)^{|U|+|V|}K_{U\cup V},$$

其中 U 是左下角三角形的元素的一个子集且 V 是右上角三角形的元素的一个集合, 同时 $K_{U\cup V}$ 是 $U\cup V$ 的展开项的数目. 显然, 只需要考虑没有两个元在同一行或同一列的那些集合 U, V.

我们有

$$K_{U\cup V}=(n-|U\cup V|)!.$$

因此我们要求的数目为

$$a(n,p)=\sum_{U,V}(-1)^{|U|+|V|}(n-|U|-|V|)!=\sum_{k=0}^{p}\sum_{l=0}^{p}(-1)^{k+1}(n-k-l)!\sum_{\substack{|U|=k\\|V|=l}}1.$$

由 4.31, 所考虑的满足 $|U|=k$ 的集合 U 的数目为 $\left\{{p+1 \atop p+1-k}\right\}$, 且类似地, 我们有 $\left\{{p+1 \atop p+1-l}\right\}$ 个集合 V. 因此结果是

$$a(n,p)=\sum_{k=0}^{p}\sum_{l=0}^{p}(-1)^{k+l}(n-k-l)!\left\{{p+1 \atop p+1-l}\right\}\left\{{p+1 \atop p+1-k}\right\},$$

所以

$$\frac{a(n,p)}{(n-2p)!}$$

$$=\sum_{k=0}^{p}\sum_{l=0}^{p}(-1)^{k+l}\left\{{p+1 \atop p+1-l}\right\}\left\{{p+1 \atop p+1-k}\right\}(n-k-l)(n-k-l-1)\dots(n-2p+1).$$

36. 如果该积和式的一个展开项包含取自左上角块的 k 个 1, 那么它包含取自右上角块的 $n-k$ 个 1, 取自左下角块的 $n-k$ 个 1 以及取自右下角块的 k 个 1. 如果我们选择取自右上角块的 $n-k$ 个 1 和取自左下角块的 $n-k$ 个 1, 那么存在 $(k!)^2$ 种可能的方式来选择剩下的元素.

观察到元素取自右上角 $n\times n$ 阶块且没有两个在同一行或同一列的全 1 的 $(n-k)$-元组对应于 4.13 中定义的图的 $(n-k)$-元匹配; 因此它们的数目是 $\left\{{n \atop k}\right\}$. 左下角的情形类似. 因此, 对于一个固定的 k 选择方式的数目为

$$\left\{{n \atop k}\right\}^2(k!)^2,$$

这就证明了断言. [K. Vesztergombi, *Studia Sci. Math. Hung.* **9** (1974) 181–185.]

§5. 奇偶性和对偶性

1. (a) 对一个图的所有点的度数求和, 我们得到每条边都被计数了两次 (它的每个端点计数一次). 因此, *度和是边数的两倍*.

又因为 $3+3+3+3+5+6+6+6+6+6+6$ 是一个奇数 (奇数个奇数之和), 所以这个序列不是任何图的度序列. 一般地, *这也给出了奇度点的个数是偶数的结论*.

(b) 令 $d_1, \ldots, d_k$ 为一个二部图中 "上面" 点的度数, $r_1, \ldots, r_e$ 是 "下面" 那些点的度数, 那么 $d_1 + \cdots + d_k$ 和 $r_1 + \cdots + r_e$ 都给出二部图的边数, 因此,

$$(1) \qquad d_1 + \cdots + d_k = r_1 + \cdots + r_e.$$

现在假设顶点的度正如问题中给出的. 不妨令 $d_1 = 5$, 那么 (1) 的右端能被 3 整除, 而左端不能被 3 整除. 因此, 这个序列不是任何二部图的度序列 (但它是某个图的度序列.)

(c) 因为度为 9 的点与其他所有点都相邻, 那么特别地, 它一定与度为 1 的那两个点相邻. 因此, 度为 8 的那个点就不能再和这两个 1 度点相邻; 但现在只剩下 7 个点, 所以它的度不能为 8 [参见问题 7.51].

2. 假设存在一个具有 n 个顶点的 k-正则简单图. 由 5.1(a) 的解可知, $k \cdot n$ 是边数的两倍, 所以

$$(1) \qquad k \cdot n \text{ 是偶数};$$

平凡地, 有

$$(2) \qquad k \leq n - 1.$$

我们将证明, 如果 (1) 和 (2) 都满足, 那么存在一个具有 n 个顶点的 k-正则简单图.

情形 1. k 是偶数. 考虑一个正 n 边形的顶点, 并将它的每个点都与它的邻点, 第二邻点, ..., 第 $k/2$ 邻点连接起来. 因为 $k < n$, 所以不会产生重边 (图 16).

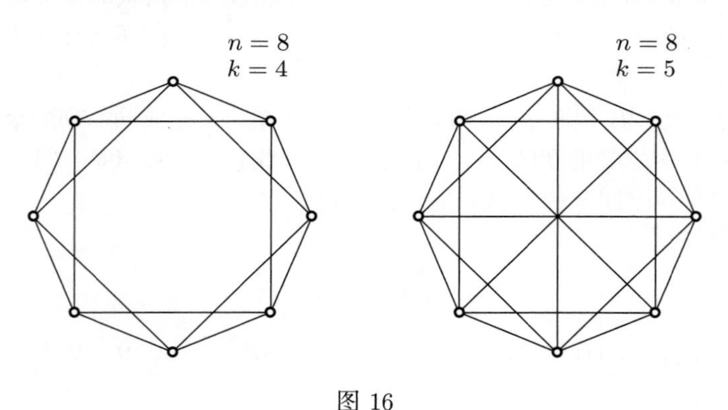

图 16

情形 2. k 是奇数. 那么由 (1), n 是偶数. 考虑由情形 1 所构造的具有 n 个顶点且度为 $k-1$ 的图. 由 (2), 最长的对角线的两个端点是不相连的; 因此, 如果我们加上这些边, 就可得到一个 k-正则简单图.

3. 如果图 G 是二部的且 C 是 G 的一个回路, 那么作为 G 的子图, C 也是二部的, 所以 C 是偶的. 现在假设图 G 中只含有偶回路, 令 P_1, P_2 为 (x, y)-路. 我们对 $V(P_1)$ 归

纳来证明 P_1, P_2 具有相同的奇偶性. 如果 $P_1 \cup P_2$ 是一个回路, 因为它是偶的, 所以 P_1 和 P_2 具有相同的奇偶性.

所以假设 P_1, P_2 有一个共同点 z. z 分别将 P_1, P_2 分成 P_1', P_1'' 和 P_2', P_2''. 我们可以选择记号, 使得 P_1', P_2' 是 (x,z)-路, 所以由归纳假设, 它们具有相同的奇偶性. 类似地, P_1'', P_2'' 的长度具有相同的奇偶性, 这就证明了 $P_1 = P_1' \cup P_1'', P_2 = P_2' \cup P_2''$ 也具有相同的奇偶性.

为了证明 2-可染性, 我们可以假设 G 是连通的. 令 $\pi(x,y)$ 表示 (x,y)-路 ($\pi(x,y) =$ 0 或 1) 共有的奇偶性. 令 $x_0 \in V(G)$, 并设

$$S_i = \{y : \pi(x_0, y) = i\} \quad (i = 0, 1).$$

那么 $\{S_0, S_1\}$ 是一个好的双染色; 令 (u,v) 是一条边且 $u \in S_0$, 考虑一条 (x_0,u)-路 P. 如果 $v \notin V(P)$, 那么 $P + (u,v)$ 是一条 (x_0,v)-路. 因此,

$$\pi(x_0, v) = \pi(x_0, u) + 1 = 1.$$

如果 v 在 P 上, 且将 P 划分成 (x_0,v)-段路 P_1 和 (u,v)-段路 P_2, 那么 $P_2 + (u,v)$ 是一个回路, 因此它是偶的. 这就意味着 P_2 是奇长的. 现在

$$0 = \pi(x_0, u) \equiv |E(P)| = |E(P_1)| + |E(P_2)| \equiv \pi(x_0, v) + 1 \pmod 2.$$

这就证明了 $\pi(x_0, v) = 1$, 即 $v \in S_1$.

这个陈述对有向图是不正确的, 因为具有传递定向的三角形不是二部的, 且没有奇圈 (事实上根本没有圈).

然而, 它对于强连通有向图是正确的. 为了证明这个结果, 首先证明: 如果 G 不含有奇圈且 P 是一条 (x,y)-路, 而 Q 是一条 (y,x)-路, 那么 P, Q 具有相同的奇偶性. 这与上面第一部分的证明是完全一样的. 现在令 P_1, P_2 是两条 (x,y)-路, 那么选择一条 (y,x)-路 Q (这里我们用到了 G 是强连通的事实), 那么 P_1, Q 具有相同的奇偶性, P_2, Q 也具有相同的奇偶性, 因此 P_1, P_2 也具有相同的奇偶性. 剩下的证明与无向图的情形一样.

4. 如果存在一个位势 $p(x)$, 那么任意一条途径上的工作是该途径的两个端点之间的位势变化. 特别地, 任意一条闭途径上的工作为 0, 所以任意一条回路上的工作也为 0.

首先, 假设任意一条回路上的工作和为 0, 我们断言任意一条闭途径 W 上的工作为 0. 对 W 的长度进行归纳. 如果 W 是一个回路, 那么结论就是我们的假设. 因此, 假设 W 两次使用点 x, x 将 W 分成两条较小的闭途径 W_1, W_2. 由归纳假设, W_1 和 W_2 上的工作都是 0, 因此 W 上的工作也是 0.

其次, 如果 P_1 和 P_2 是任意两条 (x,y)-途径, 那么我们沿着 P_1 从 x 走到 y, 然后回到 P_2, 就可形成一条闭途径 W. 因为 W 上的总工作是 0, 所以 P_1 和 P_2 需要相同的工作.

最后, 固定一个点 x_0 且定义 $p(y)$ 为从 x_0 到 y 所需要的工作. 由上述可知, 它不依赖于从 x_0 走到 y 所用的方式. 容易看到这个位势函数满足要求.

注意到 $v(e)$ 和 $p(x)$ 的值可以取自任意一个群. 更进一步, 如果这个群的每个元素的阶都是 2, 那么 G 的定向将不起作用.

5. 首先令 C 是一个偶圈, 我们可以给 C 一个 2-染色使得 C 中的每个点与它的邻点具有不同的颜色, 即交错地去染它的顶点. 若 C 不能生成 G, 我们扩展这个 2-染色如下: 因为 G 是强连通的, 所以存在一个点 x_1 与 C 相连; 类似地, 选择点 $x_2, \ldots, x_m$ 使得 x_i 与 $C \cup \{x_1, \ldots, x_{i-1}\}$ $(i = 2, \ldots, m)$ 相连. 最终, G 中的每个不在 C 中的点都是某个 x_i. 如果 $C \cup \{x_1, \ldots, x_{i-1}\}$ 已经是 2-可染的, 那么用与 $C \cup \{x_1, \ldots, x_{i-1}\}$ 中与 x_i 相连的点的颜色不同的那种颜色去染 x_i. 显然, 这个染色具有我们所想要的性质.

现在假设存在 G 的一个满足所考虑性质的 2-染色, 颜色类为 S_1, S_2. 令 G_0 表示由 S_1 和 S_2 之间的边所形成的图. 由假设, G_0 具有正的出度, 所以它包含一个圈 C. 因为 G_0 是二部的, 所以 C 具有偶的长度.

6. 令 L 是图 G 中最长的闭迹. 如果 L 不包含所有边, 那么存在一条边 $e(x, y)$, 它与 L 有一个公共点; 因为否则 L 就是 G 的一个连通分支, 而这是不可能的, 因为 G 是弱连通的. 我们可以假设 e 的尾 x 在 L 上.

从这条边出发沿着 $G - E(L)$ 的边走, 尽量只经过每条边一次. 我们不能在任意点 $z \neq x$ 停下来; 这是因为 $G - E(L)$ 中离开这个点的边和进入它的边的条数相等, 并且任何时候我们经过一条边离开 z, 我们必须在此之前经过一条边进入 z.

因此我们只会在 x 处停止; 现在从 x 点开始, 继续沿着 L 走. 这将给我们一条比 L 更长的迹.

7. (a) 每个点的入度和出度都等于 n. 此外, G 是强连通的, 这是因为

$$(a_1, \ldots, a_k), (a_2, \ldots, a_k, b_1), (a_3, \ldots, b_2), \ldots, (a_k, b_1 \ldots, b_{k-1}), (b_1, \ldots, b_k)$$

是一个从 $(a_1, \ldots, a_k)$ 到 $(b_1, \ldots, b_k)$ 的有向途径. 因此图 $G_{k,n}$ 是欧拉的.

(b) $k = 2$ 的情形是平凡的. 令 $k \geq 3$, 如果 (a, b) 是 $G_{k-1,n}$ 的一条边, 那么由定义可知, $a = (x_1, \ldots, x_{k-1}), b = (x_2, \ldots, x_k)$, 其中 $1 \leq x_i \leq n$. 将 $G_{k,n}$ 的点 $(x_1, \ldots x_k)$ 与边 (a, b) 关联起来, 立即得到 $L(G_{k-1,n})$ 和 $G_{k,n}$ 之间的一个同构. $G_{k-1,n}$ 的一个欧拉迹给出 $L(G_{k-1,n})$ 的一个哈密顿圈.

8. 令 $(a_1, a_2, \ldots, a_{2^k})$ 是 $G_{k,2}$ 的一个哈密顿圈, 那么由相邻的定义知

$$a_1 = (x_1, \ldots, x_k), a_2 = (x_2, \ldots, x_k, x_{k+1}), \ldots, a_{2^k} = (x_{2^k}, x_1, \ldots, x_{k-1}).$$

将 $x_1, \ldots, x_{2^k}$ 对应于圈上的点, 那么长度为 k 的弧对应一个 01-序列 $a_1, \ldots, a_{2^k}$. 因为哈密顿圈包含每个点恰好一次, 所以它的弧对应每个 01-序列恰好一次.

9. 如果 $L_1, \ldots, L_d$ 是提示中所描述的片段, 它们的任意排列都可确定一条欧拉迹, 且两条这样的欧拉迹相同当且仅当这两个排列与圈排列相同. 因此由 $L_1, \ldots, L_d$ 可得到

$(d-1)!$ 条欧拉迹它为偶数, 因为 $d \geq 3$, 这就证明了欧拉迹的总条数可以被 $(d-1)!$ 整除.

10. 我们不能停止在除 x_0 之外的其他点, 这正如 5.6 中所讲的. 现在假设存在 G 的边没有在我们已经通过的迹 L 上, L 使用了关联于 x_0 的每条边; 对离开 x_0 的边这是显然的, 对那些进入 x_0 的边, 由 $d^+(x_0) = d^-(x_0)$ 可得. 如果 $(x, y) \notin L$, 那么由 $(*)$, T 中由 x 出发的 (唯一的) 边也不属于 L. 因此, 存在 T 中的边不在 L 上. 考虑一条这样的边, 而且它的头 z 是离 x_0 距离最近的 (在 T 上计算距离). 因为 L 并没有用掉进入 z 的所有边, 所以它回到 z 的次数小于 $d^+(z) = d^-(z)$, 于是由 $(*)$, L 没有用到 T 中离开 z 的 (唯一的) 边 (z, u). 然而, (在 T 上) u 比 z 更接近 x_0, 矛盾.

11. 我们可将所有的欧拉迹都看作由 x_0 起始沿着 e_0 出发. 令 L 是一条欧拉迹, T 是满足如下条件的边 (x, y) $(x \neq x_0)$ 的集合

$(**)$ 从 x 出发的每条边都先于 (x, y) 被使用.

那么 T 是一棵生成树, 这是因为, 我们首先观察到 T 中恰有一条边始于每个 $x \neq x_0$. 另外, T 是无圈的; 因为如果

$$C = (x_1, e_1, x_2, e_2, \ldots, e_n, x_1)$$

是 T 中的圈, 那么 e_2 是 L 上与 x_2 关联的最后一条边, 于是 e_1 在 e_2 的前面. 类似地, e_2 在 e_3 的前面, $\ldots$, e_n 在 e_1 的前面, 矛盾. T 的定义保证了欧拉迹 L 可由 T 通过前面问题的构造生成.

如果给定 T, 那么我们可由 T 并按如下方式刻画任意欧拉迹: 对任意 $x \neq x_0$, 给定 $G - E(T)$ 中由 x 起始的那些边的一个排序; 由 x_0 起始且 $\neq e_0$ 的边的一个排序; 这两个排序可以表明欧拉迹使用这些边的顺序. 因此, 恰好有 $(d_0 - 1)! \ldots (d_{n-1} - 1)!$ 条这样的欧拉迹, 故欧拉迹的数目为 $(d_0 - 1)! \ldots (d_{n-1} - 1)! \times$(以 x_0 为根的生成树的数目). [Aardenne-Ehrenfest, de Bruijn; 参见 B.]

12. 我们不可能在 $x \neq x_0$ 处停止; 这由 5.6 可知.

x_0 是一个 "好" 的点. 这是因为, 如果存在一条由 x_0 到 y 我们没有经过的边 (x_0, y), 那么我们将不会停止; 但如果在这个方向上的每条边 (x_0, y) 都已经被用过, 那么我们就离开了 x_0 共 $d(x_0)$ 次, 因而我们也进入了 $d(x_0)$ 次, 即所有的边都进入过 x_0.

假设在这个途径中我们遇到了一个 "坏" 点, 令 x 为第一个这样的点. 我们在边 (y, x) 上进入 x, 并且这是我们第一次遇到 x, 这条边将会被标记. x 是 "坏" 的意味着我们进入 x 少于 $d(x)$ 次, 因此由 $(**)$ 我们不用边 (x, y) 来离开 x. 然而, 这与 y 是 "好" 的相矛盾.

因此, 我们遇到的每个点都是 "好" 点, 由 "好" 点的定义, 在这条途径上到达的它们的邻点也都是 "好" 的. 因此, 好点形成 G 的一个连通分支. 因为 G 是连通的, 所以每个点都是 "好" 的. 证毕. [Tarry algorithm; 参见 B.]

13. 下面我们证明提示中的事实. 令 C_1 是 G 的一个回路 (G 不是森林, 因为森林中必有一条边, 它的一个端点度为 1), 令 G_1 是除去 $G-E(C_1)$ 的孤立点所得到的图, 那么 G_1 的每个点的度为偶数 (每个度减少 2 或 0), 因此由归纳知

$$G_1 = C_2 \cup \cdots \cup C_k,$$

并且

$$G = C_1 \cup C_2 \cup \cdots \cup C_k.$$

现在假设 G 的每个点的度都为偶数, 那么

$$G = C_1 \cup C_2 \cup \cdots \cup C_k$$

(我们可以忘记孤立点). 将每个 C_i 顺时针定向, 可以得到一个我们所希望的 G 的定向.

14. (a) 如果 G 有欧拉迹, 那么显然它是连通的且每个点均为偶度点. 反之, 如果它是连通的且每个点均为偶度点, 由 5.13, 它可以被定向使得每个点有相同的出度和入度, 由 5.6 知, 所得到的图有一条欧拉迹. 这条欧拉迹可以给出图 G 的一条欧拉迹.

(b) 如果 G' 是由 G 中增加一个点, 并将这个点与 G 中奇度点相连所得到的图, 那么 G' 的每个点都是偶度的且是连通的, 因此含有一条欧拉迹. 去掉这个新点, 这条迹则被分解成 k 条边不交的且覆盖 G 的迹.

15. 我们假设 G 的所有点的度至少为 4.

令 $x \in V(G)$, $A_1, \ldots, A_{2d}$ 是与 x 相关联的边 (顺时针排序) 的最开始处的短片段. 我们可以假设 $G-\{A_1 \cup \cdots \cup A_{2d}\}$ 是不连通的 (例如, x 上存在一个自环), 那么 A_1, A_2 将分离它的连通分支. 去掉 $A_1 \cup A_2$, 并用一条新弧 A 连接 A_1 和 A_2 除了 x 之外的端点 (图 17). 所得到的地图 G' 是连通的, 这可由如下观察得到: 因为 G 是欧拉的, 所以 $G-(A_1 \cup \cdots \cup A_{2d})$ 的每个连通分支至少通过两个 A_i 与 x 相连. 另外, G' 比 G 的边数少, 所以由归纳假设可知, G' 有一条欧拉迹, 用 $A_1 \cup A_2$ 替代 A, 我们就得到 G 的一条欧拉迹.

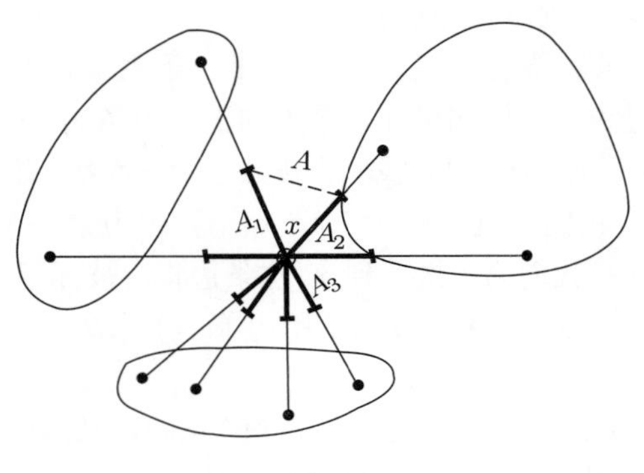

图 17

16. 提示中的陈述很容易被验证. 对树来说, 这个断言是平凡的 ($2^{(n-1)-n+1}=1$, 这与树 G 唯一的"好"子图是 $(V(G),\emptyset)$ 相一致).

假设 G 是连通的且有 M 个"好"子图. $G+e$ 中那些不包含边 e 的"好"子图恰好是 G 的"好"子图, 所以这类"好"子图的个数是 M. 我们只需证明包含边 e 的"好"子图的数目也相同即可. 令 C 是 $G+e$ 中包含 e 的回路 (存在, 因为 G 是连通的). 那么 G_1 是 $G+e$ 的包含 e 的"好"子图当且仅当 $(V(G),E(G_1)\triangle E(C))$ 是不包含 e 的好子图. 这个对应是一一对应, 也就证明了本题的断言.

17. (a) 我们可以仅考虑简单图, 因为去掉平行边不会改变结果.

如果每个点都是偶数度, 取 $V_1=V(G), V_2=\emptyset$. 假定 a 是一个奇度点, 令 S 是它的邻域. 定义 G_1 为

$$V(G_1)=V(G)-\{a\},$$

$$(x,y)\in E(G_1)\quad 如果\begin{cases}(x,y)\notin E(G) & 如果\ x,y\in S,\\ (x,y)\in E(G) & 其他情形.\end{cases}$$

对 n 进行归纳, 假设 $V(G_1)=W_1\cup W_2$, 其中 W_1 和 W_2 分别生成 G_1 的偶子图. 因为

$$|(S\cap W_1)|+|(S\cap W_2)|=|S|\equiv 1 \pmod 2,$$

我们可以假设 $|(S\cap W_1)|$ 为偶数且 $|(S\cap W_2)|$ 为奇数. 令

$$V_1=W_1\cup\{a\},\quad V_2=W_2.$$

那么 V_1,V_2 分别生成 G 的偶子图. 令 $x\in V_1$, 如果 $x\notin S$, 那么显然它在 $G[V_1]$ 中的度数是偶数. 令 $x\in S$, 那么

$$\begin{aligned}d_{G[V_1]}(x)&=d_{G_1[W_1]}(x)-d_{G_1[W_1\cap S]}(x)+d_{G[W_1\cap S]}(x)+1\\&=d_{G_1[W_1]}(x)-d_{G_1[W_1\cap S]}(x)+|W_1\cap S|-1-d_{G_1[W_1\cap S]}(x)+1\\&=d_{G_1[W_1]}(x)-2d_{G_1[W_1\cap S]}(x)+|(W_1\cap S)|,\end{aligned}$$

这里每一项都是偶数. 类似地, 对 $x\in V_2$, 它在 $G[V_2]$ 中的度数也是偶数.

(b) 令 v 为新点, 将它连接 $V(G)$ 的所有顶点, 并令 G_1 为得到的图. 由前面的习题可知, $V(G_1)=U_1\cup U_2$, 其中 U_1,U_2 分别生成偶子图. 现在如果 $v\in U_2$, 那么 $V_1=U_1, V_2=U_2-\{v\}$ 是 $V(G)$ 的一个我们想要得到的顶点划分. [T. Gallai, unpublished; W.K. Chen, *SIAM J. Appl. Math.* **20** (1971) 526–529; 这里的证明是 L. Pósa 给出的.]

(c) 我们需要找到 $V(G)$ 的一个子集 S 满足每个 $v\in S$ 都和 S 中的偶数个点相连, 且每个 $v\in V(G)\setminus S$ 都与 S 中的奇数个点相连. 在 G 中添加一个新点 u, 并将它与 G 中的每个偶度点相连. 对得到的图 G' 应用 (a), 可得到一个顶点划分 $V_1\cup V_2=V(G)\cup\{u\}$ 满足 $G'[V_i]$ 是一个偶图. 我们假设 $u\in V_2$; 那么 $S=V_1$ 满足上述要求.

18. (a) 令 S 为 $V(G)$ 上的完全图的 r 元匹配的集合, 令 $e_1,\ldots,e_m$ 为 $\bar{G}$ 中的边, A_i 为 S 中那些包含 e_i 的元素的集合. 我们想要确定

$$m_r(G) = \left|S - \bigcup_{i=1}^{m} A_i\right|.$$

由筛法公式 (2.2),

$$m_r(G) = |S| - \sum_{1\le i\le m} |A_i| + \sum_{1\le i<j\le m} |A_i \cap A_j| - \cdots + (-1)^r \sum_{1\le i_1<\cdots<i_r\le m} |A_{i_1} \cap \cdots \cap A_{i_r}|;$$

这里 $|A_{i_1} \cap \cdots \cap A_{i_\nu}|$ 是 S 中包含 $e_{1_i},\ldots,e_{i_\nu}$ 的元素的个数, 该数目非零仅当 $e_{1_i},\ldots,e_{i_\nu}$ 相互独立, 于是该数目为 $\binom{n-2\nu}{2r-2\nu}\cdot(2r-2\nu-1)!!$. 因此

$$m_r(G) = \sum_{\nu=0}^{r}(-1)^\nu m_\nu(\bar{G})\binom{n-2\nu}{2r-2\nu}(2r-2\nu-1)!! \quad ((-1)!!=1).$$

(b) 令 $n=2k$, 由 (a),

$$m_k(G) = \sum_{\nu=0}^{k}(-1)^\nu\binom{2k-2\nu}{2k-2\nu}(2k-2\nu-1)!!m_\nu(\bar{G}) \equiv \sum_{\nu=0}^{k} m_\nu(\bar{G}) \pmod 2.$$

因此

$$m_k(G) \ne 0.$$

(c) 令 A 是 G 的邻接矩阵, 考虑 $\det A$, 每个非零且与主对角线对称的展开项对应于一个 1-因子, 反之亦然. 其他展开项在主对角线上的反射下成对对应. 因此 G 的 1-因子的数目与 $\det A$ 具有相同的奇偶性, 且该数目为偶数当且仅当 $\det A$ 在 $GF(2)$ 下为零, 这种情况出现当且仅当 A 的行在 $GF(2)$ 下是线性相关的, 即存在 $GF(2)$ 中不全为 0 的元素 $g_1,\ldots,g_n$, 用 $g_1,\ldots,g_n$ 依次去乘 A 的所有行, 得到的所有行的和将为 0. 令 S 是对应的 g_i 为 1 的那些顶点的集合, 那么 S 具有性质: 每个点都与 S 中的偶数个点相邻. 反之, 每个这样的集合 S 可得到适当的系数 $g_1,\ldots,g_n$. [G.H.C. Little, *Discrete Math.* **2** (1972) 179–181.]

19. 令 S 为 $V(G)$ 上的完全有向图中所有哈密顿路的集合, $e_1,\ldots,e_m$ 是 $\bar{G}$ 的边, A_i 为 S 中那些包含 e_i 的元素的集合, 那么有

$$(*) \qquad h(G) = \sum_{\nu=0}^{n-1}(-1)^\nu \sum_{1\le i_1<\cdots<i_\nu\le m} |A_{i_1} \cap \cdots \cap A_{i_\nu}|.$$

($\nu=0$ 所对应的项是 $|S|$.) 现在 $|A_{i_1} \cap \cdots \cap A_{i_\nu}|$ 是完全有向图中包含 $e_{i_1},\ldots,e_{i_\nu}$ 的哈密顿路的条数. 该数目为 0, 除非 $e_{i_1},\ldots,e_{i_m}$ 形成不交的路; 对于后面的情况, 该数目

是 $(n-\nu)!$, 因为图 $(V(G);\{e_{i_1},\ldots,e_{i_\nu}\})$ 有 $n-\nu$ 个分支, 且任意经过 $e_{i_1},\ldots,e_{i_m}$ 的哈密顿路定义了这些分支的顺序, 反之亦然. 因此,

$$|A_{i_1}\cap\cdots\cap A_{i_\nu}|\text{是}\begin{cases}1, & \text{如果 } \nu=n-1, \text{ 且 } e_{i_1},\ldots,e_{i_\nu} \text{ 形成一条哈密顿路},\\ \text{偶数}, & \text{其他情形}.\end{cases}$$

这就证明了

$$h(G)\equiv h(\bar{G}) \pmod 2.$$

如果 G 是无向图, 那么类似地定义 S, e_i, A_i, 我们得到与 $(*)$ 相同的公式. 但是, 现在如果 $e_{i_1},\ldots,e_{i_\nu}$ 构成 μ 条顶点不交的路, 我们有

$$|A_{i_1}\cap\cdots\cap A_{i_\nu}|=\frac{(n-\nu)!}{2}2^{\mu}.$$

若 $n\geq 4$, 这也是偶的除了 $v=n-1$ 且 $e_{i_1},\ldots,e_{i_\nu}$ 形成一条哈密顿路. 因此, 我们得出上面的结论. [T. Szele; 参见 B.]

20. 如果提示中的结论是正确的, 那么问题的论断就很容易成立: 通过改变边的方向, 我们得到一个传递的竞赛图, 它含有一条哈密顿路. 因为奇偶性保持不变, 所以原来的竞赛图也具有奇数条哈密顿路.

因此, 只需证明: 如果 T 为一个竞赛图, T' 是将 T 中一条边 e 反向所得的竞赛图, 那么有

$$h(T')\equiv h(T) \pmod 2.$$

令 G_1,G_2 分别是在 T 中删除 e 和增加一条与 e 反向的边所得到的有向图, 那么简单的计算显示

$$h(G_1)+h(G_2)=h(T)+h(T').$$

另外, $\bar{G}_1$ 是由 G_2 改变所有边的方向得到的, 则有

$$h(\bar{G}_1)=h(G_2).$$

最后, 由 5.19 可得

$$h(\bar{G}_1)\equiv h(G_2) \pmod 2$$

因此

$$h(T)+h(T')=h(G_1)+h(G_2)=h(G_1)+h(\bar{G}_1)\equiv 0 \pmod 2,$$

这就证明了论断. [L. Rédei; 参见 B.]

21. 如果 F_1,F_2 是 G 的不交的 1-因子, 那么 $E(G)-F_1-F_2$ 也是 G 的 1-因子. 相反地, 如果我们能把 $E(G)$ 划分成 3 个 1-因子, 那么选取包含 e 的那个 1-因子为 F_1, 另外两个中任取一个记为 F_2. 因此满足 $F_1\cap F_2=\emptyset$, $e\in F_1, e\notin F_2$ 的 1-因子对 (F_1,F_2) 的数目 m, 等于将 $E(G)$ 划分为 1-因子的划分数的 2 倍, 所以 m 是偶数. 考虑 $F_1\cup F_2$,

它是由覆盖 $V(G)$ 的偶圈所组成. 相反地, 如果 $H \subseteq E(G)$ 是覆盖 $V(G)$ 的 k 条不交的偶圈的边的集合, 且包含 e, 那么恰有 2^{k-1} 种方式将 H 分解为 $H = F_1 \cup F_2$ (其中 F_1, F_2 是 1-因子, $e \in F_1$, $e \notin F_2$). 因此, 如果 m_k 表示覆盖 $V(G)$ 且包含 e 的 k 条不交偶圈的系统的数目, 那么

$$m = m_1 + 2m_2 + \cdots + 2^{k-1}m_k + \ldots.$$

注意到上式中的 m_1 即是包含 e 的哈密顿圈的数目, 因此

$$m_1 \equiv m \equiv 0 \pmod 2.$$

[C.A.B. Smith; 参见 B.]

22. 对 $|V(G)|$ 进行归纳来证明断言. 如果 $|V(G)| = 4$, 断言显然成立. 我们假设图 G 是连通的.

如果 G 中存在一对重边, 那么所有哈密顿圈必定用到这两条重边中的一条, 因此所有哈密顿圈成对出现, 区别仅在于它们使用这对重边中的哪一条. 所以 G 的哈密顿圈的数目是偶数.

所以假设 G 是简单的. 令 $(x,y), (x,u_1), (x,u_2), (y,v_1), (y,v_2) \in E(G)$ (见图 7). 去除 x 和 y, 连接 u_1 和 v_1, u_2 和 v_2, 得到图 G'; 另外, 连接 u_1 和 v_2, u_2 和 v_1, 得到图 G''.

图 G 的哈密顿圈可能包含, 也可能不包含 (x,y). 通过 (x,y) 的哈密顿圈有四类, 分别包含 (u_1xyv_1), (u_1xyv_2), (u_2xyv_1), (u_2xyv_2) (图 18). 分别用 h_1, h_2, h_3, h_4 来表示这四类哈密顿圈的数目. 另外, 不包含 (x,y) 的哈密顿圈可能形如 $(\ldots u_1xu_2 \ldots v_1yv_2 \ldots)$ 或 $(\ldots u_1xu_2 \ldots v_2yv_1 \ldots)$. 分别用 h_5, h_6 来表示这两类哈密顿圈的数目.

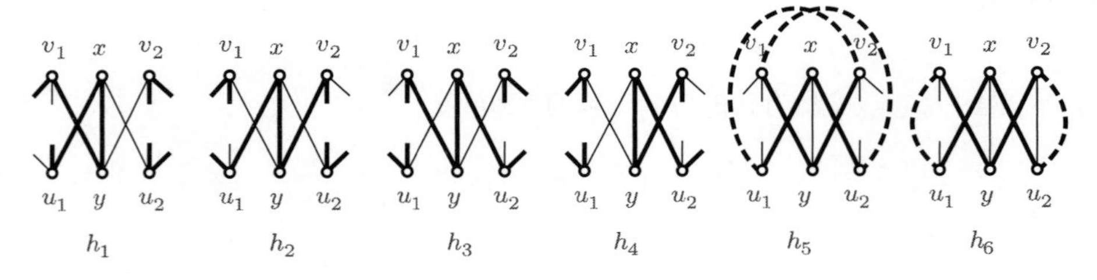

图 18

上述所定义的 h_1 个哈密顿圈一一对应于 G' 中的包含 (u_1,v_1) 但不包含 (u_2,v_2) 的哈密顿圈. 类似地, h_2, h_3, h_4 分别等于 G'' 和 G' 中的包含 (u_1,v_2), (u_2,v_1), (u_2,v_2) 但不包含另一条新边的哈密顿圈的数目. G 的 h_5 个哈密顿圈对应于 G' 中同时包含 (u_1,v_1), (u_2,v_2) 且具有 $(\ldots u_1v_1 \ldots u_2v_2)$ 形式的哈密顿圈. 类似地, h_6 个哈密顿圈对应于 G'' 中同时包含 (u_1,v_2) 和 (u_2,v_1) 且形如 $(\ldots u_1v_2 \ldots u_2v_1)$ 的哈密顿圈.

到目前为止, 还未考虑 G' 中通过 (u_1,v_1), (u_2,v_2), 形如 $(\ldots u_1v_1 \ldots v_2u_2, \ldots)$ 且不包含新边的哈密顿圈. 令 h_7, h_8 分别表示这两类哈密顿圈的数目.

在 G'' 中目前还未考虑形如 $(\ldots u_1v_2\ldots v_1u_2,\ldots)$ 且不包含任何新边的哈密顿圈. 容易看到, 这两类哈密顿圈的数目分别为 h_7, h_8 (图 19).

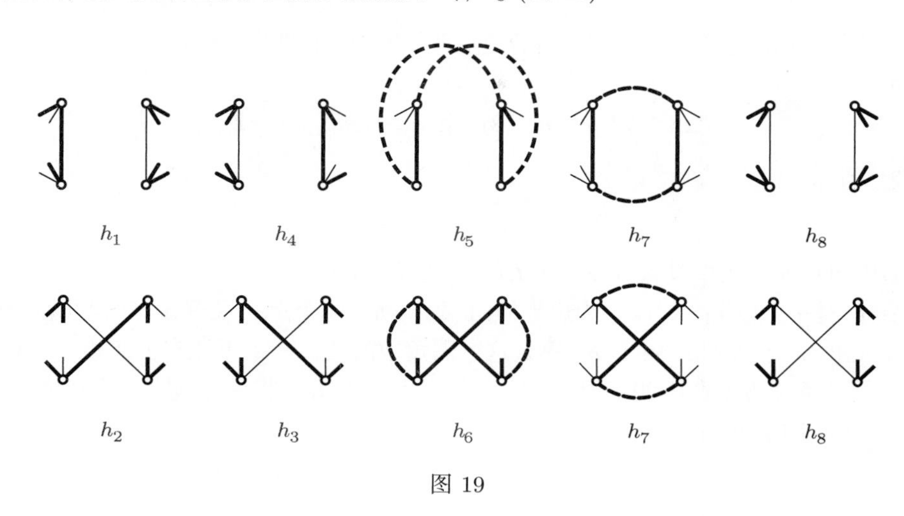

图 19

现在图 G 的哈密顿圈的数目为

$$h_1+h_2+h_3+h_4+h_5+h_6 \equiv (h_1+h_4+h_5+h_7+h_8)+(h_2+h_3+h_6+h_7+h_8) \equiv 0 \pmod 2,$$

这是因为两个括号里分别是图 G' 和 G'' 的哈密顿圈的数目. [J. Bosák; 参见 B.]

23. 要证明提示中的结论, 令 F^* 为 $V(G)$ 上由 G^* 中那些不与 F 的边交叉的边所形成的图. F^* 不包含圈, 因为否则 F 中在圈内的点将不与圈外的点相连. 另外, F^* 是连通的. 因为如果 $F^* = F_1 \cup F_2$, $F_1 \cap F_2 = \emptyset$, 令 U 为 G 中所有 "中心" 在 F^* 中的面的并, 那么 U 不是整个平面 (F_2 中没有点属于它), 因此它的边界 B 是非空的. 现在 B 是由 F 中的某些边组成, 且每条边的一侧存在 U 中的一个面, 另一侧存在不在 U 中的面. 因此, 边界上没有度为 1 的点, 即它包含一个圈, 这是矛盾的.

因此 $F \to F^*$ 给出 G 和 G^* 的生成树的一个一一对应. 这就证明了本题的论断.

注: 我们在论证的过程中用到了平面拓扑中的一些事实, 如若尔当曲线定理 (每一条简单的闭曲线将平面划分为两个部分) 以及其他类似的结论. 因为我们的目的是说明这些问题的组合内容, 所以在用到这些事实时我们不加证明.

24. 考虑 G 的生成树 F 和如 5.23 中定义的 F^*, 那么

$$|E(F)| = |V(G)| - 1,$$
$$|E(F^*)| = |V(G^*)| - 1$$

且由 F^* 的定义有

$$|E(F)| + |E(F^*)| = |E(G)|.$$

因此

$$|V(G^*)| = |E(G)| + 2 - |V(G)|.$$

25. 因为每个面的边界至少有三 [四] 条边, 每条边恰好在两个面的边界上, 所以由欧拉公式可得

$$2m \geq 3(m-n+2) \quad [2m \geq 4(m-n+2)]$$

等价地, 有

$$m \leq 3n-6 \quad [m \leq 2n-4].$$

26. 我们可以假设图中没有自环, 对 $|E(G)|$ 进行归纳.

令 F 是一个以 $e_1, \ldots, e_m$ 为边界的面, 我们断言每个点 x 关联于其中的偶数条边. 假设 x 处的 k 个 "隅角" 属于 F, 那么这些隅角中的任意两个不能有公共边 e, 因为这样的边是一条割边 (见图 20), 因此 $G-e$ 的一个连通分支将恰好包含一个奇度点. 故 x 与 F 边界上的 $2k$ 条边关联.

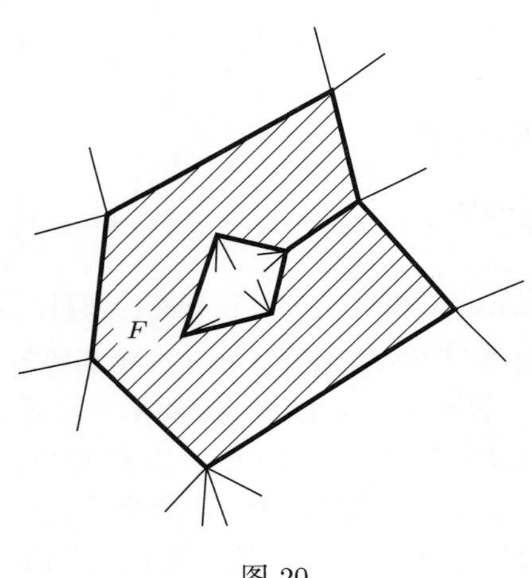

图 20

现在移去边 $e_1, \ldots, e_m$, 剩下的图 G' 是偶图, 所以它的面是 2-可染的. G' 的面是 F 与它的邻居, 以及 G 的所有其他面的并, 变换 F 的颜色但保持其他地方的颜色不变, 我们得到 G 的面的一个 2-染色.

27. (a) 首先, 根据 5.26 用红色和蓝色对面进行 2-染色. 然后, 定向每条边使得与给定的边 e 关联的红色面在它的左边. 这个定向满足要求. (对这部分来说, 我们不必要求 G 是简单的.)

(b) 我们可以假定 G 是连通的; 因为它是欧拉的, 所以也是 2-边连通的. 我们用 "隅角" 来表示相继出现在一个面的边界上的两条边的有序对, 这里的边界是可以被旋转使得面在左边.

考虑 G 的边的任一 2-染色, 一个具有 i 条边的面至多与 $\lfloor i/2 \rfloor$ 个红–蓝隅角相关联. 因此如果 f_i 表示具有 i 条边的面的数目, 那么红–蓝隅角的数目至多为

$$f_3 + 2f_4 + 2f_5 + 3f_6 + \cdots \le f_3 + 2f_4 + 3f_5 + 4f_6 + \ldots.$$

设 G 有 n 个顶点和 m 条边; 那么由欧拉公式可得

$$f_3 + f_4 + f_5 + f_6 + \cdots = m - n + 2,$$

显然有

$$3f_3 + 4f_4 + 5f_5 + 6f_6 + \cdots = 2m.$$

所以红–蓝隅角数至多为 $2m - 2(m-n+2) = 2n - 4 < 2n$, 从而必有一点至多关联于一个红–蓝隅角. 于是在这个点上, 红边 (和蓝边) 在边的循环次序中相继出现. (这个问题的结论可以推广到所有平面图中.) [柯西]

28. (a) 假设存在一个平面图, 它的顶点都为偶数度, 且除一个面为五边形外其他所有的面都是三角形. 用红蓝两种颜色对面进行 2-染色 (5.26), 不妨假设这个五边形是红色的. 计数边的条数, 每一个蓝色的面在边界上有 3 条边, 计数每条边恰好一次; 所以边数可被 3 整除. 另外, 红色的面共有 $3k+5$ 条边在边界上 (k 是红色三角面的数目). 两种计数方法应该得到相同的边数, 矛盾.

(b) 提示中构造的图 G', 除了 z 之外, 其他点的度数都是偶数, 但由 5.1(a) 可知, z 也为偶度点. 令 $a_1+1, a_2+1, \ldots, a_{2s}+1$ 为以循环次序表示的和 z 相关联的面的边数. 对这些面进行 2-染色 (图 21), 包含 a_1+1 条边的面的颜色在边界上有 $(a_1{+}1){+}(a_3{+}1){+}\cdots{+}(a_{2s-1}{+}1){+}3k$ 条边, 另一个颜色则有 $(a_2{+}1){+}\cdots{+}(a_{2s}{+}1){+}3N$ 条边. 两种情形都可以得到 G 的总边数, 因此,

$$a_1 + a_3 + \cdots + a_{2s-1} \equiv a_2 + a_4 + \cdots + a_{2s} \pmod 3.$$

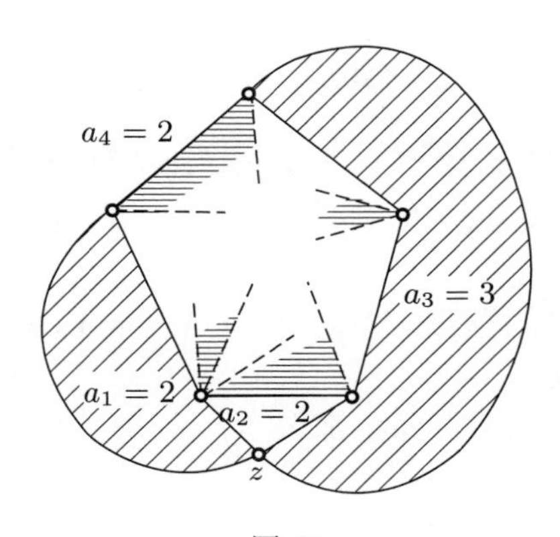

图 21

此外, 我们有 $\sum_{i=1}^{2s}(a_i-1)=5$. 容易验证这些方程的唯一解是

$$a_1=2,\quad a_2=5$$

(反之亦然). 因此, 五边形中恰有两个相邻点的度数是奇数 [T. Gallai].

29. 设这三种颜色分别是红, 蓝, 绿. 每个点的颜色都不同的三角形含有一条红–蓝边; 任意其他的三角形则含有 0 或 2 条. 另外, 每条红–蓝边在两个与它相邻的三角形中被计数了两次, 所以对红–蓝边数求和是偶数, 即顶点具有 3 种不同颜色的三角形的数目是偶数.

注: 上述命题是代数拓扑中 Sperner 引理的一种特殊情况, 这等价于 n-维三角剖分的一个相似命题 [如参见 L.S. Pontryagin, *Grundzüge der Kombinatorischen Topologie*, Berlin, 1956, p.73].

30. 考虑提示中所定义的染色, 如果存在一个面, 将顶点 x, y, z 分别染成红, 蓝, 绿色. 不妨设 $z\in V_1$, 那么 z 与 V_1 中的 (x,a)-路构成 V_1 中的一条 (z,a)-路, 由此 z 应该被染为红色.

如果 V_1 中不包含 (a,c)-路, 且 V_2 中不包含 (b,d)-路, 那么 c, d 均为绿色. 因此, 如果我们添加边 (a,c), 那么我们将得到只有面 abc 染三色的三角剖分, 这与之前的习题结论相矛盾的.

31. (a) 正确; 事实上, A 是正则的当且仅当 $\det A\neq 0$. 这个事实的标准证明使用了在任何领域都有效的考虑.

(b) 正确; 因为

$$\det A^TA=\det A^T\det A=(\det A)^2\neq 0.$$

(c) 错误; 因为可能存在一个向量 $\mathbf{u}\neq\mathbf{0}$ 满足 $\mathbf{u}^T\mathbf{u}=0$ (例如: 若 $F=GF(2),\mathbf{u}=\mathbf{e}_1+\mathbf{e}_2$, 或 F 是复数域, $\mathbf{u}=(1,i)^T$), 则由

$$A\mathbf{e}_1=\mathbf{u},\ A\mathbf{e}_2=\cdots=A\mathbf{e}_n=\mathbf{0}\quad (\text{对某一组基}\mathbf{e}_1,\ldots,\mathbf{e_n})$$

定义的变换 A 满足对任意的 $\mathbf{x},\mathbf{y}$, 有 $A\neq 0$, $\mathbf{y}A^TA\mathbf{x}=(A\mathbf{y})^TA\mathbf{x}=0$, 所以 $A^TA=0$.

(d) 错误; 若 $\mathbf{u}^T\mathbf{u}=0,\mathbf{u}\neq 0$, 那么令 $M=\langle\mathbf{u}\rangle$ (由 $\mathbf{u}$ 生成的子空间); 则有 $M\subseteq M^{\perp}$.

(e) 错误; 对前面的 M, 我们有 $\langle M,M^{\perp}\rangle=M^{\perp}\neq V$, 这是因为, 例如, $\mathbf{e}_1,\ldots,\mathbf{e}_n$ 中的一个一定不与 M 正交.

(f) 正确; 令 A 为提示中所提到的. 那么

$$\mathbf{x}\in M^{\perp}\iff\mathbf{x}^T\mathbf{v}_i=0\ (i=1,\ldots,k)\iff\mathbf{x}^TA\mathbf{e}_i=0\ (i=1,\ldots,k),$$

$$\iff\mathbf{e}_i^TA^T\mathbf{x}=0\ (i=1,\ldots,k)\iff A^T\mathbf{x}\in\langle\mathbf{e}_{k+1},\ldots,\mathbf{e}_n\rangle,$$

$$\iff \mathbf{x} \in (A^T)^{-1}\langle \mathbf{e}_{k+1}, \ldots, \mathbf{e}_n \rangle.$$

因此

$$M^\perp = (A^T)^{-1}\langle \mathbf{e}_{k+1}, \ldots, \mathbf{e}_n \rangle,$$

这就证明了 $\dim M^\perp = n - k$.

(g) 正确; 因为令 $\mathbf{u} \in M$, 则 $\mathbf{u}$ 与 $M^\perp$ 中的每个元素都正交, 即 $\mathbf{u} \in (M^\perp)^\perp$. 因此

$$M \subseteq (M^\perp)^\perp.$$

另外,

$$\dim(M^\perp)^\perp = n - \dim M^\perp = n - (n - \dim M) = \dim M,$$

这样就证明了断言.

32. (a) $\mathbf{x} \in \langle M, M^\perp \rangle^\perp$ 当且仅当 $\mathbf{x}$ 和 M, $M^\perp$ 都是正交的, 即 $\mathbf{x} \in M^\perp \cap (M^\perp)^\perp = M \cap M^\perp$, 因此

$$\langle M, M^\perp \rangle = (M \cap M^\perp)^\perp.$$

现在令 $\mathbf{u} \in M \cap M^\perp$, 那么 $\mathbf{u} \in M$, $\mathbf{u} \in M^\perp$, 因此 $\mathbf{u}^T\mathbf{u} = 0$. 这表明在 $\mathbf{u}$ 中 1 的个数是偶数, 这等价于 $\mathbf{u}^T\mathbf{j} = 0$. 因此 $\mathbf{j} \in (M \cap M^\perp)^\perp = \langle M, M^\perp \rangle$. [T. Gallai, unpublished; W.K. Chen, *SIAM J. Appl. Math.* **20** (1971) 526–529.]

(b) 提示中的恒等式是显然的, 这是因为在 $\mathbf{v}^T A\mathbf{v}$ 的展开式中, 由 A 的非对角线上的元素所产生的项在域 $GF(2)$ 上两两相消, 而对角线上的元素, 我们有 $v_i^2 = v_i$.

现在假设 $\mathbf{a}$ 不在 A 的列空间中, 那么存在一个 0-1 向量 $\mathbf{v}$ 与 A 中所有的列都正交, 但与 $\mathbf{a}$ 不正交 (由 5.31(g)). 所以 $A\mathbf{v} = 0$, 因此 $\mathbf{v}^T A\mathbf{v} = 0$. 但是提示中的等式表明 $\mathbf{a}^T\mathbf{v} = 0$, 矛盾.

将 A 看作图 $G = (V, E)$ 的邻接矩阵, 我们得到如下: 给定 $T \subseteq V$, 存在一个集合 $S \subseteq V$ 使得对每个 $v \in V$, 有

$$\Gamma(v) \cap S = \begin{cases} \text{偶数}, & \text{如果 } v \in S \cup (V \setminus T), \\ \text{奇数}, & \text{如果 } v \in T \setminus S. \end{cases}$$

分别取 T 为奇度点、偶度点和所有点的集合, 我们就可得到 5.17(a), (b) 和 (c). [N. Alon]

33. 我们证明 U_G 是由割组成的. 割构成了一个子空间; 因为分别由集合 S_1 和 S_2 所决定的割的并集, 是由 $S_1 \Delta S_2$ 所决定的割. 每个星图都是一个割. 相反地, 由 S 决定的割是由 S 的点决定的星图的并集.

x 点的星图与边集 A 正交当且仅当由 A 决定的子图在 x 点处的度为偶数. 因此, W_G 由偶子图的边的集合组成. 由 5.13 的解答可知, W_G 是由 G 中的圈生成的.

如果所有圈都是偶的, 那么 $\mathbf{j} = (1, \ldots, 1)$ 与每一个圈都正交, 因此, $\mathbf{j} \in (U_G^\perp)^\perp = U_G$. 由 (a) 可知 G 是二部图, 因此 5.3 得证.

为了证明 5.16, 我们必须确定 $\dim W_G$. 由 5.21(f), 只需确定 $\dim U_G$. 令 $A_1,\ldots,A_n$ 表示所有的星图. 因为

$$A_n = A_1 + \cdots + A_{n-1},$$

我们有 $U_G = \langle A_1,\ldots,A_{n-1}\rangle$. 我们证明 $A_1,\ldots,A_{n-1}$ 是线性无关的. 它们之间的任何线性相关性都应该有如下形式

$$A_{i_1} + \cdots + A_{i_k} = 0,$$

因为我们是在 $GF(2)$ 上考虑. 然而, $A_{i_1}+\cdots+A_{i_k}$ 是由 $V(G)$ 的一个非空真子集决定的割, 是非空的因为 G 是连通的.

因此, $\dim U_G = n-1, \dim W_G = m-n+1$, 证毕. 5.17 可由 5.32 直接得到.

(b) 论断对非连通图是显然成立的, 所以假设 G 是连通的. 分解的数目, 即 $\mathbf{a}+\mathbf{b}=\mathbf{j}, \mathbf{a}\in U_G, \mathbf{b}\in W_G$ 的解的个数, 显然等于 $|U_G \cap W_G|$, 这等于与 U_G 中每个元素都正交的向量 $\mathbf{u}$ 的数目.

令 A_G 表示图 G 的点-边关联矩阵, A_0 是由 A_G 去掉一行所得到的矩阵, 那么 A_0^T 的值域是 U_G. 我们还知道 A_0^T 是一一的, 所以我们感兴趣的是对每个 $\mathbf{y}$, 满足

$$(A_0\mathbf{x})^T(A_0\mathbf{y}) = \mathbf{x}^T A_0 A_0^T \mathbf{y} = 0$$

的向量 $\mathbf{x}$ 的个数. 但等式对每个 $\mathbf{y}$ 都成立当且仅当 $A_0A_0^T\mathbf{x}=0$, 这个方程有唯一解当且仅当 $\det A_0A_0^T \neq 0 \pmod 2$. 由 4.9, 这意味着生成树的数目为奇数.

34. 令 $C_1,\ldots,C_{f-1}$ 为有限面, 将它们视为 G 的圈, 即 W_G 中的元素. 我们证明 G 的每个圈是某些 C_i 的并. 令 C 为 G 的圈, 每个面 C_i 在 C 的里面或者外面. 不妨设 $C_1,\ldots,C_r$ 在 C 的里面. 那么

$$C = C_1 + \cdots + C_r;$$

事实上, 若 e 是 C 的一条边, 那么与 e 关联的两个面中恰有一个在 C 的里面, 所以 $e \in E(C_1+\cdots+C_r)$. 若 e 在 C 的里面 (外面), 那么这两个面都 (不) 在 C 的里面, 因此 e 不会出现在 $C_1+\cdots+C_r$ 中. 另外, 若 $C_1,\ldots,C_{f-1}$ 相关, 即

$$C_1 + \cdots + C_r = 0,$$

那么从 C_1 的一个内点 x 出发画一条连续的线到无穷远, 避开其他点. 这条线在 G 的边 e 的一个顶点处离开面 $C_1,\ldots,C_r$ 的并. 那么与 e 关联的两个面中恰有一个属于 $C_1,\ldots,C_r$, 因此

$$e \in C_1 + \cdots + C_r,$$

矛盾.

注: 因为由之前的问题可知, W_G 的维数是 $m-n+1$, 所以我们得到

$$m = n + 1 = f - 1,$$

即至少可以得到对于 2-连通图的欧拉公式. 相反地, 利用欧拉公式可以让一半的证明是多余的.

35. (a) 令 $e \in \sum_{i\in I\cup J} C_i$, 设 $e \in C_\mu$, $\mu \in I \cup J$. 我们断言 $\mu \in I$. 这是显然的若 $\mu \notin J$. 假设 $\mu \in J$, 那么由于不存在其他的 $C_\nu, \nu \in I \cup J$ 包含 e, 我们有

$$e \in \sum_{i\in J} C_i \subseteq \bigcup_{i\in I} C_i,$$

其中 $\mu \in I$. 因此, $e \in \sum\limits_{i\in I} C_i = K$, 即 $\sum\limits_{i\in I\cup J} C_i \subseteq K$. 因为 K 是一个圈且 $\sum\limits_{i\in I\cup J} C_i \neq \emptyset$, 我们有

$$K = \sum_{i\in I\cup J} C_i.$$

因为 K 可唯一地分解为 C_i 的并, 所以我们有

$$I \cup J = I, \quad J \subseteq I.$$

(b) 若 $C_1, \ldots, C_f$ 是所有的圈, 那么容易看出它们恰好是 G 的块 (没有计算割边).

令 $K \neq C_1, \ldots, C_f$ 是满足如下条件的圈, 它可以表示为 G_i 的并集且含有最少数目的项. 不妨设

$$K = C_1 + \cdots + C_r \quad (r \geq 2), \quad I = \{1, \ldots, r\}$$

且, 例如 $C_1 \cap C_2 \neq \emptyset$. 那么 $C_1 + C_2$ 是偶的, 因此有

$$C_1 + C_2 = K_1 + \cdots + K_s, \tag{1}$$

其中 $K_1, \ldots, K_s$ 是边不交的圈. 它们中至少有一个, 不妨设为 K_1, 一定不同于 $C_1, \ldots, C_f$; 否则 (1) 将显示 $C_1, \ldots, C_f$ 是线性无关的. 令

$$K_1 = \sum_{i\in J} C_i.$$

由 (a) 知 $J \subseteq I$, 所以由 I 的极小性, 我们有 $J = I$. 因此 $K = K_1$, 从而

$$K \subseteq C_1 + C_2. \tag{2}$$

我们断言 $K = C_1 + C_2$. 不妨假设存在 C_1 的一条边不在 $K \cup C_2$ 中. 这条边属于某个 C_k, $3 \leq k \leq r$. 对 C_k, (2) 也成立, 即

$$K \subseteq C_1 + C_k. \tag{3}$$

但是 (2) 和 (3) 表明 K 的一条不在 C_1 的边必同时属于 C_2 和 C_k, 因此不可能出现在 $\sum\limits_{i=1}^{r} C_i$ 中, 矛盾.

因此 $C_1 + C_2$ 是一个圈.

(c) 对边数进行归纳. 不妨设 $C_1 + C_2 = C$ 是一个圈, 移去 C_1 和 C_2 的公共边以及可能会产生的孤立点, 令 G' 为得到的图.

考虑系统 $C, C_3, \ldots, C_f$, 显然由构造可知, G' 的每条边至多被它们中的两个所包含. 另外, 若 A 是 G' 的偶子图, 那么

$$A = \sum_{i \in I} C_i \quad (I \subseteq \{1, \ldots, f\}),$$

这里 C_1 和 C_2 要么都出现, 要么都不出现, 因此 A 是 $C, C_3, \ldots, C_f$ 的线性组合. 另外, $C, C_3, \ldots, C_f$ 显然是线性无关的. 因此由归纳假设, G' 可被嵌入到平面上使得 $C, C_3, \ldots, C_f$ 是面的边界. 为了得到 G, 我们必须将 $C_1 \cap C_2$ 放回, $C_1 \cap C_2$ 是一条连接 C 中两个点的路, 因此这些可以做到且 C_1, C_2 将成为新的边界.

(d) 容易看出一个图是平面的当且仅当它的每个块都是平面的. 对性质 "W_G 存在一组基使得每条边至多属于其中两个元素", 类似的断言同样成立. 因此为了证明这两个性质的等价性, 我们仅考虑 2-连通图. 鉴于此, 平面性的 MacLane 条件的必要性可由 5.34 得出. 注意到, 我们可能要求基的元素必须是圈, 这是因为, 假设存在 W_G 的一组基 $A_1, \ldots, A_f$ 使得每条边至多属于它们中的两个. A_1 是边不交的圈的并, 明显地, 这些圈中必有一个是与 $A_2, \ldots, A_n$ 线性无关的, 用这个圈替换 A_1, 我们得到具有同样性质的一组基. 类似地继续做下去, 用圈替换 $A_2, \ldots, A_f$.

现在 MacLane 条件的充分性可由 (c) 得到. [S. MacLane; 参见 W.]

36. 假设 G 是一个平面图, G^* 是它的对偶图, 那么如果 φ 将每条边 $e \in E(G)$ 与 G^* 中和这条边交叉的边联系起来, 那么 φ 满足 5.23 的要求.

相反地, 假设 G^* 和 φ 存在, 我们证明 G 是平面的.

首先, 我们证明 G^* 中一个星的边对应于 W_G 中一个元素的边. 这是因为, 令 $X \subseteq V(G)$, 假设 $\varphi(X)$ 是 $x \in V(G^*)$ 的一个星. 令 $B_1, \ldots, B_s$ 是 G^* 关于 x 的分支, A_i 是 (x, B_i)-边的集合, 那么 A_i 是与 G^* 的每棵生成树都相交的极小集. 因此, $\varphi^{-1}(A_i)$ 是不包含在 G^* 的任意生成树中的极小集, 即 $\varphi^{-1}(A_i)$ 是一个圈. 因此

$$X = \sum_{i=1}^{s} \varphi^{-1}(A_i) \in W_G.$$

现在令 $C_1, \ldots, C_{n^*}$ 是 W_G 中对应于 G^* 中顶点的星图的元素, 那么显然 G 的每条边恰好包含在两个 C_i 中. 另外, 如果我们令 $f = n^* - 1$, $C_1, \ldots, C_f$ 将构成 W_G 的一组基. 事实上,

$$\dim W_G = e - n + 1 = n^* - 1 = f$$

(由 G^* 的定义), 且 $C_1, \ldots, C_f$ 在 $GF(2)$ 上线性无关, 这是因为 G^* 中对应的星图也是线性无关的.

因此由 MacLane 定理可知, G 是平面的. [H. Whitney; 例如参见 Wi.]

37. (a) 若 G 是 2-连通的结论显然. 间接地, 假设 $G = G_1 \cup G_2$ 且 $V(G_1) \cap V(G_2) = \{x, y\}$, $|V(G_i)| \geq 3$. 令 P_i 为 G_i 中的一条 (x,y)-路, $H_i = G_i + P_{3-i}$, 那么 H_i 是平面的; 将 H_i 嵌入到平面上使得路 P_{3-i} 在无界区域的边界上 (这可以通过把平面相对于一个适当的圈反转而得到). 然后等同顶点 x 和 y 并删除 P_i (图 22). 这样就得到 G 在平面上的一个嵌入, 矛盾.

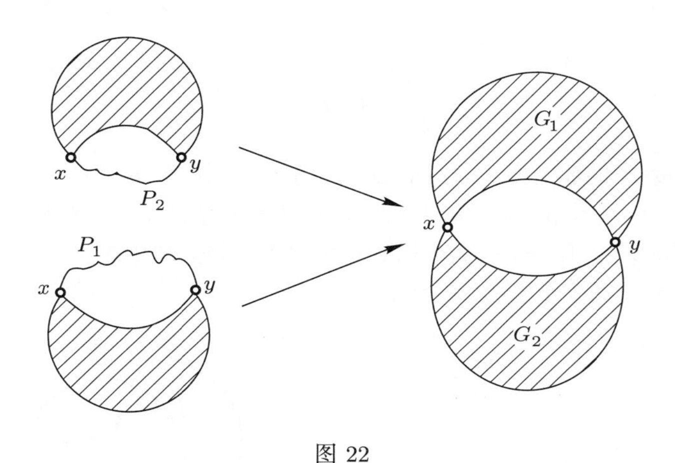

图 22

(b) 令 $(x_0, \ldots, x_m)$ 是 G 的一条最长路, x_0 的度数至少为 3, 且由路的最大性, 它不与这条路外的点相邻. 所以它有两个邻点 x_i, x_j, $1 < i < j$, 那么 $(x_0, \ldots, x_j)$ 是一个有弦的圈 (也见 6.35).

(c) 令 (x, y) 是圈 C 上的弦, 选取圈 C 满足在 $G - (x, y)$ 的平面嵌入中 C 内的面的数目尽可能大. 首先观察到 C 外没有顶点, 事实上, 令 G_0 是 $G - V(G)$ 的一个连通分支并间接地假设 G_0 在 C 外. 由于 G 是 3-连通的, 那么一定存在 C 的三个顶点与 G_0 相邻, 并且至少有两个顶点, 不妨设为 u 和 v, 没有被 x 和 y 分离开. 那么用 G_0 中的 (u, v)-路替换 e 中不包含 x, y 的 (u, v)-弧, 我们得到一个具有弦 (x, y) 的圈 C' 且内部有更多的面.

同样的原因表明 C 外所有的弦都连接了 C 的两条 (x, y)-弧的内部点.

现在我们考虑 C 的存在于 C 内的桥. 称这样的桥是可移动的, 如果它的端点不能分离 C 的任意外面弦的端点. 显然, 我们可以把所有这些桥 “移动” 到 C 外. 在剩下的这些桥中, 一定存在一个桥包含 C 的两条 (x, y)-弧的内部点, 否则 x 和 y 可以在 C 内被连接, 从而 G 将是平面的. 所以在 C 内存在一个桥 B, 以及 C 外的一条弦 (a, v), 使得 B 的端点在 C 上将 a 和 v 分离, 并将 x 和 y 分离; 并且 $\{a, v\}$ 与 $\{x, y\}$ 也彼此分离. 这可能出现如下几种方式 (图 23):

(a) B 包含 (x, a)-弧和 (y, v)-弧 (或者对称地, (x, v)-弧和 (y, a)-弧) 的内部的点;

(b) B 包含 (x, a) 的一个内点 v, 以及 (y, a) 的不同于 a 的点 (或任意对称的情形);

(c) B 包含 x, y, a, v.

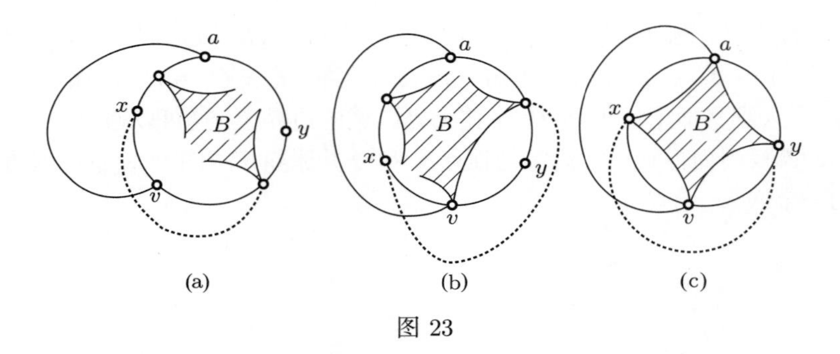

图 23

取一条连接 B 的如上提到的两个端点的路 P. 在情形 (b) 中, 选取一条连接 P 和第三个点的路. 在情形 (c) 中, 选取两条连接 P 和其他两个端点的路. 如果这两条路彼此相交, 那么令它们有一个公共的初始片段. 因此根据 B 中提到的路形成一个 H 或 X, 将情形 (c) 分成两个子情形 (图 24).

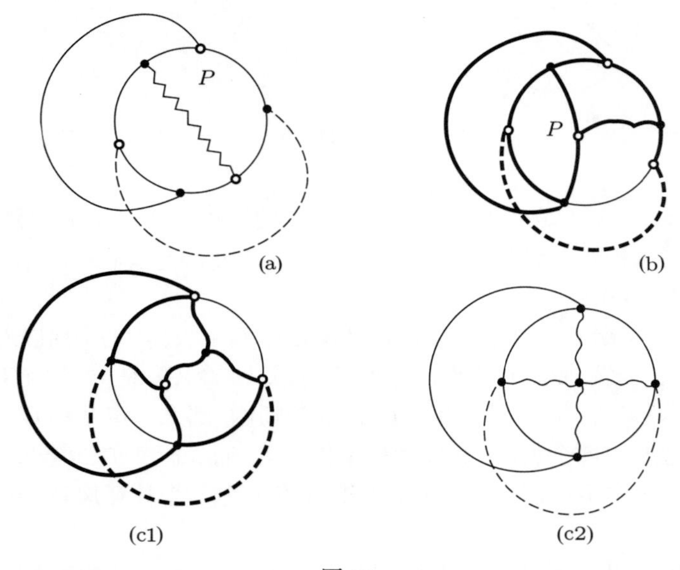

图 24

在情形 (a) 中, 我们看到一个 $K_{3,3}$ 的剖分; 由 G 的极小性, 不会存在其他的边或任何剖分点, 即 $G \cong K_{3,3}$. 在情形 (b) 和 (c1) 中, 图恰好包含一个 $K_{3,3}$ 的剖分, 这是不可能的, 因为 G 的每个真子图都是平面的. 在情形 (c2) 中, 我们看到一个 K_5 的剖分, 从而 $G \cong K_5$.

(d) 假设 G 是平面的, 那么显然 G 不包含 K_5 或 $K_{3,3}$ 的剖分. 相反地, 假设 G 不是平面的. 那么 G 包含一个极小非平面图 G_0. 如果我们去掉 G_0 中度为 2 的点 (去掉它们, 并把它们的两个邻点连接起来), 那么我们得到另一个极小非平面图, 其顶点度至少为 3. 由 (c), 这个图就是 K_5 或 $K_{3,3}$, 所以 G_0 是 K_5 或 $K_{3,3}$ 的剖分 [参见 S II].

38. 对顶点数进行归纳. 若顶点数至多为 3, 那么结论显然成立.

首先我们证明: 若 G 是任意平面图, 我们可以引入新的边将每个面都变成三角形且没有重边, 因为我们可以尽可能多地画出新的边且不产生重边. 图 G 不含有割点; 这是因为如果 $G=G_1\cup G_2$ 且 $V(G_1\cap G_2)=\{x\}$, 那么在与 G_1-x 和 G_2-x 都相交的面的边界上取 G_i-x 的一个点 x_i; 再用一条边连接 x_1 和 x_2.

所以 G 是 2-连通的, 因此它的每个面都是一个圈. 假设 C 是包含至少 4 个点的面的边界, 令 a, b, c, d 是 C 上四个连续的点. (a,c), (b,d) 两边中必有一条边会丢失; 这是因为它们都在 C 的外面, 所以相交. 假设 a 和 c 不相邻; 那么它们可由 C 内部的一条边相连. 所以 G 的所有面都是三角形.

因此只需证明断言对三角剖分成立. 现在我们找到一条边 (x,y) 仅被两个三角形所包含. 令 x 是包含在某个三角形 T 内部的点 (不在最外边的三角形上的任意点都具有这个性质), 选取 x, T 使得 T 内部面的数目极小. 令 y 是 x 的任意邻点, 现在若 (x,y) 是三个三角形 (x,y,z_1), (x,y,z_2), (x,y,z_3) 的一条边, 那么这些三角形都将真包含在 T 中, 不妨设 (x,y,z_1) 包含 z_3 在其内部, 这与 T 的极小性相矛盾.

所以选取一条边 (x,y) 使得含有这条边的唯一的两个三角形是关联于它的两个三角形面 (x,y,z_1), (x,y,z_2). 将 (x,y) 收缩为点 p, 并从产生的重边中去除一条, 这样我们得到一个新的简单的三角剖分 G_0. 由归纳假设, 存在一个具有直线边的三角剖分 G_0' 使得 G_0 的面和 G_0' 的面彼此对应.

现在考虑 G_0' 中对应于 (p,z_1) 和 (p,z_2) 的边, 它们将 p 处的角分裂成两个角; 其中的一个角的两条边的原像在 G 中与 x 相邻, 另一个角的两条边的原像与 y 相邻. 因此, 我们可以 "拉开 x,y", 得到 G 的一个适当的直线边的表示 (图 25). [K. Wagner, I. Fáry; 参见 S.]

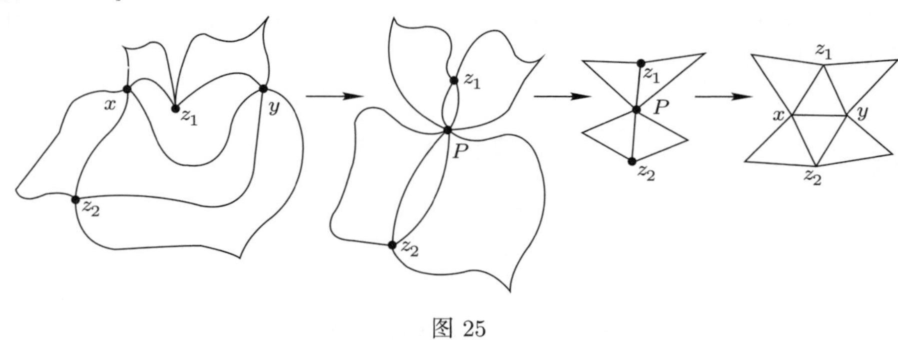

图 25

§6. 连 通 性

1. 我们对 $E(G)$ 用归纳法. 如果 $E(G)=0$, 则 G 由孤立点构成, 因此 $c(G)=|V(G)|$. 设 $e\in E(G)$, 那么

$$c(G)\geq c(G-e)-1,$$

因为 e 要么连接 $G-e$ 的同一连通分支中的两个点, 在这种情形下 $G-e$ 有相同的连通分支; 要么连接两个在不同连通分支中的点, 在这种情形下 $c(G)$ 减少 1. 由归纳知,

$$c(G-e)+|E(G-e)|\geq |V(G-e)|=|V(G)|,$$

因此

$$c(G)+|E(G)|\geq c(G-e)-1+|E(G-e)|+1=c(G-e)+|E(G-e)|\geq |V(G)|.$$

2. (a) 设 H 是如提示中那样构造的图 G^* 的一个连通分支. 定义

$$\widetilde{H}=\bigcup_{(s_i,t_j)\in E(H)}(S_i\cap T_j).$$

假设 $(x,y)\in E(G_1\cup G_2), x\in \widetilde{H}$. 不妨设 $(x,y)\in E(G_1)$ 并且 $x\in S_i\cap T_j$. 因为 S_i 是 G_1 的分支, $y\in S_i$. 设 $y\in T_{j_0}$. 现在 $s_i\in V(H),(s_i,t_{j_0})\in E(H)$, 所以 $S_i\cap T_{j_0}\subseteq \widetilde{H}, y\in\widetilde{H}$.

因此, $\widetilde{H}$ 是由 $G_1\cap G_2$ 的一个或多个分支组成, 所以

$$c(G_1\cup G_2)\geq c(G^*).$$

如果 $S_i\cap T_j\neq\emptyset$, 那么它是由 $G_1\cap G_2$ 的一个或多个分支组成, 因此

$$c(G_1\cap G_2)\geq |E(G^*)|.$$

由之前的练习

$$c(G_1\cup G_2)+c(G_1\cap G_2)\geq |V(G^*)|=c(G_1)+c(G_2).$$

(b) 令 $V=V(G_1)\cup V(G_2)$, 并将 $V-V(G_i)$ 的点作为孤立点添加到 G_i 中. 用 G_i' 表示得到的图, 那么

$$V(G_1')=V(G_2')=V,$$
$$c(G_i')=c(G_i)+|V|-|V(G_i)|,$$
$$c(G_1'\cap G_2')=c(G_1\cap G_2)+|V|-|V(G_1\cap G_2)|,$$
$$c(G_1'\cup G_2')=c(G_1\cup G_2).$$

由 (a)

$$c(G_1'\cup G_2')+c(G_1'\cap G_2')\geq c(G_1')+c(G_2').$$

所以

$$\begin{aligned}c(G_1\cup G_2)+c(G_1\cap G_2)&=c(G_1'\cup G_2')+c(G_1'\cap G_2')-|V|+|V(G_1\cap G_2)|\\&\geq c(G_1')+c(G_2')-|V|+|V(G_1\cap G_2)|\\&=c(G_1)+c(G_2)+|V|-|V(G_1)|-|V(G_2)|+|V(G_1\cap G_2)|\\&=c(G_1)+c(G_2).\end{aligned}$$

3. 假设 G 是不连通的且设 G_1 是不包含 x_n 的分支. 令 $|G_1|=k$, 且 $x_{i_1},\dots,x_{i_k}$ 是它的顶点 $(1\le i_1<\cdots<i_k<n)$. 因为含有 x_n 的分支至少有 d_n+1 个点, 所以我们有 $k\le n-d_n-1$. 进一步

$$d_k \le d_{i_k} \le k-1,$$

矛盾 [A. Bondy; 参见 B].

4. 首先假设 G_1 包含奇圈 C 且 G_1, G_2 是连通的. 根据提示, 设 $x,y\in V(G_1)$. 若在 G_1 中存在一条长度为 k 的 (x,y)-途径, 那么也有一条长为 $(k+2)$ 的 (x,y)-途径 (因为我们可以沿着一条边来回走). 所以只需证明既有奇的又有偶的 (x,y)-途径. 存在一条途径达到 C 因为 G_1 是连通的; 如果我们给这条途径沿着 C 增加一个环游, 我们得到一条具有相反奇偶性的途径, 这就证明了提示中的陈述. 现在设 (x,u) 和 (y,v) 是 $G_1\times G_2$ 的两个点. G_2 包含一条途径 $(u=u_0,u_1,\dots,u_k=v)$. 我们可以假定这条途径很长. 由以上可得, G_1 包含一条长度相同的途径 $(x=x_0,x_1,\dots,x_k=y)$. 那么 $((x_0,u_0),(x_1,u_1),\dots,(x_k,u_k))$ 是在 $G_1\times G_2$ 中连接 (x,u) 到 (y,v) 的一条途径.

反之, 假设 $G_1\times G_2$ 是连通的. 显然 G_1, G_2 是连通的. 假设 G_1 和 G_2 都是二部的, 并且设 $V(G_1)=A_1\cup B_1, V(G_2)=A_2\cup B_2$ 是它们的一个 2-染色. 那么 $G_1\times G_2$ 中没有边连接 $(A_1\times A_2)\cup(B_1\times B_2)$ 到 $(A_1\times B_2)\cup(B_1\times A_2)$, 矛盾.

5. 假设 $G=G_1\cup G_2$, $V(G_1)\cap V(G_2)=\{x\}$, $|V(G_i)|\ge 2$, 那么 $1\le d_{G_1}(x)\le k-1$, 另外, 对 $y\in V(G_1)-\{x\}$ 有 $d_{G_1}(y)=k$. 设 $u_1,\dots,u_r,x;v_1,\dots,v_s$ 为 G_1 中两个颜色类的点, 那么

$$|E(G_1)|=d_{G_1}(u_1)+\cdots+d_{G_1}(u_r)+d_{G_1}(x)=d_{G_1}(v_1)+\cdots+d_{G_1}(v_s),$$

由此

$$k\cdot r+d_{G_1}(x)=k\cdot s,\quad k|d_{G_1}(x),$$

矛盾.

6. (a) 设 $P=(x_0,x_1,\dots,x_m)$ 是 G 中的一条最长路. 假设 $G-x_0$ 是不连通的. 设 G_1 为 $G-x_0$ 中不包含 $P-x_0$ 的连通分支. 由于 G 是连通的, 所以一定存在一条边 (y,x_0) 连接 G_1 到 x_0. 现在 $(y,x_0,x_1,\dots,x_m)$ 是一条比 P 还要长的路.

圈图表明该断言对强连通有向图并不成立.

(b) 设 $P=(x_0,x_1,\dots,x_m)$ 是 G 中的一条最长路, 如果 $G-x_0-x_1$ 是连通的, 则证明完毕. 否则, 一定存在一个点 y, 使得 x_0 和 x_1 把 y 与 $x_2,\dots,x_m$ 分隔开. 设 Q 是 G 中的一条 (y,P)-路, 那么 Q 与 P 相交于 x_0 或 x_1. 然而, 由 P 的最大性, 交点一定是 x_1. 又因为 $Q\cup(P-x_0)$ 是一条路, 并且由 P 的最大性可知其长度小于等于 $|E(P)|$, Q 是连接 y 到 x_1 的单边. 没有其他的边离开 y, 这是因为它不能与 P 外的点相连 (由 P 的最大性可知); 也不能与 P 上的点相连, 因为 x_0, x_1 使 P 与 y 不连通. 因此, y 是 1 度点.

现在观察到 $(y, x_1, \ldots, x_m)$ 是一条最长路, 因此同样的讨论得出存在度为 1 的点 $z \neq y$ 与 x_1 相连. 这与定理的假设矛盾.

(c) 设 T 是 G 的任一棵生成树, 去掉 T 的任意两个叶子点, 余下的图仍然连通. 所以如果 G 没有不相邻也不分离的顶点对, 那么 T 的叶子点一定会导出一个完全图.

现在选取叶子点数目最大的 T. 如果 T 是一条路, 那么 G 是一个圈; 如果 T 是一个星, 那么 G 是完全图. 假设 T 既不是路也不是星, 设 U 为其叶子点的集合. 令 v 和 v' 是树 $T\backslash U$ 的两个叶子点. 由于 v 不是 T 的叶子点, 它在 U 中有一邻点 u. 把 (u, v) 以及所有的边 (u, w) $(w \in U\backslash\{u\})$ 都加到子树 $T\backslash U$ 上, 来得到生成树 T'. T' 的叶子点也一定会形成一个完全图, 因此 v' 与 $U\backslash\{u\}$ 中的所有顶点相邻. 但是通过相同的论证 (并且运用 $|U| > 2$), v 一定与 U 中所有顶点相邻. 把所有 (v, w) $(w \in u)$ 边加到 $T\backslash U$ 上, 我们就得到了一棵叶子点比 T 更多的生成树, 矛盾.

7. (a) 设 $e \in E(T_1) - E(T_2)$. 那么 $T_1 - e$ 有两个分支且 T_2 有一条边 f 连接它们. 生成树 $T_1 - e + f$ 与 T_2 公共边的数目比与 T_1 要多. 重复这个过程我们可以把 T_1 变换为 T_2.

(b) 设 W 是 T_1 与 T_2 最大的共同子树. 我们通过对 $|V(G)| - |V(W)|$ 进行归纳来证明论断. 如果 $|V(W)| \geq |V(G)| - 1$, 论断是平凡的. 假设 $|V(W)| \leq |V(G)| - 2$, 并且设 $e_i = (x_i, y_i)$ 是 T_i 的一条满足 $x_i \in V(W), y_i \notin V(W)$ 的边.

情况 1. $y_1 \neq y_2$. 设 T_3 是 G 的一棵包含 $W + e_1 + e_2$ 的生成树, 那么由归纳假设, 可以按照要求的方式, 将 T_1 变换为 T_3 和将 T_3 变换为 T_2, 这就证明了论断.

情况 2. $y_1 = y_2$. 设 $e_3 = (x_3, y_3)$ 是 $G - y_1$ 的满足 $x_3 \in V(W)$, $y_3 \notin V(W)$ 的任意一条边 (这里我们用到 G 是 2-连通的事实). 设 T_3, T_4 分别是 G 的包含 $W + e_1 + e_3$ 和 $W + e_2 + e_3$ 的生成树. 由归纳假设, 我们可转换 T_1 到 T_3 再到 T_4 再到 T_2, 这就证明了论断.

注意到这个过程有另一个性质: 如果 T_1 和 T_2 有一棵公共的子树 W, 经过一系列的转化之后仍保持是一棵公共子树, 并且如果 W 由一个单点构成, 那么这个点将永远不扮演叶子点的角色.

8. (a) 设 $e = (x_1, x_2)$ 是 G 的边且 T_i 是由 e 和 $G - x_i$ 的一棵生成树组成, 那么由 6.7(b), T_1 可以按照给定的方式通过一系列中间树变换为 T_2, 并且由 6.7(b) 解答中提到的另一个性质, 我们可以假设所有这些树均包含 e. 这些树的 e 相关且包含 x_1 的分支有 1 个点在 T_1 中, 有 $n - 1$ 个点在 T_2 中, 并且它的大小在每一步至多改变 1. 因此在一些中间生成树 T 中恰好有 n_1 个顶点, 那么 T 的与 e 相关的两个分支就给出了我们想要的划分.

(b) 论断显然等价于事实: 2-连通的非二部图 G 有一棵生成树 T 使得 T 的 (唯一的) 2-染色有相等的颜色集.

设 $C=(x_0,\ldots,x_{2k})$ 是 G 的一个奇圈. 考虑 $G-x_0$ 的包含 $C-x_0$ 的一棵生成树 W, 以及分别给 W 添加边 (x_0,x_1) 和 (x_{2k},x_0) 所得到的 G 的两棵生成树 T_1,T_2. 由 6.7(b) 及其解答中提到的另一个性质, 树 T_2 可以由 T_1 通过 G 的一系列生成树得到, 这些生成树中的后一个均可由前一个通过如下操作得到: 删除与叶子点 $x\neq x_0$ 相连的边并将用另一条边来连接 x 和余下的点. 我们给其中的每一棵树进行红蓝 2-染色使得 x_0 是红色的. 那么如果 T_1 有 k 个红点, 则 T_2 有 $2m-k+1$ 红点, 这是因为很显然在这些树中除 x_0 外每个点的颜色在它们中均不同. 另外, 在每一步红点改变的个数至多为 1. 因此存在一棵恰好有 m 个红点的中间树. [A. Bondy, L. Lovász; 参见 L. Lovász, *Acta Math. Acad. Sci. Hung.* **30** (1977) 241–251.]

9. 如果 G 在 a 和 b 之间是强连通的, 设 $\emptyset\neq X\subseteq V(G)$, $a\in X$, $b\in V(G)-X$. 沿着一条 (有向)(a,b)-路走, 在某个点我们不得不离开 x. (a,b)-路的下一条边连接 X 到 $V(G)-X$ (在这个方向上).

反之, 假设不存在 (a,b)-路. 设 X 是由 a 沿着有向路可以达到的那些顶点的集合. 那么 $a\in X$, $b\notin X$ 并且不存在边 (x,y) 满足 $x\in X$, $y\notin X$, 这是因为任一 (a,x)-路加上这条边就给出了一条 (a,y)-路. 然而, 因为 $y\notin X$, 所以这条路是不存在的.

10. 令 G_0 是由收缩掉红色边并删去绿色边所得到的有向图.

首先, 假设 G_0 中不存在有向 (x,y)-路, 那么存在集合 S_0, $x\in S_0$, $y\notin S_0$ 满足没有黑边从 S_0 到 $V(G_0)-S_0$. 设 S 表示在收缩红边下 S_0 的余像; 那么没有红边连接 S 到 $V(G)-S$ 且没有从 S 到 $V(G)-S$ 的黑边, 即满足 (ii).

其次, 我们可以平凡地得到, 如果 G_0 中有一条 (x,y)-路, 那么 (i) 是满足的.

最后, 证明 (i) 和 (ii) 不能同时成立. 假设存在满足 (i) 的一条路 P 和满足 (ii) 的集合 S, 那么 P 有连接 S 和 $V(G)-S$ 的第一条边 f. f 不是绿色的, 因为 P 没有绿边; 也不是红色的, 因为没有红边连接 S 到 $V(G)-S$.

因此 f 是黑色的, 但是由 (ii), f 不能被定向为由 S 指向 $V(G)-S$, 又因为 f 在路 P 上, 所以 f 也不能由 $V(G)-S$ 指向 S. [G.J. Minty; 参见 B, ch.1.]

11. (a) 令 F 为使得 $G-F$ 不是强连通的最小边集. 由 6.9, 存在集合 $\emptyset\subset X\subset V(G)$ 满足 $\delta_{G-F}(X)=0$. F 中的任一边 e 一定连接 X 中的一个顶点到 $V(G)-X$ 中的一个顶点; 否则 e 可以被放回, 我们仍有 $\delta_{G-F+e}(X)=0$. 因此, 如果我们把 F 的边逆着放回去就能得到一个有向图 G', 满足 $\delta_{G'}(X)=0$, 即 G' 不是强连通的.

(b) 令 F 表示使得 G/F 为强连通的最小边集, 令 G_0 表示由 G 反转 F 中的边得到的图. 我们断言 G_0 是强连通的.

首先考虑 $F=\{f\}$ 的情形. 由 F 的极小性可知 G 不是强连通的; 因此存在集合 $X\subset V(G)$, $X\neq\emptyset$, 满足 $\delta_G(X)=0$. 因为 G/f 是强连通的, 所以 f 一定连接一个顶点 $y\in V(G)-X$ 到一个顶点 $x\in X$. 反转 f, 并假设得到的有向图 G_0 也不是强连通的. 因此存在集合 $Y\subset V(G)$, $Y\neq\emptyset$ 满足 $\delta_G(Y)=0$. 同样因为 G/f 是强连通的, 所以 $y\in Y$ 但是 $x\in V(G)-Y$.

现在如果 $X \cap Y \neq \emptyset$, 则 $\delta_{G/f}(X \cap Y) = 0$, 这是不可能的. 所以 $X \cap Y = \emptyset$. 类似地我们可以得到 $X \cup Y = V(G)$. 但是 $\delta_G(X) = \delta_G(Y) = 0$ 意味着 f 是一个地峡, 矛盾. 这就解决了 $|F| = 1$ 的情形.

通过对 $|F|$ 做简单的归纳来得到一般的情形. 设 $f \in F$ 并且用 H 表示由 G 通过反转 f 得到的有向图. 显然有向图 $G/(F - \{f\})$ 不包含地峡, 而且不是强连通的 (由 F 的极小性), 在其中收缩 f 我们可以得到一个强连通有向图. 所以如果我们反转 f, 得到的图 $H/(F - \{f\})$ 将是强连通的. 另外, $F - \{f\}$ 是满足这个性质的极小集. 因为如果对某些 $F_0 \subset (F - \{f\})$, H/F_0 是强连通的, 那么就有 $(H/F_0)/f = G/(F_0 \cup \{f\})$, 然而由于 $F_0 \cup \{f\} \subset F$, 这和 F 的极小性矛盾. 因此我们可以运用归纳假设得到, 由 H 通过反转 $F - \{f\}$ 中的边得到的图是强连通的, 但这个有向图恰是 G_0 [A. Frank].

(c) 假设 H 是不包含圈的有向图. 那么 H 一定有一个出度为 0 的点 x; 否则, 从任意一个点开始沿着边的方向走, 我们一定不会停住而且迟早会形成一个圈. 对 $V(H)$ 做归纳, 我们可以假设 $H - x$ 的点可以按如下方式排序: 每条边的头比尾大. 将 x 放在最顶端, 我们得到 $V(H)$ 的一个这样的排序.

现在设 F 是使得 $H - F$ 无圈的极小边集, 则 $V(H)$ 有一个排序使得 $H - F$ 的每条边的头比尾大. 如果我们放回 F 中的任意一条边, 则这个序将失去这个性质, 因为这个图就不再是无圈的. 因此 F 的所有边都是 "向下的", 但是将这些边反转之后它们的头将比尾大, 也就是说, 由 G 通过反转 F 的边得到的图是无圈的. [E.J. Grinberg, J.J. Dambit, *Latv. Mat. E.* **2** (1966) 65–70; T. Gallai, *Theory of Graphs* (P. Erdős, G. O.H. Katona, eds.) Akadémiai Kiadó, 1968, 115–118.]

12. 若竞赛图 T 有一个哈密顿圈, 则显然它是强连通的. 现在假设 T 是强连通的. 令 $C = (y_1, \ldots, y_k)$ 是 T 中的极大圈 (这是存在的, 因为无圈竞赛图不是强连通的). 假设 C 不是哈密顿圈.

令 x 是不在 C 上的点, 比如我们假设 $(y_1, x) \in E(T)$. 若 $(x, y_2) \in E(T)$, 则 $(y_1, x, y_2, \ldots, y_k)$ 是一条更长的圈. 所以 $(y_2, x) \in E(T)$. 类似地, 对 $i = 1, 2, \ldots, k$, 有 $(y_i, x) \in E(T)$.

现在, 令 X 是满足 $(y_1, x) \in E(T)$ 的所有点 x 的集合, 则如上所述对任一 $x \in X$ 都有 $(y_i, x) \in E(T)$. 令 $(x, z) \in E(T)$ 是满足 $x \in X$, $z \notin X$ 的边 (这是存在的, 因为 $\delta_T(X) > 0$), 那么 $z \notin C$, 并且, $z \notin X$ 意味着 $(z, y_1) \in E(T)$. 现在 $(x, z, y_1, \ldots, y_k)$ 是一个比 C 长的圈. [P. Camion; 参见 B.]

13. 设 $C = (y_1, \ldots, y_k)$ 是一个非哈密顿圈的最长圈; 当 $n \geq 4$ 时, 这是存在的. 如果 C 的长度为 $|V(T)| - 1$, 那么它恰好丢失一个点 x, 所以 $T - x$ 是强连通的.

假设 C 的长度至多为 $|V(T)| - 2$. 与之前问题的求解同样的讨论可以得到, 对每个 $x \in V(T) \setminus V(C)$, 要么 $(y_i, x) \in E(T)$, $1 \leq i \leq k$, 要么 $(x, y_i) \in E(T)$, $1 \leq i \leq k$. 设 X 表示具有第一个性质的点的集合. 设 (x, z) 是一条离开 X 的边. 那么

$$(x, z, y_1, \ldots, y_{k-1})$$

是一个比 C 长但丢失了一个点 (事实上, 恰是 y_k) 的圈.

为了证明至少有两个这样的点, 设 y_1 具有这个性质. y_1 包含在某个长度小于 n 的圈里, 因为设 X 表示使得 $(y_1, z) \in E(T)$ 的点 z 的集合, 那么存在一条边 (z, u) 离开 X 且 (y_1, z, u) 是一个 3-圈.

现在考虑一个最长圈 $(y_1, \ldots, y_k)$ 满足 $k < n$. 与之前一样, 我们发现 $k = n - 1$, 由此得到一个点 $x \neq y_1$ 满足 $T - x$ 是强连通的.

14. 反转 F 的所有边, 得到的图 G' 不包含圈, 因此一条最长路的起点是所有与该点关联的边的尾. 再次反转 F 的边, 得到的点满足我们的要求.

15. 我们对 $|V(T)|$ 用归纳法. 对 $|V(T)| \leq 2$, 结论是平凡的. 设 $|V(T)| \geq 3$.

如果 φ 是一一的, 那么它是一个自同构. 用 T' 表示由内点形成的子树, φ 将 T' 映射到它自身. 如果 φ 是一一的, 那么 $\varphi(T)$ 是一棵真子树满足 φ 将它映射到它自身.

在两种情形下, 我们都可运用归纳法完成证明.

注记: 论断是 Lefschetz 不动点定理的退化情形 (例如参见 E. Spanier, *Algebraic Topology*, McGraw-Hill, 1966).

16. 连接交集中两点的路是唯一的, 从而包含在每一棵给定的子树中. 因此, 它属于它们的交.

17. (a) 设 x_1, x_2 表示 Q 的端点, $x_i \in P_i$. x_i 将 P_i 分成两部分 P_i', P_i''. 我们可以假设 P_i' 至少和 P_i'' 一样长, 并且 P_1' 至少和 P_2' 一样长, 那么

$$\begin{aligned}|E(P_1' \cup Q \cup P_2')| &> |E(P_1')| + |E(P_2')| \geq 2|E(P_2')| \\ &\geq |E(P_2')| + |E(P_2'')| = |E(P_2)|,\end{aligned}$$

也就是说, 路 $P_1' \cup Q \cup P_2'$ 比 P_2 长, 矛盾.

(b) 令 P_1, P_2 表示两条最长路. 根据 6.15, 它们的交 Q 是一条路, 因此 $P_1 \cup P_2$ 有下面的形式: 有两条路 P_1', P_2' 始于 Q 的一个端点, 其他的两条路 P_1'', P_2'' 始于 Q 的另一个端点, 因此

$$P_1 = P_1' \cup Q \cup P_1'', \ P_2 = P_2' \cup Q \cup P_2''.$$

我们有 $|E(P_1')| = |E(P_2')|$, 这是因为 $|E(P_1')| > |E(P_2')|$ 将意味着路 $P_1' \cup Q \cup P_2''$ 比 P_2 长. 类似地, $|E(P_1'')| = |E(P_2'')|$. 因为 $P_1' \cup P_2'$ 是一条路, 我们有 $|E(P_1')| \leq 1/2|E(P_1)|$, 类似地, $|E(P_1'')| \leq 1/2|E(P_1)|$.

这就证明了 P_1 的中点属于 Q, 因此属于 P_2. 因为这对于任意 P_1 成立, 因此这个 (这些) 点属于所有最长路的交.

注记: H.J. Walther [WV; 图 26] 的一个例子表明该结论对任意的连通图并不成立, 正如 Gallai 所猜想的.

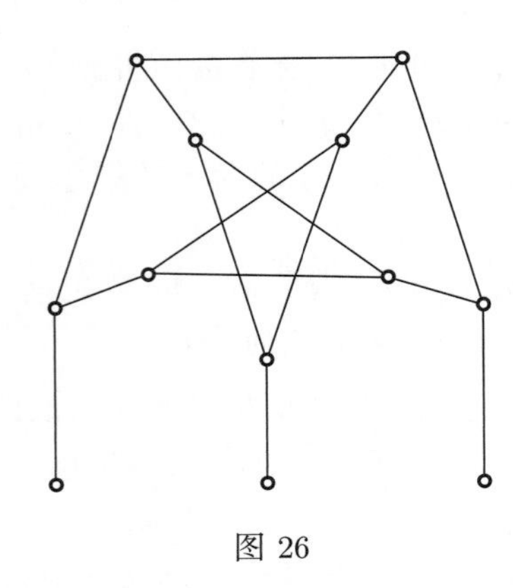

图 26

18. *解法* 1. 对 $k=2$, 陈述是显然的. 对 k 用归纳法, 我们可以假设 $G_1 \cap \cdots \cap G_{k-1} = G_0 \neq \emptyset$. 假设 $G_0 \cap G_k = \emptyset$. 假设 P 是一条 (G_0, G_k)-路. 考虑 P 的一条边 (x,y) (其中 x 更接近 G_k). 那么显然 $x \notin V(G_0)$, 所以对某个 $1 \leq i \leq k-1$ 有 $x \notin V(G_i)$. 于是, $(x,y) \notin E(G_i)$. 现在 $G-(x,y)$ 是不连通的, 且 x 和 y 在不同的连通分支里. 显然地, G_k 在包含 x 的那个连通分支里. 因为 G_i 是 $G-(x,y)$ 的一个连通子图, 且与 G_k 相交, 所以它也在同一个连通分支里. 但这是不可能的, 因为 $G_0 \subseteq G_i$, 并且 G_0 在另一个连通分支里有点.

解法 2. 设 x 是 G 的度为 1 的点, 且与 y 相连. 假设断言对 $G-x$ 是成立的.

如果 $G_1, \ldots, G_k$ 都不是只包含 x 的单点图, 那么 $G_1 - x, \ldots, G_k - x$ 都是相交的; 如果 x 是 G_i 和 G_j 的一个公共点, 那么 y 也是. 因此由归纳假设, $G_1 - x, \ldots, G_k - x$ 有一个公共点, 所以 $G_1, \ldots, G_k$ 也有一个公共点. 如果 G_1 (不妨说) 只有一个点 x, 那么 x 是 $G_1, \ldots, G_k$ 的一个公共点.

19. 为了证明 $d(x,y)+d(y,z) \geq d(x,z)$, 考虑一条长为 $d(x,y)$ 的 (x,y)-路 P 以及一条长为 $d(y,z)$ 的 (y,z)-路. $P \cup Q$ 包含一条 (x,z)-路, 显然其长度至多为 $d(x,y)+d(y,z)$. 因此 $d(x,z)$, 即所有这些路中最短路的长度也是 $\leq d(x,y)+d(y,z)$.

为了证明 $D(x,y)+D(y,z) \geq D(x,z)$, 考虑一条长为 $D(x,z)$ 的 (x,z)-路 P. 由于 G 是连通的, 我们有一条的 (y,P)-路 Q; 令 t 是 P 上 Q 的一个端点, 并且不妨设 t 将 P 分为长分别是 l_1 和 l_2 的路 P_1 和 P_2. 设 Q 长度为 k, 那么 $Q \cup P_1$ 是一条 (x,y)-路, 所以

$$D(x,y) \geq k + l_1.$$

类似地, 有

$$D(y,z) \geq k + l_2,$$

因此

$$D(x,y)+D(y,z) \geq 2k + l_1 + l_2 = 2k + D(x,z) \geq D(x,z).$$

20. 按照提示中给的公式, 我们来看一下对一条给定的边 e, 它在每个不等式两边分别被计算了多少次. $G-e$ 包含两个连通分支; 设 α 和 β 分别表示一个连通分支中点 p_i 和点 q_i 的个数. 那么 e 包含在

$$\alpha(n-\alpha) \text{ 条 } (p_i,p_j)\text{-路中},$$
$$\beta(n+1-\beta) \text{ 条 } (q_i,q_j)\text{-路中},$$
$$\alpha(n+1-\beta)+\beta(n-\alpha) \text{ 条 } (p_i,q_j)\text{-路中}.$$

只需证明

$$\alpha(n-\alpha)+\beta(n+1-\beta)\leq\alpha(n+1-\beta)+\beta(n-\alpha)$$

或者等价地

$$\beta-\alpha\leq(\alpha-\beta)^2,$$

这个不等式显然成立, 这是因为 α 和 β 都是整数. [J.B. Kelly, in: *Comb. Structures and their Appl.* Gordon and Breach, 1969, 201–208; cf. 13.16.]

21. (a) 首先我们证明提示中的结论. 因为显然到 x 距离为 $\widetilde{d}(x)$ 的所有点的度为 1, 所以 $\widetilde{d}(x)$ 在每个点处都减小. 另外, 从 x 出发的最长路中只省略了一个点; 所以 $\widetilde{d}(x)$ 减小 1.

现在假设 $|V(G)|\geq 2$. 令 Z 表示点集合, 其中 $\widetilde{d}(x)$ 是极小的. 如果 Z 不包含度为 1 的点, 那么从 G 中删去所有度为 1 的点. 根据提示中的结论, 这并不改变 Z, 因此由归纳法知结论成立. 如果一个 1 度点 x 属于 Z, 考虑 x 的邻点 y. 显然, y 严格比 x 更接近其他点. 因此, 只有当 $\widetilde{d}(x)=1$ 时, $\widetilde{d}(x)$ 是极小的, 即 G 是一棵两个点的树. 在这种情况下, 结论显然成立.

注意到中心 (双心) 包含在每一条最长路里 (参见 6.16(b)).

(b) 设 P 是一条从 x 出发的长为 $\widetilde{d}(x)$ 的路. 如果 P 不包含 y 或者 z, 那么显然

$$\widetilde{d}(y)=\widetilde{d}(x)+1,\quad \widetilde{d}(z)=\widetilde{d}(x)+1$$

并且结论成立. 如果 P 包含 (不妨设) y, 那么

$$\widetilde{d}(y)\geq\widetilde{d}(x)-1,\quad \widetilde{d}(z)=\widetilde{d}(x)+1,$$

就证明了结论. [例如参见 K.]

22. (a) 令 k_1,k_2 分别表示 $G-x$ 中包含 y, z 的连通分支 (显然它们是不同的连通分支) 的顶点数. 将 x 移向 y, 会有 k_1 个点接近但有 $n-k_1$ 个点远离, 因此

$$s(x)=s(y)+k_1-(n-k_1)=s(y)+2k_1-n.$$

类似地

$$s(x)=s(z)+2k_2-n.$$

相加得到

$$2s(x) = s(y) + s(z) + 2(k_1 + k_2 - n) \le s(y) + s(z) - 2.$$

(b) 假设有两个不相邻的顶点 x, y 满足 $s(x) = s(y)$ 是极小的, 令

$$(x = x_1, x_2, \ldots, x_p, x_{p+1} = y)$$

是一条 (x, y)-路, 那么

$$s(x_2) \ge s(x).$$

由 (a) 知

$$s(x) + s(x_3) > 2s(x_2) \ge s(x_2) + s(x), \quad s(x_3) > s(x_2) \ge s(x),$$
$$s(x_2) + s(x_4) > 2s(x_3) > s(x) + s(x_2), \quad s(x_4) > s(x),$$

这样一直下去, 最终我们得到

$$s(x_{p+1}) = s(y) > s(x_p),$$

矛盾 [K].

(c) 令 $x_1, \ldots, x_p$ 是一条路上的点且 $y_1, \ldots, y_q$ 是与 x_1 相邻的其他顶点, 那么如果 p 是偶的, 树 T 的中心是 $x_{\frac{p}{2}}$; 另外, 如果 $q = \binom{p}{2}$, 重心是 x_1. 所以重心和中心之间的距离为 $\frac{p}{2} - 1$, 它的值可以任意大.

23. 在

$$\sum_{x,y \in V(G)} d(x, y)$$

中, 恰好有 $n-1$ 项等于 1; 若 G 是星图, 那么其余项均为 2; 否则, 它们不小于 2 且其中至少有一个不小于 3. 因此对于星图来说, 上述和是最小的.

为了证明问题的第二部分提示中所给出的论述, 注意到对路 P 的端点 x 我们有

$$s(x) = 1 + 1 + \cdots + n - 1. \tag{1}$$

若 G 是任意树, x 是它的一个端点, 并且 $\widetilde{d}(x) = d$, 我们有至少一个点到 x 的距离为 $1, 2, \ldots, d$, 因此定义 $s(x)$ 的和式如下

$$s(x) = 1 + 2 + \cdots + d + d_1 + \cdots + d_{n-1-d}, \tag{2}$$

其中 $d_1, \ldots, d_{n-1-d} \le d$. 显然, (2) $\le$ (1) 且等式成立仅当 $d = n-1$, 即 G 是一条路且 x 为其端点.

我们对 n 用归纳法证明当 G 是一条路时,

$$\sum_{x,y \in V(G)} d(x, y)$$

是极大的 (G 遍历所有 n-顶点的树). 设 a 是 G 中一个度为 1 的点, 那么

$$\sum_{x,y\in V(G)} d(x,y) = s(a) + \sum_{x,y\in V(G-a)} d(x,y).$$

在这里, 如果 G 是一条路且 a 为其端点, 则第一项是极大的. 幸运的是, 在这种情形下, 由归纳假设知第二项也是极大的.

24. 设 $P=(x_1,\ldots,x_{2k-2})$ 是 G 中长为 $2k-3$ 的路, 对不在 P 上的任一点 y 以下面的方法关联一条路 P_y. 设 Q 是连接 y 到 P 的路且与 P 没有其他公共点, 如果 Q 比 $k-1$ 长, 设 P_y 是 Q 上从 y 出发的长为 k 的片段; 否则, 设 P_y 由 Q 和 P 的一条子路构成. 这样的选择是可能的, 因为 P 的长度为 $2k-3$, 因此 P 的与 Q 的端点相关联的一段长为 $k-1$. 进一步, 对 $k\le i\le 2k-2$, 设 P_{x_i} 是 P 的与 x_i 关联的一条子路.

很容易看到这些 P_y 是各不相同的, 它们的数目是 $n-k$.

25. 得到的图显然是一棵生成树. 设 H 是与 G 具有公共边数最多的一棵最优生成树, 且设 $e_i=(x,y)$ 是在第 i 步中选择的在 G 中但不在 H 中的一条边. 设 P 是 H 中连接 x 到 y 的一条路; 那么存在 P 的一条边 f 连接 G_i 到它外面的一个点. 因为更倾向于选择 e_i 而非 f, 所以 $v(e_i)\le v(f)$. 另外, $H-f+e_i$ 是一棵生成树并且没有更多的费用, 但却与 G 比和 H 有更多的公共边, 矛盾.

注: 如果在每一步, G_i 是包括一个给定点的连通分支, 那么由在前 i 步选定的那些边形成的图总是连通的 [J.B. Kruskal; 参见 S].

26. 设 G,G' 是两棵最优树. 设 e 是 G 中的但不是 G' 中的边, 考虑 G' 中连接 e 的两个端点的路, 不妨设它的某条边 f 连接 $G-e$ 的两个连通分支, 现在或者 $G-e+f$ 或者 $G'-f+e$ 的费用比 G 更少.

27. 如果 e,f 包含在同一个圈中, 那么 f 就不包含在 $G-e$ 的任何圈上, 因此 $G-e-f$ 不连通.

相反地, 如果有一个圈包含 f 但不包含 e, 那么 f 在 $G-e$ 的一个圈上, 因此 $G-e-f$ 是连通的. 这就证明了提示中的论断.

现在 (a), (b) 可以直接得到. 为了证明 (c), 设 e 是不在移除等价类 P 里的一条边, 并设 $f\in P$. e 不是 $G-f$ 的一条割边, 因此存在一个圈 C 包含 e 但不包含 f. 显然 C 不包含 P 中的其他边, 所以 C 是 $G-P$ 的一个圈. 显然, C 位于 $G-P$ 的包含 e 的连通分支中. 所以 e 不是这个连通分支的割边.

(d) 我们证明 $G-P$ 的每个连通分支 G_0 关联 P 的两条边. 设 (x,y) 是 P 的与 G_0 ($x\in V(G_0), y\notin V(G_0)$) 关联的一条边. 设 C 是包含 (x,y) 的一个圈. 我们沿着 C 从 x 出发经过 (x,y). 在再次到达 G_0 的一个点之前, 我们在 G_0 中再走回 x. 以这种方式定义的圈恰好包含 P 的与 G_0 关联的两条边; 另外, 它包含 P 的所有边; 因此恰好有 P 的两条边与 G_0 关联.

因此, 收缩 $G-P$ 的连通分支, 我们得到一个度为 2 的连通正则图, 它就是一个圈.

28. 我们可以选择 G 的一个圈 G_1. 假设 $G_1,\ldots,G_j$ 是已按如下方式选取的: G_{i+1} $(1\le i<j)$ 要么是与 $G_1\cup\cdots\cup G_i$ 有公共端点的路, 要么是与 $G_1\cup\cdots\cup G_i$ 有一个公共点的圈. 如果 $G_1\cup\cdots\cup G_j=G$, 我们就完成了证明. 否则, 存在一条边 $e=(x,y)$ 不属于 $G=G_1\cup\cdots\cup G_j$, 但与 $G=G_1\cup\cdots\cup G_j$ 有一个公共点. 设 C 是包含 e 的一个圈; 从 x 出发通过 e 并沿着 C 走, 直到我们再一次与 $G_1\cup\cdots\cup G_j$ 相遇; 设 G_{j+1} 是由我们经过的边和点组成的子图. 那么显然 G_{j+1} 要么是两个端点在 $G_1\cup\cdots\cup G_j$ 中的路, 要么是与 $G_1\cup\cdots\cup G_j$ 仅有一个公共点 x 的圈 C. 这样我们就可以找到一个合适的 G_{j+1}. 因为 G 是有限的, 所以迟早我们可以分解完整个图 G.

29. 解法 1. 如果我们用某种方式定向 G 且得到的图是强连通的, 设 (x,y) 是 $\overrightarrow{G}$ 的一条边, 从 x 指向 y. 在 $\overrightarrow{G}$ 中有一条路连接 y 到 x; 因此 (x,y) 包含在 G (也是 $\overrightarrow{G}$) 的一个圈中. 现在假设 G 是 2-边连通的, 我们对边数用归纳法. 去掉一个 6.27 中定义的等价类 P, 余下图的连通分支是 2-连通的并且它们可以被定向成为强连通的. P 的边在圈 C 上; 我们给它们一个与 C 的循环定向一致的定向, 易知得到的图是强连通的.

解法 2 (对第二部分): 如 6.28 中那样设 $G=G_1\cup\cdots\cup G_r$, 我们可以通过考虑使得每个 G_i 外有定向路或圈的定向, 来给 G 一个定向.

设 $a\in V(G_1)$, 那么对 j 归纳很容易得到: 任意 $b\in V(G_j)$ 是可以从 a 由一条有向路到达的; 反之, a 也是可以由其他任一点到达的. 由可到达的传递性, 就证明了 $\overrightarrow{G}$ 是强连通的. [H.E. Robbins; 参见 B, Wi.]

30. 对 k 用归纳法, 我们可以找到一个圈 C_0 使得 $e_1,\ldots,e_{k-1}$ 适于 C_0. 如果 e_k 也是适于 C_0 的, 我们就完成了证明. 如果 e_k 的两个端点都在 C_0 上, e_k 和一条由它的端点所界定的弧给出一个我们想要的圈. 所以我们可以假设 e 有一个端点 x 在 C_0 上而另一个端点 y 不在 C_0 上.

收缩 C_0, 得到的图 G' 显然是 2-边连通的且由归纳法, 存在圈 C_1 满足所有不在 C_0 上的边 e_i 都适于 C_1. 设 C_1' 为 G 的通过收缩映射到 C_1 的一个子图, 有三种可能性.

(1) C_1' 是与 C_0 不相交的圈. 那么 C_1' 即为想要的圈.

(2) C_1' 是与 C_0 有一个共同点的圈. 那么 C_1' 一定包含 e_k(因为 e_k 属于 C_1), 所以它不会与 C_0 上的 e_i 相交, 从而也具有我们想要的性质.

(3) C_1' 是连接 C_0 的两点的一条路. e_k 还是在 C_1' 上, 现在 C_1' 和 C_0 上的一条由它的两个端点所界定的弧给出了满足性质的一个圈 (图 27).

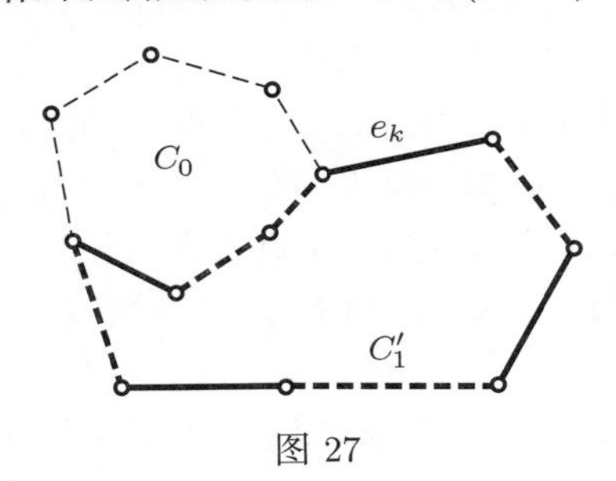

图 27

31. 只需要证明在提示中已经提及的非平凡的论述. 从 e_3 开始向 C_2 的两个方向前进直到遇到 C_1; 令 x, y 是抵达的两个点 (有可能发生 x 和/或 y 是 e_3 的端点的情形). x 和 y 是不同的, 所以它们界定了 C_1 的两条弧, 其中一条包含 e_1; 这条弧以及 C_2 中由 x, y 限定的包含 e_3 的弧, 给出了包含 e_1 和 e_3 的一个圈.

32. (i) $\Rightarrow$ (iii): 首先设 e, f 是具有公共顶点 x 的两条边, 设 y, z 分别是这两条边另外一个端点. 由于 $G - x$ 是连通的, 所以其中含有一条连接 y 到 z 的路; 它与 e, f 一起构成了一个圈.

运用 6.31, 我们可以得到任意两条边都在一个圈上; 事实上, 关系 "在一个圈上" 的等价类包含每一条和它的边相邻的边; 所以是由一个连通分支的边构成的. 而 G 是连通的, 因此这个等价类是整个图.

(iii) $\Rightarrow$ (ii): 给定两个点, 考虑与每个点关联的边, 以及经过这两条边的圈.

(ii) $\Rightarrow$ (i): 假设移去点 x 后 G 不再连通. 设 a, b 在 $G - x$ 的不同连通分支中, 那么就没有圈同时包含 a 和 b.

33. 对于 2-连通图, 类似于 6.28, 有如下性质:

(*) *每一个 2-连通图 G 有一个分解 (耳分解) $G = G_1 \cup \cdots \cup G_r$, 其中 G_1 是一个圈并且 G_{i+1} 是一条恰好只有端点在 $G_1 \cup \cdots \cup G_i$ 的路.*

容易看到 (a) 和 (*) 是等价的. 事实上, 如果 (a) 已知, 那么我们可以删除路 P 的边和内部点, 找到余下图的一个合适的分解, 再将 P 作为最后一个 "耳朵" 添加进来. 相反地, 如果我们有一个在 (*) 中的耳分解, 那么 G_r 可以扮演 (a) 中 P 的角色. 下面我们分别给出 (a) 和 (*) 的证明.

(a) 令 P_1, P_2, P_3 是连接 a 和 b ($a, b \in V(G)$) 的三条路, 并假设我们选取 a, b, P_1, P_2, P_3 满足 P_1 是长度最小的. 首先我们证明 P_1 的内点都是 2 度的. 假设 (x, y) 是一条与 P_1 的内点 x 相关联而又不属于 P_1 的边. 因为 $G - x$ 是连通的, 所以 $G - x$ 中有一条 $(y, P_1 \cup P_2 \cup P_3 - x)$-路 Q, Q 的另一个端点可能在 P_1 或者 $P_2 \cup P_3$ 上; 无论哪种情形, 我们都可以得到两个点由三条独立的路连接, 其中一条比 P_1 短, 这与 P_1 的选取矛盾 (图 28).

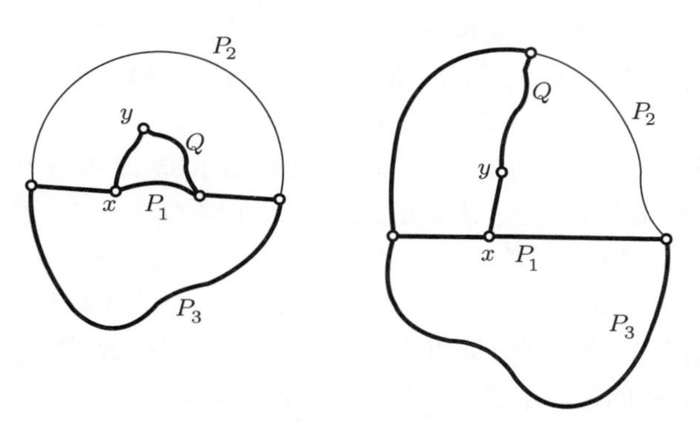

图 28

因此 P_1 的内点都是 2 度的, 去掉 P_1 的内点, 得到的图 G' 是 2-连通的. 事实上, 对某个点 c, 考虑 $G'-c$ 的两个点 a,b. 在 $G-c$ 中有一条 (a,b)-路 P, 如果 P 不经过 P_1, 那么它是 $G'-c$ 中的一条 (a,b)-路. 如果 $P_1 \subseteq P$, 那么 P_2, P_3 中的一条就不包含 x 并且我们可以 "避开" P_1 而用它, 所以 $G'-c$ 是连通的.

这就证明 P_1 满足我们的要求.

(b) 设 G_1 是一个圈, 选择 $G_2, \ldots, G_i$ 满足上述要求. 如果 $G_1 \cup \cdots \cup G_i \neq G$, 我们能在 $G - E(G_1 \cup \cdots \cup G_i)$ 中找到边 (x,y) 使得 $x \in V(G_1 \cup \cdots \cup G_i)$. 因为 $G-x$ 是连通的, 我们可以在 $G-x$ 中找到一条 $(y, G_1 \cup \cdots \cup G_i - x)$-路 Q, 那么 Q 和 (x,y) 给出 G_{i+1}. 因此, 迟早我们可以得到 $G = G_1 \cup \cdots \cup G_r$.

现在易知, $G_1 \cup \cdots \cup G_{r-1}$ 是 2-连通的, 因此 $P = G_r$ 满足要求. [H. Whitney, *Amer. J.Math.* **55**(1933) 236–244; 也可参见 G.A. Dirac, *J. Reine Angew. Math.* **228** (1967) 204–216.]

34. 设 $G = G_1 \cup \cdots \cup G_r$, 其中 G_1 是一条 (p,q)-路并且 G_{i+1} 是一条只有端点与 $G_1 \cup \cdots \cup G_i$ 相交的路, 根据前面练习中的第一个解答, 我们可以找到这样的一个分解.

现在依据在 G_1 中的位置给 G_1 中的点进行排序; 将 G_2 中的点在它们之间插入, 使得与它们在 G_2 中的位置一致 (从而位于 G_2 的两个端点之间), 依次下去. 最后得到的排列有这样的性质: 每个点都关联于它前面的点和后面的点.

现在给任一边定向, 使得在序中它的尾在它的头之前, 然后从任意一条边 (x,y) 开始, 我们可以找到边 $(y,y_1), (y_1,y_2)$ 等等, 通过序的性质可知, 最后一个一定是 q. 类似地, 有边 $(x_1,x), (x_2,x_1)$ 等等, 最后一个从 p 出发. 这些边就构成了 G 中包含 (x,y) 的一条 (p,q)-路. [A. Ádám, A problem of the Schweitzer Competition, *Mat. Lapok*, **22** (1971) 34.]

35. 提示中所给出的论断由问题 6.33 的第二种解答可以直接得到; 这就直接证明了 (i) 蕴含着 (ii). 反之, 如果 (ii) 成立, 设 $e=(x,y)$ 是使得 $G-e$ 是 2-连通的一条边, 那么 x 和 y 在 $G-e$ 的一个圈上, 其包含 e 作为一条弦, 矛盾. [M.D. Plummer, *Trans. Amer. Math. Soc.* **134** (1968) 85–94.]

36. 如果 $G=C$, 我们就不需要再证明了. 否则的话, 在 G 中有一条 (C,C)-路. 设 u 是 C 中度至少为 3 的一个点, (u,v) 是不在 C 上的一条边, 且 P_0 是 $G-u$ 中一条 $(u, C-u)$-路, 那么 $P_0 + (u,v)$ 是一条 (C,C)-路.

现在令 P 表示一条按提示选出的 (C,C)-路, 由 6.35 知 R 至少有两条边, 假设点 z 的度至少为 3. 那么如上所述, 点 z 是一条 (C,C)-路 Q 的端点. 设 w 表示 Q 的另一个端点.

观察到如果 P 和 Q 相交, 或者点 w 在 R 的外面, 我们可以找到一个圈满足 (x,z) 是它的一条弦, 这与 6.35 矛盾 (见图 29). 然而, 这意味着 (R 中) 连接 z 和 w 的弧是 R 的真子弧, 这与 P 的选取矛盾. [M.D. Plummer, 如上.]

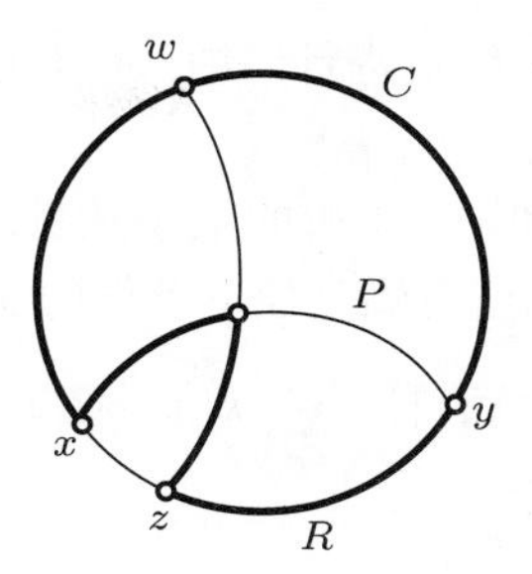

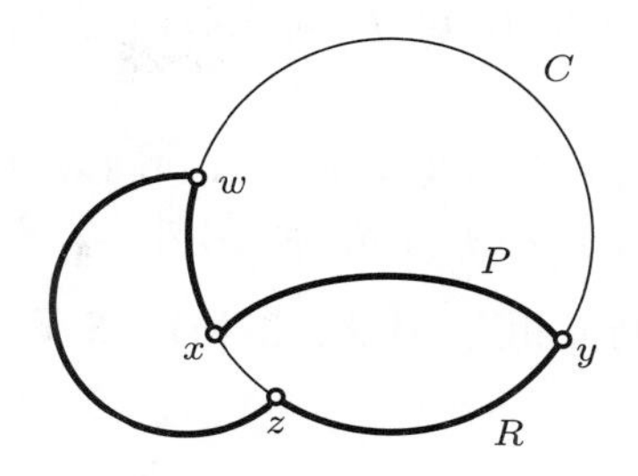

图 29

37. 由 6.36 知 G' 是森林. 由前面证明的论断, 存在一条 (G', G')-路 Q_1. 如果 G' 是连通的, 那么它包含一条连接 Q_1 的两个端点的路 Q_2. $C = Q_1 \cup Q_2$ 是一个圈而且圈中度为 2 的点组成一条弧 (事实上, 这些是 Q_2 的内点).

现在设 P 是一条 (C, C)-路; 连接它的端点的一条弧没有度为 2 的点. 另外, 这条弧包含一条这种类型的极小弧, 而且由之前的练习可知这条极小弧有一个度为 2 的点. [M.D. Plummer, 如上.]

38. 令 G_1, G_2 是两棵同构的树并且满足: 它的每个端点到它们的中心的距离至少是 1000, 且不含有 2 度点. 等同 G_1, G_2 中对应的端点, 得到的图 G 是 2-连通的; 对其中任取的两个点 x, y, 设 x', y' 是另一棵树对应的点. 我们证明 x, x', y, y'(不必完全不同) 在同一个圈中. 我们可以假设 $x, y \in G_1$ 并且 $x', y' \in G_2$. 令 P_1 是 G_1 中连接 x 到 y 的路, 我们可将 P_1 扩展为连接 G_1 的两个端点的路 P. 令 P' 是与 P 对应的路; 则 $P \cup P'$ 是一个包含 x, x', y, y' 的圈.

另外, 去掉 $e \in E(G_1)$, 则得到的图将不再是 2-边连通的, 这是因为与 e 相对应的边 $e' \in E(G_2)$ 将成为它的一条割边.

39. (a) 如果 G 有 k 条边不交的 (a, b)-路, 那么显然 a 和 b 之间是 k 边连通的. 为了证明另外一部分, 我们删边直到再去掉任意一条边都将破坏 a 和 b 之间的 k-边连通性. 那么显然, 将没有头为 a 或者尾为 b 的边. 首先假设存在边 e_1, 它既不与 a 相关联也不与 b 相关联. 因为 $G - e_1$ 不再满足条件, 所以它有一个 $(k-1)$ 元的 (a, b)-割 C'. 那么 $C = C' \cup \{e_1\} = \{e_1, \ldots, e_k\}$ 是一个 k 元的 (a, b)-割, 并且由 e_1 的选择, 确定 C 的集合 S 满足 $|S| \geq 2, |V(G) - S| \geq 2$.

设 G_1, G_2 分别是收缩 S 和 $V(G) - S$ 得到的两个图; 并设 a' 和 b' 分别是 a 在 G_1 中和 b 在 G_2 中的像.

显然, G_1 在 a' 和 b 之间是 k-连通的, 从而由归纳假设, 存在 k 条边不相交的 (a', b)-路 $P_1, \ldots, P_k$. 因为从 a' 发出的边只有 $e_1, \ldots, e_k$, 我们可以假设 $e_i \in P_i$. 类似地, G_2 中有 k 条边不相交的 (a, b')-路 $Q_1, \ldots, Q_k$, $e_i \in Q_i$. 那么 $P_1 \cup Q_1, \ldots, P_k \cup Q_k$ 形成 G 的 k 条边不交的 (a, b)-路.

剩下的是每条边的头是 a 或者尾是 b 的情形.

如果存在一条 (a,b)-边, 那么我们去掉它, 并对 k 进行归纳, 所以我们不妨假设没有这样的边.

对于任意 $x \neq a,b$, 令 $k(x)$ 表示 (a,x)-边和 (x,b)-边的最小数目. 那么显然, 有 $\sum\limits_{x\neq a,b} k(x)$ 条边不交的 (a,b)-路. 另外, 设 S 表示所有满足如下条件的 x 的集合: x 通过 $k(x)$ 条边与 b 相连. 那么, 由 $\{a\}\cup S$ 确定的割恰有 $\sum\limits_{x\neq a,b} k(x)$ 条边. 因此

$$\sum_{x\neq a,b} k(x) = k,$$

这就证明了论断.

(b) 正如提示中建议的, 考虑图 G', 其中 G' 有点 a,b 和点 x_1,x_2 满足每个 $x\in V(G)$, $x\neq a,b$. 令 $a_1=a_2=a$ 并且 $b_1=b_2=b$, 对任意边 $e=(x,y)\in E(G)$, G' 有边 $e'=(x_2,y_1)$, 更进一步, 对每个 $x\in V(G), x\neq a,b$, 它有边 (x_1,x_2). 现在

(i) G' 在 a 和 b 之间是 k-边连通的当且仅当 G 在 a 和 b 之间是 k-连通的;

(ii) G' 有 k 条边不交的 (a,b)-路当且仅当 G 有 k 条点不交的 (a,b)-路.

为了证明 (i), 考虑 G' 的一个 (a,b)-割 C. 令 A 包含所有使得 $(x_1,x_2)\in C$ 的点 x 以及 C 的其他所有边, 那么 $|A|=|C|$ 且在 G 中 A 分离 a 和 b; 如果 P 是 G 的任意一条 (a,b)-路, 那么 G' 中对应于 P 的边和内点的那些边形成 G 的一条 (a,b)-路 P', 因为 P' 包含 C 的一条边, 所以 P 包含 A 的一条边或一个点.

反之, 如果 A 是 G 中分离 a 和 b 的一些边和点组成的集合, 那么上述构造就将产生 G' 的一个边集 C, 且 C 是满足 $|C|=|A|$ 的一个 (a,b)-割. 这就证明了 (i).

现在考虑 G' 中 k 条边不交的 (a,b)-路 $P_1,\ldots,P_k$. 如果 $x_i\in P_j$, 那么显然 (x_1,x_2) 是 P_j 的一条边且 x_{3-i} 也在 P_j 上. 所以 $P_1,\ldots,P_k$ 是点不交的, 且收缩边 (x_1,x_2) 可重新得到 G, 我们得到 G 的 k 条点不交的 (a,b)-路.

相反地, 如果 G 中有 k 条点不交的 (a,b)-路, 那么在以自然方式伴随它们的 G' 中的 (a,b)-路是点不交的, 从而是边不交的, 这就证明了 (ii).

由 (a) 可知, (i) 和 (ii) 就证明了 (b) 的论断.

(c) 正如提示中那样得到的有向图 $\overrightarrow{G}$, 任意两个点间的连通度和边连通度与 G 相同.

此外, G 和 $\overrightarrow{G}$ 中边不交 (点不交) 的 (a,b)-路的最大数目是相同的. G 中的边不交 (点不交) 的 (a,b)-路会生成 $\overrightarrow{G}$ 中这样的 (a,b)-路. 反之, 如果我们有 $\overrightarrow{G}$ 中的一些边不相交的 (a,b)-路, 我们假设它们都没有用 (x,y) 和 (y,x); 在这种情形下, 我们可以很容易找到具有相同数目既不包含 (x,y), 也不包含 (y,x) 的 (a,b)-路的另一个系统 (在点连通的情形下, 也不会产生困难). 这些路生成 G 中边不交 (点不交) 的 (a,b)-路. [K. Menger; 参见图论的任何教科书.]

40. 提示中构造的图 G' 在 a 和 b 之间是 k-连通的; 因为 a 和 b 是不邻接的, 所以只需证明这些 (a,b)-路不能被 $k-1$ 个点覆盖, 但这是假设. 所以由 Menger 定理, G' 中存

在 k 条独立的 (a,b)-路, 从其中移除 a,b, 我们得到满足要求的 k 条 (A,B)-路.

41. 为证明提示中的陈述, 我们对每个 x 用 $w(x)$ 个不同的点来替代, 且连接两个新点如果原来的两点是连接的. 用 G' 表示得到的图并用 A' 和 B' 分别表示替代 A 和 B 的那些点的集合, 这些集合将满足 6.40 的条件. 令 X 为与 G' 的所有 (A',B')-路相交的集合, 我们选取极小的 X. 如果 X 含有一个替代 x 的点 x_1, 那么它就包含每一个替代 x 的其他点 x_2; 因为如果 $X-x_1$ 不与某条路 P 相交, 那么 $P\cap X=\{x_1\}$, 从而如果 $x_2\notin X$, 在 P 上用 x_2 替换 x_1, 我们得到一条与 X 不交的路. 令 X_0 表示所有 $x\in V(G)$ 的集合满足 X 包含 G' 中对应点的集合, 那么

$$|X|=\sum_{x\in X_0}w(x),$$

另外, X 和 G 的所有 (A,B)-路相交, 因此, $|X|\geq k$.

所以, 在 G' 中有 k 条没有公共点的 (A',B')-路. 对每个 $x\in V(G)$, 收缩替代 x 的点到 x, 我们得到 G 中的 k 条 (A,B)-路, 正如所要求的.

令 $w(a)=w(b)=k$ 且令其他的 $w(x)=1$ 可得到 Menger 定理. 对每个 x, 令 $w(x)=1$ 即可得到 6.40. 我们感兴趣的第三种特殊情形是令 $A=\{a\}$ 且 $w(a)=k$, 对 $x\neq a$, $w(x)=1$, 那么我们得到: 如果每个不包含 a 但与每个 (a,B)-路相交的集合的基数至少为 k, 那么就存在 k 条除 a 外没有其他公共点的 (a,B)-路. [G.A. Dirac, *J. London Math. Soc.* **38** (1962) 148–163.]

42. 如果按提示中那样选取 $R_1,\ldots,R_k$, 我们断言: 如果一个 Q_j $(1\leq j\leq k+r)$ 的始边不是任一 R_i 的始边, 那么 Q_j 独立于每个 R_i. 假定 Q_j 与其中的某个相交, 且令 x 为 Q_j 与某个 R_i 的第一个交点. 设 R_i' 为由 Q_j 的 (a,x)-段和 R_i 的 (x,B)-段组成的路, 那么

$$\begin{aligned}&|E(R_1\cup\cdots\cup R_i'\cup\cdots\cup R_k)-E(Q_1\cup\cdots\cup Q_{k+r})|\\&\quad<|E(R_1\cup\cdots\cup R_k)-E(Q_1\cup\cdots\cup Q_{k+r})|,\end{aligned}$$

矛盾.

现在, $Q_1,\ldots,Q_{k+r}$ 中至少有 r 个的始边不是 $R_1,\ldots,R_k$ 的始边. [H. Perfect, *J. Math. Anal. Appl.* **22** (1968) 96–111.]

43. 取 $B=V(P_0)$, 6.42 的条件满足: 我们有 k 条独立的 (a,B)-路 $P_1,\ldots,P_k$, 并且另外, $Q_0,\ldots,Q_k$ 的合适的开始节段给出了 $k+1$ 条独立的 (a,B)-路 (无论它们的终点在哪, 即无论它们在哪里与 P_0 相交). 所以, 我们有 $k+1$ 条独立的 (a,B)-路 $R_1,\ldots,R_k$ 以及满足 $R_1,\ldots,R_k$ 终点在 b 的 R. $R\cup P_0$ 包含第 $k+1$ 条独立于 $R_1,\ldots,R_k$ 的 (a,B)-路. [对于这个问题和下一个, 参见 G. Hajós, *Theory of Gr. Int. Symp. Rome*, Dunod, Paris — Gordon and Breach, New York, 1967, 147.]

44. 设 $c\neq a,b$. 假设 c 与 a 和 b 都不相连, 添加 (a,c)-边会产生 $k+1$ 条独立的 (a,b)-路; 再去掉这条边, 我们会得到 k 条独立的 (a,b)-路以及一条与它们都独立的

(b,c)-路. 类似地, 我们可以得到 k 条独立的 (a,b)-路以及一条与它们都独立的 (a,c)-路. 由 6.43 可知, G 中有 $k+1$ 条独立的 (a,b)-路, 矛盾.

我们用类似的方法证明: 如果 x 是与 a 相连但不与 b 相连, y 与 b 相连但不与 a 相连, 那么 x 和 y 是不相邻的. 假设有一条边 e 连接它们, 用点 c 剖分 e, 那么添加边 (a,y) 和 (b,x) 并运用 6.43, 我们得到一个如上述那样的矛盾.

这个论断意味着与 a 与 b 都相连的那些点分离 a 和 b, 所以这些点的数目至少为 k. 另一方面, 对每个这样的点, 有一条长为 2 的 (a,b)-路通过它, 并且这些路都是独立的. 这就证明了与 a 与 b 都相连的点的数目为 k.

现在, 如果 G_1 是由 a 和它的邻点生成的, G_2 是由 b 和它的邻点生成的, 那么连接 G_1 或 G_2 的两个点都不会产生 $k+1$ 条独立的 (a,b)-路, 这是因为仍有 k 个点将 a 和 b 分离. 因此, G_1 和 G_2 都是完全的, 证毕.

为了推导出 Menger 定理, 考虑无向图 G 以及 $a,b\in V(G)$. 我们可以假设 a 和 b 是独立的, 这是因为去掉一条 (a,b)-边将会使得独立的 (a,b)-路的最大数目以及 a 和 b 之间的连通度减少 1. 用 k 表示独立的 (a,b)-路的最大数目; 我们需要证明 a 和 b 可以被 k 个点分离. 添加边直至 k 保持不变; 我们最终得到的图是如上面描述的那样, 并且有一个 k 元集将 a 和 b 分离. 但这个集合在 G 中也将 a 和 b 分离.

45. 为了证明 (i) 不成立, 考虑图 30 中的图. 任意从 e_1 出发的 (a,b)-路, 其中的任意两条路都具有一条公共边, 对 (b,a)-路也是类似的. 取一条 (a,b)-路 P 和一条 (b,a)-路 Q, 它们连接了这个不完整矩形的两个对角; 因此它们一定在某处相交. 每个交点都是图中的一个点且度为 3, 因此它们有一条公共边.

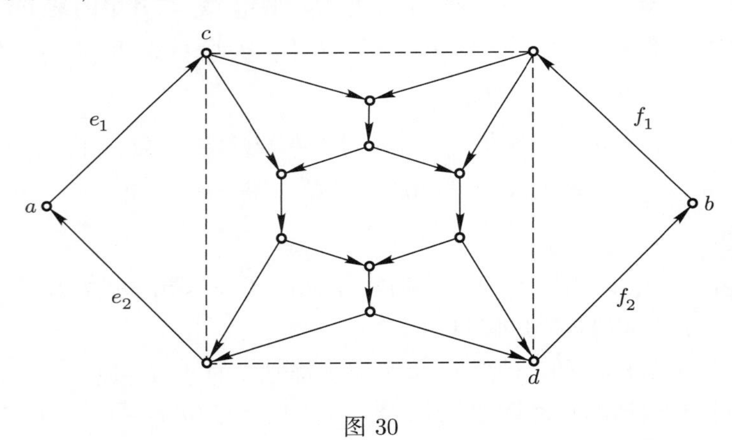

图 30

存在两条连接 c 和 d 的点不交的路; 所以, 若一条边包含在每条 (a,b)-路中那么它将是 e_1 或者 f_2. 类似地, 因为包含在每条 (b,a)-路中的边要么是 e_2 要么是 f_1, 所以不存在一条边同时包含在所有 (a,b)-路和 (b,a)-路中.

这个例子不是最简单的, 在这里给出它是因为收缩 e_1,e_2,f_1,f_2 可以得到一个图 G, 它在 a 的像 a' 和 b 的像 b' 之间是 2-连通的, 但是任意 (a,b)-路和 (b,a)-路都具有一条公共边, 这说明了 (iii) 不成立.

最后, 对具有 k 条点不交 (a,b)-路的图, (ii) 显然是错误的.

46. 设 C 是一个由 S 确定的 (a,b)-割. 那么

$$|C| \geq |C| - |C^*| = \sum_{x \in S} (d_G^+(x) - d_G^-(x)) = k,$$

由 Menger 定理可证明结论.

47. (i). 如果既没有 (a,b)-路, 也没有 (b,a)-路, 我们就不需要证明了. 如果 P 是一条 (a,b)-路, 那么由 6.46, $G - E(P)$ 有一条与 P 边不交的 (b,a)-路 Q; 矛盾.

(ii), (iii). 假设 G 在 a 和 b 之间是 k-边连通的. 那么由 6.39 知存在 k 条边不交的 (a,b)-路, 删掉这些 (a,b)-路的边, 那么由 6.46, 余下的图具有 k 条边不交的 (b,a)-路. 这就证明了 (ii) 和 (iii). [A. Kotzig, *Wiss. Z. Martin-Luther Univ. Halle-Wittenberg* **10** (1961-62) 118–125.]

48. (a) 连接 $X \cap Y$ 到 $V(G) - X - Y$ 的每条边在不等式两边都被计算了两次, 连接 $X - Y$ 到 $Y - X$ 的那些边只在不等式右边都被计数了, 其他的每条边在等式两边都恰好被计算了一次.

(b) 在 (a) 中用 $V(G) - Y$ 替换 Y 并考虑到事实

$$\delta_G(Y) = \delta_G(V(G) - Y),$$

即可得到结论.

(c) 如下是显然的:

1° 如果一条边连接 $X - Y - Z$, $Y - X - Z$, $Z - X - Y$, $X \cap Y \cap Z$ 中的两个, 那么这条边在不等式左边和右边各被计数了两次.

2° 如果一条边连接 $X - Y - Z$, $Y - X - Z$, $Z - X - Y$, $X \cap Y \cap Z$ 中的一个到不在这些集合中的一个点, 那么这条边在左边被计数了一次且在右边被计数了至少一次.

3° 其余的边在左边没有被计数.

49. 设 $\delta_G(X) = k$, $|X|$ 是极小的, $x \in X$. 如果与 x 关联的所有边都到 $V(G) - X$ 中, 那么它们的数目 $\leq \delta_G(X) = k$, 因此 x 的度数 $\leq k$. 由 k-边连通性, 我们得到等式成立.

假设 x 与 $y \in X$ 相邻, 删除边 (x,y), 边连通度会减少, 因此存在一个 $\emptyset \neq Z \subset V(G)$ 使得 $\delta_{G-(x,y)}(Z) \leq k - 1$. 只有在 $\delta_G(Z) = k$ 且 Z 分离 x, y 时, 我们说 $x \in Z$, $y \in V(G) - Z$. 我们可以假设 $X \cup Z \neq V(G)$, 否则我们将考虑用 $V(G) - Z$ 代替 Z. 由 6.48(a),

$$\delta_G(X \cap Z) + \delta_G(X \cup Z) \leq \delta_G(X) + \delta_G(Z).$$

这里 $\delta_G(X \cap Z) \geq k$, $\delta_G(X \cup Z) \geq k$, $\delta_G(X) = \delta_G(Z) = k$. 因此, 我们一定有上述等式成立, 特别当 $\delta_G(X \cap Z) = k$ 时. 这就与 X 的极小性矛盾. [W. Mader, *Math. Ann.* **191** (1971) 21–28.]

50. (a) 我们需要证明如果我们收缩 $G-(F_1\cup\cdots\cup F_m)$, 我们将得到一个有不超过 $2m$ 个点的图 G'. 假设我们有 p 个点, 这些点的度至少为 k, 那么

$$|E(G')|\geq\frac{kp}{2}.$$

另外, G' 的每条边属于 $F_1,\ldots,F_m$ 中的一个割, 否则的话, 它将被收缩. 因此

$$|E(G')|\leq\sum_{i=1}^{m}|F_i|=mk,$$

所以, 就像之前陈述的那样

$$p\leq 2m$$

成立.

51. 设 y,z 是 x 的两个邻点, 移去边 (x,y), (x,z) 再加上一条新边 (y,z). 如果得到的图 G' 在 $V(G)-x$ 的两点之间不是 k-边连通的, 那么存在一个集合 $\emptyset\neq U\subset V(G)-\{x\}$ 使得

$$\delta_{G'}(U)<k.$$

由于 G 和 G' 都是欧拉的, 所以它们的所有割均是偶的; 所以 k 和 $\delta_{G'}(U)$ 都是偶的, 因此

$$\delta_{G'}(U)\leq k-2. \tag{1}$$

显然

$$\delta_{G'}(U)\geq\delta_G(U)-2\geq k-2,$$

所以

$$\delta_G(U)=k,\quad \delta_{G'}(U)=\delta_G(U)-2.$$

后面的等式意味着 $y,z\in U$.

现在设 y 是 x 的任一邻点, U 是满足 $U\subset V(G)-\{x\}$, $y\in U$, $\delta_G(U)=k$ 的最大集. 由于

$$\delta_G(U\cup\{x\})\geq k=\delta_G(U),$$

所以 U 不能包含 x 的所有邻点; 设 $z\notin G$ 是 x 的邻点. 现在如果 (y,z) 不满足我们问题的要求, 那么存在集合 $V\subset V(G)-\{x\}$ 满足 $y,z\in V$ 且 $\delta_G(V)=k$. 现在由 6.48(a),

$$\delta_G(U\cup V)+\delta_G(U\cap V)\leq\delta_G(U)+\delta_G(V)=2k,$$

又因为 $U\cap V\neq\emptyset$, 所以

$$\delta_G(U\cap V)\geq k.$$

这就意味着

$$\delta_G(U \cup V) \le k.$$

由 U 的极大性可知, 这可以发生仅当

$$U \cup V = V(G) - \{x\}.$$

现在观察到

$$\delta_G(U - V) + \delta_G(V - U) < \delta_G(U) + \delta_G(V),$$

这是因为在 6.48(a) 的解答的计数中, 边 (x, y) 仅在不等式的右端才被计数. 这里

$$\delta_G(U) = \delta_G(V) = k, \quad \delta_G(U - V), \quad \delta_G(V - U) \ge k,$$

矛盾.

52. 我们对 $|V(G)|$ 进行归纳; 如果 $|V(G)| = 2$, 那么我们有一个初始图 I. 现在, 假设 $|V(G)| \ge 3$ 且 $x \in V(G)$. 由先前的结果, 可以找到与 x 相邻的两个点 y_1, z_1 使得如果我们移除 (x, y_1) 和 (x, z_1) 且连接 y_1 和 z_1, 那么得到的图 G_1 对 $V(G) - \{x\}$ 中的任意两点仍是 $2k$-边连通的. 如果 x 仍然不是孤立的, 我们可以在 G_1 中找到与 x 相邻的两个点 y_2, z_2 使得 $G_1 - (x, y_2) - (x, z_2) + (y_2, z_2)$ 对 $V(G) - \{x\}$ 中的任意两点仍是 $2k$-边连通的, 继续下去. 这里永远不会产生自环, 这是因为可以通过删除不多于 k 条边就可将有自环的点与其他点分离. 因此, 我们得到一个 $2k$-边连通、$2k$-正则图 G'. G' 是由 G 通过移除边 $(x, y_1), (x, z_1), \ldots, (x, y_k), (x, z_k)$(以及之后的孤立点 x), 添加 k 条新的边 $(y_1, z_1), \ldots, (y_k, z_k)$ 所得到的. 现在 G 可通过 G' 由构造 II 得到. [A. Kotzig, *Doctoral dissertation*, Bratislava, 1959; cf. also G.J. Simmons, *Infinite and Finite Sets*, Coll. Math. Soc. J. Bolyai **10**, Bolyai-North-Holland (1974) 1277–1349.]

53. 我们尽可能的按照 6.51 的解答进行. 对 x 的每对邻点 (y, z), 我们找到一个集合 U 满足 $\emptyset \ne U \subset V(G) - \{x\}$, $y, z \in U$, 并且

$$\delta_G(U) \le k + 1$$

(这是因为正如在 6.51 的解答 (1) 中那样, 这里我们得不到 1).

现在设 y 是 x 的一个给定邻点并如上考虑所有点 z 那样考虑所有 U 的集合 H, 如果论断不正确, 那么这些集合覆盖了 x 的所有邻点. 设 $U_1, \ldots, U_l$ 是 H 中的覆盖 x 所有邻点的最小数目的集合. 因为

$$\delta_G(U_i \cup \{x\}) \ge k \ge \delta_G(U_i) - 1,$$

并且 x 是偶度的, 由此可得至多 $d_G(x)/2$ 条边连接 x 到 U_i. 因为 x 与属于所有 U_i 的点 y 相邻, 由此可得两个 U_i 不能包含 x 的所有邻点. 因此 $l \geq 3$.

考虑 U_1, U_2, U_3. 因为 U_1 不能从 H 中删除, 所以存在 x 的一个邻点被 U_1 覆盖但是不被 U_2 和 U_3 覆盖. 类似地, 我们发现 $U_2 - U_3 - U_1 \neq \emptyset$ 且 $U_3 - U_1 - U_2 \neq \emptyset$.

现在运用 6.48(c) 的一个略微加强的版本.

$$\delta_G(U_1 - U_2 - U_3) + \delta_G(U_2 - U_3 - U_1) + \delta_G(U_3 - U_1 - U_2)$$
$$+\delta_G(U_1 \cap U_2 \cap U_3) \leq \delta_G(U_1) + \delta_G(U_2) + \delta_G(U_3) - 2.$$

(-2 来自于这样的观察: 边 (x, y) 在右端被计数了三次而在左边只被计数了一次.) 这里左边的所有项 $\geq k$, 但是右边的所有项 $\leq k+1$. 因此

$$4k \leq 3(k+1) - 2, \quad k \leq 1,$$

矛盾. (K_4 的例子显示了关于 x 的度的假设不能省略.)

54. (a) 设 $\emptyset \neq X \subset V(G)$. 那么

$$\delta_G(X) = \delta^+_{\vec{G}}(X) + \delta^+_{\vec{G}}(V(G) - X) \geq k + k = 2k.$$

(b) 我们对 $V(G)$ 用归纳法来证明论断. 如果 $V(G) = 2$, 则结论是平凡的. 设 $V(G) \geq 3$. 我们可以假设 G 是临界 $2k$-边连通的; 那么由 6.49, 存在点 x 满足 $d_G(x) = 2k$. 像在 6.52 解答中的那样, 我们找到一个 $2k$-边连通图 G' 以及满足如下条件的 k 条边 $(y_1, z_1), \ldots, (y_k, z_k) \in E(G')$: 如果我们用一个点来剖分这 k 条边的每一条, 并且等同这些新的点为点 x, 我们得到 G (注意到现在用的是 6.53 而不是 6.51). 设 $\vec{G}'$ 是 k-边连通图 G' 的一个定向. 这导出 G 的一个定向 $\vec{G}$: 如果 (y_i, z_i) 的定向是从 y_i 到 z_i 的, 那么我们定向 (y_i, x) 从 y_i 到 x, 定向 (x, z_i) 从 x 到 z_i. 容易验证 $\vec{G}$ 是 k-边连通的. [Nash-Williams 证明了一种更强的形式; 参见 B.]

55. 给定条件的必要性是显然的. 考虑图 31 中所示的图, 这里条件是满足的, 这是因为四边形是 2-边连通的. 另外, 任意 (a, a')-路与任意的 (b, b')-路有一条公共边.

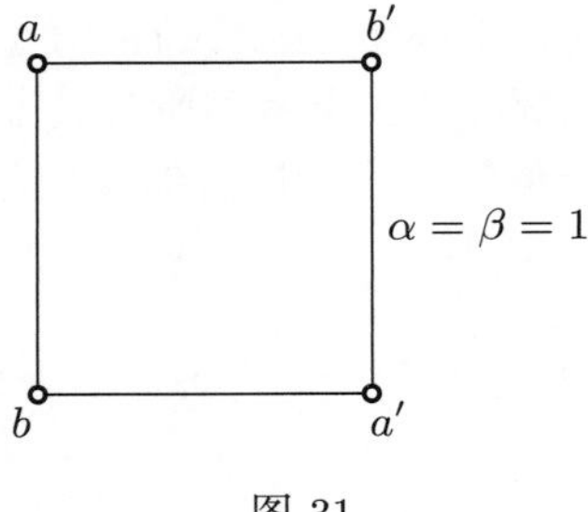

图 31

56. (a) 取两个新点 u, u'. 分别用 α 和 β 条边连接 u 到 a 和 b; 类似地, 分别用 α 和 β 条边连接 u 到 a' 和 b'. 现在条件 $(*)$ 意味着所得图 G' 中 u 和 u' 之间是 $(\alpha+\beta)$-连通的. 因此它包含 $(\alpha+\beta)$ 条边不相交的 (u, u')-路, 从而 G 就包含 $(\alpha+\beta)$ 条边不交的 $(\{a,b\},\{a',b'\})$-路, 其中 α 条始于 a, β 条终于 a', 正如提示中陈述的那样. 令 $P_1, \ldots, P_{\alpha+\beta}$ 为这些路.

现在 $G - E(P_1) - \cdots - E(P_{\alpha+\beta})$ 有偶的度数, 因此由 5.13, 它有一个定向使得其入度和出度相等. 给路 P_i 从它在 $\{a,b\}$ 的端点指向它在 $\{a',b'\}$ 中的端点, 我们就得到了 G 的一个定向.

(b) 设 $\overrightarrow{G}$ 是 (a) 中 G 的一个定向. 首先我们证明 $\overrightarrow{G}$ 中存在 α 条边不交的 (a, a')-路. 设 $X \subseteq V(\overrightarrow{G}) - \{a'\}$, $a \in X$, 如果 $b, b' \notin X$, 那么

$$\delta^+_{\overrightarrow{G}}(X) \geq \delta^+_{\overrightarrow{G}}(X) - \delta^-_{\overrightarrow{G}}(X) = \delta^+_{\overrightarrow{G}}(a) - \delta^-_{\overrightarrow{G}}(a) = \alpha.$$

类似地可证, 当 $b, b' \in X$ 或者 $b \in X, b' \notin X$ 时的结论. 假定 $b' \in X, b \notin X$, 那么我们有

$$\delta^+_{\overrightarrow{G}}(X) - \delta^-_{\overrightarrow{G}}(X) = (\delta^+_{\overrightarrow{G}}(a) - \delta^-_{\overrightarrow{G}}(a)) + (\delta^+_{\overrightarrow{G}}(b') - \delta^-_{\overrightarrow{G}}(b')) = \alpha - \beta. \tag{1}$$

另外,

$$\delta^+_{\overrightarrow{G}}(X) + \delta^-_{\overrightarrow{G}}(X) = \delta_G(X) \geq \alpha + \beta. \tag{2}$$

将 (1) 和 (2) 相加我们得到

$$2\delta^+_{\overrightarrow{G}}(X) \geq 2\alpha,$$

这就证明了在 $\overrightarrow{G}$ 中存在 α 条边不交的 (a, a')-路 $P_1, \ldots, P_\alpha$.

现在考虑 $G' = \overrightarrow{G} - E(P_1) - \cdots - E(P_\alpha)$. 在此图中

$$\delta^+_{G'}(b) - \delta^-_{G'}(b) = \beta, \quad \delta^+_{G'}(b') - \delta^-_{G'}(b') = -\beta,$$
$$\delta^+_{G'}(x) = \delta^-_{G'}(x), \quad \text{对 } x \neq b, b'.$$

因此由 6.46, G' 包含 β 条边不相交的 (b, b')-路 $Q_1, \ldots, Q_\beta$. 现在 $P_1, \ldots, P_\alpha, Q_1, \ldots, Q_\beta$ (更确切地, 是对应这些有向路的 G 中的无向路) 就形成了所求路的集合. [T.C. Hu, *Integer Programming and Network Flows*, Addison-Wesley, 1969; 这个证明源自 C. St. J.A. Nash-Williams.]

57. 令 G 是一个有四边形面 F 的 5-连通平面图; 令 a, b, c, d 是 F 上在此圈序下的顶点. 那么, 显然, 任意 (a, b)-路与任意 (c, d)-路相交.

因此, 只需要找到一个具有四边形面 F 的 5-连通平面图. 一个小的例子可以参见图 32.

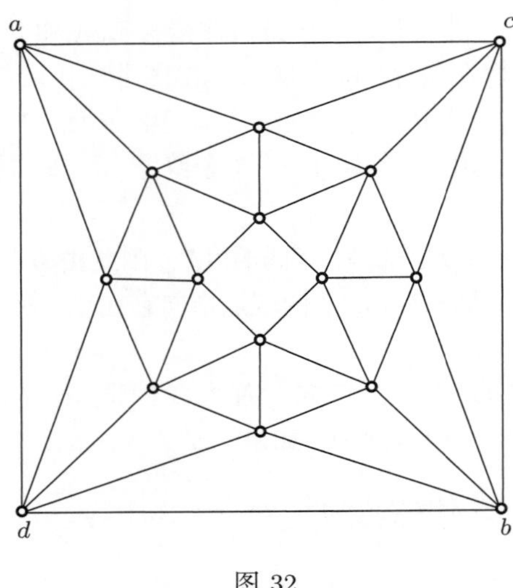

图 32

注记: 可以证明 [P. Mani, H.A. Jung, 参见 Jung, in: *Comb. Structures Appl.* Gordon and Breach, 1970, 189–191] 所有的例子都是平面的. 特别地, 没有 6-连通的例子. 更一般的, 存在一个函数 $g(n)$ 使得任意给定 $g(n)$-连通图的 $2n$ 个点 $a_1, \dots, a_n, b_1, \dots, b_n$, 存在 n 条点不交的路 $P_1, \dots, P_n$, 其中 P_i 连接 a_i 到 b_i.

58. 解法 1. C 分离 a 和 b; 因为任何一条 (a,b)-路与 $A \cup B$ (甚至是 A) 相交, 且其第一个属于 $A \cup B$ 的点是 C 的点.

类似地, 提示中定义的 D 是一个分离集. 因此, $|C| \geq k$, $|D| \geq k$. 现在

$$C \cap D \subseteq A \cap B;$$

因为如果 $x \in C \cap D$, 那么存在一条 $(a, A \cup B)$-路 P_1 连接 x 到 a, 还有一条 $(b, A \cup B)$-路连接 x 到 b, 那么 $P_1 \cup P_2$ 是一条与 $A \cup B$ 仅相交于 x 的路; 由于每条 (a,b)-路一定与 A, B 都相交, 所以 x 必须既属于 A 又属于 B. 所以

$$\begin{aligned} |A \cap B| \geq |C \cap D| = |C| + |D| - |C \cup D| \geq k + k - |A \cup B| \\ = |A| + |B| - |A \cup B| = |A \cap B|, \end{aligned}$$

这就证明了每一处的等式都成立, 特别地, $|C| = |D| = k$.

解法 2. 设 $P_1, \dots, P_k$ 是独立的 (a,b)-路 (由 Menger 定理知这是存在的), 那么 A (B) 恰好包含 P_i 中的一个点 a_i (b_i). 设 c_i 是 P_i 上离 a 最近的 a_i 和 b_i 中的那一个.

现在 $C = \{c_1, \dots, c_k\}$. 显然, $c_i \in C$. 另外, 如果 $c \in C$, 那么 $c \in A \cup B$, 从而对某个 i 有 $c \in P_i$. 假设 $c \neq c_i$, 那么 c 在 P_i 的 (c_i, b)-段上. 由定义, 存在一条与 A 不交的 (a, c_i)-路, 它和 P 的 (c_i, b)-段一起就给出了一条与 A 不交的 (a,b)-路, 矛盾.

所以, $|C| = k$. 它分离 a 和 b 的事实可由上面的分析很容易得到. [参见. L. Lovász, *Acta Math. Sci. Acad. Hung.* **2** (1970) 365–368.]

59. 假设 T 是按照提示中定义的, 只需证明 T 分离 $G-(x,y)$, 那么事实上, 它分离了 x 和 y; 然后显然 $T\cap V(H)$ 在 H 中分离了 x 和 y, 即 $H-(x,y)$ 有一个 $(k-1)$ 元的分离集.

现在反过来, 如果 x,y 在 $G-(x,y)-T$ 的同一个连通分支中, 那么添加边 (x,y), 我们看到 $G-T$ 仍然不连通, 但这是不可能的.

60. (a) 1° 在 $G-C$ 中, $G_1\cap G_3$ 与余下的图之间没有边相连, 其中余下的图非空. 所以 C 是一个分离集, 且因为 $G_1\cap G_3$ 为 G_1 的真子图 (因为 $B\cap V(G_1)\neq\emptyset$), 因此 C 不是一个 k 元分离集.

2° 设 $x\in C$, 那么存在一条连接 a 到 x 的 $(a,A\cup B)$-路 P. 如果 $x\notin A\cap B$, 那么 $x\notin A$ 或 $x\notin B$. 如果 $x\notin A$ (不妨设), 那么 P 与 A 不交, 即 a 和 x 在 $G-A$ 的同一连通分支 G_1 中.

3° 如果 $b\in G_2\cap G_4$, 那么由 6.58 可知 C 的基数为 k.

4°

$$|V(G_1)|>|B\cap V(G_1)|+|V(G_1\cap G_4)|,$$

而

$$|V(G_4)|=|A\cap V(G_4)|+|V(G_1\cap G_4)|.$$

现在由于

$$|B\cap V(G_1)|+|A\cap B|+|A\cap V(G_3)|\geq|C|>k$$

以及

$$|A\cap V(G_4)|+|A\cap B|+|A\cap V(G_3)|=|A|=k,$$

所以

$$|B\cap V(G_1)|>|A\cap V(G_4)|,$$

故

$$|V(G_1)|>|V(G_4)|,$$

这与 G_1 的最小性矛盾 (图 33).

为了证明第二个论断, 首先假设 $V(G_2)\subseteq B$. 由于 $|V(G_1)|\leq|V(G_2)|$, 立即得到 $|V(G_1)|\leq k/2$.

然后, 假设 $V(G_2)\nsubseteq B$. 例如设 $G_2\cap G_3\neq\emptyset$. 由于 $(A\cap V(G_3))\cup(A\cap B)\cup(B\cap V(G_2))$ 分离 G, 则有

$$\begin{aligned}|A\cap V(G_3)|+|(A\cap B)|+|B\cap V(G_2)|&\geq k=|B|\\&=|V(G_1)|+|A\cap B|+|B\cap V(G_3)|,\end{aligned}$$

因此

$$|V(G_1)|\leq|A\cap V(G_3)|.$$

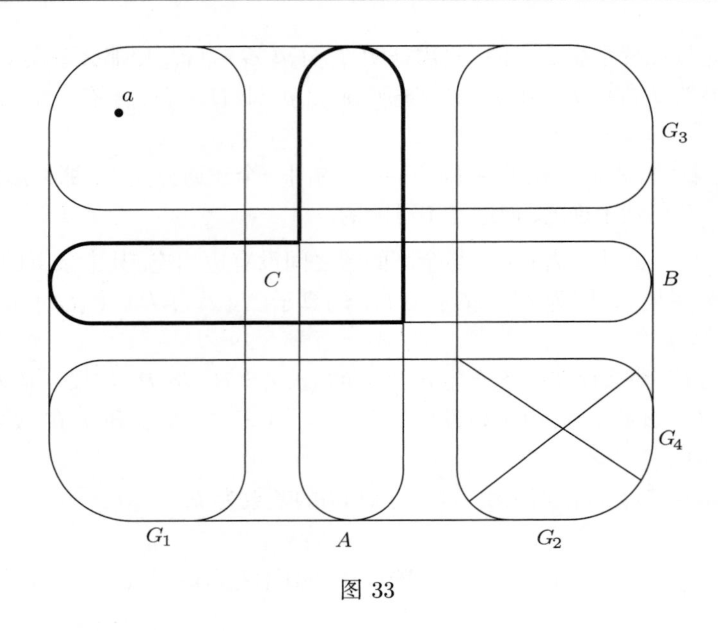

图 33

若 $G_2 \cap G_4 \neq \emptyset$, 类似地讨论可得

$$|V(G_1)| \leq |A \cap V(G_4)|,$$

从而

$$|V(G_1)| \leq \frac{1}{2}|A| = \frac{k}{2}.$$

若 $G_2 \cap G_4 = \emptyset$, 那么通过类似的分析可得

$$|V(G_4)| \leq |B \cap V(G_2)|,$$

从而

$$|V(G_1)| \leq |V(G_4)| \leq |B \cap V(G_2)| \leq |B| - |V(G_1)| = k - |V(G_1)|,$$

所以论断成立. [W. Mader, *Arch. Math.* **22** (1971) 333–336; M.E. Watkins, *J. Comb. Th.* **8** (1970) 23–29.]

(b) 显然 G 没有重边. 我们可以假设 G 不是一个 $(k+1)$-团, 那么 (a) 的 G_1 存在, 假设 G_1 至少有两个点, 那么 G_1 有一条边 $e=(x,y)$. $G-e$ 有一个 $(k-1)$ 元分离集 T, 那么 $G-T$ 是连通的但 $G-T-e$ 不连通, 因此 $G-T-e$ 有两个被 e 连接的连通分支. 假设包含 x 的连通分支多于一个点, 那么 $T\cup\{x\}$ 是 G 的一个 k 元分离集, 它与 G_1 有一个公共点 x 但是不包含它的另一个点 y. 由 (a) 这是不可能的. 所以 $G_1=\{x\}$ 且 x 的度为 k. [R. Halin, *J. Comb. Theory* **7** (1969) 150–154.]

61. (a) 令 $\{x,y\}$ 是 $G-e$ 的一个分离集. 由于 $G-\{x,y\}$ 是连通的, 这样 e 就连接了 $G-e-\{x,y\}$ 中的两个不同的分支, 所以在 $G-e$ 中 a,b 被 $\{x,y\}$ 分离.

(b) 设 $\{u,v\}$ 是 G/e 的一个分离集. 我们断言顶点 u,v 中的某一个是由 e 收缩形成的, 因为否则的话, $G/e-\{u,v\}$ 可以由连通图 $G-\{u,v\}$ 收缩一条边得到, 也将是连通的. 现在假设 v 是这样的一个点, 那么 $\{a,b,u\}$ 是一个分离集. 为了证明它分离 $\{x,y\}$, 考虑 $G-\{a,b,u\}$ 的连通分支 G'. 由于 G 是 3-连通的, 这个连通分支和 a,b,u 中的每个点都相连, 从而 G' 的内点中包含一条 (a,b)-路 P_1. P_1 包含了 x 和 y 中的一个, 不妨设为 x. 考虑 $G-\{a,b,u\}$ 的另一个连通分支 G'', 同样的论述可证明 y 一定在 G'' 中.

(c) 假设 $G-e-\{x,y\}$ 的包含 a 的连通分支 G_1 中有一个点 $c\neq a$. 由于 G 是 3-连通的, 所以存在 $G-\{a,y\}$ 中的一条 (c,x) 路 P. P 不经过 b,u, 这是因为 b,u 和 c 是被 x,a,y (甚至是被 e,x,y) 分离开的; 因此 P 是 $G-\{a,b,u\}$ 中的一条 (c,x)-路. 类似地, $G-\{a,b,u\}$ 中有一条 (c,y)-路 Q. 然而, $P\cup Q$ 就给出了 $G-\{a,b,u\}$ 中的一条 (x,y)-路, 这与 (b) 矛盾 (图 34).

a 的度现在是 3, 矛盾.

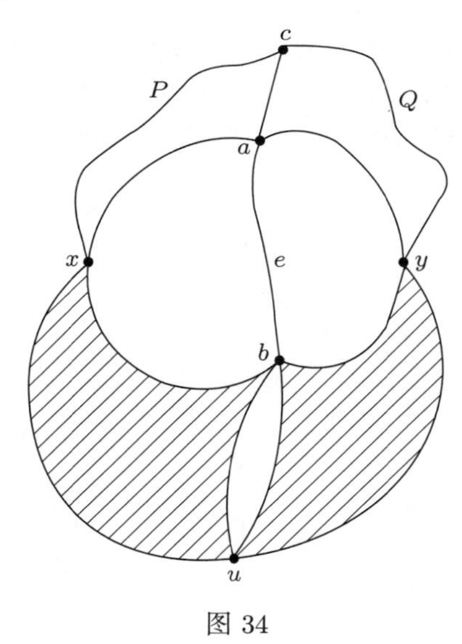

图 34

62. 首先我们来证明提示中的论断成立. 假设 $G-T$ 是不连通的, 其中 $|T|\le k-1$. 如果 T 不包含 e 的两个端点 x,y 中的任何一个, 那么 $(G-T)/e=G/e-T$ 是不连通的, 矛盾, 这是因为 G/e 是 k-连通的. 如果 $x,y\in T$, 那么 G/e 甚至能被 T 的 $(k-2)$ 元像分离. 因此, 我们不妨假设 $x\in T, y\notin T$.

$G/e-T$ 可以由 $G-T$ 删去点 y 得到, $G/e-T$ 是连通的而 $G-T$ 是不连通的, 这意味着 y 是 $G-T$ 的一个分支. 因此 T 包含 y 的所有邻点, 而这是不可能的, 因为 y 的度至少是 k.

现在结论是显而易见的. 由前面的问题知 G/e 是 3-连通的. 假设它不是极小的, 那么对某个 $f\in E(G)$, $G/e-f=(G-f)/e$ 仍然是 3-连通的. 因为 e 的端点在 $G-f$ 中的度数至少为 3, 所以综上, $G-f$ 是 3-连通的, 与假设矛盾.

63. 设 C 是要考虑的圈. 如果 $|V(C)|=2$, 论断是无效的, 因为一个边临界的 3-连通图不存在重边.

假设 $|V(C)|\geq 3$, 如果 C 至多有一个度为 3 的点, 则它有一条两个端点度都至少为 4 的边 e. 那么由 6.26, G/e 是临界 3-连通图, 而且圈 C 收缩边 e 得到一个更短的圈 C', 这个圈 C' 仍至多只有一个度为 3 的点. 这是矛盾的.

这个结论——更复杂的证明——对临界 k-连通图仍是成立的. [参见 W. Mader, *Arch. Math.* **23** (1972) 219–224.]

64. 提示中的论断由 6.61 的解答中的 (b) 很容易得到. 在 $G-a$ (是 2-连通的, 所以由 6.32 知有圈存在) 中取经过 b_1, b_2 的圈 C, 则 C 中的一条 (b_1, b_2) 弧包含 u_3, 另一条包含 b_3. 这样, C 是一个经过 b_1 和 b_3 的圈, 从而由类似于上面的讨论, 它也包含 u_2. 所以 $G-a$ 的每个圈包含 b_1, b_2, b_3 中的两个点, 也包含 u_1, u_2, u_3 中的某一个作为第三个点. 更进一步, u_i 分离了 b_{i-1} 和 b_{i+1}.

我们可得出每条 (u_1, u_2)-路要么包含 b_3 要么包含 b_1, b_2; 否则, 我们可用它替代 C 中的一条弧, 得到一个违背上述论断的圈. 所以在 $G-a$ 中, b_1 和 b_2 将 u_1 和 u_2 分离, 但是这样它们也分离 G 中的 u_1 和 u_2, 矛盾 (图 35). [参见. W.T. Tutte, *Connectivity in Graphs*, Toronto University Press, Toronto, 1966.]

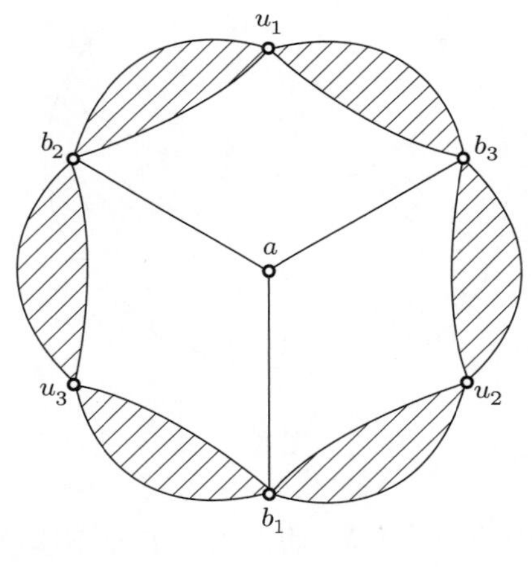

图 35

65. 如提示中那样构造 G.

I. G 是 3-连通的. 我们去掉它的两个点, 如果这两个点都是 T 的内点, 那么, 因为 T 中点的度至少为 3, 所以 T 的剩余部分的每个连通分支都与 C 相交, 这 "连接" 了它们. 如果去掉 T 的一个点和 C 的一个点, 类似结果成立. 最后, 如果我们去掉 C 的两个点, 那么 T 的剩余部分是连通的, 且与 C 的剩余部分的所有片段都相交, 因此, 得到的图仍是连通的.

II. 首先假设 $e \in E(C)$, 那么 $G-e$ 至多是 2-连通的, 这是因为 e 的两个端点在它中的度为 2. 其次假设 $e \in E(T)$, 那么 $T-e$ 恰有两个连通分支 T_1, T_2. T_i 的端点形成 C 的一条弧 A_i (这个事实的严格证明留给读者). 因此, 存在两条边 f_1, f_2 连接 A_1 和 A_2. $G-e-f_1-f_2$ 是不连通的, 这就证明了 $G-e$ 并不是 3-边连通的.

III. 选择树 T, 使得某个点 x 与所有叶子点的距离为 1000, 并且所有内点的度都是 1000.

66. 我们对 k 进行归纳. 令 C 是一个经过 $x_1, \ldots, x_{k-1}$ 的圈. 如果 $x_k \in V(C)$, 那么我们就完成了证明; 假设 $x_k \notin V(C)$, 我们分两种情况讨论.

(a) 假设存在 k 条 (x_k, C)-路仅有 x_k 一个共同点. 这些点 $x_1, \ldots, x_{k-1}$ 将 C 分成 $k-1$ 段弧, 所以其中一段弧 (包括它的端点) 包含路 $P_1, \ldots, P_k$ 的两个端点. 现在将这两条路添加到 C 中, 但是去掉它的两个端点 (其中不包含任意的 $x_i, 1 \le i \le k-1$) 之间的弧, 我们得到了一个经过 $x_1, \ldots, x_k$ 的圈.

(b) 假设不存在 k 条 (x_k, C)-路满足除了 x_k 之外没有其他共同点, 那么根据 6.41 存在一个集合 $X, |X| = k-1, x_k \notin X$ 满足与每条 (x_k, C)-路都相交. 因为 $G-X$ 是连通的, 所以在 $G-X$ 中 $C-X$ 的每个点都被连接到 x_k, 这是矛盾的除非 $X = V(C) = \{x_1, \ldots, x_{k-1}\}$. 后面这种情况可以用与上面相似的讨论得到, 存在 $k-1$ 条 (x_k, C)-路, 满足仅有 x_k 一个共同点. 这些路连接 x_k 到 $x_1, \ldots, x_{k-1}$. 增加其中的满足连接 x_k 到 C 上邻点的两条路, 但是去掉它们端点之间的边, 我们得到了一个满足要求的圈. [G. Dirac; 参见 B.]

67. 假设 G 是 3-连通图并且 e_1, e_2, e_3 是 G 的不在同一圈上的边. 我们首先证明存在一个圈包含其中两条边但不与第三条边相交.

令 C_1 是经过 e_1, e_2 的圈. 如果 $e_3 = (x, y)$ 没有在 C_1 上的端点, 我们就得到了想要的圈. 如果 $x \in V(C_1)$ 但 $y \notin V(C_1)$, 考虑 $G-x$ 的一条 $(y, C_1 - x)$-路 P; 令这条路 P 末端点为 $z \in V(C_1)$, 那么 e_3, P 和 C_1 的一条 (x, z)-弧给出一个我们希望的圈. 最后, 如果 $x, y \in V(C_1)$, 那么 e_3 和 C_1 的一条 (x, z)-弧形成圈 C. 现在 $C - e_1 - e_2 = P_1 \cup P_2$, 其中 P_1 和 P_2 是不相交的两条路. 考虑 $G - V(P_2)$ 的所有 $(\{x, y\}, P_1)$-路. 它们中任意两条不相交, 这是因为如果相交就会产生一条包含 e_1, e_2, e_3 的圈. 因此, 存在一个点 u 和它们中的每一条都相交. 类似地, 存在一个点和 $G - V(P_1)$ 的每条 $(\{x, y\}, P_2)$-路相交, 那么 u, v 和所有的 $(\{x, y\}, C)$-路相交. 又因为 G 是 3-连通的, 所以这是可能的仅当 $\{u, v\} = \{x, y\}$ 时, 不妨设 $u = x, v = y$. 因此, 结点在 P_1 (P_2) 上的任意 $(\{x, y\}, C)$-路的始点为 x (y).

我们只要证明 $G - \{e_1, e_2, e_3\}$ 不包含我们经过的任意一条 (x, y)-路. 假定存在一条这样的路 T.

首先假定 T 和 C 不相交. 设 Q 为 $G - \{x, y\}$ 的结点在 P_1 上的一条 (T, C)-路; 那么 Q 和 T 中合适的一段将给出一条始于 y 的 $(\{x, y\}, C)$-路, 但这是不可能的. 当 T 只与 P_1 相交时, 我们可以得到类似的结论. 因此, 我们只需要处理一种情况, 即

T 和 P_1, P_2 都相交的情形. 那么此时它就包含不同于 e_1 和 e_2 的一条 (P_1, P_2)-路 R. 令 $a \in P_1$ 和 $b \in P_2$ 为 R 的两个端点. 因为 $G - \{a, b\}$ 是连通的, 所以其中存在一条 $(\{x, y\}, C - \{a, b\})$-路 Q_1. 令 Q_1 的端点为 x 和 $z_1 \in P_1$, 设 Q_2 为 $G - x$ 的一条 (y, C)-路, 那么显然 Q_2 的端点 $z_2 \neq y$ 在 P_2 上. Q_1 和 Q_2 不相交, 这是因为否则的话, 我们将得到 $G - \{e_1, e_2, e_3\}$ 的一条与 C 不交的 (x, y)-路.

C 的一条 (z_1, z_2)-弧不包含 a, 这条弧与 Q_1, Q_2, e_3 一起形成一个圈 C_0, 它包含 e_3, 以及 e_1 和 e_2 中的一个, 不妨设为 e_2. 现在存在连接 e_1 的相同端点到 $C_0 - \{e_2, e_3\}$ 的两个连通分支的 (e_1, C_0)-路, 矛盾 (图 36).

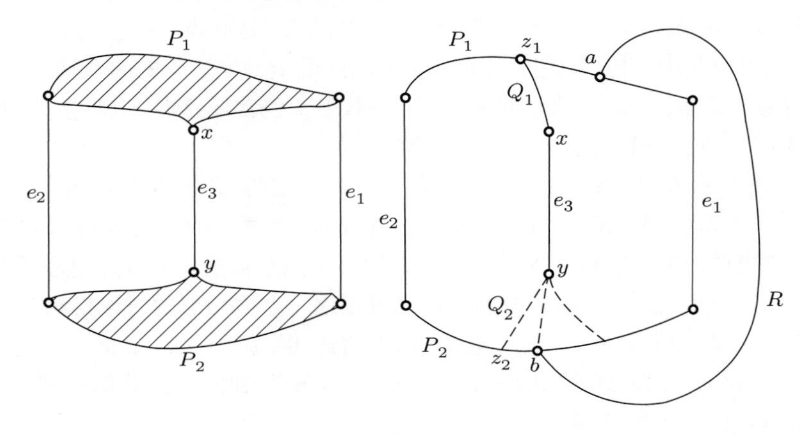

图 36

68. 对 k 用归纳法, 我们可以假定存在一条经过 $x_1, \ldots, x_{k-1}$ 的 (a, b)-路 P 并假设 $x_k \notin P$. 用不同于 x_k 的 k 个点覆盖所有的 (x_k, P)-路是不可能的, 因为如果 X ($x_k \notin X$) 是一个与它们都相交的 k 元集, 那么 x_k 和 $P - X \neq \emptyset$ 将属于 $G - X$ 的不同连通分支. 所以由 6.41, 存在 $k+1$ 条 (x_k, P)-路 $Q_1, Q_2, \ldots, Q_{k+1}$, 它们只有 x_k 一个公共点. 因为 $x_1, \ldots, x_{k-1}$ 把 P 分成了 k 段, 其中一段与两个 Q_j 相交. 那么, 去掉连接这两个端点的子路再加上这两个 Q_j, 我们就得到一条经过 $x_1, \ldots, x_k$ 的 (a, b)-路. [M.D. Plummer, in: *Proc.* 2nd *Louisiana Conf. on Comb.*, Univ. of Manitoba Press, Winnipeg, 1971, 458–472.]

69. 设 C 为面 F 的边界圈, 并设 B 为 C 的任意桥. 根据提示, 我们证明 B 包含 C 的所有点. 假定 $x \in V(C), x \notin V(B)$, 令 y 和 z 是 $B \cap C$ 的与 x 在 C 上相邻的两个点, 那么 C 的另外一条 (y, z)-弧有一个内点; 如果 B 是一条弦, 这是平凡的; 如果 B 有一个内点, 那么由 B 在 C 上至少有三个点的事实可以得到. 由于 $G - \{y, z\}$ 是连通的, 所以就有一条路 P 连接 C 的两条 (y, z)-弧. 令 Q 是 B 的一条 (y, z)-路. P 和 Q 都跑到面 F (因为 F 是一个面) 外面, 所以由平面性可知它们相交. 然而这意味着 P 属于 B, 这与 y 和 z 的定义矛盾 (图 37).

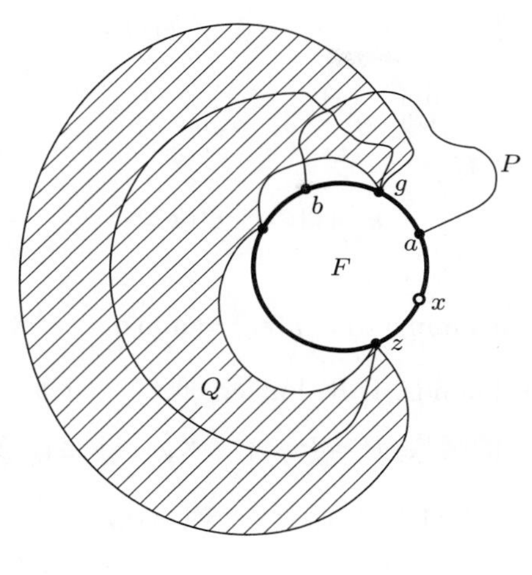

图 37

这个陈述只是说明了 C 没有弦. 假设 B_1, B_2 是两个桥, 那么 $C + B_1$ 把 F 的外面分成两个在 C 上至多有两个边界点的区域, 并且 B_2 在其中一个里面 (因为它和 B_1 不相交). 但是 B_2 在 C 上至少有 3 个点, 矛盾.

由于这个问题的结果刻画了独立于嵌入的 3-连通平面图的面的边界, 从而两个 3-连通平面图之间的每个同构保持面. 由平面拓扑的 Schoenflies 定理可得, 在球面上的两个 3-连通图之间的每个同构可由这个球面到自身的同态导出. [H. Whitney, *Trans. Amer. Math. Soc.* **34** (1932) 339–362.]

70. 设 C 如提示中那样定义; 我们证明除 B 之外 C 没有其他桥. 正如之前的解答中那样, 我们首先证明 C 的每个点都在 B 上. 假设 $x \in V(C), x \notin V(B)$. 令 y, z 是 B 的在 C 上靠近 x 的两个点. 如之前的解答中那样, 我们在 $G - y - z$ 中找到一条连接 C 的两条 (y, z)-弧的路 P. 令 a, b 是 P 的端点, 且令 R 是 C 的一条 (a, b)-弧. 那么 $P \cup R$ 是一个圈, 它满足包含 f 的 $P \cup R$ 的桥真包含 B, 矛盾.

所以 C 的每个点都在 B 中. 假设 B_1 是 C 的另一个桥. 令 c, d 是 C 上 B_1 的两个点, 那么 C 的一条 (c, d)-弧有一个内点 (这是因为 B_1 或者是一条弦或者在 C 上至少有 3 个点). 用 R 表示 C 的另一条 (c, d)-弧并用 P 表示 B_1 的一条 (c, d)-路, 那么 $R \cup P$ 是通过 c, d 的一个圈, 并且 $R \cup P$ 的包含 f 的桥真包含 B. 这也导致矛盾. [W.T. Tutte, *Proc. London Math. Soc.* **13** (1963) 743–767.]

71. 运用提示中的记号, 设 P_0 是一条由 $e_1, \ldots, e_k$ 中的某些边形成的一条 (a, b)-路. 因为 $\{e_1, \ldots, e_{k-1}\}$ 不包含任意一条 (a, b)-路, 所以有一个不包含 $e_1, \ldots, e_{k-1}$ 的 (a, b)-割 C_0. 因此, $C_0 \cap P_0 = \{e_k\}$. 更进一步, 由定义知

$$\min_{e \in P_0} v(e) = v(e_k), \quad \max_{e \in C_0} v(e) = v(e_k).$$

另外, 设 C 是任一 (a,b)-割, 那么 $C\cap P_0\neq\emptyset$, 不妨设 $e_i\in C\cap P_0, i\leq k$. 那么

$$\max_{e\in C} v(e)\geq v(e_i)\geq v(e_k).$$

类似地, 对任意 (a,b)-路 P 有

$$\min_{e\in P} v(e)\leq v(e_k).$$

因此

$$\max_{P}\min_{e\in P} v(e)=v(e_k)=\min_{C}\max_{e\in C} v(e).$$

[更一般的公式, 参见 J. Edmonds, D.R. Fulkerson, *J. Comb. Theory* **8** (1970) 299.]

72. I. 假设 φ 是满足 $(*)$ 的函数, $P=(a,x_1,\ldots,x_k,b)$ 是任意一条 (a,b)-路. 那么

$$\begin{aligned}u(P)&=v(a,x_1)+v(x_1,x_2)+\cdots+x(x_k,b)\\&\geq\varphi(x_1)+(\varphi(x_2)-\varphi(x_1))+\cdots+(\varphi(b)-\varphi(x_k))=\varphi(b).\end{aligned}$$

II. 因此只需构造一条 (a,b)-路 P 和满足 $(*)$ 的函数 φ, 使得 $u(P)=\varphi(b)$. 我们逐步定义 φ. 令 $\varphi(a)=0$, 假设对集合 $S\subset V(G), a\in S$, φ 已定义了且具有性质: 对每个 $x\in S$, 在 S 中存在一条值为 $\varphi(x)$ 的 (a,x)-路. 考虑所有满足 $x\in S, y\notin S$ 的边 (x,y), 选择一条使得 $\varphi(x)+v(x,y)$ 是极小的. 令 $\varphi(y)=\varphi(x)+v(x,y)$. 这样我们延伸了 φ 的范围. 下面我们证明性质 $(*)$ 在映射 φ 下是保持的. 令 (z,u) 是由 $S\cup\{y\}$ 生成的任意一条边, 我们要证明

$$\varphi(u)-\varphi(z)\leq v(z,u).$$

如果 $u,z\in S$, 那么这是显然的. 若 $z\in S, u=y$, 则由 (x,y) 的选取,

$$\varphi(y)=\varphi(x)+\varphi(x,y)\leq\varphi(z)+v(z,u).$$

所以, 令 $u\in S, z=y$. 在这种情形下我们断言 $\varphi(u)\leq\varphi(y)$, 这就证明了上面的结论. 我们通过归纳法证明, 后选取点的 φ 值不小于先选取点的 φ 值. 假设 $\varphi(y)<\varphi(u)$, 则 $\varphi(x)\leq\varphi(y)<\varphi(u)$, 从而由归纳假设, x 先于 u 被选取. 但是在 u 之前, 我们应该已经选取了 y. 所以 φ 满足 $(*)$. 更进一步, 由归纳假设, 存在一条值为 $\varphi(x)$ 的 (a,x)-路, 并且将边 (x,y) 添加到这条路上可以得到一条值为 $\varphi(y)$ 的 (a,y)-路.

特别地, 当 φ 完全被定义时, 我们有一条值为 $\varphi(b)$ 的 (a,b)-路, 这就证明了断言. [这段剩余的更多问题参见 FF, Hu, LP.]

73. 因为 f 是一个 (a,b)-流, 所以提示给出的表达式中唯一的非零项是

$$\sum_{e=(a,y)} f(e)-\sum_{e=(y,a)} f(e),$$

这就是 f 的值. 另外, 由 S 生成的每条边 e 以相反的符号出现两次, C 的边以正的符号出现, C^* 的边以负号出现. 因此 f 的值等于

$$\sum_{e\in C} f(e)-\sum_{e\in C^*} f(e).$$

74. 我们按提示来做. 假设 G_1 中存在一条 (a,b)-路 P. 令

$$\varepsilon = \min \sum_{e \in P} v_0(e) > 0.$$

现在假定 $e \in E(G)$,

$$f_1(e) = \begin{cases} f(e) + \varepsilon, & \text{如果 } e \in E(P), \\ f(e) - \varepsilon, & \text{如果 } e' \in E(P), \\ f(e), & \text{其他情形}. \end{cases}$$

那么, 显然 $f_1(e)$ 是值为 $w(f) + \varepsilon$ 的一个 (a,b)-流, 矛盾. 因此, G_1 在 a 和 b 之间是不连通的. 从而由 6.9, 存在集合 $S \subseteq V(E)$ 满足 $a \in S, b \notin S$, 且由 S 确定的 G 的割 C 满足

$$f(e) = v(e), \quad \text{如果 } e \in C,$$
$$f(e) = 0, \quad \text{如果 } e \in C^*.$$

因此, 由 6.73 知

$$w(f) = \sum_{e \in C} f(e) - \sum_{e \in C^*} f(e) = \sum_{e \in C} v(e).$$

所以

$$\max_f w(f) \geq \min_e \sum_{e \in C} v(e).$$

另外, 如果 f 是满足 $f \leq v$ 的任意 (a,b)-流, 并且 C 是任意 (a,b)-割, 我们有

$$w(f) = \sum_{e \in C} f(e) - \sum_{e \in C^*} f(e) \leq \sum_{e \in C} f(e) \leq \sum_{e \in C} v(e),$$

论断得证. [C.R. Ford, D.R. Fulkerson; FF.]

75. (a) 考虑图 38 中的网络, 其中 α 是 $\alpha^3 + \alpha - 1 = 0$ 的一个正根, 所有的容量是 1 并且流 f_0 的值是指定的. 我们从图 38 中的流开始, 用路 $(atwvub)$, $(atuvwb)$, $(avutwb)$, $(avwtub)$ 并循环重复. 我们考虑四边形 $(uvwt)$ 上 f_k 的值的改变, 因为其他的边有足够大的容量不被改变.

我们断言在 $4m$ 步之后, 将得到图 39 中显示的那样的流, 并且接下来的 4 个增加将是 α^{4m+1}, α^{4m+2}, α^{4m+3}, α^{4m+4}. 对 m 用归纳, 只需要考虑连续的四步; 所以图 40 就证明了论断; 边 (a,t) 上的流值是部分和

$$\alpha - \alpha^2 + \alpha^4 - \alpha^6 + \alpha^8 - \alpha^{10} + \dots,$$

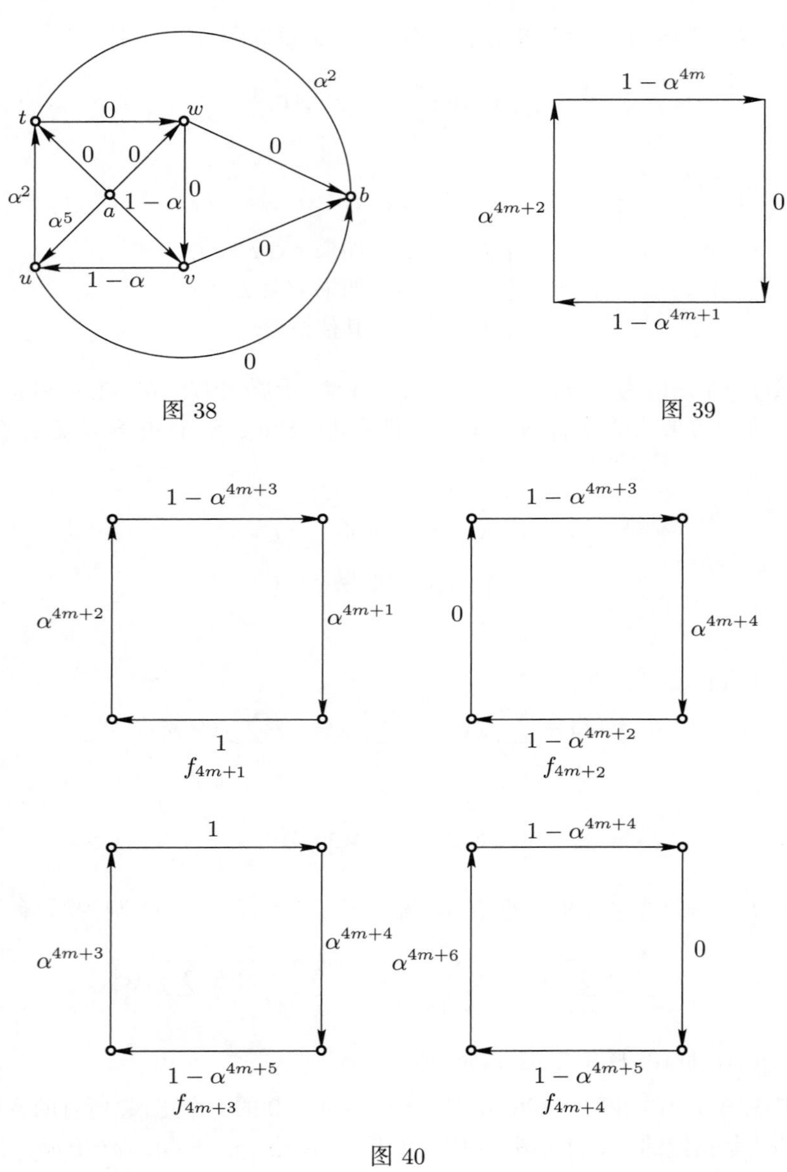

图 38

图 39

图 40

所以他们将被严格限制在 0 和 1 之间; 对其他在 a 和 b 的边也有类似的结论. 现在这些流的值收敛到

$$\alpha^2+(\alpha+\alpha^2+\cdots+\alpha^k+\cdots)=\alpha^2+\frac{\alpha}{1-\alpha}=1+\alpha+2\alpha^2<4.$$

另外, 最大流值显然是 4.

(b) 我们形成一个新的有向图 G_0 如下: 我们给 P_k 和 P_{k+1} 的所有边定向为指向 b 并且取所得的有向路 P_k 和 P_{k+1} 的并; 但是我们删除边 (x,y) 和 (y,x), 其中

$(x, y) \in P_k$ 且 $(y, x) \in P_{k+1}$. 然而, P_k 和 P_{k+1} 的那些公共边, 在同样意义上选取了两次.

现在 G_0 除 a 和 b 之外都有相同的出度和入度. 所以由 6.46, G_0 中存在两条边不交的 (有向) (a, b)-路 Q_1' 和 Q_2'. 设 Q_1 和 Q_2 是 G 中对应的两条无向的 (a, b)-路.

现在观察到 Q_1 和 Q_2 都具有如下性质: 在 k 步之后, 它们和 P_k 一起被考虑; 即具有性质: 指向 a 的边 e 满足 $f_k(e) > 0$ 且指向 b 的那些边 e 都满足 $f_k(e) < v(e)$. 这可以由如下观察直接得到: Q_i 的任意边是 P_k 或 P_{k+1} 的一条边并且在同样意义下经过它.

因此由 P_k 的极小性,

$$|E(Q_i)| \geq |E(P_k)|.$$

因为

$$|E(Q_1)| + |E(Q_2)| \leq |E(P_k)| + |E(P_{k+1})|,$$

从而得到

$$|E(P_k)| \leq |E(P_{k+1})|.$$

(c) 假设提示中论断的反面成立, 即 $|E(P_{k+l})| = |E(P_k)|$ ($\geq$ 由 (b) 得到). 设 l 是极小的, 那么由 (b)

$$|E(P_{k+1})| = \cdots = |E(P_{k+l-1})| = |E(P_k)|$$

并且由 l 的极小性知, 路 $P_{k+1}, \ldots, P_{k+l-1}$ 不会反向经过 P_k 或者 P_{k+1} 的边, 所以就得到了 P_{k+l} 的这些边 e 不在 P_k 上, 已经满足了第 k 步的要求: 如果 e 在 P_{k+l} 上指向 a, 则 $f_k(e) > 0$; 并且如果 e 在 P_{k+l} 上指向 b, 则 $f_k(e) < v(e)$.

由与 (b) 中类似的分析, 我们得到两条 (a, b)-路 Q_1 和 Q_2 满足 $Q_1 \cup Q_2 \subset P_k \cup P_{k+l}$, $Q_1 \cap Q_2 \subseteq P_k \cup P_{k+l}$, 并且 Q_1 和 Q_2 避开了反向经过 P_k 和 P_{k+1} 的边; 更进一步, Q_1 和 Q_2 经过的每一条和 P_k 和 P_{k+1} 上的边有相同的方向. 由上可得, Q_1 和 Q_2 是 P_k 的候选, 因此

$$|E(Q_i)| \geq |E(P_k)|.$$

另外, 又由于至少有一条边用到了 P_k 和 P_{k+l} 的反向边,

$$|E(Q_1) + |E(Q_2)| \leq |E(P_k)| + |E(P_{k+l})| - 2.$$

所以

$$|E(P_{k+l})| \geq |E(P_k)| + 2.$$

这就证明了提示中的论断. 为了得到 (c), 观察到如果 $P_k, P_{k+1}, \ldots, P_{k+l}$ 不经过任何反向边, 那么满足如下条件之一的 $P_1 \cup \cdots \cup P_{k+l}$ 中的那些边 e 的数目将在每一步增加: $f_{k+i}(e) = 0$ 并且指向 a(在路 P_{k+j} 上包含它们), 或者 $f_{k+i}(e) = v(e)$ 并且指向 b. 因此

$$l \leq |E(G)| < n^2.$$

所以, P_k 的长度每 n^2 步至少增加 2. 因为它小于 n, 所以步数不超过

$$n^2 \cdot \frac{n}{2} = \frac{n^3}{2}.$$

[J. Edmonds and R.M. Karp; 参见 Hu, Ch. 8.]

76. 如果存在一个满足要求的函数, 那么我们有

$$\sum_x u(x) = \sum_x \left\{ \sum_y f(x,y) - \sum_y f(y,x) \right\}$$

并且这里每条边以相反的符号均出现两次. 这给出了一个必要条件

$$\sum_x u(x) = 0. \tag{1}$$

进一步, 定义

$$f(a_0, x) = u(x),$$
$$f(x, b_0) = -u(x).$$

那么我们得到一个 (a_0, b_0)-流, 满足 $f(e) \le v(e)$ 并且有值

$$V = \sum_{u(x)>0} u(x) = \sum_{u(x)<0} (-u(x)).$$

因为这样一个 (a_0, b_0)-流存在, 那么对 G_1 的任意 (a_0, b_0)-割 C_1, 我们一定有

$$\sum_{e \in C_1} v(e) \ge V.$$

现在设 C_1 由 $S \cup \{a_0\}, \subseteq V(G)$ 确定并且 C 是由 S 确定的 G 的割, 那么

$$\sum_{e \in C_1} v(e) = \sum_{e \in C} v(e) + \sum_{x \in S,\ u(x)<0} (-u(x)) + \sum_{x \in V(G)-S,\ u(x)>0} u(x).$$

因此

$$\sum_{e \in C} v(e) \ge \sum_{x \in S} u(x). \tag{2}$$

反之, 如果 (1) 和 (2) 是满足的, 那么由 6.77, G_1 有一个值为 V 的流 $f(e) \le v(e)$. 这个流对与 a_0 或 b_0 相邻的边来说, 有 $f(e) = v(e)$, 并且当它限制在 G 上时, 就得到所要求的函数. [D. Gale; 参见 FF.]

77. (a) 我们用 $v(e)$ 条平行边来代替每条边 e, 并且设 G_1 是得到的图. 令 C 是 G 的一个 (a,b)-割, C_1 是 G_1 的一个 (a,b)-割, 它们是由相同的集合确定的. 那么

$$|C_1| = \sum_{e \in C} v(e).$$

因此令

$$V = \min_C \sum_{e \in C} v(e).$$

我们得到 $|C_1| \geq V$, 从而由 Menger 定理, 我们在 G_1 中找到 V 条边不交的 (a, b)-路. 设 $f(e)$ 是在这些路中用到的平行于 e 的那些边的数目, 那么 $f(e)$ 是整的值为 V 的 (a, b)-流.

我们特别注记, 当 v 是整值时, 6.77 的证明构造了一个整数流.

(b) 如果对每条边 e, $v(e)$ 都是整数, (a) 就解决了这个问题. 如果对每条边 e, $v(e)$ 都是有理的, 考虑 $s \cdot v(e)$, 其中 s 是 $v(e)$ 分母的最小公倍数, 这把问题归结为整的情形. 最后, 如果 $v(e)$ 是任意的, 取一个具有有理值的序列 $v_i(e)$ 满足 $v_i \to v$. 因为只有有限多个 (a, b)-割, 我们可以假设最小值

$$m_i = \min_C \sum_{e \in C} v_i(e)$$

是由同一个割 C 达到. 对每个 i, 存在一个 (a, b)-流 f_i 满足

$$0 \leq f_i(e) \leq v(e); \quad w(f_i) = m_i.$$

因为图是有限的, 我们假设对任意 e 有 $f_i(e)$ 收敛. 极限

$$f(e) = \lim_{i \to \infty} f_i(e)$$

是一个值为

$$\lim_{i \to \infty} m_i = \sum_{e \in C} v(e)$$

的 (a, b)-流, 这就证明了最大流最小割定理的非平凡部分.

78. 设 f' 是如提示中定义的那样, 我们证明 $w(f') = w_1$. 假设 $w(f') > w_1$, 设 G' 是由 G 中满足 $f'(e) > 0$ 的那些边 e 确定的 G 的子图. G' 在 a 和 b 之间是连通的; 否则我们可以找到 G 的一个不包含 G' 边的 (a, b)-割 C, 即我们将有

$$\sum_{e \in C} f'(e) = 0.$$

另外, 由 6.74 的解答可得

$$\sum_{e \in C} f'(e) \geq w(f') > w_1 \geq 0,$$

矛盾. 因此, 我们有一条 (a, b)-路 P 满足对每条边 $e \in P$ 有 $f'(e) > 0$. 把每条边上的流值都减去 1, 那么 $w(f')$ 是减小的但仍然有 $\geq w_1$, 并且 f' 是一个 $\leq f$ 的 (a, b)-流, 所以 $w(f') = w_1$.

现在设 $f_1 = f'$, $f_2 = f - f'$. 那么由上可知, f_1, f_2 都是 (a,b)-流且

$$0 \le f_1 \le f, \quad 0 \le f_2 \le f,$$
$$w(f_1) = w_1, \quad w(f_2) = w(f) - w(f_1) = w_2.$$

§7. 图的因子

1. 令 F_1 是覆盖所有顶点的具有 $\varrho(G)$ 条边的一个系统. 因为删除 F_1 的任一边都会产生一个未被覆盖的点, 所以 F_1 中的每条边有一个端点在 $\langle V(G), F_1\rangle$ 中度为 1, 这表明 F_1 由不交的星图组成.

显然, $\langle V(G), F_1\rangle$ 中连通分支数为 $|V(G)| - |F_1| = |V(G)| - \varrho(G)$. 从 $\langle V(G), F_1\rangle$ 的每个连通分支中选取一条边, 那么我们有 $|V(G)| - \varrho(G)$ 条独立边, 因此

$$\nu(G) \ge |V(G)| - \varrho(G), \quad \nu(G) + \varrho(G) \ge |V(G)|. \tag{1}$$

另外, 令 F_2 是有 $\nu(G)$ 条独立边的系统. 对没有被 F_2 覆盖的 $|V(G)| - 2\nu(G)$ 个点中的每一个都选取一条边. 这些边与 F_2 一起覆盖了 G 的所有点, 这些边的数目是

$$\nu(G) + (|V(G)| - 2\nu(G)) = |V(G)| - \nu(G),$$

因此

$$\varrho(G) \le |V(G)| - \nu(G), \quad \nu(G) + \varrho(G) \le |V(G)|. \tag{2}$$

由 (1) 和 (2) 即得到所要的等式. [T. Gallai, *Ann. Univ. Sci. R. Eötvös*, Sectio Math. **2** (1959) 133–138. 本章大部分问题都可以参考 LP.]

2. *解法一*: 设 $\{A, B\}$ 为 G 的一个 2-着色, 即假设 $V(G) = A \cup B$, $A \cap B = \emptyset$ 并且 G 的每条边连接 A 和 B. 考虑两个新顶点 a, b, 连接 a 到 A 中所有顶点, 连接 b 到 B 中所有顶点, 令 G' 为所得到的图. 观察到

(i) 集合 $S \subseteq V(G)$ 在 G' 中分离 a 和 b 当且仅当 S 覆盖了 G 的所有边.

(ii) 独立的 (a,b)-路的最大数目是 $\nu(G)$, 这是因为 G 的任意 $\nu(G)$ 条独立边能导出 $\nu(G)$ 条独立的 (a,b)-路; 反过来, 任意 k 条独立的 (a,b)-路包含了 G 的 k 条独立边.

因为由 Menger 定理, 分离 a 和 b 的集合的最小基数等于独立的 (a,b)-路的最大数目, 所以 (i) 和 (ii) 证明了 $\nu(G) = \tau(G)$. 因为由 7.1, $\nu(G) + \varrho(G) = |V(G)|$, 并且显然 $\alpha(G) + \tau(G) = |V(G)|$, 所以这个问题的另一个等式可以立即得到.

解法二: 我们证明 $\nu(G) = \tau(G)$. 显然, $\nu(G) \le \tau(G)$, 所以我们只需要证明 $\nu(G) \ge \tau(G)$.

设 G' 是 G 的满足 $\tau(G') = \tau(G)$ 的极小子图, 我们证明 G' 由不交边组成. 这将是充分的. 因为这些边的数目一定是 $\tau(G') = \tau(G)$, 所以 $\nu(G) \ge \tau(G)$.

假设存在点 x 在 G' 中关联于两条边 $e_1=(x,y_1)$ 和 $e_2=(x,y_2)$. 由 G' 的极小性, 存在一个集合 S_i, $|S_i|=\tau(G)-1$, 它覆盖了 $G'-e_i$ $(i=1,2)$ 的所有边. 显然, $x,y_i\notin S_i$ 但是 $y_1\in S_2$, $y_2\in S_2$. 设 $R=S_1\cap S_2$, $|R|=p$, $\tau(G)=t$, 并且令 G_1 表示 G' 中由 $(S_1-R)\cup(S_2-R)\cup\{x\}$ 导出的子图.

因为 G_1 是 G 的子图, 所以是二部的. 设 $\{A,B\}$ 表示 G_1 的 2-着色, 并且假设 $|A|\le|B|$, 那么

$$|A|\le\left\lfloor\frac{|(S_1-R)\cup(S_2-R)\cup\{x\}|}{2}\right\rfloor=\left\lfloor\frac{2(t-1-p)+1}{2}\right\rfloor=t-p-1.$$

我们断言 $A\cup R$ 覆盖了 G' 的所有边. 实际上, 设 $e\in E(G')$, 如果 e 有一个端点在 R 中, 我们就完成了证明. 下面我们证明: 如果 e 没有被 R 所覆盖, 那么它将属于 G_1. 如果 $e=e_i$ 这是显然的, 因为 $x,y_i\in V(G_1)$. 如果 $e\ne e_i$, 那么 S_1-R 和 S_2-R 必须覆盖 e, 所以 e 必须连接 S_1-R 到 S_2-R. 因此 e 的两个端点都在 $V(G_1)$ 中. 因为 A 覆盖了 G_1 的所有边, 所以它覆盖了 e.

因此, $\tau(G')\le|A\cup R|=t-p-1+p=t-1$, 与 G' 的定义矛盾. [D. König; 参见任何图论的教科书.]

3. I. 假设 F 的某个点 x 与点 $y\in B_1$ 相连, 那么显然 $x\in A$. 由 $(**)$, 在 F 中存在一条路 P 连接 x 到点 $a\in A_1$, 这条路从与 a 关联的不在 M 中的一条边出发, 所以由 $(*)$, 它的第二条边属于 M, 因此它的第三条边不在 M 中, 而由 $(*)$ 知它的第四条边在 M 中, 等等. 因此, 这是一条 M 交错路并且它的最后一条边属于 M. 交换 $E(P)\cap M$ 和 $E(P)-M$ 的边, 那么添加 (x,y) 可以得到匹配 M'. 因此 M 不是最大匹配.

II. 假设 F 中没有点连接到 B_1 的任一点. 令 $X=A-V(F)$ 且 $Y=V(F)\cap B$. 我们断言 $|X\cup Y|=|M|$ 且 $X\cup Y$ 覆盖了所有边.

$X\cup Y$ 的所有顶点都被 M 所覆盖. 如若不是, 如果 $y\in Y=V(F)\cap B$, 那么由 $(*)$ 知 y 被 M 所覆盖. 如果 $x\in X=A-V(F)$ 且 $x\in A_1$, 那么森林 $F'=F\cup\{x\}$ 比 F 大, 这与 F 是极大关联于 M 的假设矛盾.

更进一步, 首先, M 中没有边覆盖 $X\cup Y$ 的两个顶点, 因为如果 $(x,y)\in M$ 且 $y\in V(F)\cap B$, 那么由 F 的极大性知 $x\in V(F)$. 因此 $|X\cup Y|=|M|$.

其次, 令 (u,v) 为不被 $X\cup Y$ 覆盖的任一边, 并且假设 $u\in A$, $v\in B$. 那么 $u\in V(F)$ 且 $v\notin V(F)$. 更进一步, 由假设知, $v\notin B_1$. 因此, 存在一条边 $(w,u)\in M$, 并且 $w\ne u$ 因为 $|X\cup Y|=|M|$. 这里 $w\in V(F)$, 这是因为否则的话, 我们将根据第 I 部分得到在 F 中 w 将通过一条从 w 出发通过 (w,u) 的路连接到 A_1, 由此 $v\in V(F)$, 矛盾. 但是, 如果 $w\in V(F)$, 那么边 (u,v) 和 (w,u) 都可以添加到 F 中, 与 F 的极大性矛盾.

所以 $\tau(G)\le|M|$. 因为显然 $|M|\le\nu(G)\le\tau(G)$, 所以可以得到

$$|M|=\nu(G)\quad\text{并且}\quad\tau(G)=\nu(G).$$

第一个等式证明了 M 是一个最大匹配, 第二个不等式证明了 König 定理.

期望的算法如下: 从一个匹配 M 出发, 形成一个具有性质 $(*)$ 和 $(**)$ 的极大森林, 那么, 要么我们可以扩大 M, 要么可以得到一个最大匹配. 在后一种情况下我们也可以得到一个最小覆盖.

我们不再具体介绍, 但注意到该算法所需要的时间不超过点数目的一个多项式.

4. (a) *解法一*: 我们想证明的是 $\nu(G) = |A|$, 由 7.2 知我们只需要证明 $\nu(G) = \tau(G)$. 因为 A 覆盖了所有边, 所以 $\tau(G) \le |A|$. 因此, 只需要证明覆盖所有边的任意集合 S 都至少有 $|A|$ 个元素. 观察到如果 S 覆盖了 G 的所有边, 那么

$$\Gamma(A - S) \subseteq S \cap B.$$

这是因为, 如果 $x \in A - S$ 连接到 $y \in B$, 那么要覆盖边 (x, y), S 必须包含 y. 因此由定理的假设知

$$|S \cap B| \ge |\Gamma(A - S)| \ge |A - S|,$$

从而

$$|S| = |S \cap A| + |S \cap B| \ge |S \cap A| + |A - S| = |A|.$$

解法二: 我们对 $|A|$ 用归纳法, 分成两种情形:

情形 1. 存在一个集合 $A_1 \subseteq A$, $A_1 \ne \emptyset$ 满足 $|\Gamma(A_1)| = |A_1|$. 设 G_1 为 $A_1 \cup \Gamma(A_1)$ 在 G 中的导出子图, 并且令 $G_2 = G - A_1 - \Gamma(A_1)$. 我们断言 G_1 和 G_2 都满足问题的条件.

设 $X \subseteq A_1$, 那么 $\Gamma(X) \subseteq \Gamma(A_1)$, 所以有

$$\Gamma_{G_1}(X) = \Gamma(X), \quad |\Gamma_{G_1}(X)| = |\Gamma(X)| \ge |X|.$$

另外, 假设 $X \subseteq A - A_1$, 那么

$$\begin{aligned} |\Gamma_{G_2}(X)| &= |\Gamma(X \cup A_1)| - |\Gamma(A_1)| \\ &\ge |X \cup A_1| - |\Gamma(A_1)| = |X \cup A_1| - |A_1| = |X|. \end{aligned}$$

因此, 由归纳假设知在 G_1 中存在一个匹配 F_1 匹配了 A_1 和 $\Gamma(A_1)$ 并且在 G_2 中存在一个匹配 F_2 匹配了 $A - A_1$ 和 $B - \Gamma(A_1)$ (的某些点). $F_1 \cup F_2$ 是需要的匹配.

情形 2. 对每个 $X \subset A, X \ne \emptyset$ 有 $|\Gamma(X)| > |X|$. 令 $x \in A$, $y \in B$ 是相邻的顶点, 我们断言 $G_1 = G - x - y$ 满足问题的条件. 设 $X \subseteq A - \{x\}$. 如果 $X = \emptyset$, 那么 $|\Gamma(X)| = 0 = |X|$, 所以我们可以假设 $X \ne \emptyset$. 同样地, $X \ne A$, 因此由归纳假设知 $|\Gamma(X)| > |X|$. 所以

$$|\Gamma_{G_1}(X)| \ge |\Gamma(X)| - 1 \ge |X|.$$

因此, 由归纳假设知在 G_1 中存在一个匹配 F_1 覆盖了 $A - \{x\}$ 的所有顶点. 现在 $F_1 \cup \{(x, y)\}$ 就是要求的匹配.

(b) 如果 G 有一个 1-因子, 那么显然

(1) $$|\Gamma(X)| \geq |X| \text{ 对每个 } X \subseteq A \text{ 和 } |A| = |B|.$$

反过来, 如果 (1) 成立, 那么 (a) 蕴含着 G 有 1-因子. [P. Hall; B, O, S.]

5. 由 7.2, 只需要证明

$$\tau(G) = |A| - \delta.$$

设 $X \subseteq A$ 是满足

$$\delta = |X| - |\Gamma(X)|$$

的集合. 令 $S = \Gamma(X) \cup (A - X)$, 那么 S 覆盖了 G 的所有边, 从而

$$\tau(G) \leq |S| = |\Gamma(G)| + |A| - |X| = |A| - \delta.$$

现在令 S 为一个最小顶点覆盖且 $X = A - S$, 那么像之前一样,

$$\Gamma(X) \subseteq S \cap B.$$

从而

$$\begin{aligned}|\Gamma(X)| \leq |S \cap B| = |S| - |S \cap A| = |S| = |A| + |A - S| \\ = \tau(G) - |A| + |X|,\end{aligned}$$

于是

$$\delta \geq |X| - |\Gamma(X)| \geq |A| - \tau(G),$$

从而 $\tau(G) \geq |A| - \delta$. [O. Ore; O, B.]

6. (a) 由提示知

$$\begin{aligned}|\Gamma(X_1 \cup X_2)| + |\Gamma(X_1 \cap X_2)| &\leq |\Gamma(X_1) \cup \Gamma(X_2)| + |\Gamma(X_1) \cap \Gamma(X_2)| \\ &= |\Gamma(X_1)| + |\Gamma(X_2)| = |X_1| + |X_2| + 2k.\end{aligned}$$

另外, 因为 $(*)$ 和 $X_1 \cap X_2 \neq \emptyset$, 所以

$$|\Gamma(X_1 \cup X_2)| \geq |X_1 \cup X_2| + k \text{ 并且 } |\Gamma(X_1 \cap X_2)| \geq |X_1 \cap X_2| + k.$$

因此

$$\begin{aligned}|\Gamma(X_1 \cup X_2)| + |\Gamma(X_1 \cap X_2)| &\geq |X_1 \cup X_2| + |X_1 \cap X_2| + 2k \\ &= |X_1| + |X_2| + 2k.\end{aligned}$$

因此等式一定成立, 特别是

$$|\Gamma(X_1 \cap X_2)| = |X_1 \cap X_2| + k.$$

(b) 令 G_1 为提示中定义的图. 设 $x \in A$, 并且令 S 为所有满足下面条件的集合 X 的交集

$$|\Gamma_{G_1}(X)| = |X| + k \text{ 且 } x \in X.$$

那么, 通过重复应用 (a), 我们看到 S 本身满足

$$|\Gamma_{G_1}(S)| = |S| + k \text{ 且 } x \in S. \tag{3}$$

(如果论断是正确的, 那么 $S = \{x\}$, 但是我们现在还不知道论断是否正确.)

令 y 为任意与 x 相邻的点. 因为 $G_1 - (x, y)$ 不具有性质 (2), 我们找到一个集合 $X \subseteq A, X \neq \emptyset$, 满足

$$|\Gamma_{G_1-(x,y)}(X)| < |X| + k.$$

另外, 因为 $|\Gamma_{G_1-(x,y)}(X)|$ 与 $|\Gamma_{G_1}(X)|$ 之间的差为 1, 所以我们一定有

$$|\Gamma_{G_1}(X)| = |X| + k,\ x \in X,\ y \notin |\Gamma_{G_1-(x,y)}(X)|.$$

因此, 由 S 的定义, $S \subseteq X$ 且

$$y \notin \Gamma_{G_1}(S - \{x\}), \tag{4}$$

这是因为

$$\Gamma_{G_1}(S - \{x\}) = \Gamma_{G_1-(x,y)}(S - \{x\}) \subseteq \Gamma_{G_1-(x,y)}(X).$$

现在由于 (4) 对 x 的每个邻点 y 都成立, 所以我们得到

$$\Gamma_{G_1}(X) \cap \Gamma_{G_1}(S - \{x\}) = \emptyset.$$

因此

$$|\Gamma_{G_1}(S)| = |\Gamma_{G_1}(x) \cup \Gamma_{G_1}(S - \{x\})| = |\Gamma_{G_1}(x)| + |\Gamma_{G_1}(S - \{x\})|.$$

其中

$$|\Gamma_{G_1}(x)| \geq k + 1 \tag{5}$$

并且

$$|\Gamma_{G_1}(S - \{x\})| \begin{cases} = 0 = |S - \{x\}|, & \text{如果 } S - \{x\} = \emptyset, \\ \geq |S - \{x\}| + k \geq |S - \{x\}|, & \text{如果 } S - \{x\} \neq \emptyset. \end{cases}$$

所以

$$|\Gamma_{G_1}(S)| \geq k + 1 + |S - \{x\}| = |S| + k.$$

与 (1) 相比较, 我们发现等式无论什么时候都成立, 特别是在 (5) 中. [L. Lovász, *Acta Math. Acad. Sci. Hung.* **21** (1970) 443–446.]

7. (i) ⇒ (iii). G 有一个 1-因子, 因此 $|A| = |B|$. 令 $\emptyset \neq X \subset A$ 并且假设 $|\Gamma(X)| \leq |X|$. 由于 G 有一个 1-因子所以上式等号成立. 由于 G 是连通的, 所以 $X \cup \Gamma(X)$ 被一条边 e 连接到余下的图. 显然 e 连接 $\Gamma(X)$ 到 $A - X$. 现在这条边 e 没有包含在任何

1-因子中, 这是因为如果 F 是一个 1-因子, 那么它就包含 $|X|$ 条离开 X 的边. 但是这些边覆盖了整个 $\Gamma(X)$, 所以 e 不属于 F.

(iii) $\Rightarrow$ (ii). 我们只需要证明如果 $x \in A$, $y \in B$, 那么 $G-x-y$ 就有一个 1-因子. 由于 $|A-\{x\}| = |B-\{y\}|$, 所以只需证明 $G-x-y$ 中存在一个匹配覆盖 $A-\{x\}$. 但这就等价于: 对每个 $X \subseteq A-\{x\}$, 有

$$|\Gamma_{G-x-y}(X)| \geq |X|.$$

如果 $X=\emptyset$, 上式显然成立; 否则

$$|\Gamma_{G-x-y}(X)| \geq |\Gamma(x)| - 1 \geq |X|.$$

(ii) $\Rightarrow$ (i). 假设 G 是不连通的, 那么我们可以找到一个连通分支 G_1 满足 $|V(G_1) \cap A| \leq |V(G_1) \cap B|$. 令 $x \in V(G_1) \cap A$, $y \in B - V(G_1)$. 那么 $G-x-y$ 不能有 1-因子, 因为 $V(G_1) \cap B$ 仅仅与 $|V(G_1) \cap A| - 1 < |V(G_1) \cap B|$ 个点相邻. 因此 G 是连通的.

现在设 $e=(x,y)$ 是 G 的任一边, 那么 $G-x-y$ 有一个 1-因子, 该 1-因子加上边 e 可以扩展为 G 的一个 1-因子. 因此 G 的每条边都包含在一个 1-因子中. [G. Hetyei, *Pécsi Tan. Főisk. Közl.* (1964) 151–168.]

8. I. 我们先证明如下形式的图都是初等的:

$$G = G_0 \cup P_1 \cup \cdots \cup P_k,$$

其中 $P_1, \ldots, P_k$ 按问题中所描述的那样选取. 它们显然都是二部的且是连通的.

我们对 k 使用归纳法. 假设

$$G' = G_0 \cup P_1 \cup \cdots \cup P_{k-1}$$

是初等的并且令 x, y 为 P_k 的两个端点. 观察到 G' 的每个 1-因子都可以扩展为 G 的一个 1-因子, 只需通过添加每个 P_k 的第二条边, 并从第二条边开始. 因此, G' 的所有边以及每个 P_k 的第二条边都属于 G 的某个 1-因子中.

另外, $G'-x-y$ 有一个 1-因子 F_0. 将每个 P_k 的第二条边加到 F_0 中, 从第一条边出发, 那么我们可以得到 G 的一个 1-因子, 它包含了 P_k 的之前没有用过的边.

因此我们已经证明了 G 是连通的并且它的每一条边都属于一个 1-因子中. 根据以前的结果这就证明了它是初等的.

II. 现在假设 G 是任一初等图. 设 F 为 G 的一个 1-因子并且令 G_0 表示由 F 的一条边形成的图. 我们一个接一个地选取 $P_1, P_2, \ldots, P_k$ 使得它们具有问题中所要求的性质并且满足

$(*)$ 它们是 F 的交错路, 起始于一条不在 F 中的边 (我们允许 P_i 是不在 F 的一条单边).

假设 $P_1, \ldots, P_i$ 已被选取, 且 $G' = G_0 \cup \cdots \cup P_i \neq G$. 设 e 是一条不在 G' 中的边但至少有一个端点 x 在 G' 中. 因为 G 是连通的, 所以这样的边是存在的. 令 F_1 是 G 的包含 e 的一个 1-因子.

观察到由额外的要求 (*), G' 具有性质: $F \cap E(G')$ 是 G' 的一个 1-因子, 并且 $F_0 = F - E(G')$ 与 G' 不相交. 因此, 如果我们考虑 $F_1 \cup F_0$, 它的一个分支将是结束于 e 的一条路. 这条路 P_{i+1} 的两个端点都在 G' 中 (其中一个是 x) 并且与 G' 没有其他公共点. 它的终边属于 F_1, 从而由奇偶性知, P_{i+1} 是奇长的且连接 G' 的在不同类中的两个顶点. 由它的定义知, 它关于 F 是交错的, 正如所要求的. 因此, 如果 $G_0 \cup P_1 \cup \cdots \cup P_i \neq G$, 我们可以用 P_{i+1} 来扩展这个并, 迟早 G 将会被耗尽, 那么就证明了我们的结论. [G. Hetyei, 同上.]

9. 如之前的问题那样, 将 G 表示成形式

$$G_0 \cup P_1 \cup \cdots \cup P_k,$$

这里 P_k 不能是一条单边, 这是因为

$$G_0 \cup P_1 \cup \cdots \cup P_{k-1}$$

是初等的, 从而不能由 G 通过删除一条单边得到. 因此 P_k 有一个内点 (实际上, 至少有两个) 且它们的度为 2. [G. Hetyei, 同上.]

每条边都将有一个度为 2 的端点, 这一更强的论断是错误的. 图 41 中描述的图是通过 7.8 构造的, 所以它是初等的, 它也是极小的. 为了明白这一点, 我们注意到由 7.7, 一个初等图的点的度数都至少为 2. 移除 e 和 f 以外的任一边, 剩下的图将有一个度为 1 的点, 所以不再是初等的. 如果 e 或 f 被移除了, 那么由 x 或 O 标注的三个点将仅与这三个点相连. 由 7.7, 这就证明余下的图不再是初等的. 然而, e 的两个端点度为 3 [J. Csima].

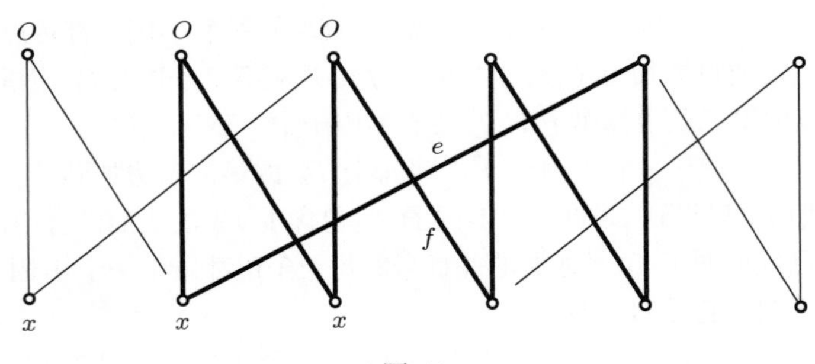

图 41

10. 假设 G 是 r-正则的, 我们证明 G 有 1-因子. 显然

$$|E(G)| = r|A| = r|B|,$$

所以 $|A| = |B|$.

于是, 只需要证明 G 包含一个覆盖 A 的匹配, 或者由 7.4, 对每个 $X \subseteq A$, 有

$$|\Gamma(X)| \geq |X|.$$

假设 $X \subseteq A$, 让我们来计数离开 X 的边数. 由正则性知, 共有 $r|X|$ 条这样的边. 另外, 它们中的每条边有一个点在 $\Gamma(X)$ 中并且 $\Gamma(X)$ 的任意顶点最多遇到它们中的 r 条边. 因此

$$r|X| \leq r|\Gamma(X)|, \quad |X| \leq |\Gamma(X)|.$$

所以 G 有 1-因子.

设 F 为 G 的一个 1-因子, $G - F$ 是 $(r-1)$-正则的二部图, 并且由归纳假设, 它可以分解成 $(r-1)$ 个 1-因子的并, 加上 F 就得到所需的分解.

现在令 G 为具有最大度 r 的任一二部图. 添加新的顶点 (孤立点) 使得 G 的两个颜色类顶点数相同, 然后在不增加最大度的前提下尽可能多地增加新边, 这样得到的图 G_1 一定是 r-正则的; 这是因为如果存在一个顶点 x 的度 $d_{G_1}(x) < r$, 那么另一个颜色类中肯定也存在这样的一个顶点 y, 那么我们仍然可以增加边 (x, y).

因此, G_1 是包含 G 的 r-正则图, 所以我们可以将 G_1 分解成 r 个 1-因子, 这也就得到了 G 的一个 r 个匹配的分解.

11. 令 G_1 表示提示中所描述的二部图, 那么

$$d_{G_1}(x) \leq k \quad (x \in V(G_1))$$

并且因此由前面的问题知, $E(G_1)$ 是 k 个匹配 $F_1, \ldots, F_k$ 的并.

现在等同与 G 中对应相同的 G_1 中的那些点, 那么 $F_1, \ldots F_k$ 就被映射到某些特定的子图 $F_1', \ldots, F_k'$. 因为 F_i 是一个匹配, 所以最多有一条 F_i-边关联于 G_1 的 $\left\lceil \frac{d(x)}{k} \right\rceil$ 个点中的任一个, 其中这些点对应于 $x \in V(G)$. 因此,

$$d_{F_i'}(x) \leq \left\lceil \frac{d(x)}{k} \right\rceil.$$

另外, 与 x 对应的 G_1 的点中有 $\left\lfloor \frac{d(x)}{k} \right\rfloor$ 个点的度数为 k. 所以必定有一条 F_i-边起始于它们中的任一条, 于是

$$d_{F_i'}(x) \geq \left\lfloor \frac{d(x)}{k} \right\rfloor.$$

[D. de Werra; B.]

12. 由 7.11, $E(G)$ 有一个划分 $G_1 \cup \cdots \cup G_r$, 其中对任一点 x 有

$$\left\lfloor \frac{d(x)}{r} \right\rfloor \leq d_{G_i}(x) \leq \left\lceil \frac{d(x)}{r} \right\rceil.$$

因为由 r 的定义, $d(x)\geq r$, 所以这意味着

$$d_{G_i}(x)\geq 1,$$

即 G_i 是一个边覆盖 [R.P. Gupta, *Theory of Gr. Int. Symp. Rome*, Dunod, Paris — Gordon and Breach, New York, (1967) 135–138].

13. 假设提示中定义的 G_1 不具有 1-因子. 设 $\{A,B\}$ 是 G 的 2-着色, 显然 $|A|=|B|$. 因此, 若 G_1 没有 1-因子, 7.4(b) 意味着存在一个 $X\subseteq A$ 满足

$$|\Gamma_{G_1}(X)|<|X|. \tag{1}$$

我们用两种不同方法来计数 G 的离开 X 的边数. 首先, 这些边的数目是 $r\cdot|X|$; 其次, 最多有 $|X|\cdot(n-|\Gamma_{G_1}(X)|)$ 条边连接 X 和 $B-\Gamma_{G_1}(X)$ (因为这些边都是简单边); 并且最多有 $r\cdot|\Gamma_{G_1}(X)|$ 条边连接 X 和 $\Gamma_{G_1}(X)$, 因为 $\Gamma_{G_1}(X)$ 的任一点的度都为 r. 因此

$$r\cdot|X|\leq|X|\cdot(n-|\Gamma_{G_1}(X)|)+r|\Gamma_{G_1}(X)|,$$

或者, 等价地

$$(r-n)|X|\leq(r-|X|)|\Gamma_{G_1}(X)|. \tag{2}$$

显然, 我们现在更感兴趣的是 $r>n$ 的情形, 否则的话不再出现重边. 那么 $|X|<r$ 以及 (1), (2) 表明

$$(r-n)|X|\leq(r-|X|)(|X|-1),$$

或者, 等价地

$$r\leq(n-|X|+1)\cdot|X|\leq\left\lfloor\frac{n+1}{2}\right\rfloor\cdot\left\lfloor\frac{n+2}{2}\right\rfloor.$$

这样我们证明了 $r>\lfloor\frac{n+1}{2}\rfloor\cdot\lfloor\frac{n+2}{2}\rfloor$ 意味着 G_1 中 1-因子的存在性.

反之, 令 $|A|=|B|=n, A'\subset A, |A'|=\lfloor\frac{n+1}{2}\rfloor, B'\subset B$, 且 $|B'|=\lfloor\frac{n-1}{2}\rfloor$. 用 $\lfloor\frac{n+2}{2}\rfloor$ 条边将 A' 中的每个点与 B' 中的每个点相连; 用 $\lfloor\frac{n+1}{2}\rfloor$ 条边将 $A-A'$ 中的每个点与 $B-B'$ 中的每个点相连; 然后用单边将 A' 中的每个点与 $B-B'$ 中的每个点相连, 最终得到的图 G 是 $\lfloor\frac{n+1}{2}\rfloor\cdot\lfloor\frac{n+2}{2}\rfloor$-正则的. 对任意 $r\leq\lfloor\frac{n+1}{2}\rfloor\cdot\lfloor\frac{n+2}{2}\rfloor$, G 包含一个 r-正则生成子图 G_r (参见 7.10). 观察到 G 和 G_r 不具有 1-因子满足它的边在 G_r 中有平行边, 这就证明了 $r(n)=\lfloor\frac{n+1}{2}\rfloor\cdot\lfloor\frac{n+2}{2}\rfloor+1$.

14. I. 我们证明除了 $x=a_1$ 且 a_1 通过 r 条重边与某个 b_i 相连的情形外, 不会出现其他情形.

假设我们进行到 $x=b_i$. 我们不能再继续的原因是我们从 a_μ $(1\leq\mu\leq n)$ 进来, 且 b_i 除了 a_μ 之外, 没有其他邻点. 因为 b_i 的度为 $r-1$, 所以当 $x=b_i$ 时, 我们一定有 $r-1$ 条 (a_μ,b_i)-边. 因此, 在之前那一步当 $x=a_\mu$ 时, 有 r 条 (a_μ,b_i)-边. 假设 x

从 $b_j \neq b_i$ 移动到 a_μ, 那么就添加了重边 (a_μ, b_j), 即 a_μ 的度至少为 $r+2$, 这是不被允许的.

类似地, 如果我们进行到 $x = a_i$, 那么 $i = 1$, 我们得到了需要的情形.

II. 只剩下去证明这个过程不是无穷运行下去的. 假设可以无穷进行下去. 注意到生成的所有图里的所有边都是与 G 中的边平行的. 考虑 G 的那些 x 通过了无穷次的边, 这些边必定从两个方向都被走过, 否则, 它们的重数将趋向 $+\infty$ 或 $-\infty$, 这都是不可能的.

考虑一个点 b_i, 并假设 3 条边 $(a_\mu, b_i), (a_\nu, b_i), (a_\varrho, b_i)$ (其中 $\mu < \nu < \varrho \leq n$) 被用了无穷次, 那么从 b_i 到 a_ϱ 不会经过 (a_ϱ, b_i), 原因是由于 $\mu, \nu < \varrho$, (a_μ, b_i) 或 (a_ν, b_i) 总是一个选择, 但这是不可能的. 类似地, 每个 a_μ 至多关联两条被用过无穷次的边.

现在考虑所有被用过有限次的边都已经全部用完的阶段. 因为每个点至多关联两条被用过无穷次的边, 所以 x 只能在一个圈上移动. 但这样的话, 这个回路的边总是从同一个方向被走过, 矛盾.

因此, 这个过程最终会得到一个 r-正则图, 它是由 G 的一个子图通过添加重边而得到的, 其中点对 $\{a_1, b_i\}$ 生成一个分支. 重复该过程, 最后, 我们得到一个由 G 的一个 1-因子通过选取每条边 r 次而生成的图. 由此, 我们就得到 G 的一个 1-因子. 注意到只需存储边的当前列表再加上一个点, 这个过程可以在黑板上用一支粉笔和一个黑板擦就可以实现. [J. Csima; 参见 J. Csima, L. Lovász, *Discrete Appl. Math.* **35** (1992) 197–203.]

15. (a) 我们同时对 $|V(G)|$ 和 k 进行归纳.

首先假设 G 是初等的. 设 $x \in A$, $y \in B$ 是相邻的, 那么 G 的包含 (x, y) 的 1-因子与 $G - x - y$ 的 1-因子一一对应. 由于 (x, y) 包含在某个 1-因子中, 所以 $G - x - y$ 有一个 1-因子. 更进一步, $A - x$ 的每个点在 $G - x - y$ 中的度都大于等于 $k-1$, 所以 $G - x - y$ 至少有 $(k-1)!$ 个 1-因子. 因此, G 的每条边包含在至少 $(k-1)!$ 个 1-因子中.

固定 $x \in A$, 至少有 k 条边与 x 关联, 且其中每条包含在至少 $(k-1)!$ 个 1-因子中. 这就得到了 $k(k-1)! = k!$ 个 1-因子, 这显然是不同的.

现在假设 G 不是初等的, 那么根据 7.7, 存在一个 $\emptyset \neq X \subset A$ 满足

$$|\Gamma(X)| = |X|.$$

设 F 是 G 的任一 1-因子且 F_1 表示那些从 $A - X$ 出发 F 的边的集合. 那么显然有 F 的其他边覆盖了 $\Gamma(X)$, 所以 F_1 匹配了 $A - X$ 与 $B - \Gamma(X)$.

观察到由 $X \cup \Gamma(X)$ 导出的子图 G_1 满足与 G 相同的条件: X 中的每个点在 G_1 的度至少为 k, 并且它含有 1-因子 (例如, $F - F_1$). 因此根据归纳假设, G_1 至少含有 $k!$ 个 1-因子. 将 F_1 加到这些 1-因子中, 我们得到 G 的 $k!$ 个 1-因子. [M. Hall, *Bull Amer. Math. Soc.* **54** (1948) 922–926.]

(b) 我们对 $m - n + 2$ 进行归纳. 如果 $m - n + 2 = 2$, 那么 G 是一个单独的圈, 上

述断言是平凡的. 假设 $m > n$, 根据 7.8,

$$G = G_1 \cup P,$$

其中 G_1 是一个初等二部图, 而 P 是一条奇长路, 满足只有端点 x, y 与 G_1 是相同的, 并且 x, y 属于 G_1 的不同颜色类. 显然,

$$|E(G_1)| - |V(G_1)| + 2 = m - n + 1 < m - n + 2.$$

从而由归纳假设, G_1 包含至少 $m - n + 1$ 个 1-因子, 其中的每个 1-因子都可以扩充成 G 的一个 1-因子. 更进一步, 由 7.7, $G_1 - x - y$ 包含一个 1-因子, 该 1-因子也可以通过使用 P 的每一个第二条边扩充成 G 的 1-因子. 因此, 我们的确已经找到了 G 中 $(m-n+1)+1 = m-n+2$ 个 1-因子 [参见 L. Lovász, M. D. Plummer, in: *Infinite and Finite Sets*, Coll. Math. Soc. J. Bolyai **10**, Bolyai–North–Holland (1975) 1051–1079].

16. I. 假设 G 有一个 f-因子 F. 那么, 显然

$$\sum_{x \in A} f(x) = |F| = \sum_{x \in B} f(x),$$

(i) 得证. 令 $X \subseteq A$ 且 $Y \subseteq B$, 那么 F 中至多有 $m(X, Y)$ 条连接 X 和 Y 的边且至多有 $\sum\limits_{y \in B-Y} f(y)$ 条连接 X 和 $B - Y$ 的边. 由于在 F 中恰好有 $\sum\limits_{x \in X} f(x)$ 条连接 X 和 B 的边, 所以 (ii) 得证.

II. 现在假设 (i) 和 (ii) 都满足, 定向所有的边都从 A 指向 B. 取两个点 a, b, 并且用有向边分别连接 a 到 A 的每个点, 连接 B 的每个点到 b. 对形成的图 G_0 的每一条边 e 定义容量 $c(e)$ 为

$$c(e) = \begin{cases} f(x), & \text{如果 } e = (a, x) \text{ 或者 } e = (x, b), \\ 1, & \text{如果 } e = (x, y), x \in A,\ y \in B. \end{cases}$$

观察到 G_0 有一个内部的 (a, b)-流, 流值为 $\sum\limits_{x \in A} f(x) = \sum\limits_{y \in B} f(y)$, 当且仅当 G 有一个 f-因子. 所以我们需要验证的是: 由 6.74 和 6.77 可得, G_0 的每个 (a, b)-割的容量至少为 $\sum\limits_{x \in A} f(x)$.

设 S 确定一个 (a, b)-割 $(a \in S \subset V(G_0))$, 并设 $X = S \cap A, Y = B - S$. 那么由 (ii), 由 S 确定的割的容量为

$$\sum_{x \in A-X} f(x) + \sum_{y \in B-Y} f(y) + m(X, Y) \geq \sum_{x \in A-X} f(x) + \sum_{x \in X} f(x) = \sum_{x \in A} f(x).$$

这就完成了证明 [O. Ore, D. Gale, H.J. Ryser; 参见 *O*].

17. 假设 G 可以嵌入到颜色类为 A, B 的一个 d-正则二部图 G' 中. 令 $A_1 = A \cap V(G), B_1 = B \cap V(G), A_2 = A - A_1, B_2 = B - B_1$. 因为对任一 $x \in A_1$, 恰有 G' 的

$d-d(x)$ 条边连接 x 到 B_2, 所以我们有

$$\sum_{x\in A_1}(d-d(x))\leq d\cdot|B_2|,$$

或者, 等价地,

$$d\cdot|A_1|-m\leq d\cdot|B_2|.$$

类似地, 有

$$d\cdot|B_1|-m\leq d\cdot|A_2|.$$

求和后, 我们得到

$$d\cdot n-2m\leq d(|A_2|+|B_2|)=d(|V(G')|-n),$$

因此

$$|V(G')|\geq 2n-\frac{2m}{d},$$

且因为 $|V(G')|$ 是一个偶整数, 所以

$$|V(G')|\geq 2n-2\left\lfloor\frac{m}{d}\right\rfloor.$$

下面我们证明 G 可以作为导出子图被嵌入到一个恰有 $2n-2\lfloor\frac{m}{d}\rfloor$ 个顶点的 d-正则二部图中. 令 $\{A,B\}$ 为 G 的一个 2-着色. 因为 $m\leq d\cdot|A|$ 且 $m\leq d\cdot|B|$, 所以我们有

$$|B|=n-|A|\leq n-\lfloor\frac{m}{d}\rfloor \text{ 且 } |A|\leq n-\lfloor\frac{m}{d}\rfloor.$$

所以我们可以构造两个不相交的集合 $A'\supset A, B'\supset B$ 使得

$$|A'|=|B'|=n-\left\lfloor\frac{m}{d}\right\rfloor.$$

现在我们添加 $(A,B'-B)$-边和 $(B,A'-A)$-边使得在 $A\cup B$ 中所有点的度都等于 d. 这是可能的, 因为

$$\begin{aligned}\sum_{x\in A}(d-d(x))&=|A|\cdot d-m=nd-|B|\cdot d-m\\&\leq nd-|B|\cdot d-\left\lfloor\frac{m}{d}\right\rfloor\cdot d=|B'|\cdot d-|B|\cdot d=|B'-B|\cdot d.\end{aligned}$$

并且类似地, 有

$$\sum_{x\in A}(d-d(x))\leq|A'-A|\cdot d$$

(因为我们不介意考虑重边). 最后, 我们添加 $(A'-A,B'-B)$-边使所有点的度都为 d.

18. 考虑提示中定义的 G 的 "二部补图" $\tilde{G}$, 由 7.16, 只需证明: 若 $X \subseteq A, Y \subseteq B$, 那么

$$(n-2d)(n-|Y|)+m_{\tilde{G}}(X,Y) \geq (n-2d)\cdot|X|,$$

或者, 等价地, 有

$$(n-2d)(|X|+|Y|-n) \leq m_{\tilde{G}}(X,Y).$$

因为这个不等式关于 X, Y 是对称的, 我们可以假设 $|X| \geq |Y|$. 更进一步, 有

$$m_{\tilde{G}}(X,Y)=|X|\cdot|Y|-m_G(X,Y).$$

所以, 只需要证明

$$(n-2d)(|X|+|Y|-n) \leq |X|\cdot|Y|-m_G(X,Y). \tag{1}$$

这里

$$m_G(X,Y) \leq d\cdot|Y|.$$

所以, (1) 式可以通过下式

$$(|X|+d-n)(|Y|+2d-n) \geq d(2d-n)$$

得到. 如果 $|Y| \leq n-2d$, 那么 $|Y|+2d-n \leq 0$, 从而

$$(|X|+d-n)(|Y|+2d-n) \geq (n+d-n)(|Y|+2d-n) \geq d(2d-n).$$

如果 $n-2d \leq |Y| \leq |X| \leq n-d$ 且 $|X| \geq d$, 那么 $|X|+d-n \leq 0$, 因此

$$(|X|+d-n)(|Y|+2d-n) \geq (|X|+d-n)d \geq (2d-n)d.$$

如果 $n-2d \leq |Y|$ 且 $n-d \leq |X|$, 那么根据 $d \leq n/2$, 我们有

$$(|X|+d-n)(|Y|+2d-n) \geq 0 \geq d(2d-n).$$

最后, 如果 $|X| \leq d$, 我们用

$$m_G(X,Y) \leq |X|\cdot|Y|$$

并且只需要证明

$$(n-2d)(|X|+|Y|-n) \leq 0,$$

这是显然的, 因为 $|Y| \leq |X| \leq d \leq \frac{n}{2}$.

19. 提示中给出的该问题的转换是很容易验证的 (参见 4.21).

假设 G 没有 1-因子, 那么由 7.4(b), 存在集合 $X \subseteq A=\{u_1,\ldots,u_n\}$ 满足 $|\Gamma(X)|<|X|$. 不妨设 $X=\{u_1,\ldots,u_k\}, B-\Gamma(X)=\{v_1,\ldots,v_l\}$. 因此, $k+l>n$, 且对 $1 \leq i \leq k, 1 \leq j \leq l$ 有 $a_{ij}=0$. 现在

$$\sum_{i=1}^{n} a_{ij} = 1,$$

这是因为 A 是双随机的, 于是

$$\sum_{j=1}^{l} \sum_{i=1}^{n} a_{ij} = l,$$

另外, 有

$$\sum_{j=1}^{l} \sum_{i=1}^{n} a_{ij} = \sum_{i=k+1}^{n} \sum_{j=1}^{l} a_{ij} \leq \sum_{i=k+1}^{n} \sum_{j=1}^{n} a_{ij} = n-k,$$

这与 $k+l>n$ 矛盾.

20. (a) 由提示中的注解知这是显然的.

(b) 假设 G 没有 1-因子. 那么 $\det(a_{ij})=0$. 不妨假设前 $k+1$ 列形成一个极小的列线性相关组. 因为由这 $k+1$ 列形成的矩阵 A' 的秩是 k, 它包含一个 $k \times k$ 的非奇异的子矩阵. 我们可以假设它的前 k 行和前 k 列形成了这个子矩阵.

由于前 $k+1$ 列是线性相关的, 存在数 $\lambda_1, \ldots, \lambda_{k+1}$ 使得

$$\sum_{j=1}^{k+1} \lambda_j a_{ij} = 0 \quad (i=1, \ldots, n). \tag{1}$$

因为由 k 的极小性, $\lambda_\mu \neq 0$, 所以我们可以除以任意一个 λ_μ, 并且通过前 k 列由 Cramer 准则确定 λ_ν/λ_μ 的值. 这样 λ_ν/λ_μ 属于由 $\{a_{ij}: 1 \leq i \leq k, 1 \leq j \leq k+1\}$ 生成的域.

若 $k+1 \leq i \leq n, 1 \leq j \leq k+1$, 我们断言 $a_{ij}=0$. 我们下面证明, 例如 $a_{k+1,1}=0$. 由 (1) 式我们有

$$a_{k+1,1} = -\frac{1}{\lambda_1} \sum_{j=2}^{k+1} \lambda_j a_{k+1,j}.$$

上式的右边项在由 $\{a_{ij}: (i,j) \neq (k+1,1)\}$ 生成的域中. 由 a_{ij} 的代数无关性, 上面的说法成立仅当 $a_{k+1,1}=0$.

令 $X=\{a_{k+1}, \ldots, a_n\}$, 我们有

$$\Gamma(X) \subseteq \{b_{k+2}, \ldots, b_n\}, \quad |\Gamma(X)| < |X|,$$

这证明了 7.4(b) 中的非平凡部分. [J. Edmonds, *J. Res. Natl. B. Standards* **71**B (1967) 241–245.]

21. 如果加在 y 上的这些条件是线性无关的, 则答案显然是 $m-n$, 其中 $n=|V(G)|$; 如果其中 $n-1$ 个条件线性无关, 但是增加第 n 个后线性相关, 那么空间的维数就等于 $m-n+1$. 我们断言: 若 G 不是二部的, 则第一种情况会发生; 若 G 是二部的, 则第二种情况发生.

为了证明这个断言, 考虑约束条件 (1) 中等号左边的一个非平凡的线性关系. 我们想证明: 只有 G 是二部图, 这个关系才存在而且本质上是唯一的. 所以令

$$\sum_{v\in V(G)} \lambda_v \sum_{e_i\ni v} y_i$$

恒等于 0, 即对每条边 (u,v) 有

$$\lambda_v + \lambda_u = 0.$$

运用 G 是连通的事实, 我们可以得到 $|\lambda_v| =$ 常数 $= \lambda$, 而且满足 $\lambda_v = \lambda$ 的点只和满足 $\lambda_v = -\lambda$ 的点关联, 反之亦然. 因此 G 是二部的. 由于连通二部图的 2-着色是唯一的, 我们可以得到约束条件 (1) 中等号左边的线性关系在相差一个比例因子的情况下是唯一的. 因此在二部图的情形下只有一个唯一的关系

$$\sum_{v\in A}\sum_{e_i\ni v} y_i = \sum_{v\in B}\sum_{e_i\ni v} y_i,$$

其中 $\{A,B\}$ 是 G 的 2-着色. [H. Saks, *Wiss. Z. Tech. Hochschule Ilmenau* **12** (1966) 7–12.]

22. 根据提示, 令 $(x,y)\in F$. 如果存在至少 3 条边连接 $\{x,y\}$ 到 $\{u,v\}$, 那么它们中有两条边是相互独立的, 例如 $\{x,u\}$ 和 $\{y,v\}$. 现在 $F = \{(x,y)\}\cup\{(x,u),(y,v)\}$ 是一个比 F 更大的匹配, 矛盾. 所以 F 的每一条边至多通过两条边与 $\{u,v\}$ 相连. 因为 u 和 v 不彼此相连, 或者与不在 F 的边上的任意点不相连 (否则 F 将不是极大的), 这意味着

$$d(u)+d(v)\le 2|F|\le 2(n-1).$$

然而这与 $d(y)$ 和 $d(v)$ 都至少为 n 的假设矛盾 (也参见问题 10.19).

23. 令 X 为被 F_0 覆盖的顶点集合. 根据提示, 令 F 是 G 的包含 F_0 中尽可能多的边的最大匹配. 我们断言 F 覆盖了 X. 假设存在一个 $x\in X$ 没有被 F 所覆盖. 令 (x,y) 为 F_0 中关联 x 的一条边, 因为由 F 的极大性, $F\cup\{(x,y)\}$ 不是一个匹配, 所以存在一条边 $e\in F$ 与 y 相关联. 设 $F' = F-\{e\}\cup\{(x,y)\}$, 那么 F' 是一个与 F 具有相同大小的匹配, 即它是一个最大匹配. 更进一步, 它与 F_0 比 F 与 F_0 具有更多的公共边, 矛盾.

24. (a) 对于 $k=1$, 一条单边满足要求. 假设 G_{k-1} 具有唯一的 1-因子且顶点度至少为 $k-1$. 令 G'_{k-1} 为它的另一个不交的拷贝, 且考虑两个新的顶点 x,y. 将 x 与 G_{k-1} 的所有顶点相连, 将 y 与 G'_{k-1} 的所有顶点相连, 且将 x 与 y 相连. 令 G_k 为最后得到的图 (图 42).

$V(G_{k-1})\cup V(G'_{k-1})$ 的每个顶点都比在 G_{k-1} 或者 G'_{k-1} 中有更大的度, 因此它们的度至少为 k. 显然这对 x 和 y 也成立. 更进一步, G_k 有唯一的 1-因子. 这是因为, 令 F 为 G_k 的任意的 1-因子. 由奇偶性知, 它必定包含了割边 (x,y). 然而, 它余下的部分

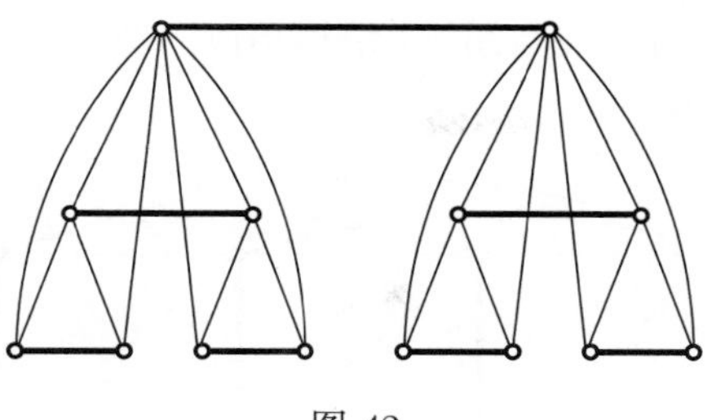

图 42

形成了 G_{k-1} 的一个 1-因子和 G'_{k-1} 的一个 1-因子. 因为它们都是唯一的, F 也是唯一确定的. 所以 G_k 至多有一个 1-因子. 但是上面描述的 (由 G_{k-1}, G'_{k-1} 的 1-因子和 (x, y) 构成的) 实际上是 G_k 的一个 1-因子. 因此 G_k 有唯一的 1-因子.

(b) *解法 1*: 假设 G 是一个最小的反例. 令 F 是它唯一的 1-因子且令 $e_1 \in E(G) - F$. 考虑 6.27 中定义的包含 e_1 的等价类, 如果它仅由 e_1 组成, 那么 $G - e_1$ 是 2-边连通的, 我们根据 G 的极小性得到矛盾. 假设它有其他边 $e_2, \ldots, e_k$, $k \geq 2$.

令 G_1 为 $G - \{e_1, \ldots, e_k\}$ 的任一连通分支, 由 6.27, 它恰好与 $\{e_1, \ldots, e_k\}$ 中的两条边相关联. 如果这两条边不属于 F, 由归纳假设可以得到 G_1 有两个不同的 1-因子, 加上 $F - E(G_1)$ 的边, 我们得到 G 的两个不同的 1-因子. 因此 $\{e_1, \ldots, e_k\}$ 中与 G_1 关联的两条边中至少有一条边属于 F. 因为这对 $G - \{e_1, \ldots, e_k\}$ 的任一分支都成立, 所以 $\{e_1, \ldots, e_k\}$ 中至少一半的边属于 F. 因为依次考虑, 这对任一等价类都成立, 所以 G 中至少有一半的边属于 F. 因此 $|E(G)| \leq |V(G)|$. 因为 G 是 2-边连通的, 这仅仅当 G 是一个圈时成立. 然而, 一个 (偶) 圈有两个 1-因子.

解法 2: 假设 G 是 2-边连通的, 设 F 为 G 的 1-因子. 令 C 为一个圈满足 F 的任一边要么在 C 上要么完全不交于 C. 由 6.30, 这样的圈是存在的. 现在 C 一定是 F 交错的 (因为 F 是一个 1-因子). 因此, 在 C 上进行 "交换" (即用 $E(C) - F$ 的边替换 $E(C) \cap F$ 的边), 我们得到另一个 1-因子. [A. Kotzig, *Mat. Fyz. Časopis* **9** (1959) 73–91; L. Beineke, M.D. Plummer, *J. Comb. Th.* **2** (1967) 285–289.]

(c) 对 $|E(G)|$ 用归纳法.

在提示中给出的 (b) 的加强形式可以根据 (b) 平凡地得到. 只需证明对连通图成立即可, 因为如果 G 有唯一的 1-因子, 那么它的连通分支也有唯一的 1-因子. 将 G 的不在 F 中的所有边变为重边, 这样是不能产生任何新的 1-因子的, 所以由 (b) 知得到的图 G' 有割边. 这条边一定属于 F, 因为它不是重边.

设 $e = (x, y)$ 为 G 的割边, 它属于 G 的唯一的 1-因子 F, 那么 $G - x - y$ 有唯一的 1-因子. 由归纳假设知, $E(G - x - y) \leq (n-1)^2$. 更进一步, 因为 (x, y) 是割边, 所以没有点同时与 x 和 y 都相邻. 因此, 至多有 $1 + (2n - 2) = 2n - 1$ 条边与 x 和 y 中一个相连. 所以,

$$|E(G)| \leq (n-1)^2 + 2n - 1 = n^2.$$

这个结果是紧的, 可以通过构造与图 43 结构相似的图证明. [G. Hetyei, *Pécsi Tan. Főisk. Közl.* (1964) 151–168.]

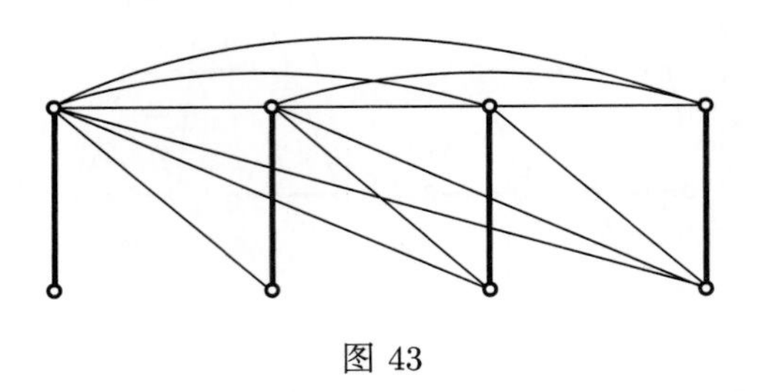

图 43

25. 令 $x_1, \ldots, x_\delta$ 是没有被最大匹配 F 覆盖的点, $\delta = \delta(G) = |V(G)| - 2\nu(G)$. 设 $F = \{e_1, \ldots, e_\nu\}$, 且设 f_i 是与 x_i $(i = 1, \ldots, \delta)$ 相邻的边. 那么每个 f_i 连接 x_i 和一个被 F 覆盖的点. 更进一步, 没有两个 f_i 连接同一个 e_j 的两个不同端点, 因为这会扩大 F. 因此, 我们选取 e_j 的一个端点 u_j $(j = 1, \ldots, \nu)$ 使得 $\{u_1, \ldots u_\nu\}$ 覆盖所有的 $f_1, \ldots, f_\delta$. 因为 $d(u_j) \le d$, 我们有

$$\delta \le (d-1)\nu \quad \text{或者} \quad n - 2\nu \le (d-1)\nu,$$

因此

$$\nu \ge \frac{n}{d+1}.$$

26. 根据提示, 观察到如果 x, y 是相邻的, 那么有 $\nu(G - x - y) < \nu(G)$, 这是因为 $G - x - y$ 的任何匹配都可以通过加上而 (x, y) 被扩充.

设 x, y 是距离为 $k > 1$ 的两个顶点, 令 z 是一条最小 (x, y)-路的任一内点. 不直接地假设 $\nu(G - x - y) = \nu(G)$. 设 F 是 $G - x - y$ 的任一最大匹配. 同样地, 考虑 $G - z$ 的一个最大匹配 F_0, 那么 $|F| = |F_0| = \nu(G)$ (以下简化为 ν). 观察到

(1) F 一定覆盖了 z. 否则, 它将是 $G - x - z$ 的一个 ν-元匹配, 与归纳假设 $\nu(G - x - z) < \nu$ 矛盾;

(2) 类似地, F_0 一定覆盖了 x, y.

现在 $F \cup F_0$ 是一些不相交的交错路、圈以及 F, F_0 的公共边的并. 存在从 x 开始的一条交错路 P_1 和从 y 开始的一条交错路 P_2. 如果 $P_1 = P_2$, 则把 $F \cap E(P_1)$ 的边替换成 F 中 $F_0 \cap E(P_1)$ 的边; 按照这种方法我们就得到了 $(\nu + 1)$-元匹配 (因为 P_1 的两条终边都属于 F_0), 矛盾. 因此, $P_1 \ne P_2$. P_1, P_2 中至少有一条不包含 z, 不妨设 $z \notin V(P_1)$. 现在把 $F_0 \cap E(P_1)$ 的边替换成 F_0 中 $F \cap E(P_1)$ 的边, 那么所得到的匹配 F' 有 $|F'| \ge |F|$ (这是因为 P_1 从 x 出发以 F_0 的边开始, 所以如果 P_1 的最后一条边在 F_0 中, 那么 $|F'| > |F|$; 否则 $|F'| = |F|$). 此外, z 也没有被 F' 覆盖 (因为 $z \notin V(P_1)$), 因此 F' 是 $G - y - z$ 中基数 $\ge \nu$ 的匹配, 再次矛盾.

因此, 对每个 x, y 均有 $\nu(G - x - y) < \nu(G)$. 设 F 是 G 的任一最大匹配, 那么至多有一个顶点没有被 F 覆盖, 这是因为如果有两个顶点 x, y 没有被覆盖, 那么我们将

会有

$$\nu(G-x-y) \geq |F| = \nu(G),$$

矛盾. 更进一步, F 也不可能是 1-因子, 因为如若不然, 则

$$\nu(G-x) \leq \frac{1}{2}|V(G-x)| < \frac{1}{2}|V(G)| = |F| = \nu(G),$$

与其中一个假设矛盾. 因此

$$\nu(G) = |F| = \frac{1}{2}(|V(G)|-1),$$

这也就证明了我们的断言. [T. Gallai, *MTA Mat. Kut. Int. Közl.* **8** (1963) 135–139.]

27. (a) 设 $X \subseteq V(G)$ 且 F 为 G 的一个最大匹配. 令 $G_1, \ldots, G_k$ 是 $G-X$ 的奇分支, 不妨令 $G_1, \ldots, G_i$ 是其中包含一个未被 F 覆盖的顶点的那些奇分支. 由奇偶性可知一定存在 F 的一条边从每个 $G_j, i < j \leq k$ 到达 X. 因为这些边都到达 X 的不同顶点, 我们有

$$k - i \leq |X|.$$

另外, $G_1, \ldots, G_i$ 中的每个都包含一个未被覆盖的点, 所以

$$\delta(G) \geq i \geq k - |X| = c_1(G-X) - |X|. \tag{1}$$

接下来我们证明 —— 并且这也是论断的难点 —— 存在集合 X 使得 (1) 的等式成立. 我们通过对 $|V(G)|$ 用归纳法来证明.

首先假设存在一个 $x \in V(G)$ 满足 $\nu(G-x) < \nu(G)$. 显然 $\nu(G-x) = \nu(G) - 1$, 从而

$$\delta(G-x) = |V(G-x)| - 2\nu(G-x) = |V(G)| - 2\nu(G) + 1 = \delta(G) + 1.$$

于是由归纳假设, 存在 $X' \subseteq V(G-x)$ 满足

$$\delta(G) + 1 = c_1(G-x-X') - |X'|.$$

现在设 $X = X' \cup \{x\}$, 那么

$$\delta(G) = c_1(G-X) - |X|.$$

其次, 假设对每个 $x \in V(G)$ 有 $\nu(G-x) = \nu(G)$. 令 $G_1, \ldots, G_k$ 为 G 的连通分支, 且 $x \in V(G_i)$, 那么

$$\begin{aligned}\nu(G) &= \nu(G_1) + \cdots + \nu(G_k) = \nu(G-x) \\ &= \nu(G_1) + \cdots + \nu(G_i - x) + \cdots + \nu(G_k),\end{aligned}$$

故 $\nu(G_i - x) = \nu(G_i)$. 由之前的问题, 这意味着 $|V(G_i)|$ 是奇的并且 $\delta(G_i) = 1$. 因此,

$$\delta(G) = \sum_{i=1}^{k} \delta(G_i) = k = c_1(G)$$

且 $X = \emptyset$, 满足要求 [C. Berge; 参见 B].

(b) G 含有 1-因子当且仅当 $\delta(G) = 0$, 即由 (a), 当且仅当

$$\max_{X}\{c_1(G - X) - |X|\} = 0. \tag{2}$$

由于 $c_1(G) - |\emptyset| \geq 0$, 最大值总是 ≥ 0, 所以 (2) 等价于: 对任意 $X \subseteq V(G)$,

$$c_1(G - X) - |X| \leq 0.$$

正如要证明的. [W.T. Tutte; 参见 B.]

28. (a) 设 V_1 是 G 的顶点集合满足其中的点与 V_1 外的每个其他点都关联, 且 $V_2 = V(G) - V_1$. 我们需要证明: 如果 $a, b, c \in V_2$, 并且 b 和 a, c 都相邻, 那么 a 与 c 也相邻.

假设这不成立. 由于 $b \in V_2$, 则存在第四个点 d, d 与 b 不相邻. 由 G 的极大假设知, $G + (a, c)$ 有 1-因子 F_1, 并且 $G + (b, d)$ 有 1-因子 F_2. 显然, $(a, c) \in F_1$, $(b, d) \in F_2$, $(b, d) \notin F_1$, $(a, c) \notin F_2$.

考虑 $F_1 \cup F_2$. 它由 F_1 和 F_2 的不交的交错圈和公共边组成. (a, c) 在交错圈 C_1 上, 并且类似地, (b, d) 在交错圈 C_2 上.

情形 1. $C_1 \neq C_2$. 用 F_1 中 $E(C_1) \cap F_2$ 的边替换 $E(C_1) \cap F_1$ 中的边, 得到 G 的一个 1-因子, 矛盾.

情形 2. $C_1 = C_2$. 从 b 出发通过 (b, d) 沿着 C_1 开始走, 我们迟早要到达 (a, c). 不失一般性, 假设先到达 a 再到 c.

因此我们有一条 (b, a)-路, 它始于 F_2 的边 (b, d), 终于 F_2 的另一条边, 这是因为 $(a, c) \in F_1$. 因此, $K = P + (a, b)$ 是一个 F_2-交错圈, 用 $E(K) - F_2$ 中的边替换 $E(K) \cap F_2$ 中的边, 我们由 F_2 得到 G 的一个 1-因子. 这同样是矛盾的.

这样我们就证明了相邻是 V_2 上的一个等价关系, 即 V_2 可以分解为不交的完全图.

(b) 我们只需要证明 7.27(b) 中的非平凡情形, 即如果 G 没有 1-因子, 则存在 $X \subseteq V(G)$, 有

$$c_1(G - X) > |X|.$$

如果 $|V(G)|$ 是奇的, 那么 $X = \emptyset$ 有这个性质; 所以我们可以假设 $|V(G)|$ 是偶的. 让我们来给 G 加边, 只要不产生任何 1-因子, 当我们停止时, 我们将得到图 G', 它与 G 有相同的顶点集合, 且具有性质: G' 没有 1-因子, 但是连接 G' 中的任意两个不相邻的顶点就会得到一个具有 1-因子的图.

由 (a), G' 有如下形式: 如果 V_1 是 G 中顶点集合, 其中的点与 V_1 外其他的点均关联, 则 $G' - V_1$ 由不相交的完全子图 $G_1, \ldots, G_k$ 组成.

我们断言: $G_1, \ldots, G_k$ 中至少有 $|V_1| + 1$ 个奇完全图. 如若不然, 在每个偶图 G_i 中选择一个 1-因子, 在每个奇图 G_i 中选择一个最大匹配, 这恰好仅未覆盖一个顶点. 选取一些独立边来匹配这些点与 V_1 中的一些点. 因为 $|V(G)|$ 是偶的, 所以 V_1 中有偶数个顶点未被覆盖, 但是我们可以将它们两两任意匹配, 这是因为 V_1 显然生成了 G' 的一个完全子图. 因此我们得到一个 1-因子, 矛盾.

因此, 在 $G' - V_1$ 中至少有 $|V_1| + 1$ 个奇分支. 当去掉 $E(G') - E(G)$ 中的边时, 这些奇分支可能会分解, 但是至少会产生 $G - V_1$ 的一个奇分支, 因此

$$c_1(G - V_1) > |V_1|,$$

即 $X = V_1$ 是 X 的一个合适的选择.

注: 读者可以很容易验证事实 (在这里是不需要的): $G_1, \ldots, G_k$ 都是奇的并且 $k = |V_1| + 2$. [G. Hetyei, *Pécsi Tanárképző Főiskola Közl.* 1974; L. Lovász, *J. Comb. Th.* **19** (1975) 269–271.]

29. (a) 由 Tutte 定理, 我们只需要证明: 对任意的 $X \subseteq V(G)$,

$$c_1(G - X) \leq |X|.$$

设 G_1 是 $G - X$ 的任一奇分支. 因为 G 是 2-连通的, 所以至少有两条边连接 G_1 和 X. 然而, 不可能恰好有两条这样的边, 因为这将意味着 G_1 的度和为 $3|V(G_1)| - 2$, 是奇数, 这是不可能的. 所以至少有三条边连接 G_1 和 X, 因此, 至少有 $3c_1(G - X)$ 条边连接 $G - X$ 的奇分支和 X. 但 X 的每个顶点至多关联其中的三条边, 所以这个数至多为 $3|X|$. 因此

$$3c_1(G - X) \leq 3|X|, \quad c_1(G - X) \leq |X|.$$

即证.

(注意到仅用到 G 的 2-边连通性. 很平凡的可以看到, 如果一个 3-正则图是 2-边连通的, 那么它也是 2-连通的.) [J. Petersen; 一个没有用到 Tutte 定理的证明, 参见 K, S.]

(b) 如果 e 是一个 3-正则图的割边, 那么 e 包含在每个 1-因子中 (如果有的话). 实际上, $G - e$ 的两个连通分支是奇的 (它们恰好包含一个偶度点). 因此, $G - e$ 没有 1-因子, 所以如果有的话, 每个 1-因子都包含 e.

因此, 只需构造一个简单 3-正则图, 它有三条分离边且这三条边相交于某个点: 这个图的任意 1-因子一定包含所有这三条边, 但这是不可能的. 图 44 展示了一个这样的构造 (读者可以验证这是最小的例子).

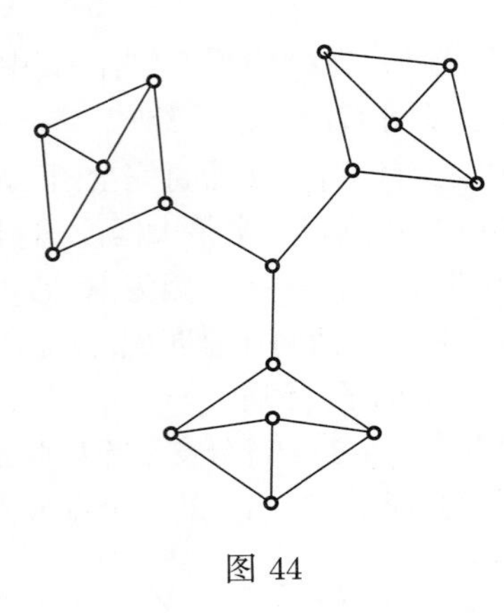

图 44

30. 由 Tutte 定理 (7.27(b)) 知, 我们只需证明对任意 $X \subseteq V(G)$,

$$c_1(G' - X) \leq |X|.$$

假设这对某个集合 X 不成立. 因为 $|V(G)|$ 是偶的, 所以

$$c_1(G' - X) \equiv |V(G') - X| \equiv |X| \pmod 2.$$

我们有

$$c_1(G' - X) \geq |X| + 2. \tag{1}$$

令 $G_1, \ldots, G_m$ 为 $G' - X$ 的奇分支, $G_{m+1}, \ldots, G_M$ 为偶分支. 对于 $1 \leq i \leq M$, 令 α_i (β_i) 为 $E(G) - E(G')$ 中连接 G_i 和 X 的边数 (连接 G_i 和其他 G_j 的边数), 并令 γ_i 表示 G' 中连接 G_i 和 X 的边数, 那么 $\alpha_i + \beta_i + \gamma_i$ 是 G 中离开 G_i 的所有边的数目, 至少是 $k - 1$.

此外, 如果 G_i 是奇分支, 那么 $\alpha_i + \beta_i + \gamma_i > k - 1$; 这是因为 $\alpha_i + \beta_i + \gamma_i = k - 1$ 将意味着 G 的由 $V(G_i)$ 导出的子图的度和是 $|V(G_i)| - k + 1 = k(|V(G_i)| - 1) + 1 \equiv 1 \pmod 2$. 因此

$$\sum_{i=1}^{m} \alpha_i + \sum_{i=1}^{m} \beta_i + \sum_{i=1}^{m} \gamma_i \geq k \cdot m. \tag{2}$$

$G_1, \ldots, G_M$ 和 X 中两个之间删去的边数为 $\sum\limits_{1}^{M} \alpha_i + \frac{1}{2} \sum\limits_{1}^{M} \beta_i$, 因而

$$2 \sum_{i=1}^{M} \alpha_i + \sum_{i=1}^{M} \beta_i \leq 2(k - 1).$$

到达 X 的边的总数目是 $\sum_{1}^{M}\alpha_i+\sum_{i}^{M}\gamma_i$, 因而

$$\sum_{i=1}^{M}\alpha_i+\sum_{i=1}^{M}\gamma_i\le k\cdot|X|.$$

将上面两个不等式相加

$$3\sum_{i=1}^{M}\alpha_i+\sum_{i=1}^{M}\beta_i+\sum_{i=1}^{M}\gamma_i\le k\cdot(|X|+2)-2.$$

将这个式子与不等式 (2) 相比较, 我们得到

$$\begin{aligned}km&\le\sum_{i=1}^{M}\alpha_i+\sum_{i=1}^{M}\beta_i+\sum_{i=1}^{M}\gamma_i\le 3\sum_{i=1}^{M}\alpha_i+\sum_{i=1}^{M}\beta_i+\sum_{i=1}^{M}\gamma_i\\&\le k\cdot(|X|+2)-2<k(|X|+2)\end{aligned}$$

或者, 等价地

$$m<|X|+2$$

与 (1) 相矛盾. [J. Plesnik, *Mat. Čas. Slov. Akad. Vied.* **22** (1972) 310–318.]

31. 设 F 是不覆盖给定点 x 的一个最大匹配. 设 y 为与 x 相邻的点, 并且令 F_0 是 $G-y$ 的一个 1-因子. $F\cup F_0$ 由 F 和 F_0 的不交的交错圈和共同边以及一条交错的 (x,y)-路 P 组成. 现在 $P_0=P+(x,y)$ 是包含 F 的 $\frac{1}{2}(|V(P_0)|-1)$ 条边的一个奇圈.

现在假设 $P_0,\dots,P_i$ 已被选定满足对所有 $j<i$, P_{j+1} 是奇的 $(P_0\cup\cdots\cup P_j,P_0\cup\cdots\cup P_j)$-路, 或者是与 $P_0\cup\cdots\cup P_j$ 恰有一个公共点的奇圈, 且 P_{j+1} 是 F-交错的 (始边和终边都不在 F 中). 如果 P_{j+1} 是奇圈, 我们规定它始于并止于与 $P_0\cup\cdots\cup P_j$ 的公共点. 同样假定 $P_0\cup\cdots\cup P_i\ne G$. 设 (a,b) 是不在 $P_0\cup\cdots\cup P_i$ 中的任一条边, 满足 $a\in V(P_0\cup\cdots\cup P_i)$(这样的一条边是存在的, 因为 G 是连通的).

如果 $b\in V(P_0\cup\cdots\cup P_i)$, 我们可以取 $P_{i+1}=(a,b)$. 所以假设 $b\notin V(P_0\cup\cdots\cup P_i)$, 令 F_i 为 $G-b$ 的 1-因子. $F\cup F_i$ 由 F 和 F_i 的不交的交错圈和公共边以及一条交错的 (b,x)-路 Q 组成. 从 b 穿过 Q 到 $P_0\cup\cdots\cup P_i$ 的第一个点 c, 接着走过的最后一条边属于 F_i, 这是因为由构造知, 与 $P_0\cup\cdots\cup P_i$ 相交的 F-边属于这个并. 设 Q' 为 Q 中 b 和 c 之间的部分, 且 $P_{i+1}=Q'+(a,b)$, 那么 P_{i+1} 满足要求 (图 45).

因此, 如果 $P_0\cup\cdots\cup P_i\ne G$, 那么我们就可以选择一个 P_{i+1}, 迟早我们会用尽 G, 得到一个要求的分解. [L. Lovász, *Studia Sci. Math. Hung.* **7** (1972) 279–280; 也参见 Edmonds 的匹配算法 7.34.]

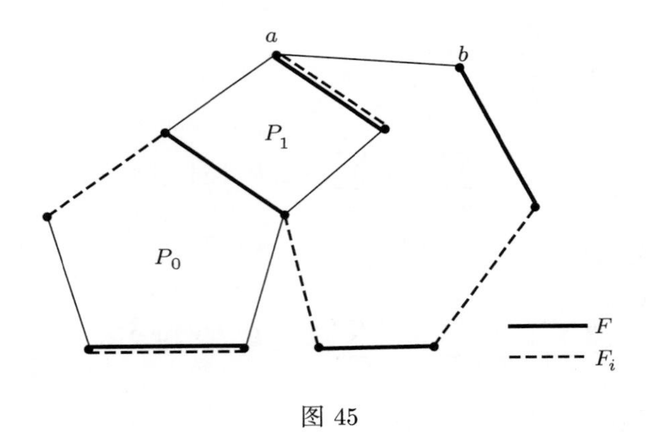

图 45

32. (a) 设 $A=A_G$, $C=C_G,\ldots$; $A'=A_{G-x}$, $C'=C_{G-x},\ldots$ 我们只需证明 $D'=D$, 因为如果那样的话, C 是与 $D=D'$ 不相邻的顶点集合并且同样对 C' 成立.

观察到由于 $G-x$ 不包含 G 的最大匹配, $\nu(G-x)=\nu(G)-1$. 因此, 如果 M 是 G 的任一最大匹配, 则 $M-x$ 是 $G-x$ 的一个最大匹配. 因为对每个 $y\in D$, 存在 G 的一个不含 y 的最大匹配, 因而得到 $G-x$ 的一个最大匹配, 从而 $y\in D'$, 即为 $D\subseteq D'$.

反过来, 令 $y\notin D$ 并假设 $y\in D'$. 那么存在 $G-x$ 的不含 y 的最大匹配 M'. 令 M 是 G 的不包含 x 的邻点 $z\in D$ 的一个最大匹配. 考虑 $M\cup M'$. 由于 y 被 M 覆盖, 但是没有被 M' 覆盖, 所以 $M\cup M'$ 中包含 y 的连通分支是一条始于 y 和 M 的一条边的路 P. P 不可能止于 M' 的一条边, 因为如果那样的话, 可以用 $M'\cap E(P)$ 的边来替代 $M\cap E(P)$ 的边, 我们将得到 G 的一个不包含 y 的最大匹配. 所以 P 止于 M 的一条边. 现在用 $M\cap E(P)$ 的边来替代 P 上 M' 的边. 通过这个方法我们得到一个比 M' 更大的匹配. 所以这个新的匹配不在 $G-x$ 中, 这意味着 P 止于 x. 但是现在 $(M-E(P))\cup(E(P)\cap M')\cup\{(x,z)\}$ 是一个不包含 y 的最大匹配, 矛盾.

(b) 令 $G_1,\ldots,G_t$ 是 $G-A$ 的包含在 D 中的那些分支. 因为没有边连接 D 与 C, 所以这些分支划分了 D. 令 H 是由 C 导出的子图.

如果我们一个接一个地删除 A 的顶点, (a) 就意味着集合 C,D 不会改变. 因此 $G-A$ 的每个最大匹配都将覆盖 H 的所有顶点, 但 D 的每个顶点将不会出现在 $G-A$ 的某个最大匹配中. $G-A$ 的每个最大匹配由 H 的一个最大匹配 M_0 和 G_i 的最大匹配 M_i (其中 $i=1,\ldots,t$) 组成. 因为 H 的每个顶点一定会被覆盖, 所以 M_0 是 H 的 1-因子. 此外, 因为 G_i 的每个点没有被 G_i 的某个最大匹配所覆盖, 由 7.26, G_i 是因子-临界的.

(c) 如果 M 是 G 的任一最大匹配, 那么由证明开始时的讨论知, $M-A$ 是 $G-A$ 的一个最大匹配. 在 (b) 中, 我们已经看到 $M-A$ 是什么样子的.

(d) 由 (b) 知

$$\nu(G-A)=\frac{1}{2}(|V(G)|-|A|-t).$$

由上面关于逐个删除 A 的点的注释可知

$$\nu(G-A)=\nu(G)-|A|.$$

因此等式成立.

(e) 假设 $c_1(G-X)\geq|X|$ 对每个 X 都成立. 特别地, $c_1(G-A)\geq|A|$. 另外, $c_1(G-A)=t$, 因此由 (d) 知

$$\nu(G)\geq\frac{1}{2}|V(G)|,$$

即 G 有 1-因子. (Tutte 定理的另一个方向是平凡的.) [T. Gallai, *MTA Mat. Kut. Int. Közl.* **8** (1963) 373–395; J. Edmonds, *Canad. J. Math.* **17** (1965) 449–467.]

(f) 参见图 46.

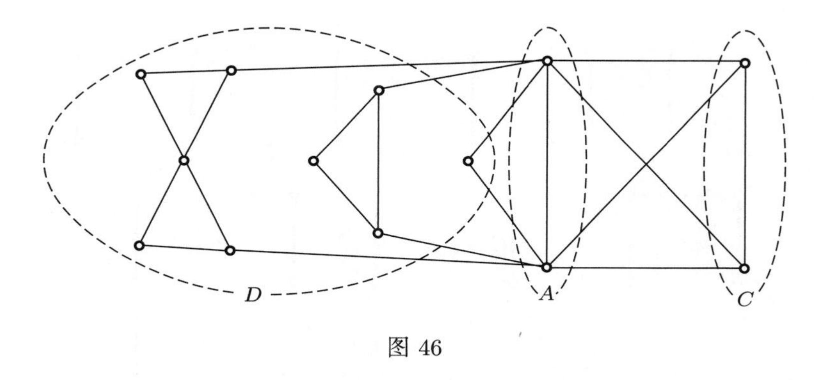

图 46

33. I. 假设 M' 不是 G' 的最大匹配. 那么 G' 中有一个匹配 M_0 满足 $|M_0|>|M'|$, M_0 是 G 的一个至多包含 C 中一个点的匹配. 因此我们可以把 C 中的 k 条边加到 M_0 中得到一个新的匹配 M_1 满足

$$|M_1|=|M_0|+k>|M'|+k=|M|,$$

矛盾.

II. 现在假设 M' 是 G' 的最大匹配. 考虑 7.32 中为 G' 定义的集合 D',A',C'. 设 c 是 G' 中 C 的像. 由于 M' 不包含 c, 所以 $c\in D'$. 从而如果我们 “放大” c, 那么 $G'-A'$ 中包含 c 的连通分支变成了 $G-A'$ 中包含 C 的连通分支, 也是奇的. 因此

$$c_1(G-A')=c_1(G'-A')$$

并且

$$\begin{aligned}\nu(G)&\leq\frac{1}{2}\{|V(G)|-c_1(G-A')+|A'|\}\\&=\frac{1}{2}\{|V(G)|-c_1(G'-A')+|A'|\}\\&=\frac{1}{2}\{|V(G')|-c_1(G'-A')+|A'|\}+k=|M'|+k=|M|,\end{aligned}$$

这就证明了 M 是 G 的最大匹配.

34. (a) I. 具有性质 $(*)$ 和 $(**)$ 的森林当然存在; 例如, 让这个森林由未被 M 覆盖的点组成且没有边. 令 F 是这样的一个极大森林. 那么没有外部点连接到 $V(G)-V(F)$, 这是因为由 F 的性质, $(G-V(F))\cap M$ 是 $G-V(F)$ 的一个 1-因子 (因为所有未被覆盖的点都是 F 的根节点), 从而如果 $a\in V(G)-V(F)$ 连接到了 F 的外部点 b 且 $(a,c)\in M$, 那么 (a,b) 和 (a,c) 都可以加到 F 中.

II. 如果 F 的不同分支中的两个外部点 x 和 y 是相邻的, 那么考虑连接 a, y 到它们所在 F 的分支中的根节点的路 P, Q. 那么 $R=P\cup Q\cup\{(a,y)\}$ 是一条 M 交错路且如果我们用 $E(R)-M$ 替换 $M\cap E(R)$, 那么我们得到一个比 M 更大的匹配 (图 47).

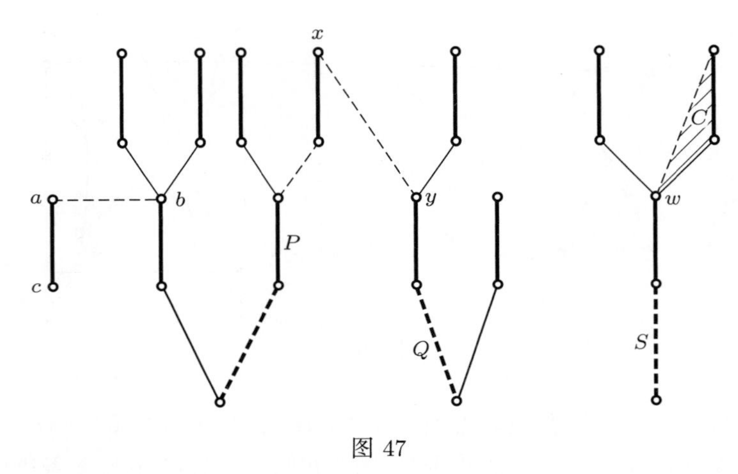

图 47

III. 现在假设 F 的同一个分支中的两个外部点 u,v 是相邻的, 那么它们和 F 的某些边形成了一个奇圈 C. 令 w 是 C 的与 F 的这个分支的根节点 r 最近的那个点 ($w=r$ 也可能发生). 在连接 w 与 r 的交错路上进行 "交换", 我们得到一个新的匹配 M_0 满足 M_0 包含了 C 的 $\frac{1}{2}(|V(C)|-1)$ 条边且 M_0 没有其他边与 C 相交. 由之前的结论, 如果我们收缩 C, 那么 $M_0=M_0-E(C)$ 是剩下图 G' 的一个最大匹配当且仅当 M_0(或者等价地, M) 是 G 的一个最大匹配. 更进一步, 如果我们在 G' 中找到一个比 M_0 更大的匹配, 那么我们可以扩充它为 G 的一个比 M 更大的匹配.

IV. 最后, 假设 G 的外部点是相互独立的. 令 A 为所有内部点的集合. 那么在 $G-A$ 中外部点将是孤立点, 它们的数目是

$$c_1(G-A)=|M\cap E(F)|+(|V(G)|-2|M|),$$

并且

$$|A| = |M \cap E(F)|.$$

因此

$$|M| = \frac{1}{2}(|V(G)| + |A| - c_1(G - A)).$$

但是由 7.27, 右边项是 $\nu(G)$ 的一个上界, 因此 M 是一个最大匹配.

通过综合上面的结论, 要求的算法现在是清晰的. 在每一步, 我们得到满足 $(*)$ 和 $(**)$ 的 G 的匹配 M 和森林 $F \subset G$. 我们考虑连接 F 的外部点的边.

1° 如果存在一条边连接 F 的一个外部点到 $V(G) - V(F)$ 的一个点, 我们如 I 中所示扩充 F.

2° 如果存在一条边连接 F 的不同分支的两个外部点, 我们如 II 中所示扩充 M.

3° 如果存在一条边连接 F 的相同分支的两个外部点, 我们如 III 中所示收缩一个奇回路并尝试扩充剩下图的匹配. 我们要么可以得到 M 是极大的要么可以扩充它.

4° 如果所有与外部点关联边都连接到内部点, 我们得到 M 是一个最大匹配.

注. 1. 在某种意义上上面的算法是有效地, 它运行 $O(n^4)$ 步. 实际上, 令 $f(n)$ 表示算法在如下过程中所需步骤数的最小的上界: 检验 n 个点的图的给定的匹配 M 是否是极大的, 且如果不是, 则用一个更大的来替换它. 需要用 $O(n^2)$ 步来找到一个具有性质 $(*)$ 和 $(**)$ 的极大森林. (我们输出一个特定数目的外部点的列表. 在每一步我们检验列表上的第一个点是否与 F 外面的任一点相邻. 如果相邻, 我们扩充 F, 且将新的外部点放到列表的最后; 如果不相邻, 我们从列表上取消这个外部点. 这样的每一步需要检验 $O(n)$ 次相邻. 在每一步, 要么 $V(F)$, 要么取消的外部点的数目增加, 所以步骤的数目是 $O(n)$.) 那么我们必须执行步骤 $2°, 3°, 4°$ 中的一个. 在最坏的情况下当步骤 3° 必须执行时, 至多有 $f(n-2) + O(n^2)$ 步, 因此我们得到

$$f(n) = f(n-2) + O(n^2),$$

因而 $f(n) = O(n^3)$. 因为匹配的大小增加了至多 $O(n)$ 次, 所以整个算法在不超过 $O(n^4)$ 步内完成.

2. 下面的观察是有非常有意义的: 如果我们执行步骤 3°, 森林 F 将被映射到剩下图的一个相同类型的森林. 运用这个结论, 可以将算法的长度的上界提高到 $O(n^3)$. 同样的观察以及对算法更细致的分析将使我们避免使用 7.33 (并且由此, 可以不使用 Gallai-Edmonds 结构定理). 我们同样注意到集合 A_G, C_G, D_G 可以被确定并且一些之前的结果 (例如 7.26, 7.27, 7.31, 7.32) 可以由算法推出. 读者可以发现完成细节部分是非常有趣和有益的.

(b) 参见图 48 (也可参见 7.32(f)). [J. Edmonds, *Canad. J. Math.* **17** (1965) 449–467.]

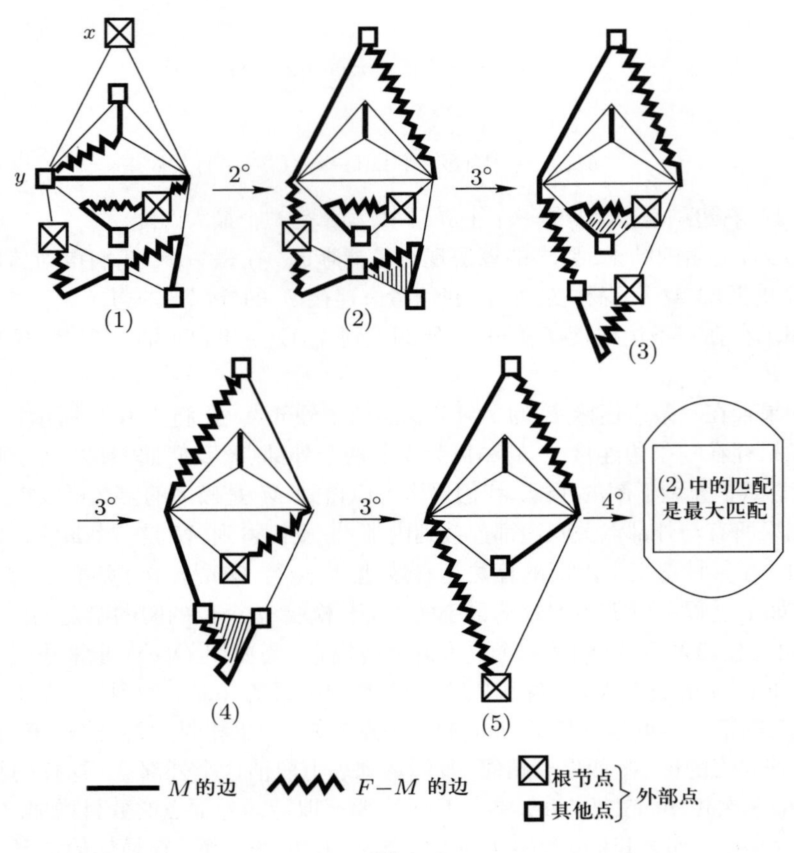

图 48

35. 假设 G 没有 1-因子, 考虑 7.32 中的集合 A, C, D. 令 $G_1, \ldots, G_t$ 表示 $G[D]$ 的连通分支, 那么由 7.32, 它们是因子-临界的. 7.31 表明 (也可以直接看出) 如果 $|V(G_i)| > 1$, 那么 G_i 包含一个奇圈. 因此 $G_1, \ldots, G_t$ 中至多有一个的顶点数大于 1. 不妨设

$$|V(G_1)| > 1, \quad |V(G_2)| = |V(G_3)| = \cdots = |V(G_t)| = 1.$$

现在恰有 k 条边连接 G_i 到 A, $i = 2, \ldots, t$. 由于 A 中每个点至多与其中的 k 个相邻, 我们得到

$$k(t-1) \leq k \cdot |A|,$$

或者, 等价地

$$t \leq |A| + 1.$$

由于

$$t = c_1(G - A) \equiv |V(G - A)| \equiv |A| \pmod 2,$$

这就说明了

$$t \le |A|, \quad \nu(G) = \frac{1}{2}\{|V(G)| - t + |A|\} \ge \frac{1}{2}|V(G)|,$$

因而 G 有一个 1-因子, 矛盾. [D.R. Fulkerson, A.J. Hoffman, M.H. McAndrew, *Canad. J. Math.* **17** (1965) 166–177.]

36. (a) 令 x 是如提示中所定义的, 并且 (x, y) 是与 x 关联的任一边. y 一定被 F 的某条边 e 所覆盖, 否则 $F + (x, y)$ 将是一个更大的匹配. 现在 $F - e + (x, y)$ 是包含 (x, y) 的一个最大匹配.

(b) 我们对 $|E(G)|$ 使用归纳法. 由 7.24(b), 我们知道 G 有两个不同的 1-因子 F_1, F_2. 令 C 为 $F_1 \cup F_2$ 中的圈, 如果 C 的某个点度为 2, 我们就证明了结论, 因为那样的话, 与它关联的两条边分别属于 1-因子 F_1 和 F_2.

所以假设 C 的每个顶点度都至少为 3. 我们断言对某个 $e \in E(C)$, $G - e$ 是 2-连通的. 这将解决问题; 因为 $G - e$ 有 1-因子 (e 恰好属于 F_1 和 F_2 中的一个), 从而由归纳假设, 存在点 x 满足 $G - e$ 中与 x 关联的每条边属于 $G - e$ 的某个 1-因子. 因为 e 属于一个 1-因子, 所以 x 将在 G 中具有相同的性质.

假设对每个 $e \in E(C)$, $G - e$ 有一个割点 x_e. 显然 $x_e \in V(C)$. 选取 e 使得 x_e 在 C 上尽可能的接近 e. 显然, x_e 不是 e 的一个端点.

令 f 是 C 的短 (e, x_e)-弧上关联于 e 的 C 上的边 (图 49), 那么根据 e 的选取, x_f 一定在另一条 (e, x_e)-弧上. 现在 e 和 f 的公共点 y 关联于第三条边 (y, z). 因为 $G - y$ 是连通的, 所以 z 通过一条路 P 连接到 $C - y$ 的某个点. 现在可以看到无论 P 在哪里与 C 相遇, 我们将得到与如下事实的矛盾: (e, x_e) 和 (f, x_f) 都分离 G. [J. Zaks, *Combin. Structures Appl.*, Gordon and Breach, 1970, 481–488.]

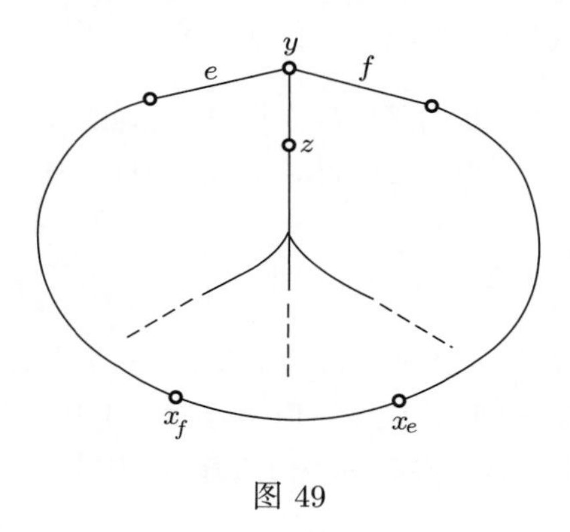

图 49

37. I. 令 w 为任一 2-匹配, 并选取一个独立集 $X \subseteq V(G)$, 令

$$\bar{w}(x) = \sum_{\substack{e \in E(G) \\ e \ni x}} w(e), \quad \delta_X = \sum_{x \in X} (2 - \bar{w}(x)).$$

从 X 到 $\Gamma(X)$ 的边的总 w-权重是

$$2|X| - \delta_X,$$

另外, $2|X| - \delta_X \leq 2|\Gamma(X)|$, 由此

$$\delta_X \geq 2|X| - 2|\Gamma(X)|.$$

因此

$$\begin{aligned}2|w| &= \sum_{x\in V(G)} \bar{w}(x) = |2V(G)| - \sum_{x\in V(G)} (2 - \bar{w}(x)) \\ &\leq 2|V(G)| - \sum_{x\in X}(2 - \bar{w}(x)) = 2|V(G)| - \delta_X \leq 2(|V(G)| - |X| + |\Gamma(X)|).\end{aligned}$$

这就证明了 2-匹配的最大数目是

$$\leq |V(G)| - \max_{X \text{ indep}} (|X| - |\Gamma(X)|).$$

II. 我们注意到

$$\max_{X \text{ indep}} \{|X| - |\Gamma(X)|\} = \max_{\text{all } X}\{|X| - |\Gamma(X)|\}.$$

事实上, 对任一 $X \subseteq V(G)$ 定义 $X' = X - \Gamma(X)$, 那么 X' 是独立的, 且 $\Gamma(X') \subseteq \Gamma(X) - X$. 因此

$$|X| - |\Gamma(X)| = |X'| - |\Gamma(X) - X| \leq |X'| - |\Gamma(X')|.$$

这表明 $|X| - |\Gamma(X)|$ 的最大值是由某些独立集 X 达到的.

令 G_0 为提示定义的二部图. 观察到对 $X \subseteq V(G)$, 有 $|\Gamma_{G_0}(X)| = |\Gamma(X)|$. 因此, 我们有

$$\delta = \max_{X\subseteq V(G)} \{|X| - |\Gamma_{G_0}(X)|\} = \max_{X\subseteq V(G)} \{|X| - |\Gamma(X)|\}.$$

由 7.5, G_0 有一个有 $|V(G)| - \delta$ 条独立边的集合 F. 对 $e = (u, v) \in E(G)$, 令 $w_0(e)$ 表示 F 中 (v', u') 和 (u', v') 之间的边数; 所以 $w_0(e) = 0, 1$ 或者 2. 此外, 对任意固定的 v, F 中至多有一条边离开 v 且至多有一条边离开 v'. 因此

$$\bar{w}_0(v) = \sum_{\substack{e\in E(G)\\ e\ni v}} w_0(e) \leq 2,$$

即 w_0 是一个 2-匹配. 更进一步,

$$|w_0| = \sum_{e\in E(G)} w_0(e) = |F| = |V(G)| - \delta,$$

由此

$$\max_{w \text{ 是一个 2-匹配}} |w| \geq |w_0| = |V(G)| - \delta = |V(G)| - \max_{X \subseteq V(G)} \{|X| - |\Gamma(X)|\}.$$

[参见 W.T. Tutte, *Proc. Amer. Math. Soc.* **4** (1953) 992–931.]

38. I. 观察到大小为 $|V(G)|$ 的 2-匹配必然是最大的. 因此, 如果 G 有一个 1-因子 F, 那么取出 F 中权为 2 的边, 我们就得到一个包含最大 1-匹配 F 的最大 2-匹配.

II. 现在令 G 是因子-临界的并假设 $|V(G)| > 1$, 令 F 表示 G 的任一最大匹配. 7.31 的解显示存在一个奇圈 P_0 满足 F 在 P_0 上有 $\frac{1}{2}(|V(P_0)| - 1)$ 条边; 即 $F - E(P_0)$ 是 $G - V(P_0)$ 的 1-因子. 令

$$w(e) = \begin{cases} 1, & \text{如果 } e \in E(P_0), \\ 2, & \text{如果 } e \in F - E(P_0), \\ 1, & \text{其他情形}, \end{cases}$$

则 w 是包含 F 的大小为 $|V(G)|$ 的 2-匹配.

III. 现在假设 G 不是因子-临界的, 而且没有 1-因子. 考虑 G 的 Gallai-Edmonds 分解 (7.32). 设 $G_1, \ldots, G_t$ 为 $G[D_G]$ 的连通分支; 不妨令

$$|V(G_1)| = \cdots = |V(G_k)| = 1 < |V(G_{k+1})|, \ldots, |V(G_t)|,$$
$$V(G_i) = \{y_i\}, \quad (i = 1, \ldots, k), \quad Y = \{y_1, \ldots, y_k\}.$$

同样, 像之前那样, 记

$$\delta = \max_{X \subseteq A(G)} \{|X| - |\Gamma(X)|\}.$$

因为由此可得, 对每个 $X \subseteq Y$, 有

$$|\Gamma(X)| \geq |X| - \delta$$

都成立, 所以将 7.5 应用到由与 Y 关联的边形成的二部图上可得, 存在 $|Y| - \delta = k - \delta$ 条独立边连接 Y 和 $\Gamma(Y) \subseteq A$. 我们可以假设 $y_1, \ldots, y_{k-\delta}$ 可与 A 中的 $k - \delta$ 个点相匹配.

由 7.23, 存在 G 的一个覆盖 $y_1, \ldots, y_{k-\delta}$ 的最大匹配 F. 我们按如下方式定义包含 F 的一个最大 2-匹配 w : 设 $G_{k+1}, \ldots, G_m$ 通过 F 中的某些边和 A 相连 $(m \leq t)$. 由 7.32, $F \cap E(G_i)$ 是 G_i $(i = m+1, \ldots, t)$ 的一个最大匹配, 从而如证明的第 II 部分, 对 $i = m+1, \ldots, t$, 我们可以定义 G_i 的一个大小为 $|V(G_i)|$ 的包含 $F \cap E(G_i)$ 的 2-匹配 w_i. 现在, 对每个 $e \in E(G)$, 令

$$w(e) = \begin{cases} w_i(e), & \text{如果 } e \in E(G_{m+1}) \cup \cdots \cup E(G_t), \\ 2, & \text{如果 } e \in F - E(G_{m+1}) - \cdots - E(G_t), \\ 0, & \text{其他情形}. \end{cases}$$

那么显然, w 是一个包含 F 的 2-匹配. 我们只需证明 w 是极大的. 观察到 w 恰好有两条边包含除 $y_{k-\delta+1},\ldots,y_k$ 外的每个点, 而 $y_{k-\delta+1},\ldots,y_k$ 不包含在 w 的任意一条边中. 因此

$$w=|V(G)|-\delta,$$

由 7.37, w 就是一个最大 2-匹配.

39. 令 L 是 G 的一条 Euler 迹. 考虑 L 的每个第二条边, 由于边的总数是偶数, 所以这是可行的. 那么这些被考虑的边形成了一个 d-因子.

40. 设 $\overrightarrow{G}$ 是 G 的一个伪对称定向 (参见 5.13), 令 $V(G)=\{v_1,\ldots,v_n\}$, 并定义一个二部图 G_0 如下

$$V(G_0)=\{v_1,\ldots,v_n,v_1',\ldots,v_n'\},$$
$$E(G_0)=\{(v_i,v_j'):(v_i,v_j)\in E(\overrightarrow{G})\}.$$

观察到 G_0 是一个 d-正则二部图, 而且对每个 $1\le i\le n$, G 可以由 G_0 通过等同 v_i 和 v_i' 而得到.

我们用 d 种颜色给 G_0 的边染色, 使得每种颜色形成一个 1-因子 (由 7.10 知这是可能的). 等同 v_i 和 v_i', 这将会生成 G 的边的一个 d-染色满足每种颜色形成一个 2-因子. (注意这与 7.37 证明中的构造的区别; 那里是说二部图的两条边被映射到 G 的同一条边上, 因此我们仅能得到二部图的一个匹配生成该图的一个 2-匹配的结论; 这里, 没有两条边被映射到同一条边上, 所以二部图的一个 1-因子生成该图的一个 2-因子.)

41. 假设所有度都是偶数. 如果边的数目是偶数, 如 7.39 中相同的证明可以给出一个需要的图; 即考虑一条 Euler 迹并取它的每一个第二条边. 另外, 如果这样一个子图 F 存在, 那么

$$2|E(F)|=\sum_{x\in V(G)}d_F(x)=\sum_{x\in V(G)}\frac{d_G(x)}{2}=|E(G)|,$$

因而 $|E(G)|$ 是偶数.

现在假设存在奇度点. 令 v 为一个新的顶点并且将 v 与 G 的所有奇度点相连. 如果需要的话, 在 v 处增加一个自环, 从而我们构造了一个图 G' 具有偶数度并且边数是偶的. 因此, 再次运用 7.39, G' 有一个生成子图 F', 它的度为

$$d_{F'}(x)=\frac{1}{2}d_{G'}(x)\quad(x\in V(G')).$$

现在设 $F=F'-v$, 那么对任意 $x\in V(G)$, 有

$$d_F(x)=d_{F'}(x)=\frac{1}{2}d_{G'}(x)=\frac{1}{2}d(x),\quad \text{如果 } d(x) \text{ 是偶的},$$
$$d_F(x)=d_{F'}(x)=\frac{1}{2}d_{G'}(x)=\frac{d(x)+1}{2},\quad \text{如果 } d(x) \text{ 是奇的且 } (x,v)\notin E(F),$$
$$d_F(x)=d_{F'}(x)-1=\frac{d(x)-1}{2},\quad \text{如果 } d(x) \text{ 是奇的并且 } (x,v)\in E(F).$$

所以所有的连通图都有这个性质除了具有奇数条边的 Euler 图.

42. (a) 由于度都为奇数的图有偶数个顶点, 所以 G 一定有偶数个顶点.

反过来, 假设 $|V(G)|$ 是偶的, 不妨设 $V(G)=\{x_1,\ldots,x_{2m}\}$. 令 P_i 为一条连接 x_i 到 x_{i+m} $(i=1,\ldots,m)$ 的路, 且令

$$F=\sum_{i=1}^{m}E(P_i)\pmod 2.$$

那么对每个 $x\in V(G)$, 有

$$d_F(x)\equiv\sum_{i=1}^{m}d_{P_i}(x)\equiv 1\pmod 2,$$

F 就是要求的生成子图.

(b) 令 $x\in V(G)$, $d_G(x)\geq 4$. 我们考虑 G 的两条边 $(x,y),(x,z)$, 使得 $G-(x,y)-(x,z)$ 是连通的. (存在两条这样的边, 这是因为如果 $G-x$ 不连通, 那么可以让 y, z 分别在 $G-x$ 的不同的分支里. 那么如果 $G-x$ 连通, 由于 $d_G(x)\geq 3$, 所以 $G-(x,y)-(x,z)$ 是连通的; 并且如果 $G-x$ 不连通, 由于至少有两条边连接 $G-x$ 的每个分支到 x, 所以 $G-(x,y)-(x,z)$ 同样是连通的.) 取一个新点 x', 且连接它到 x, y 和 z. 收缩边 (x,x'). 我们可以得到 G.

重复上面的步骤, 在有限步内我们可以得到一个 3-正则图 G', 这是因为和式

$$\sum_{x\in V(G)}(d_G(x)-3)$$

在每一步都是递减的. G 是 G' 的一个收缩, 且 G' 是一个 2-边连通的 (从而由 7.29(a), 也是 2-连通的).

因此由 7.29(a), G' 包含一个 1-因子 F. 那么 $F'=E(G')-F$ 是一个 2-因子. 由 G' 收缩掉新边可以得到 G, F' 就被映射到 G 的一个度为正偶数的生成子图上.

43. (a) 用 $f(x)$ 个独立点的集合 M_x 来替代每个点 x. 如果 $(x,y)\in E(G)$, 那么 M_x 的每个点和 M_y 的每个点相连; 否则的话, 没有边连接 M_x 和 M_y. 可以很直接地验证得到的图有 1-因子当且仅当 G 有 f-匹配.

(b) 用两个点剖分每条边, 且在新点处定义 $f(x)=1$. 那么, 得到的图 G_0 有 f-因子当且仅当 G 有 f-因子. G_0 的每条边至少有一个端点 x 满足 $f(x)=1$; 因此, G_0 有 f-因子当且仅当它有 f-匹配. 现在如果我们如 (a) 中那样用 $f(x)$ 个独立点替代 G_0 的每个点 x, 那么我们就可以得到图 G', 它有 1-因子当且仅当 G 有 f-因子. [W.T. Tutte, *Canad. J. Math.* **6** (1954) 347–352.]

44. 令 $\overrightarrow{G}'$ 为提示中定义的有向图; 即设 $V'=\{x':x\in V(G)\}$, $V''=\{x'':x\in V(G)\}$, $V(\overrightarrow{G}')=V'\cup V''$ 并且 $E(\overrightarrow{G}')=\{(x',y''):(x,y)\in E(G)\}$. 令 G' 为去掉定向之后的

图, 定义

$$h(y)=\begin{cases} g(x), & \text{如果 } y=x', \\ f(x), & \text{如果 } y=x'' \ (x\in V(G)). \end{cases}$$

显然, G 有一个要求的因子当且仅当 G' 有一个 h-因子. 由 7.16 知, G' 有一个 h-因子当且仅当

$$\sum_{x\in V'} h(x)=\sum_{y\in V''} h(y)$$

并且对每个 $X\subseteq V', Y\subseteq V''$, 有

$$\sum_{x\in X} h(x)\le \sum_{y\in Y} h(y)+m_{G'}(X,V''-Y).$$

换句话说, 当且仅当

$$\sum_{x\in V(G)} f(x)=\sum_{x\in V(G)} g(x)$$

并且对所有的 $X,Y\subseteq V(G)$, 有

$$\sum_{x\in X} g(x)\le \sum_{y\in Y} f(y)+m_G(X,V(G)-Y),$$

其中 $m_G(X,Z)$ 表示尾在 X 中头在 Z 中的边的数目.

45. 按照提示, 设 G_1 是通过剖分 G 的边而得到的图, 并像描述的那样扩展 f 到 $V(G_1)$. 观察到 G 有一个满足要求的定向当且仅当 G_1 有一个 f-因子.

显然 G_1 是二部的, 它的颜色类为 $V(G)$ 和 $V(G_1)-V(G)$. 因此由 7.16, G_1 有一个 f-因子当且仅当

(1)
$$\sum_{x\in V(G)} f(x)=|E(G)|$$

并且

(2) 对每个 $X\subseteq V(G), Y\subseteq E(G)$, X 和 Y 之间关联边的数目不小于

$$\sum_{x\in X} f(x)-|E(G)-Y|.$$

显然只需要考虑特殊情形: X 和 Y 之间不存在关联性, 但 Y 包含了所有不与 X 关联的边, 那么 $(2')$ 说

$(2')$ 对每个 $X\subseteq V(G)$, 至少有 $\sum\limits_{x\in X} f(x)$ 条边与 X 关联.

(1) 和 $(2')$ 是 G 像要求那样定向的充要条件.

46. (a) 我们对顶点数用归纳法. 首先假设 G 是一个圈, $V(G) = \{x_1, \ldots, x_n\}$ 且 $E(G) = \{(x_1, x_2), \ldots, (x_n, x_1)\}$. 若对每个 $x_i \in V(G)$, 有 $g(x) > 0$, 我们可以取 $F = (V(G), \emptyset)$. 所以我们假定, 例如 $g(x_1) = 0$. 然后将 (x_1, x_2) 加入 F 中, 沿着这个圈, 当 $(x_{i-1}, x_i) \in F$ 且 $g(x_i) = 1$ 或者 $(x_{i-1}, x_i) \notin F$ 且 $g(x_i) = 0$ 时, 将 (x_i, x_{i+1}) 加入 F 中. 通过这种方法决定每条边, 我们最终在 x_1 处止于 1 条或者 2 条 F-边, 因此 $d_F(x_1) \neq g(x_1) = 0$. 由于 F 的构造方式, 另外的点也满足这个要求.

现在我们假设 G 不是一个单独的圈. 那么我们可以找到点 $x \in V(G)$ 使得 $G_1 = G - x$ 是连通的, 且含有圈. 在 $V(G_1)$ 上定义 g_1 如下: 若 $g(x) > 0$, 我们令 $g_1 = g$; 若 $g(x) = 0$, 我们选择 x 的一个邻点 y, 并且令

$$g_1(z) = \begin{cases} g(z), & \text{如果 } z \neq y, \\ g(y) - 1, & \text{如果 } z = y. \end{cases}$$

通过归纳假设, G_1 具有一个度不同于 G_1 的生成子图 F_1. 在 $g(x) > 0$ 的情况下, $F = F_1$ 就是我们所需要的 G 的子图. 若 $g(x) = 0$, 则 $F = F_1 \cup \{(x, y)\}$ 具有所需要的性质.

(b) I. 假定 (i) 和 (ii) 都成立; 令 F 是一个度 $\neq g(x)$ 的生成子图且 $\vec{G}$ 是一个入度为 $g(x)$ 的定向. 反向 F 中的边, 由于得到的有向图是无圈的, 所以它有一个入度为 0 的点 x. 然而, 再反向 F 的边, x 将具有入度 $g(x)$, 于是它与 F 中的 $g(x)$ 条边相邻, 矛盾.

II. 令 G 是一棵树, 我们证明 (i) 或 (ii) 成立. 令 x 是一个度为 1 的点. 若 $g(x) < 0$ 或者 $g(x) > 1$, 则 (ii) 成立. 因为可以在 x 上加自环, 应用 (a), 然后去掉这个自环, 我们得到一个生成子图, 它的每个 $y \neq x$ 的度 $\neq g(y)$; 当然, 它在 x 点的度不同于 $g(x)$.

因此, 我们可以假定 $g(x) = 0$ 或 $g(x) = 1$. 假设, 例如 $g(x) = 1$ (其他情况类似). 如果 $G - x$ 有一个生成子图 F, 它的每个 $y \in V(G) - \{x\}$ 的度都 $\neq g(y)$, 同样的子图 (包含 x 为孤立点) 满足对 G 的要求; 所以 (b) 同样成立. 因此假设不存在这样的 F, 那么, 由归纳假设, $G - x$ 有一个定向使得每个 $y \in V(G) - x$ 的入度为 $g(y)$. 朝着 x 定向与 x 相邻的边. 则最终得到的定向表明 (i) 成立. [L. Lovász, *Periodica Math. Hung.* **4** (1973) 121–123.]

47. 因为 n 个点的树有 $n-1$ 条边, 所以必要性显然成立. 现在假设 $d_1 + \cdots + d_n = 2n-2$, 我们对 n 做归纳. $n \leq 2$ 的情形是平凡的, 所以假设 $n \geq 3$, 那么 $d_1 = 1$, 因为 $d_1 \geq 2$ 将意味着 $d_1 + \cdots + d_n \geq 2n > 2n - 2$. 同样地 $d_n = 1$ 将导出 $d_1 + \cdots + d_n = n < 2n - 2$, 因此 $d_n > 1$. 因为

$$d_2 + \cdots + d_{n-1} + (d_n - 1) = 2n - 4 = 2(n-1) - 2,$$

所以存在度为 $d_2, \ldots, d_{n-1}, d_n - 1$ 的树 T. 增加一个新点并连接它到 T 中度为 $d_n - 1$ 的点; 那么得到的树就具有我们需要的度序列 [参见 B].

48. 同样必要性是显然的. 我们对 $\sum_{i=1}^{n} d_i$ 用归纳法来证明充分性, 分成两种情况.

I. $d_{n-2} < d_n$. 那么 $d_n - 1$ 是 $d_1, d_2, \ldots, d_{n-2}, d_{n-1} - 1, d_n - 1$ 中最大的元素, 所以我们只需要验证

$$(1') \qquad d_1 + \cdots + d_{n-2} + (d_{n-1} - 1) + (d_n - 1) \equiv 0 \pmod 2,$$

$$(2') \qquad d_1 + \cdots + d_{n-2} + d_{n-1} - 1 \geq d_n - 1,$$

由题中 (1) 和 (2) 知这是显然的.

II. $d_{n-2} = d_n$. 那么 $d_{n-1} = d_n$. 显然, $(1')$ 成立且如果 $d_{n-2} \geq 2$, 则有

$$(2'') \qquad d_1 + \cdots + d_{n-3} + (d_{n-1} - 1) + (d_n - 1) \geq d_{n-2}.$$

如果 $d_{n-2} = 1$, 那么由 (1) 知 $(2'')$ 的左边是奇的, 且显然至少为 1.

因此 $d_1, \ldots, d_{n-2}, d_{n-1} - 1, d_n - 1$ 满足问题的假设, 并且由归纳, 存在一个有 n 个点的无自环图满足这个序列. 用一条新的边连接度为 $d_{n-1} - 1$ 和 $d_n - 1$ 的点, 我们就得到了度为 $d_1, \ldots, d_n$ 的图 [参见 B].

49. 令 K 是由 $V(K) = \{v_1, \ldots, v_n\}$, $E(K) = \{(v_i, v_j) : i \neq j\}$ 定义的无自环有向图. 具有要求的性质的有向图的存在性等价于 K 中具有给定出度和入度的子图的存在性. 由 7.44, 这等价于 (1) 和 (2), 这是因为 K 中连接 $\{v_i; i \in I\}$ 和 $\{v_j; j \notin J\}$ 的边的数目是 $|I|(n - |J|) - |I - J|$. (记住这里的 K 没有自环!)

现在如果 $f_1 \leq \cdots \leq f_n$ 且 $g_1 \leq \cdots \leq g_n$, 那么对每个满足 $|I| = k$, $|J| = l$ 的 I, J, 我们有

$$\sum_{I} f_i \leq \sum_{i=n-k+1}^{n} f_i,$$

同样有

$$\sum_{j \in J} g_j + k(n - l) - |I - J| \geq \sum_{j=1}^{l} g_j + k(n - l) - \min(k, n - l).$$

因此 (2) 可以替换成

$$(2') \qquad \sum_{i=n-k+1}^{n} f_i \leq \sum_{j=1}^{l} g_j + (n - l)k - \min(k, n - l).$$

因为 $(2')$ 当然是 (2) 的一种特殊情形 (其中 $I = \{n - k + 1, \ldots, n\}$ 且 $J = \{1, \ldots, l\}$), 所以它是必要的; 并且更进一步, 我们可以看到在假设 $f_1 \leq \cdots \leq f_n, g_1 \leq \cdots \leq g_n$ 下 $(2')$ 蕴含着 (2) [参见 B].

50. 首先假设存在度为 $d_1, \ldots, d_n$ 的简单图 G 且令 v_i 是度为 d_i 的顶点, 同样设 $p = n - d_n$. 我们断言可以选择 G 满足 v_n 与每个 $v_1, \ldots, v_{n-1}$ 都相邻 (但不与其他顶点相邻). 我们可以从所有具有 $d_G(v_i) = d_i$ 的图中选取 G 满足 v_n 与 $\{v_p, \ldots, v_{n-1}\}$

中尽可能多的顶点相邻. 假设对于某些 $p \le k \le n-1$, v_n 与 v_k 不相邻. 那么 v_n 一定与某个 v_ν 相邻, $1 \le \nu \le p-1$, 这是因为 $d_n = n-p$. 由于 $d_\nu \le d_k$, 所以一定存在一个顶点 v_m (其中 $m \ne k, \nu$), 它与 v_k 相邻但不与 v_ν 相邻. 现在删除边 (v_k, v_m) 和边 (v_ν, v_n), 但增加 (v_k, v_n) 和 (v_ν, v_m). 这样就得到了具有相同度序列的图满足 v_n 在 $\{v_p, \dots, v_{n-1}\}$ 中相邻的顶点比 G 中多, 矛盾.

因此我们得到度为 $d_1, \dots, d_n$ 的图 G, 其中 $v_p, \dots, v_{n-1}$ 中所有点都与 v_n 相邻. 删除 v_n 我们得到度为 $d_1, \dots, d_{p-1}, d_p - 1, d_{p+1} - 1, \dots, d_{n-1} - 1$ 的一个图.

反过来, 假设数 d'_k 是简单图 G' 的度, 我们可以平凡的增加点 v_n. [V. Havel, *Čas. Pest. Mat.* **80** (1955) 477–480.]

51. (a) 根据提示, 选取具有给定出度和入度的图 H 满足在 H 中 2-圈的数目是极大的. 令 $\widetilde{H}$ 表示由 $(y,x) \notin E(H)$ 的那些边 $(x,y) \in E(H)$ 形成的子图.

现在 $\widetilde{H}$ 不包含偶圈. 这是因为, 假设 $(x_1, \dots, x_{2k})$ 是 $\widetilde{H}$ 的一个偶圈. 那么删除边 $(x_2, x_3), \dots, (x_{2k}, x_1)$ 但是增加边 $(x_2, x_1), (x_4, x_3), \dots, (x_{2k}, x_{2k-1})$, 我们可以得到一个具有相同出度和入度的图, 但是它有更多的 2-圈.

相同的论证可以证明 $\widetilde{H}$ 不可能有任何具有偶数条边的闭有向迹. 因为 $\widetilde{H}$ 有相同的出度和入度, 所以它是边不交圈的并 (参见 5.6). 由上面所述, 它们都是奇的并且任意两个都没有公共点, 这是因为它们将形成一个具有偶数条边的迹.

假设 $\widetilde{H}$ 在上面的圈分解中存在两个圈 $C_1 = (x_0, \dots, x_{2k})$ 且 $C_2 = (y_0, \dots, y_{2l})$. 如果 $(x_0, y_0) \in E(H)$, 那么由上面可知 $(x_0, y_0) \notin E(\widetilde{H})$, 从而 $(y_0, x_0) \in E(H)$ 且 $C_1 \cup C_2 \cup \{(x_0, y_0), (y_0, x_0)\}$ 是一个具有偶数条边的迹, 因而得到矛盾. 所以 $(x_0, y_0), (y_0, x_0) \notin E(H)$. 那么删除边

$$(x_0, x_1), (x_2, x_3), \dots, (x_{2k}, x_0), (y_0, y_1), (y_2, y_3), \dots, (y_{2l}, y_0)$$

但是增加边

$$(x_2, x_1), \dots, (x_{2k}, x_{2k-1}), (y_2, y_1), \dots, (y_{2l}, y_{2l-1}), (x_0, y_0), (y_0, x_0),$$

我们又得到一个具有相同度和更多 2-圈的简单有向图.

因此 $\widetilde{H}$ 至多包含一个圈. 如果它恰好包含一个圈, 那么这个圈是奇的且 $\sum_{i=1}^{n} d_i = |E(H)|$ 是奇的, 与假设矛盾. 因此 $\widetilde{H}$ 不包含边; 即 H 由相反边对组成. 替换每条这样的边为一条单独的无向边, 我们可以得到一个度为 $d_1, \dots, d_n$ 的简单图. [参见 D.R. Fulkerson, A.J. Hoffman, M.H. McAndrew, *Canad. J. Math.* **17** (1965) 166–177.]

(b) 由 (a), 度为 $d_1, \dots, d_n$ 的简单图的存在性等价于 $\{v_1, \dots, v_n\}$ 上满足 $d_H^+(v_i) = d_H^-(v_i) = d_i$ $(i = 1, \dots, n)$ 的简单有向图 H 的存在性 (必然假定 $d_1 + \cdots + d_n$ 是偶的). 由 7.49 知, 这样的有向图存在当且仅当对每个 $k, l \in \{1, \dots, n\}$ 有

$$(2') \qquad \sum_{i=n-k+1}^{n} d_i \le \sum_{j=1}^{l} d_j + k(n-l) - \min(k, n-l).$$

只需要求 (2′) 对情形 $k+l \le n$ 成立. 实际上, 如果 $k+l > n$, 那么 (2′) 等价于

$$\sum_{i=l+1}^{n} d_i = \sum_{j=1}^{n-k} d_j + k(n-l) - \min(k, n-l). \tag{2''}$$

这也可以从 (2′) 中分别用 $n-l$ 和 $n-k$ 代替 k 和 l 的角色得到.

现在如果 $k+l \le n$, 则

$$\sum_{j=1}^{l} d_j + k(n-l) \ge \sum_{j=1}^{n-k} \min(d_j, k) + k^2.$$

所以如果

$$\sum_{i=n-k+1}^{n} d_i \le \sum_{j=1}^{n-k} \min(d_j, k) + k^2 - k, \tag{2}$$

那么 (2′) 是满足的. 另外, 当我们取 $m = \max\{j : d_j \le k\}$ 和 $l = \min\{n-k, m\}$ 时, (2) 是 (2′) 的特殊情形. 所以 (2) 是必要条件 [P. Erdős, T. Gallai; 参见 B].

52. 首先假设 $d_1, \ldots, d_n$ 是一个连通图的度序列. 那么 7.51 蕴含着 (1), 而 (2) 和 (3) 是平凡的.

反过来, 假设 $d_1, \ldots, d_n$ 满足 (1), (2) 和 (3). 由 (1) 知, 存在度为 $d_1, \ldots, d_n$ 的简单图 G. 选取 G 使得它具有尽可能少的连通分支.

我们断言 G 是连通的. 如若不是, 那么由 (3) 可知它的一个分支包含圈. 设 G_1 是这个连通分支并且 (x, y) 是圈上 G_1 的一条边. 设 G_2 是其他的任一分支且 (u, v) 是 G_2 的任一边 (G_2 有边, 因为由 (2) 知它不是孤立点). 那么图 $G - \{(x,y),(u,v)\} + \{(x,u),(y,v)\}$ 是相同集合上的具有相同度序列但分支数更少的一个图, 矛盾 [P. Erdős, T. Gallai; B].

53. 设 G 是一个有 1-因子 F 的图, 且顶点为 $v_1, \ldots, v_n$ 满足 $d(v_i) = d_i$. 那么, 显然 $G - F$ 的度序列为 $d_1 - 1, \ldots, d_n - 1$. 为了证明相反的方向, 令 G 是 $V = \{v_1, \ldots, v_n\}$ 上度为 $d_G(v_i) = d_i$ 的任一简单图, 且 G' 是 V 上度为 $d_{G'}(v_i) = d_i - 1$ 的另一简单图. 更进一步, 在所有的这样成对的图中, 选择使得 $|E(G) - E(G')|$ 极小的一对. 我们断言 $G' \subseteq G$. 如若不是, 那么存在与 $E(G') - E(G)$ 的边关联的顶点. 令 x 是与 $E(G') - E(G)$ 中最多边相邻的一个顶点, 设其与 k 条边相邻, 那么 x 包含在 $E(G) - E(G')$ 的 $k+1$ 条边中. 令 $(x, y_1), \ldots, (x, y_{k+1}) \in E(G) - E(G')$ 且 $(x, z) \in E(G') - E(G)$.

由于 $d_G(z) > d_{G'}(z)$, 所以存在点 v 满足 $(z, v) \in E(G) - E(G')$. 选择 $1 \le i \le k+1$ 满足 $y_i \ne v$. 那么 $(v, y_i) \in E(G)$. 这是因为如果 $(v, y_i) \notin E(G)$, 那么从 G 中删除 (x, y_i) 和 (z, v), 但添加 (x, z) 和 (v, y_i), 我们得到一个与 G 有相同度序列的图, 但与 G' 有更多的公共边. 类似地, $(v, y_i) \notin E(G')$, 这是因为如果 $(v, y_i) \in E(G')$ 我们可以从 G' 中删除 (v, y_i) 和 (x, z), 但是在 G' 上添加 (x, y_i) 和 (z, v), 从而得到一个与 G' 具有相同度序列的图, 但与 G 有更多的公共边. 因此, $(v, y_i) \in E(G) - E(G')$.

现在, 如果 $v \neq y_1, \ldots, y_{k+1}$, 那么 v 与 $E(G) - E(G')$ 中至少 $k+2$ 条边相邻 $((v,z), (v,y_1), \ldots, (v, y_{k+1}))$, 所以由假设, 它至少与 $E(G') - E(G)$ 中 $k+1$ 条边相邻, 与 x 的选取矛盾. 如果 $v = y_1$, 那么同样地, 它至少与 $E(G) - E(G')$ 中 $k+2$ 条边相邻 (在这种情况下, 这些边是 $(v,z), (v,x), (v,y_2), \ldots, (v,y_{k+1})$), 从而我们得到与之前一样的矛盾. [S. Kundu, *Discrete Math.* **6** (1973) 367–376; L. Lovász, *Periodica Math. Hung.* **5** (1974) 149–151.]

§8. 顶点独立集

1. 令 S 为一个极大独立集, 那么任意点 $x \in V(G) - S$ 都与 S 中的一个点相邻. 因为 S 中的一个点至多与 $V(G) - S$ 的 d 个点相邻, 所以我们有

$$|V(G)| - |S| = |V(G) - S| \leq d|S|,$$

即

$$|S| \geq \frac{1}{d+1}|V(G)|.$$

2. 如提示中那样定义 $S_1, S_2, \ldots$, 那么

$$|S_i| \leq \alpha(G[S_{i+1} \cup S_i]) \leq \alpha(G - S_1 - \cdots - S_{i-1}) = |S_i|,$$

于是

$$\tau(G[S_{i+1} \cup S_i]) = |S_{i+1}|.$$

因此由 König 定理 7.2, $G[S_i \cup S_{i+1}]$ 中有 $|S_{i+1}|$ 条独立边, 这是 S_{i+1} 到 S_i 的一个匹配 F_i.

现在 $F_1 \cup F_2 \cup \ldots$ 由 $|S_2|$ 条不交路组成, 它覆盖了 S_1 的除 $|S_1| - |S_2|$ 个点以外的所有点. 将这些作为一个点的路, 我们得到了覆盖 $V(G)$ 的 $|S_1|$ 条路.

3. 如果 G 由独立点构成, 那么论断是显然成立的. 所以假设不是这种情形, 我们对 $\alpha(G)$ 进行归纳.

令 P 为 G 的一条最长路并令 x 为 P 的一个端点. 如果 x 的度为 1, 删除 x 以及它的邻点 y. 观察到 $\alpha(G - x - y) < \alpha(G)$, 因为 $G - x - y$ 的任意独立集加入 x 后仍是一个独立集. 因此, $G - x - y$ 可以被 $\alpha(G) - 1$ 个不交的圈、边和点所覆盖, 并且增加边 xy 后, 我们得到一个所需的 G 的覆盖.

所以假设 x 的度至少为 2. 因为 P 是极大的, 所以与 x 相邻的每个点都在 P 上. 令 y 为 P 上与 x 相邻的点中最远的那个点, 且令 C 为由 P 的 (x,y)-段和边 (x,y) 形成的圈. 再次观察到 $\alpha(G - V(C)) < \alpha(G)$, 因为 C 包含 x 的所有邻点. 因此 $G - V(C)$ 可以被 $\alpha(G) - 1$ 个不交的圈、边和点所覆盖, 并且增加 C 后, 我们又得到一个所需的 G 的覆盖. [L. Pósa, *MTA Mat. Kut. Int. Közl.* **8** (1963) 355–361.]

4. 我们对 $|V(G)|$ 进行归纳. 对 $|V(G)|=1$, 论断是平凡的.

考虑满足如下条件的集合 S: 存在由 S 中的点出发且覆盖所有点的不交路 $P_1,\ldots,P_{|S|}$; 此外, 假设 S 是极小的. 我们需要证明的是 $|S|\le\alpha(G)$. 假设不是这种情形, 那么显然地, S 不是独立集, 即存在 $x_1,x_2\in S$ 满足 $(x_1,x_2)\in E(G)$. 不妨令 P_i 是从 x_i 出发的路. 那么 P_1 不是单点, 因为否则的话, 这些路

$$P_2'=P_2+(x_1,x_2),P_3,\ldots,P_{|S|}$$

将覆盖每个点, 这是不可能的, 因为它们是不交的且从 $S-\{x_1\}$ 中的点出发. 因此, P_1 有另一个点 z. 现在考虑 $G'=G-x_1$, $S'=S-x_1\cup\{z\}$ 以及路

$$P_1'=P_1-x_1,P_2,P_3,\ldots,P_{|S|}.$$

这些路始于 S' 的点, 覆盖 $V(G')$, 且是不交的. 因此, 由归纳假设, 存在一个满足 $|S_0|\le\alpha(G')\le\alpha(G)<|S|$ 的子集 $S_0\subseteq S'$, 使得从 S_0 的点出发的某些不交路覆盖了 G. 现在如果 $z\in S_0$, 那么将 x_1 加到从 z 出发的路上, 我们得到 $|S_0|<|S|$ 条不交路, 它们始于 S 的一个真子集且覆盖 G, 矛盾. 如果 $z\notin S_0$ 但 $x_2\in S_0$, 类似的分析也可以得到矛盾. 最后, 假设 $x_2,z\notin S_0$. 那么 $|S_0|\le|S|-2$, 因此我们可以将 $\{x_1\}$ 作为一条路加入到系统中, 从而得到 $|S_0|+1<|S|$ 条不交路, 它们从 S 的一个子集出发且覆盖了 G 的所有点. 这又是一个矛盾 [T. Gallai; 参见 B].

5. (a) 如果 S 是一个极大独立集, 那么每个 $x\notin S$ 必定与一个 $y\in S$ 相邻. 由对称假设, 这表明 (x,y) 和 (y,x) 都是有向图的边.

(b) 令 x 是一个入度为 0 的点 (这样一个点的存在性源于有向图 G 是无圈的事实); 令 T 为 x 的邻域. 显然地, $G_0=G-x-T$ 是无圈的, 所以通过对顶点数做归纳可知, 它有一个 (唯一的) 核 S_0. 我们断言 $S=\{x\}\cup S_0$ 是 G 的核. 它是独立的, 这是因为 G_0 不包含 x 的邻点; 此外, 任意 $y\in V(G)-S$, 要么 $\in V(G_0)-S_0$, 这时它能从 S_0 出发到达; 要么 $\in T$, 这时它能从 x 通过 G 的一条边到达.

现在如果 S' 是 G 的另一个核, 那么 $x\in S'$ (因为 x 不能从任意点到达), 从而, $T\cap S'=\emptyset$. 令 $S_0'=S'\cap V(G_0)$, 那么 S_0' 是 G_0 的一个核且由 S_0 的唯一性知 $S_0'=S_0$. 因此

$$S'=S_0'\cup\{x\}=S_0\cup\{x\}=S.$$

(c) 令 G_0 为 G 的一个强连通分支, 满足没有 G 的边进入 G_0. 由 5.3, G_0 是二部的; 令 $S_0\ne\emptyset$ 为它的一个染色类, 并令 T 为 S_0 在 $V(G)-V(G_0)$ 中的所有邻点的集合. 通过对 $|V(G)|$ 进行归纳, 我们可以假设 $G'=G-V(G_0)-T$ 有一个核 S_1. 令

$$S=S_1\cup S_0.$$

那么显然地, S 是独立的. 进一步, 令 $x\in V(G)-S$. 如果 $x\in V(G')-S_1$, 因为 S_1 是 G' 的核, 那么它能够从 S_1 通过一条边到达. 如果 $x\in T$, 由 T 的定义可知它与 $y\in S_0$

相邻, 且由 G_0 的定义可知连接它们的边由 y 指向 x. 最后, 令 $x \in V(G_0) - S_0$. 因为 G_0 是强连通的且 $S_0 \neq \emptyset$, 我们有 G_0 的一条离开 x 的边 (x, z). 因为 S_0 是 G_0 的一个染色类, 所以 $z \in S_0$. 这就证明了 S 是 G 的核 [参见 B].

6. 令 x 为 T 的顶点中具有最大出度的点. 我们断言任意其他点 y, 都可从 x 出发通过一条长至多为 2 的路到达.

假设 y 是一个不可达的点. 那么

(1) 连接 x 和 y 的边的尾为 y,

(2) 只要 (x, z) 是一条边, (y, z) 也是一条边 (否则, (xzy) 将是一条长至多为 2 的 (x, y)-路).

因此, 对每条离开 x 的边, 存在一条离开 y 的边, 且 (1) 可产生另一条离开 y 的边. 这表明 y 的出度比 x 的出度大, 矛盾.

7. 令 $x \in V(G)$ 且令 T 是从 x 出发通过一条边可达的所有点的集合. 由归纳假设, 令 $G' = G - T - x$ 且假设 G' 包含一个独立集 S' 满足 $G' - S'$ 的每个点都可从 S' 出发通过一条长至多为 2 的路到达. 现在我们分为两种情况讨论.

情形 1. $S' \cup \{x\}$ 是独立的. 则令 $S = S' \cup \{x\}$ 且观察到每个 $y \in V(G') - S'$ 都可从 S' 出发通过一条长至多为 2 的路到达, 而每个 $y \in T$ 可从 x 出发通过一条边到达.

情形 2. $S' \cup \{x\}$ 不是独立的, 即, 存在 $z \in S'$ 与 x 相邻. 因为 $z \notin T$, 所以 $(z, x) \in E(G)$. 现在设 $S = S'$. 如果 $y \in V(G') - S'$, 由 S' 的定义知 y 可以从 S' 出发经过至多两步到达. 如果 $y \in T$, 它可以通过 zxy 到达. [V. Chvátal, L. Lovász, in: *Hypergraph Seminar*, Lecture Notes in Math. 411, Springer (1974) p.175.]

8. (a) 确切地说, 我们定义*胜招*为这样的一个点: 如果一个选手占据了这个点, 然后他就赢了 (不管他的对手做什么). 例如, 出度为 0 的点是一个胜招, 因为根本就不能再进行下一步. 现在由定义可以得到

(1) *胜招为独立点*; 因为若 x 为一个胜招且 $(x, y) \in E(G)$, 则由定义可知, 如果第一个选手能占据 x, 那么他就获胜了; 特别地, 如果他的对手在下一步占据了 y, 那么他也能获胜, 所以 y 不是一个胜招 (这里我们假设图是无圈的, 所以 y 一旦被占据, x 有没有被占据都无所谓);

(2) *任意不是胜招的点 x 均与一个胜招相连*. 因为如果第一个选手占据了 x, 由定义可知第二个选手仍然能获胜, 即, 他有一个胜招 y 作为回应 (我们再次利用了 G 是无圈的).

因此, 胜招构成的集合是 "对偶核", 也就是说, 通过反转箭头得到的图的核. 所以第一个选手可以通过在每一步选择对偶核的一个点而获胜.

(b) 假设第一个选手如果从 x_0 出发他就不能获胜; 这表明第二个选手有一个回应 x_1 使得第一个选手走完这一步后不能获胜. 在这种情况下, 让第一个选手想象他是第二个选手并且他的对手以 x_0 为出发点开始这次比赛; 所以他以 x_1 作为回应并且效仿第二个选手之前的策略. 因为 x_0 的入度为 0, 他的对手在之前的游戏中永远都不会选

择违规的一步 (唯一的这样一步就是占据 x_0). 因此他就获胜了.

(c) 首先假设对 G 的每个强连通分支 G_i $(i=1,\ldots,k)$, 第二个选手有一个获胜策略. 那么他可以遵循以下规则: 只要 A 在一个分支 G_i 中前进, 他就在同一个分支 G_i 中根据这个特定分支的获胜策略而制定招数来进行回应. 这样 A 在这个分支 G_i 中迟早会无路可走, 所以他要么就输了, 要么就不得不换到另一个分支 G_j 中去. 显然, 这之前他们没有在 G_j 中进行过比赛, 因此 B 可以将 A 的招数看作在 G_j 中这个游戏的开始步骤, 并且根据他在 G_j 中的策略进行回应, 等等.

反之, 假设存在 G 的强连通分支, 在这个分支中第一个选手有一个获胜策略. 令 G_i 是具有以下性质的一个分支: 再也没有这样的分支可以从 G_i 出发通过一条路到达 (如果对每个这样的分支都存在另一个通过一条路可达的分支, 我们就可以找到穿过多于一个分支的一条闭途径, 这与分支的定义矛盾). 让第一个选手根据在 G_i 中的获胜策略从 G_i 开始比赛. 那么他可以迫使对手先离开 G_i. 然而, 这一步是在第二个选手有一个获胜策略的分支中进行, 所以第一个选手又可以迫使他的对手先离开这个分支 (或者使得他输掉比赛), 如此继续.

9. 先假设 G 有一个 1-因子 $\{e_1,\ldots,e_r\}$. 那么第二个选手通过以下规则可以赢得比赛: 只要第一个选手占据了一条边 e_i 的一个端点, 他就以占据同一条边的另一个端点作为回应. 所以第一个选手在每一步都不得不从 1-因子中选择一条新边并且第二个选手总是会有合理的回应.

现在假设 G 没有 1-因子. 令 $\{e_1,\ldots,e_v\}$ 为 G 的一个最大匹配, 且 x 是一个未被 $e_1,\ldots,e_v$ 覆盖的点. 我们断言第一个选手可以利用以下的策略赢得比赛: 他从 x 处出发, 并且只要他的对手占据一条边 e_i 的一个端点, 他就以占据这条边的另一个端点作为回应.

我们还需要证明的是第二个选手永远都不会占据非 e_i 端点的点. 假设在第 j 步中, 第二个选手先占据了一个不是 $\{e_1,\ldots,e_v\}$ 的端点的点 y_j. 令 $x,x_1,\ldots,x_{j-1}$ 是第一个选手之前占据的点且 $y_1,\ldots,y_{j-1}$ 是第二个选手之前占据的点. 那么 (x_i,y_i) 是最大匹配 $\{e_1,\ldots,e_v\}$ 的一条边; 不妨记 $(x_i,y_i)=e_i$ $(i=1,\ldots,j-1)$. 现在观察到 $\{(x,y_1),\ldots,(x_{j-1},y_j),e_j,\ldots,e_v\}$ 是一个更大的匹配, 矛盾. [参见 W. N. Anderson, *J. Comb. Theory* B **17** (1972) 234–239.]

10. $k=1$ 时结论显然成立. 假设

$$|T_1\cup\cdots\cup T_{k-1}|+|T_1\cap\cdots\cap T_{k-1}|\ge 2\alpha(G).$$

事实上, 我们只需证明

$$|T_1\cup\cdots\cup T_k|+|T_1\cap\cdots\cap T_k|\ge|T_1\cup\cdots\cup T_{k-1}|+|T_1\cap\cdots\cap T_{k-1}|,$$

或者, 等价地

$$|T_1\cup\cdots\cup T_k-T_1\cup\cdots\cup T_{k-1}|\ge|T_1\cap\cdots\cap T_{k-1}-T_1\cap\cdots\cap T_k|.$$

现在令

$$A = T_1 \cup \cdots \cup T_k - T_1 \cup \cdots \cup T_{k-1},$$
$$B = T_1 \cap \cdots \cap T_{k-1} - T_1 \cap \cdots \cap T_k,$$
$$C = T_k - A = T_k \cap (T_1 \cup \cdots \cup T_{k-1}).$$

那么 $|A| + |C| = |T_k| = \alpha(G)$. 另外, $B \cup C$ 是独立集. 事实上, 假设 $x, y \in B \cup C$, 显然 B, C 是独立的, 所以我们可以假设 $x \in B$, $y \in C$. 那么 $y \in T_1 \cup \cdots \cup T_{k-1}$, 不妨设 $y \in T_1$. 但同时也有 $x \in T_1$, 从而 x 和 y 是不相邻的. 因此 $B \cup C$ 是独立集, 从而

$$|B \cup C| \leq \alpha(G) = |A \cup C|,$$

即

$$|B| \leq |A|.$$

[A. Hajnal; 参见 B.]

11. 只需要考虑 $k = 1$ 的情形, 因为一般的情形由归纳法知是平凡的. 观察到

$$\Gamma(S) \subseteq \Gamma(X) - T_1.$$

因此

$$|\Gamma(X)| - |\Gamma(S)| \geq |\Gamma(X) \cap T_1| = |T_1| - |S| - |T_1 - X - \Gamma(X)|$$
$$= \alpha(G) - |S| + |X| - |T_1 \cup X - \Gamma(X)|.$$

这里 $T_1 \cup X - \Gamma(X)$ 显然是独立集, 从而至多有 $\alpha(G)$ 个点. 因此

$$|\Gamma(X)| - |\Gamma(S)| \geq |X| - |S|,$$

这就证明了该断言. [LP.]

12. 令 T 为 $G - (x, y)$ 的一个 $(\alpha(G) + 1)$-元独立集. 因为 T 在 G 中不是独立集, 我们有 $x, y \in T$. 现在 $T - y$ 是 G 中包含 x 的一个 $\alpha(G)$-元独立集, 且 $T - x$ 是另一个不包含点 x 的独立集.

若 x, y 没有构成 G 的一个连通分支, 我们可以找到点 z 与它们中的某个点相连, 不妨设为 x. 那么 $G - (x, z)$ 包含一个 $(\alpha(G) + 1)$-元独立集 T. 显然, $x, z \in T$. 如果 $y \in T$, 那么 $T - x$ 包含 y 但不包含 x; 如果 $y \notin T$, 那么 $T - z$ 包含 x 但不包含 y. 最后, 若 x, y 相邻, 则 $y \notin T$, 从而 $T - x$ 既不包含 x 也不包含 y.

13. 令 G' 为提示中所定义的图, 在 G 中通过用 x_1 和 x_2 替换 x 而得到. 因为 $G' - x_2 \cong G$, 我们有 $\alpha(G') \geq \alpha(G)$. 另外, G 中不存在同时包含 x_1 和 x_2 的独立集, 所以导出 G' 的一个相同大小的独立集. 因此, $\alpha(G') = \alpha(G)$.

现在令 $e \in E(G')$. 首先假设 $e = (x_1, x_2)$. 令 T 为 G 的包含 x 的一个最大独立集, 那么 $T - \{x\} \cup \{x_1, x_2\}$ 是 $G - e$ 的一个 $(\alpha(G) + 1)$-元独立集.

假设 $e=(x_1,y)$ (其中 $y\neq x_2$). 令 T 为 $G-(x,y)$ 的一个 $(\alpha(G)+1)$-元独立集, 那么 $T-\{x\}\cup\{x_1\}$ 就是 $G-(x_1,y)$ 的一个 $(\alpha(G)+1)$-元独立集. 类似地, 如果 $e=(x_2,y)$ 或 (z,y) (其中 $z,y\neq x_1,x_2$), 我们可得到 $\alpha(G-e)>\alpha(G)$. [W. Wessel, *Coll. Math. Soc. J. Bolyai* **4** (1970) 1123–1139.]

14. 假设我们有一个 G 满足 G_0 是 G 的导出子图且对每条边 $e\in E(G_0)$ 有 $\alpha(G-e)>\alpha(G)$. 删除 G 的边只要不增大 $\alpha(G)$; 那么永远不会删除 G_0 中的任意一条边, 从而得到的这个 α-临界图就是一个包含 G_0 为导出子图的图.

因此只需构造这样一个 G 即可. 令 $E(G_0)=\{e_1,\dots,e_m\}$ 且 $\alpha=\alpha(G_0)$. 令 $S_1,\dots,S_m$ 为两两不交且与 $V(G_0)$ 不交的 $(\alpha-1)$-元集合.

设 $V(G)=V(G_0)\cup S_1\cup\cdots\cup S_m$. 此外, 将每个 $x\in S_j$ 与除 S_j 中的点以及 e_j 的端点以外的所有其他点相连. 因此, 我们得到一个图 G.

现在, 一方面, $\alpha(G)\geq\alpha$, 这是因为 S_1 连同 e_1 的一个端点构成一个 α-元独立集. 另一方面, 如果 T 是独立集且包含 S_j 中的一个点, 那么它至多包含 S_j 以及 e_j 的一个端点; 如果 $T\subseteq V(G_0)$, 那么 $|T|\leq\alpha(G_0)$. 所以 $\alpha(G)=\alpha$.

此外, $G-e_j$ 包含 $(\alpha+1)$-元独立集 $S_j\cup e_j$ $(j=1,\dots,m)$.

15. (a) 考虑一个 $(6t+3)$-圈, 这是 α-临界的. 将这个圈上每隔两个点之后的点用 K_{r-1} 替换, 那么由 8.13 可知, 所得的图是 r-正则的、连通的且是 α-临界的.

(b) 四面体是 α-临界的, 八面体和立方体不是 α-临界的, 这是平凡的.

利用二十面体的自同构群是点-传递的和边-传递的这一事实, 很容易验证它的独立数为 3, 但是如果删除任意一条边, 独立数就会增加到 4. 因此二十面体是 α-临界的.

注意到二十面体中相对的两个点尽管不相邻, 但绝不会出现在同一个最大独立集中. 这就说明问题 8.12 的断言不能在这个方向上进行推广.

最后, 为证明十二面体不是 α-临界的, 注意到它包含 8 个独立点 (图 50). 删除一条边并考虑余下图中的一个独立集. 它包含与被删除边相邻的两个面的至多 3 个点以及其他面的至多两个点. 独立集中的每个元素都属于三个面, 因此这个独立集的基数不

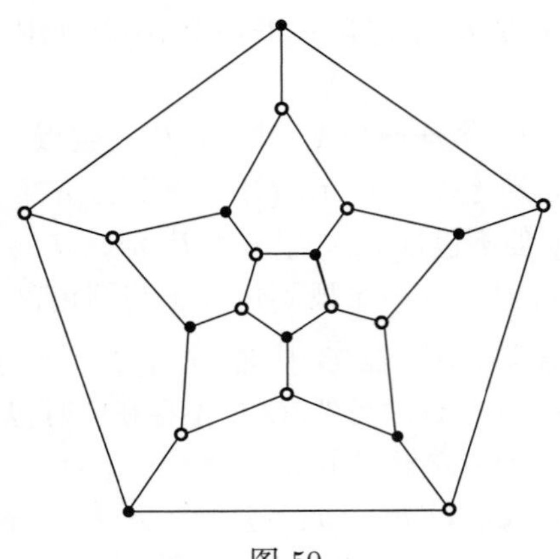

图 50

会大于

$$\frac{2\cdot 3+10\cdot 2}{3}=8.66,$$

这就证明了独立数仍是 8.

16. 令 S_1, S_2 如提示中所言. 显然地, $x\in S_1\cap S_2$, $y_i\in S_i$, $y_i\notin S_{3-i}$. 因为 $S_1\Delta S_2\cup\{x\}$ 导出一个二部图, 所以它包含一个独立集 T 满足

$$|T|\geq\frac{1}{2}|S_1\Delta S_2\cup\{x\}|=|S_1-S_2|+\frac{1}{2},$$

即 $|T|\geq|S_1-S_2|+1$. 现在注意到 $T\cup((S_1\cup S_2)-\{x\})$ 是一个独立集; 因为对 $u,v\in T\cup((S_1\cap S_2)-\{x\})$, 我们将证明它们是不相邻的. 如果 $u,v\in T$ 或 $u,v\in S_1\cap S_2$, 那我们就完成了. 不妨设 $u\in T$, $v\in S_1\cap S_2$. 又因为 $T\subseteq S_1\cup S_2$, 我们不妨设 $u\in S_1$. 所以 u, v 在 S_1 中且 $v\neq x,y_1$, 因此它们是不相邻的. 但

$$\begin{aligned}|T\cup((S_1\cap S_2)-\{x\})|&=|T|+|S_1\cap S_2|-1\\&\geq|S_1-S_2|+1+|S_1\cap S_2|-1=|S_1|>\alpha(G),\end{aligned}$$

矛盾.

17. 令 x 为 α-临界图 G 的一个点, 与 y_1 和 y_2 相邻. 令 S_i 为 $G-(x,y_i)$ 的一个 $(\alpha(G)+1)$-元独立集. 与之前一样, $x,y_i\in S_i$, $y_i\notin S_{3-i}$. 令 $G'=G[S_1\Delta S_2\cup\{x\}]$. 如果 G' 是二部的, 如上题一样我们恰好得到矛盾. 所以 G' 包含一个奇圈. 一个极小的奇圈 C 是无弦的. 因为, 显然有 $G'-(x,y_1)$ 是部为 $\{S_1-S_2, S_2-S_1\cup\{x\}\}$ 的二部图, 所以 C 一定通过 (x,y_1). 类似地, C 通过 (x,y_2). [Andrásfai; L. Beineke, F. Harary, M. D. Plummer; C. Berge; 参见 B, LP.]

18. 根据提示, 令 (x,y_1), (x,y_2) 为两条边并假设 y_1, y_2 在 $G-S$ 的不同分支中. 那么 G 包含一个通过 (x,y_1) 和 (x,y_2) 的无弦的 (奇) 圈. 因为 S 分离 y_1 和 y_2, 所以 S 中还有另一个点 z. 并且因为 S 生成一个完全图, 所以 z 与 x 是相连的. 因此 C 不是无弦的, 矛盾.

19. (a) 令 T 为 G 的一个独立集. 如果 T 包含 x_1, x_2 中的至多一个点, 那么 $T\cap(V(G_1)-\{x\})$ 和 $T\cap V(G_2)$ 分别是 G_1 和 G_2 的独立集, 由此 $|T|\leq\alpha(G_1)+\alpha(G_2)$. 如果 $x_1,x_2\in T$, 那么 $(T\cap V(G_1)-\{x_2\})\cup\{x\}$ 和 $T\cap V(G_2)-\{x_1\}$ 分别是 G_1 和 G_2 的独立集, 我们得到相同的结论.

另外, 我们令 T_1 为 G_1 的包含 x 的一个最大独立集并且 T_2 为 $G_2-(y_1,y_2)$ 的一个 $(\alpha(G_2)+1)$-元独立集 (因此 T_2 包含 y_1 和 y_2), 那么 $T_1-\{x\}\cup T_2$ 是 G 的一个 $(\alpha(G_1)+\alpha(G_2))$-元独立集. 因此 $\alpha(G)=\alpha(G_1)+\alpha(G_2)$.

令 $e\in E(G_1)$. 令 T_1 为 G_1-e 的一个 $(\alpha(G_1)+1)$-元独立集. 如果 $x\in T_1$, 那么令 T_2 为 $G_2-(y_1,y_2)$ 的一个 $(\alpha(G_2)+1)$-元独立集且 $T=T_1-\{x\}\cup T_2$. 如果 $x\notin T_1$, 令 T_2 为 G_2 的不包含 y_1 和 y_2 的一个最大独立集且 $T=T_1\cup T_2$. 在这两种情况下, T 都是 $G-e$ 的 $(\alpha(G)+1)$-元独立集.

令 $e \in E(G_2)$, $e \neq (y_1, y_2)$. 令 T_2 为 $G_2 - e$ 中的一个 $(\alpha(G_2)+1)$-元独立集. 如果 $y_1, y_2 \notin T_2$, 令 T_1 为 G_1 的不包含 x 的最大独立集且 $T = T_1 \cup T_2$. 如果 $y_1 \in T_2$ (假设是这样), 令 z 为 x_2 在 $V(G_1)$ 中的邻点, 令 T_1 为 $G_1 - (x,z)$ 的 $(\alpha(G_1)+1)$-元独立集且 $T = T_1 - \{x\} \cup T_2$. 在这两种情况下, T 都是 $G - e$ 的一个 $(\alpha(G)+1)$-元独立集. 这就证明了 G 是 α-临界的.

(b) 令 G 为连通的 α-临界图, $\alpha(G) = \alpha$. 由之前的习题, 可知 G 是 2-连通的. 假设 G 不是 3-连通的, 那么 $G = G_1 \cup G_2$ 满足 $V(G_1) \cap V(G_2) = \{x, y\}$, $|V(G_i)| \geq 3$. 再次根据前面的习题可知, x 和 y 是不相邻的.

对每个 $X \subseteq \{x, y\}$ 以及 $i = 1, 2$, 用 a_X^i 表示满足 $T \cap \{x, y\} = X$ 的独立集 $T \subseteq V(G_i)$ 的最大基数. 我们设 $a^i = a_\emptyset^i$, 那么显然

$$(1)\qquad a_X^1 + a_X^2 < \alpha + |X|,\ a_X^i \leq a^i + |X|.$$

令 $(x, z) \in E(G)$, $z \in V(G_1)$. 那么 $G - (x, z)$ 包含一个 $(\alpha+1)$-元独立集 T. 显然, $x, z \in T$. 如果 $y \notin T$, 我们由此得到

$$(2)\qquad \begin{cases} a_x^1 + a_x^2 \geq \alpha + 1, \\ a^1 + a_x^2 \geq \alpha + 1. \end{cases}$$

类似地, 如果 $y \in T$, 我们得到

$$(3)\qquad \begin{cases} a_{xy}^1 + a_{xy}^2 \geq \alpha + 2, \\ a_y^1 + a_{xy}^2 \geq \alpha + 2. \end{cases}$$

因此 (2) 或 (3) 成立. 类似地, 我们得到下面的不等式组中有一个成立

$$(4)\qquad \begin{cases} a_x^1 + a_x^2 \geq \alpha + 1, \\ a_x^1 + a^2 \geq \alpha + 1, \end{cases} \qquad (5)\qquad \begin{cases} a_{xy}^1 + a_{xy}^2 \geq \alpha + 2, \\ a_{xy}^1 + a_y^2 \geq \alpha + 2. \end{cases}$$

因为 (1) 式表明

$$(a^1 + a_x^2) + (a_x^1 + a^2) = (a^1 + a^2) + (a_x^1 + a_x^2) \leq 2\alpha + 1,$$

所以 (2) 式和 (4) 式不能同时成立.

类似地, (3) 式和 (5) 式也不能同时成立. 因此, 可以选择合适的指标使得 (2) 式和 (5) 式同时成立. 通过交换 x 和 y 我们可以得到要么

$$(6)\qquad \begin{cases} a_y^1 + a_y^2 \geq \alpha + 1, \\ a^1 + a_y^2 \geq \alpha + 1, \end{cases} \qquad 和 \qquad (7)\qquad \begin{cases} a_{xy}^1 + a_{xy} \geq \alpha + 2, \\ a_{xy}^1 + a_{xy}^2 \geq \alpha + 2, \end{cases}$$

成立, 要么

$$(8)\qquad \begin{cases} a_y^1 + a_y^2 \geq \alpha + 1, \\ a_y^1 + a^2 \geq \alpha + 1, \end{cases} \qquad 和 \qquad (9)\qquad \begin{cases} a_{xy}^1 + a_{xy}^2 \geq \alpha + 2, \\ a_x^1 + a_{xy}^2 \geq \alpha + 2, \end{cases}$$

成立. 但 (2), (5) 式和 (8), (9) 式不能同时成立; 事实上, 它们将意味着

$$(a^1 + a_x^2) + (a_y^1 + a^2) + (a_{xy}^1 + a_y^2) + (a_x^1 + a_{xy}^2) \geq 4\alpha + 6;$$

但上式左边等于

$$(a^1 + a^2) + (a_x^1 + a_x^2) + (a_y^1 + a_y^2) + (a_{xy}^1 + a_{xy}^2) \leq 4\alpha + 4,$$

根据 (1) 式, 矛盾. 因此 (2), (5), (6), (7) 成立但 (3), (4), (8), (9) 不成立. 因为 (3), (4), (8), (9) 中的第一个不等式也在 (2), (5), (6), (7) 中出现, 所以它们的第二个不等式一定不成立, 也就是说,

$$\begin{cases} a_x^1 + a^2 \leq \alpha, & a_x^1 + a_{xy}^2 \leq \alpha + 1, \\ a_y^1 + a^2 \leq \alpha, & a_y^1 + a_{xy}^2 \leq \alpha + 1. \end{cases} \tag{10}$$

因为由 (1) 式和 (6) 式可知

$$\alpha \geq a^1 + a^2 \geq a^1 + a_y^2 - 1 \geq \alpha.$$

我们有

$$a^1 + a^2 = \alpha, \quad a_y^2 = a^2 + 1.$$

但是, 由 (6) 式和 (10) 式又有

$$\alpha + 1 \leq a_y^1 + a_y^2 = a_y^1 + a^2 + 1 \leq \alpha + 1,$$

由此

$$a_y^1 = \alpha - a^2 = a^1.$$

类似地我们可推导出

$$a_x^1 = a^1, \quad a_x = a^2 + 1, \quad a_{xy}^1 = a^1 + 1, \quad a_{xy} = a^2 + 1.$$

现在用 $\tilde{G_1}$, $\tilde{G_2}$ 分别表示从 G_1 通过连接 x 到 y 得到的图以及从 G_2 通过等同 x 和 y 得到的图. 我们断言这两个图是 α-临界的. 由于 G 是由它们通过 (a) 中的操作得到的, 这就证明了断言.

我们有

$$\alpha(G_1) = \max(a^1, a_x^1, a_y^1) = a^1,$$
$$\alpha(G_2) = \max(a^2, a_{xy}^2 - 1) = a^2.$$

令 $e \in E(G_1)$. 如果 $e = (x, y)$, 那么 $\alpha(G_1 - e) \geq a_{xy}^1 > a^1$; 如果 $e \neq (x, y)$, 那么 $e \in E(G)$. 令 T 是 $G - e$ 的一个 $(\alpha + 1)$-元独立集, $T \cap \{x, y\} = X$. 那么

$$|T \cap V(G_2)| \leq a_X^2,$$

并且从而由 (1) 式有

$$|T \cap V(G_1)| \geq \alpha + 1 - a_X^2 + |X| = a_X^1 + 1.$$

现在, 如果 $X \neq \{x, y\}$, 那么 $T \cap V(G_1)$ 是 $G_1 - e$ 中一个大小为 $a_X^1 + 1 > a^1$ 的独立集; 如果 $X = \{x, y\}$, 则 $T - \{x\}$ 是大小为 $a_{xy}^1 > a^1$ 的这样的一个集合. 这就证明了 G_1 是 α-临界的. 对 G_2 也可类似地证明. [T. Gallai, M. D. Plummer, W. Wessel; 参见 W. Wessel, *Manuscripta Math.* **2** (1970) 309–334.]

20. 令 $T_1, \ldots, T_k$ 为 G 的所有极大独立集, 那么, 由 8.12 可知

$$T_1 \cap \cdots \cap T_k = \emptyset, \quad T_1 \cup \cdots \cup T_k = V(G).$$

因此, 由 8.10 知

$$|V(G)| = |T_1 \cup \cdots \cup T_k| = |T_1 \cup \cdots \cup T_k| + |T_1 \cap \cdots \cap T_k| \geq 2\alpha(G).$$

[P. Erdős, T. Gallai; B.]

21. 令 $T_1, \ldots, T_k$ 为 G 的最大独立集, 那么正如我们已经知道的, 有

$$T_1 \cap \cdots \cap T_k = \emptyset.$$

因此设 $S = T_1 \cap \cdots \cap T_k \cap X = \emptyset$, 根据 8.11, 我们得到

$$|\Gamma(X)| - |X| \geq |\Gamma(S)| - |S| = 0.$$

[A. Hajnal; 参见 B, LP.]

22. 令 $S = X \cap T_1 \cap \cdots \cap T_k$, 其中 $T_1, \ldots, T_k$ 如提示中定义的那样, 那么 $x \in S$. 令 $S' = S - \{x\}$. 我们断言 $\Gamma(S') \cap \Gamma(x) = \emptyset$. 假设存在点 v 与 x 相邻且与 S' 中的一个点 u 相邻. 令 T 为 $G - (x, v)$ 的一个 $(\alpha(G) + 1)$-元独立集, 那么 $x, v \in T$, 从而 $u \notin T$. 此外, $T - \{v\}$ 是 G 的包含 x 的一个最大独立集, 于是对某个 i, 有 $T - \{v\} = T_i$. 但那样的话, $u \notin T_i$, 因此 $u \notin S$, 矛盾.

所以 $|\Gamma(S)| = |\Gamma(S')| + |\Gamma(x)|$; 由 8.11 我们有

$$|\Gamma(S)| - |S| \leq |\Gamma(X)| - |X|,$$

于是

$$\begin{aligned} d_G(x) = |\Gamma(x)| = |\Gamma(S)| - |\Gamma(S')| &= |\Gamma(S)| - |S| - (|\Gamma(S')| - |S'|) + 1 \\ &\leq |\Gamma(X)| - |X| + 1. \end{aligned}$$

[L. Lovász, L. Surányi; 参见 LP.]

23. (a) 令 $x \in V(G)$ 且令 T 为包含 x 的大小为 $\alpha(G)$ 的独立集. 由之前的习题,

$$d_G(x) \le |\Gamma(T)| - |T| + 1 = |V(G) - T| - |T| + 1 = n - 2\alpha(G) + 1.$$

[A. Hajnal; 参见 B, LP.]

(b) 由 (a), 边数 m 满足

$$m \le \frac{1}{2}n(n - 2\alpha(G) + 1) \le \frac{1}{2}(n - \alpha(G))(n - \alpha(G) + 1) = \binom{n - \alpha(G) + 1}{2}.$$

[Erdős, Hajnal and Moon; LP.]

24. 令 S, T 为满足 $S \cap T \neq \emptyset$ 的最大独立集. 显然

$$\Gamma(S \cap T) \subseteq V(G) - S - T.$$

另外, 如果 $x \in S \cap T$, 由 8.22 我们有

$$|V(G)| - 2\alpha(G) + 1 = d_G(x) \le |\Gamma(S \cap T)| - |S \cap T| + 1,$$

所以

$$\begin{aligned} |\Gamma(S \cap T)| &\ge |S \cap T| + |V(G)| - 2\alpha(G) \\ &= |V(G)| + |S| + |T| - |S \cap T| = |V(G)| - |S \cup T|, \end{aligned}$$

从而我们有 $\Gamma(S \cap T) = V(G) - S - T$.

现在令 a 为 $V(G)$ 中任一点, 且 $b_1, \ldots, b_k$ $(k = |V(G)| - 2\alpha(G) + 1)$ 为 a 的邻点. 令 S_i 为 $G - (a, b_i)$ 的一个 $(\alpha(G)+1)$-元独立集且设 $T_i = S_i - a$. 那么, 显然 T_i 是 G 的最大独立集, 且对 $j \neq i$, 有 $b_i \in T_i$, $b_i \notin T_j$. 因此, $T_i \cap T_j$ 不包含 a 的邻点. 根据以上证明的结果, 这表明 $T_i \cap T_j = \emptyset$. 因此

$$|V(G)| \ge 1 + \sum_{i=1}^{k} |T_i| = 1 + (|V(G)| - 2\alpha(G) + 1)\alpha(G),$$

或者, 等价地

$$(\alpha(G) - 1)(|V(G)| - 2\alpha(G) - 1) \le 0.$$

现在如果 $\alpha(G) = 1$, 我们得到一个完全图. 如果 $\alpha(G) > 1$ 且 $|V(G)| \le 2\alpha(G) + 1$, 那么度至多为 2, 所以我们得到 K_2 或圈. 圈只有在它为奇圈时才是 α-临界的.

25. 如果 $|V(G)| = 2\alpha(G)$, 则由 8.22 我们有 $d_G(x) = 1$, 因此 $G \cong K_2$. 如果 $|V(G)| = 2\alpha(G) + 1$, 那对每个点 x 我们有 $d_G(x) \le 2$, 因此 G 是一个圈或一条路. 很容易可以看到在这些图中只有奇圈才是 α-临界的.

现在考虑满足 $|V(G)| = 2\alpha(G) + 2$ 的那些 α-临界图. 它们中每个点 x 都有 $d_G(x) \le 3$. 观察到如果我们用两个点剖分它们的一条边, 我们得到属于相同类的一个

图; 因为当 G_1 是三角形且 G_2 是一个给定图时, 上述操作是 8.19 中操作的特殊情况. 反之, 如果我们有这样的一个图以及它的一个度为 2 的点 x (没有度为 1 的顶点, 因为那样的话它的邻点将是 1-元割集, 与 8.18 矛盾), 那么 x 的两个邻点构成一个 2-元割集, 且根据 8.19 的 (b), 通过收缩与 x 相邻的两条边, 我们得到一个 α-临界图. 这个图 G' 的度也至多为 3, 因为通过简单的计算可知 $|V(G')| - 2\alpha(G') = 2$. 因此, x 在 G 中的一个邻点一定是 2 度的, 从而 G 是由 G' 通过用两个点剖分一条边得到的图. 因此, 我们只需要考虑度为 3 的那些图.

由之前的习题可知, 满足 $|V(G)| = 2\alpha(G) + 2$ 的一个 3-正则图是 K_4. 因此所有满足 $|V(G)| = 2\alpha(G) + 2$ 的连通的 α-临界图 G 都可以从 K_4 得到, 只要用偶数个顶点剖分 K_4 的某些边即可. [B. Andrásfai, in: *Theory of Gr. Int. Symp. Rome*, Dunod, Paris–Gordon and Breach, New York, 1967, 9–19.]

注: 从 [L. Lovász, in: *Combinatorics*, Coll. Math. Soc. Bolyai **15**, Bolyai–North-Holland (1977); 参见 LP] 可知, 对每个 δ, 存在有限多个有 $2\alpha(G) + \delta$ 个点的 α-临界图 G, 使得所有其他这样的图都可通过用偶数个顶点剖分它们的某些边得到.

26. 删除边直到最后得到一个满足 $\alpha(G') = \alpha(G)$ 的 α-临界图 G'. G' 中没有孤立点, 因为对这样的点 x 我们将有 $\alpha(G - x) \le \alpha(G' - x) = \alpha(G) - 1$. 类似地, G' 不包含由两个点构成的连通分支; 因为如果 x, y 构成 G' 的通分支, 那么

$$\alpha(G - \{x, y\}) \ge \alpha(G' - \{x, y\}) = \alpha(G) - 1.$$

因此, 对于 G' 的每个连通分支 G_0, 由 8.25 我们有 $|V(G_0)| \ge 2\alpha(G_0) + 1$. 因为 $|V(G)| = 2\alpha(G) + 1$, 所以我们仅有一个连通分支, 又根据 8.25, 这是一个奇圈.

所以 G' 是一个奇圈. 我们将证明 $G' = G$. 假设存在 G 的一条边不在 G' 中. 那这条边以及 G 的一条弧共同构成一个奇圈 C, 同时 G 的剩余部分是一条奇长的弧且有一个 1-因子 F. 现在 $G'' = C \cup F$ 满足 $\alpha(G'') = \alpha(G)$, 这与之前的结果矛盾. [V. G. Vizing, L. S. Melnikov, *Diskret. Analiz* **19** (1971) 11–14.]

27. 如之前那样, 令 G' 为 G 的一个满足 $\alpha(G') = \alpha(G)$ 的 α-临界生成子图. 与上题类似可知 G 没有由一个孤立点或一条单边构成的分支. 此外, G' 的每个点的度都大于 2. 假设 x 在 G' 中仅与 y 和 z 相邻. 那么 $\alpha(G' - \{x, y, z\}) < \alpha(G)$, 因为我们可以将 x 加入 $G - \{x, y, z\}$ 的任意一个独立集来得到 G 的一个独立集. 因此

$$\alpha(G - \{x, y, z\}) \le \alpha(G' - \{x, y, z\}) < \alpha(G),$$

矛盾.

由 8.23, 对 G 的每个连通分支 G_0, 我们有 $|V(G_0)| \ge 2\alpha(G_0) + 2$. 这意味着如果 G 不是连通的, 那么

$$|V(G)| \ge 2\alpha(G) + 4;$$

所以我们可以假设 G 是连通的. 由 8.25, $G \cong K_4$ 或者

$$|V(G)| \geq 2\alpha(G) + 3.$$

[E. Szemerédi, *Comb. Theory Appl.* Coll. Math. Soc. J. Bolyai **4**, Bolyai–North–Holland (1970) 1051–1053.]

字　　典

(用到的组合短语和概念)

阿贝尔恒等式 (Abel identities): 参见 1.44.

到达时间 (Access time): 参见随机游走.

顶点集为 $\{v_1, \ldots, v_n\}$ 的图 G 的**邻接矩阵 (Adjacency matrix):** 矩阵 $A_G = (a_{ij})_{i,j=1}^n$, 其中 A_{ij} 是 (v_i, v_j)-边的数目.

邻接 (Adjacent): 参见图.

树形结构 (Arborescence): 给定一个有向图 G 以及一个特殊的点 a, 这个点称作根点, 满足每个点 $x \neq a$ 的入度为 1 且对每个点 x, 存在唯一一条 (a, x)-路. 树形结构可以通过在树中选定一个点 a 然后对每条边 e 定向使得连接 a 到 e 的唯一的路终止于 e 的尾. 逆 $\sim$ 指的是由一个树形结构通过将其所有边反向而得到的有向图.

[有向] 图的**自同构 (Automorphism):** $V(G)$ 上满足 (x, y)-边的数目等于 $(\alpha(x), \alpha(y))$-边的数目 $(x, y \in V(G))$ 的置换 α. 我们也常谈论具有染色边的图 G 的自同构, 指的是对任意给定的颜色, 满足 (x, y)-边的数目等于 $(\alpha(x), \alpha(y))$-边的数目的置换 α. 一个 [有向] 图的所有自同构形成一个自同构群 $A(G)$.

超图的**平衡回路 (balanced circuit):** 回路 $(x_1, E_1, \ldots, x_k, E_k)$ 满足, 要么 $k = 2$, 要么存在一个关联 $x_i \in E_j$, 其中 $j \neq i,\ i-1$ 并且 $(i, j) \neq (1, k)$.

　　$\sim$ 超图 ($\sim$ hypergraph): 满足每个奇长的回路都是平衡的超图.

　　完全 $\sim$ 超图 (totally $\sim$ hypergraph): 每个回路都是平衡的.

Bell 数 (Bell number): 参见划分.

二项式系数 (Binomial coefficien) $\binom{n}{k}$: 从 n 个元素中选取 k 个的方式数. 有

$$\binom{n}{k} = \frac{n!}{k!\,(n-k)!} = \frac{n(n-1)\cdots(n-k+1)}{k!}, \quad (0 \le k \le n), \tag{1}$$

并由定义

$$\binom{k}{0} = 1, \quad (k = 0, 1, \cdots).$$

(1) 式对所有实的 (或复的) n 定义了 $\binom{n}{k}$.

二部 (Bipartite)(色数为 2 的) 图: 图 G 的顶点集有一个二部划分或 2-可染划分$\{A, B\}$ 满足每条边连接 A 的一个点到 B 的一个点 (参见色数).

图 G 的**块 (Block)**: 一条割边或一个极大 2-连通子图. 每条边都包含在唯一一个块中. 块也可以用 $E(G)$ 上的等价关系定义, 即 "e 和 f 在一个圈上或 $e = f$". 图的块给出一个 "仙人掌" 结构; 属于超过一个块的点都是割点, 与一个点关联的分支数和包含这个点的块数相等 (图 51). 包含一个割点的块称为端点块.

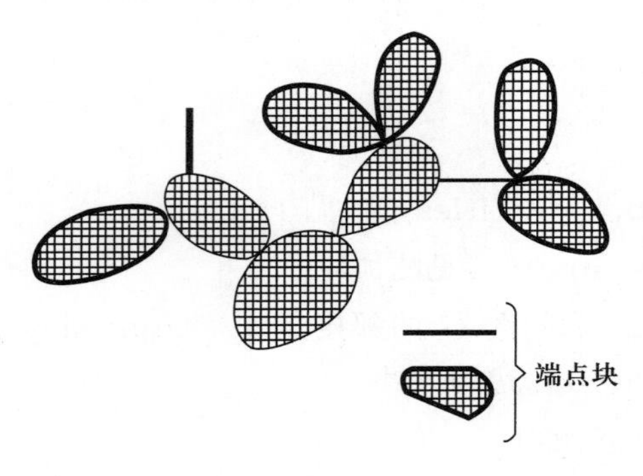

图 51

瓶颈定理 (Bottleneck Theorem): 参见 6.71.

图 G 的关于点 x 的**分支 (Branch)**: 一个由 $G - x$ 的分支 G_1、点 x 以及连接 x 到 G_1 的所有边构成的子图.

子图 G_1 的**桥 (Bridge)**: 一个 (连通) 子图 B 满足要么 B 由一条两个端点都在 G_1 中的单边构成; 要么 B 由 $G - V(G_1)$ 的一个连通分支和所有连接这个分支到 G_1 的边及其在 G_1 中的端点构成. G_1 的桥划分了 $E(G) - E(G_1)$; 即, 它们可以用如下等价关系的等价类来定义, "$e_1 \sim e_2$ 当且仅当 $e_1 = e_2$ 或存在一条与 G_1 不交的路连接 e_1 和 e_2."

Brook 定理 (Brooks' Theorem): 参见 9.13.

Brun 筛法 (Brun's Sieve): 参见 2.13.

Burnside 引理 (Burnside Lemma): 参见 3.24.

Catalan 数 (Catalan numbers): 参见 1.33, 1.37–40.

Cayley 公式 (Cayley Formula): 参见 4.2.

图 G 的**特征多项式 (Characteristic polynomial)**: 多项式 $p_G(\lambda) = \det(\lambda I - A_G)$, 其中 A_G 是 G 的邻接矩阵, 显然这与点的标号无关. 特征多项式的根, 即 A_G 的特征值, 称作图 G 的特征值.

子图 $G_1 \subseteq G$ 的**弦 (Chord)**: 连接 G_1 中两个点的边 $e \in E(G) - E(G_1)$.

[超] 图 G 的**色指标 (Chromatic index)**: 最小的整数 k 使得 G 的边可以被 k-染色, 满足相邻的边有不同的颜色. 我们记为 $q(G)$, 显然 $q(G) = \chi(L(G))$.

[有向, 超] 图 G 的**色数 (Chromatic number):** 最小的整数 k 使得 G 有一个"好的 k-染色" (见下面), 我们记为 $\chi(G)$. 显然, $\chi(G) > 0$, 如果 G 是非空的; $\chi(G) > 1$, 如果 $E(G)$ 是非空的. $\chi(G) = \infty$, 如果 G 有一个自环 (或者, 当 G 是超图时, 它有一条具有至多一个端点的边).

图 G 的**色多项式 (Chromatic polynomial)** $P_G(\lambda)$**:** G 的好的 λ-染色的数目 $(\lambda = 0, 1, \ldots)$. 可以证明它是 λ 的一个多项式 (对固定的 G), 从而这个定义可以推广到所有实值 (或复) 的 λ. 值得注意的是如果两个 λ-染色的颜色标号是不同的, 也是按照不同的染色来计数的.

图中的**圈 (Circuit):** 一个满足如下条件的途径 $(x_1, e_1, \ldots, x_k, e_k, x_{k+1})$: $x_1, \ldots, x_k$ 是不同的点, $e_1, \ldots, e_k$ 是不同的边并且 $x_1 = x_{k+1}$. 如果图是简单的, 那么我们将它表示成 $(x_1, \ldots, x_k)$.

有向图中的 ~: 由 G 做如下操作得到的图的圈, 通过把每条有向边变成具有相同端点的无向边. 参见圈.

超图中的 ~: 序列 $(x_1, E_1, \ldots, x_k, E_k)$, 其中 $x_1, \ldots, x_k$ 是不同的点, $e_1, \ldots, e_k$ 是不同的边并且 $x_i \in E_i$ $(i = 1, \ldots, k)$, $x_{i+1} \in E_i$ $(i = 1, \ldots, k-1)$, $x_1 \in E_k$. k 是这个圈的长度.

团 (Clique): 图的一个极大完全子图.

混乱系统 (Clutter): 一个超图, 没有边包含其他边.

集族 (Collection): 一个集合以及一个称作 S 中元素的重数的正整数的分配; 任何不在 S 中的元素的重数是 0.

可染 (Coloration): [有向, 超] 图的一个 (合法的, 好的) k-染色是 "颜色" (通常是 $1, \ldots, k$ 之一的整数) 到点的分配使得每条边至少有两种 "颜色".

k-可染 (k-colorable) [有向, 超] 图: 有一个好的 k-染色.

路途时间 (Commute time): 参见随机游走.

简单图 G 的**补图 (Complement):** 简单图 $\overline{G}$ 定义如下

$$V(\bar{G}) = V(G), \quad E(\bar{G}) = \{(x, y) : x, y \in V(G), x \neq y, (x, y) \notin E(G)\}.$$

显然, $\overline{\overline{G}} = G$.

简单有向图 G 的 ~: 简单有向图 $\overline{G}$ 定义如下

$$V(\bar{G}) = V(G), \quad E(\bar{G}) = V(G) \times V(G) - E(G).$$

完全 (Complete) 图: 满足每个不同点都相邻的简单图. n 个点的完全图记作 K_n.

~ 有根 d-叉树: 参见树.

完全二部图 (Complete bipartite graph): 一个简单图, 它的顶点可以被划分成两个部分 U, W 使得两个点相邻当且仅当其中一个属于 U, 另一个属于 W. 如果

$|U| = n$ 且 $|W| = m$, 那么完全二部图记作 $K_{n,m}$.

图 G 的 (连通) **分支 (Component):** G 的一个极大连通子图. G 的任意两个连通分支是点不交的且每个点 (以及边) 属于其中一个. 它们的数目记作 $c(G)$; $c_1(G)$ 表示有奇数个点的连通分支的数目.

(有向图的) **强 ~ (strong ~):** 极大的强连通子图.

图 G 的**传导 (Conductance):** 所有满足 $|S| \leq |V|/2$ 的非空集合 $S \subseteq V$ 上, $\delta_G(S)/|S|$ 的最小值, 其中 $\delta_G(S)$ 表示连接 S 和它的补 $V \setminus S$ 的边的总数.

连通 (Connected) 图**:** 不能表示成形如 $G_1 \cup G_2$ 的图, 其中 G_1, G_2 是点不交的非空图. 等价地: 任意两个点有一条路连接它们.

弱 ~ (weakly ~) 有向图**:** 不能表示成形如 $G_1 \cup G_2$ 的有向图, 其中 G_1, G_2 是点不交的非空有向图.

强 ~ (strongly ~) 有向图**:** 任意两个顶点都有一条 (有向) 路连接它们的有向图.

~ 超图 (~ hypergraph): 不能表示成形如 $H_1 \cup H_2$ 的超图, 其中 H_1, H_2 是点不交的非空超图. 注意到如果 $\emptyset \in E(H)$, 那么 H 不是连通的.

a 与 b 之间 k-**连通 (k-connected):** 如果去掉少于 k 个点 ($\neq a, b$) 和/或边, 仍存在 [有向] 图上的一条 (a, b) 路 (仅当 a, b 相邻时才去掉边).

~ [有向] 图 G: 至少 $k+1$ 个点的 (有向) 图上, 任意两点之间之间是 k-连通的. 等价地: 对任意集合 $X \subset V(G)$, $|X| \leq k-1$, 有 $|V(G)| \geq k+1$ 且 $G - X$ 是 [强] 连通的. 或者, 对图 G: $|V(G)| \geq k+1$ 且 G 不能表示成 $G_1 \cup G_2$, 其中 $V(G_1), V(G_2) \neq V(G)$ 并且 $|V(G_1) \cap V(G_2)| \leq k-1$. 因此, 完全图 K_n 是 $(n-1)$-连通的但不是 n-连通的. 对具有至少两个点的图, 连通和 1-连通是等价的.

[有向] 图中边 e 的**收缩 (Contraction):** 删掉这条边并等同它的两个端点. 收缩一个子图就是收缩其中所有的边 (收缩的顺序是无关的). 注意到可能会出现重边.

[超] 图 G 的 k-**覆盖 (k-cover):** 一个顶点的集合使得每条边包含其中至少 k 个点. (点) 覆盖就是 1-覆盖; 最小的点覆盖记作 $\tau(G)$. 一个 k-覆盖也可看作一个映射 $t: V(G) \to \{0, 1, \dots\}$ 使得 $\sum_{x \in E} t(x) \geq k$ 对每条边 E 成立.

[超] 图 G 的**分数覆盖 (fractional cover):** 一个非负实权 $t(x)$ 到每个点 x 的分配, 使得 $\sum_{x \in E} t(x) \geq 1$ 对每条边 E 成立. 一个分数覆盖的大小是 $\sum_{x \in V(G)} t(x)$, 最小的分数覆盖记为 $\tau^*(G)$.

覆盖时间 (Cover time): 参见随机游走.

临界 (Critical): 对性质 P, 图 G 称为 (边) 临界的, 或者临界有性质 P, 如果 G 有性质 P, 但去掉任一条边后, 剩下的图没有性质 P. 可以类似地定义点临界.

α-临界: $\alpha(G - \{e\}) > \alpha(G)$, 对每条边 e.

χ-临界: $\chi(G-\{e\})<\chi(G)$, 对每条边 e.

τ-临界: $\tau(G-\{e\})<\tau(G)$, 对每条边 e.

ν-临界超图: $\nu(H-x)=\nu(H)$, 对每个 $x\in V(G)$ (参见问题 7.26 对这个名称的解释).

分数临界图: 对每个点 x, G 没有 1-因子但 $G-x$ 有 1-因子.

(a,b)-**割** (**(a,b)-cut**): 一个表示 (覆盖) 所有 (a,b)-路的边集 F. 由 $S\subseteq V(G)$ 确定的割是连接 S 到 $V(G)-S$ 的边集. 如果 C 是由 S' 确定的有向图 G 的割, 那么 C^* 是由 $V(G)-S$ 确定的割.

割集 (Cutset) (分离集): 连通图的一个点 [边] 集, 删掉它们会产生一个不连通的图. 一个割点 [割边或地峡] 是一个自身构成割集的点 [边].

有向图的**圈 (Cycle)**: 一个途径 $(x_1,e_1,\ldots,x_k,e_k,x_{k+1})$, 其中 $x_1,\ldots,x_k$ 是不同的点且 $x_{k+1}=x_1$.

置换群 Γ 的**圈指标 (Cycle index)**: 多项式

$$\frac{1}{|\Gamma|}p_\Gamma(x_1,\ldots,x_n)=\sum_{\pi\in\Gamma}{x_1}^{k_1(\pi)}\ldots{x_n}^{k_n(\pi)},$$

其中 n 是 Γ 作用的项的数目, $k_i(\pi)$ 是置换 π 的圈分解中 i-圈的数目.

[超] 图 G 中点 x 的**度 (Degree)**: 包含 x 的边数 (自环算两次). x 的度记为 $d_G(x)$, $d(G)$ 表示 G 的最大度. 一个图是k-正则的如果每个点的度都是 k. 有向图 G 的点 x 的入度 [出度] 是所有以 x 为头 [尾] 的边数; 分别记为 $d^-{}_G(x)$ 和 $d^+{}_G(x)$.

图 G 的**直径 (Diameter)**: G 中点之间的最大距离.

有向图 (Digraph): (项) 点集 $V(G)$, 边集 $E(G)$, 以及给有序点对分配条边; 这个有序对的第一和第二个元素称为这条边的头和尾. 两条边是平行的, 如果它们具有相同的头和尾. 有向图称为简单的, 如果它不含平行边. 在这种情况下, $E(G)$ 可以看作 $V(G)\times V(G)$ 的一个子集. 如果 G 是一个图, 且对每条边, 我们令其中一个端点是头, 另一个是尾, 那么我们得到的有向图称为 G 的一个定向. 定向图也是简单有向图, 即一个没有自环的有向图, 且任意两点间至多连一条边. 如果 $e=(x,y)\in E(G)$. 我们用下面任一种说法: e 由 x 指向 y; y 可以从 x 经过 e 到达; e 离开 x, 进入 y; e 有尾 x 头 y. 也可参见图.

图 G 中两个点 x, y 之间的**距离 (Distance)**: (x,y)-路的最小长度; 如果 G 中没有连接 x 和 y 的路, 那么它们的距离是 ∞. 记作 $d_G(x,y)$ 或简记为 $d(x,y)$, 如果考虑的图 G 是确定的.

连通平面图 G 的**对偶图 (Dual map)**: 对偶图 G^* 构造如下. 我们在 G 的每一个面 F 中选择一个点 x_F; 这些将是 G^* 的顶点. 我们在 G 的每条边 e 上选择一个点 p_e, 分别用内部是 F, F' 的 Jordan 曲线 J_e, J_e' 连接每个点 p_e 到 x_F, x'_F, 其中 F 和 F' 是两个与 e 关联的面. 如果 $F=F'$ (即 G 的同一个面从两边界住 e), 那么 J_e, J_e' 连接

p_e 到 x_F 使得它们从 e 的两端离开 p_e (这是可能的, 如果 e 是割边). 进一步, 我们选择 J_e, J_e' 使得在 F 的边界上连接 p_e 到 x_F 的那些弧 J_e 没有除了 x_F 之外的公共点. 令 $e^* = J_e \cup J_e'$ 且 $E(G^*) = \{e^* : e \in E(G)\}$, 那么 G^* 也是一个平面图. 如果我们考虑嵌入在球面上的 G 和 G^*, 那么对偶图是唯一确定的, 即如果 $\hat{G}^*$ 是 G 的另一个对偶图, 那么存在球面到其自身的一个同态映射 φ, 使得对每个 $x \in V(G)$ 有 $\varphi(x) = x$; 对每条边 $e \in E(G)$ 有 $\varphi(e) = e$; $\varphi(V(G^*)) = V(\hat{G}^*)$, 且如果 $\hat{e^*}$ 是 $\hat{G}^*$ 中对应 e^* 的边, 那么 $\varphi(e^*) = \hat{e^*}$. G^* 的对偶图是 G. 以上构造和最后的断言包含很多平面拓扑的知识, 这里我们不加证明地接受它们 (图 52).

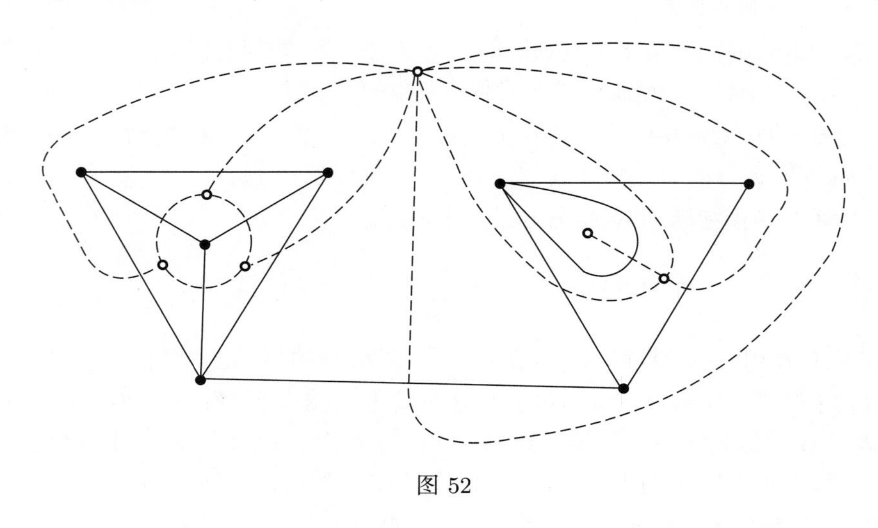

图 52

耳分解 (Ear-decomposition): 参见 6.28.

边 (Edge): 参见图, 有向图, 超图.

[超] 图的**边覆盖 (Edge-cover):** 包含所有点的边集合.

a 和 b 之间的 **k-边-连通 (k-edge-connected):** 删掉不超过 $k-1$ 条边后, 得到一个含有 (a, b)-路的 [有向] 图.

~ [有向] 图: 任两个点都是 k-边-连通的. 等价地: 删掉不超过 $k-1$ 条边后得到一个 [强] 连通 [有向] 图.

Edmond 匹配算法 (Edmonds' Matching Algoritlun): 参见 7.34.

初等二部图 (Elementary bipartite graph): 参见 7.7.

空 (Empty) [超] 图**:** 没有点并且没有边.

[有向] 图 G 的**自同态 (Endomorphism):** G 到自身的一个同态. G 的所有自同态连同它们分解的重数构成一个半群, 表示成 End(G).

图 G 的**端点 (Endpoint):** 度为 1 的点.

边的 ~: 参见图.

Erdős-de Bruijn 定理 (Erdős-de Bruijn Theorem): 参见 9.14.

Erdős-Ko-Rado 定理 (Erdős-Ko-Rado Theorem): 参见 13.28.

Erdős-Stone 定理 (Erdős-Stone Theorem): 参见 10.38.

欧拉迹 (Euler trail): [有向] 图中包含所有边的迹.

欧拉 (Eulerian) [有向] **图:** 有欧拉迹的图.

欧拉公式 (Euler's Formula): 参见 5.24.

扩张速率 (Expansion rate): 参见传导.

面 (Face): 参见平面图.

图的 **f-因子 (f-factor):** 给定 $V(G)$ 上的一个函数 f, f-因子是一个子图 G', $V(G')=V(G)$ 满足 $d_{G'}(x)=f(x)$ 对每个点 x 成立. 因此, 1-因子是一个包含所有点的独立边的系统.

Ferrer 图表 (Ferrer's diagram): 参见 1.16.

(a,b)**-流 ((a,b)-flow):** 有向图边集上定义的一个非负实值函数 f, 满足对每个点 $x_0\neq a,b$ 有

$$\sum_{e=(x_0,y)\in E(G)} f(e)=\sum_{e=(y,x_0)\in E(G)} f(e)$$

(即进入 x_0 的水量等于流出的水量; "Kirchhoff 法则"). (a,b)-流 f 的值为源点 a 的 "净收入", 即

$$w(f)=\sum_{e=(a,x)} f(e)-\sum_{e=(x,a)} f(e).$$

森林 (Forest): 无圈图. 森林的分支是树.

Frucht 定理 (Frucht's Theorem): 参见 12.5.

Gallai-Edmonds 结构定理 (Gallai-Edmonds Structure Theorem): 参见 7.32.

序列 $\{a_n\}_{n=0}^{\infty}$ 的**生成函数 (Generating function):** 函数

$$f(x)=\sum_{n=0}^{\infty} a_n x^n.$$

指数 $\sim$ (exponential $\sim$):

$$f(x)=\sum_{n=0}^{\infty} \frac{a_n}{n!} x^n.$$

几何格 (Geometric lattice): 一个格 L, 满足 L 是由它的元素生成且只要 x 覆盖 $x\wedge y$, $x\vee y$ 就覆盖 y. 秩 $r(x)$ 定义为 $(0,x)$-链的最大长度减去 1. 这个函数满足: $r(x)\geq 0$, $x>x'\longrightarrow r(x)\geq r(x')$, 如果 x 覆盖 y, 那么 $r(y)\leq r(x)\leq r(y)+1$, 并且

$r(x \vee y) + r(x \wedge y) \leq r(x) + r(y)$. 这样格的例子有射影或仿射平面的子集的子空间上的格.

图 G 的**围长 (Girth):** 最短圈的长度. 围长是 1 当且仅当 G 有一个自环, 围长是 2 当且仅当 G 有重边.

图 (Graph): 图 G 包含一个有限点集 $V(G)$ 和一个边集 $E(G)$, 以及由 $V(G)$ 上的无序对到 $E(G)$ 每条边 e 的一个分配, 称为 e 的端点. 我们写作 $G = (V(G), E(G))$. 一条边称作连接它的两个端点. 如果 e 连接 x 到 y, 那么称 e 为 (x, y)-边. 两个端点相同的边称为自环. 两条边有相同的端点则称它们是平行边或重边. 图是简单的, 如果它没有自环和重边, 在这种情况下, $E(G)$ 是 $V(G)$ 的 2-子集的集合. 一条边和一个点关联, 如果这个点是这条边的一个端点. 两条边邻接, 如果它们有一个公共端点. 两个点邻接 (邻居) , 如果它们被一条边连接. 与一个点关联的边集称为星. 与 $X \subseteq V(G)$ 关联的点集记为 $\Gamma_G(X)$ 或如果图在上下文中很清楚的话, 简记为 $\Gamma(X)$. 没有自环的图是特殊的超图 (也可参见有向图).

Hajós 构造 (Hajós' Construction): 参见 8.16.

哈密顿环路 (Hamiltonian circuit) [圈, 路]**:** [有向] 图中包含所有点的环路 [圈, 路].

哈密顿 (Hamiltonian) [有向] 图**:** 有一个哈密顿环路 [圈].

[有向] 图 G_1 到 [有向] 图 G_2 的**同态 (Homomorphism):** 映射 $\varphi : V(G_1) \to V(G_2)$ 满足如果 $(x, y) \in E(G_1)$, 那么 $(\varphi(x), \varphi(y)) \in E(G_2)$.

超图 (Hypergraph)(集合–系统)**:** 超图 H 由有限点集 $V(H)$ 和边集 $E(H)$, 以及 $V(H)$ 的子集到每条边 E 的一个分配, 称为 E 的端点 (元素). 所以我们写作 $H = (V(H), E(H))$. 两条具有相同端点的边称为平行的. 超图是简单的, 如果它没有平行边. 在这种情况下, $E(H)$ 可以看作是 $V(H)$ 的子集的集合. 一条边和一个点关联, 如果这个点是这条边的端点. 超图是r-一致的, 如果每条边有 r 个端点. 2-一致超图是没有自环的图. n 个点的完全 r-一致超图是一个简单超图, 包含顶点集合的所有 r-元子集作为它的边, 记作 ${K_n}^r$.

[有向] 图 G 上两个点 x, y 的**等同 (Identification)** 可以产生一个 [有向] 图 G', $V(G') = V(G) - \{x, y\} \cup \{\overline{xy}\}$, 其中 $z = \overline{xy}$ 表示一个新的点, $E(G') = E(G)$, 每条边 $e \in E(G)$ 在 G' 中与 G 中具有相同端点, 除非它有 x 或 y 作为端点, 那用 $\overline{xy}$ 代替. 所以每条 (x, y) 边变成 $\overline{xy}$ 上的一个自环.

顶点为 $v_1, \ldots, v_n$ 且边为 $e_1, \ldots, e_m$ 的图 G 的**关联矩阵 (Incidence matrix):** 矩阵 $B_G = (b_{ij})_{i=1}^{n}{}_{j=1}^{m}$, 其中 $b_{ij} = 1$ 如果 v_i 和 e_j 关联, 否则为 0.

关联 (Incident): 参见图, 超图.

容斥公式 (Inclusion-exclusion Formula): 参见 §2.

[有向] 图的**独立 (Independent) 点:** 任意两个都不相邻, G 中独立点的最大数目

记作 $\alpha(G)$.

[超, 有向] 图的 ~ **边:** 没有两条边有公共端点. G 中独立边的最大数目记作 $\nu(G)$. 独立边形成一个匹配.

[有向] 图的 ~ **路:** 这些路都没有公共点, (可能) 除了它们的端点.

导出子图 (Induced subgraph): 参见子图.

区间图 (Interval graph): 一个简单图, 它的点是线上的区间, 两个点相邻当且仅当作为区间它们是相交的.

图的**孤立点 (Isolated point):** 不与任何边关联的点.

G_1 到 G_2 的**同构 (Isomorphism):** $V(G_1)$ 到 $V(G_2)$ 的一个一一映射 φ 和 $E(G_1)$ 到 $E(G_2)$ 的一个一一映射 $\widetilde{\varphi}$, 满足如果 x 是 e 的端点 [头, 尾], 那么 $\varphi(x)$ 是 $\widetilde{\varphi}(e)$ 的端点 [头, 尾]. 如果 G_1, G_2 是简单的, 那么 $\widetilde{\varphi}$ 不会起到重要作用, 我们定义一个同构为 $V(G_1)$ 到 $V(G_2)$ 的一一映射满足 $(x,y) \in E(G_1) \leftrightarrow (\varphi(x),\varphi(y)) \in E(G_2)$.

地峡 (Isthmus): 见割边.

核 (Kernel): 一个有向图的点的独立集 S 满足, 对每个 $x \in V(G) - S$, 存在一个 $y \in S$ 使得 $(y,x) \in E(G)$.

König 定理 (König's Theorem): 参见 7.2.

Kuratowski 定理 (Kuratowski's Theorem): 参见 5.38.

顶点为 $v_1,\dots,v_n$ 上的图 G 的**拉普拉斯 (Laplacian):** 矩阵 $L_G = (\ell_{ij})_{i,j=1}^n$, 其中如果 $i \neq j$, ℓ_{ij} 是 (v_i,v_j)-边的数目的相反数; ℓ_{ii} 是 v_i 的度数. 对 d-正则图, $L_G = dI - A_G$.

格 (Lattice): 满足如下条件的偏序集: 任意两个元素 x,y 有唯一的最小上界 $x \vee y$ (称为它们的交) 和唯一的最大下界 $x \wedge y$ (称为它们的并). 我们考虑的所有格都是有限的. 每个有限格都有唯一的最小元 0 和唯一的最大元 1. 一个最小的非零元称为原子.

[超] 图 G 的**线图 (Line-graph):** 简单图 $L(G)$ 定义如下

$$V(L(G)) = E(G),$$
$$E(L(G)) = \{(e,f) : e,f \in E(G),\ e \text{ 和 } f \text{ 有一个公共端点}\}.$$

有向图 G 的 ~: 简单有向图 $L(G)$ 定义如下

$$V(L(G)) = E(G),$$
$$E(L(G)) = \{(e,f) : e,f \in E(G),\ e \text{ 的头是 } f \text{ 的尾}\}.$$

自环 (Loop): 参见图.

匹配 (Matching): [超] 图 G 的 k-匹配是一个边集合满足每个点至多属于 k 条边 (注意到重边是允许的). 1-匹配也称为匹配. G 的最大匹配的边数记作 $\nu(G)$; 我们令 $\nu(G) = \infty$ 如果 $\emptyset \in G$. 一个 k-匹配可以看作是一个映射 $w : E(G) \to \{0,1,\dots\}$ 满足对每个点 x 有 $\sum\limits_{E \ni x} w(E) \le k$ ($w(E)$ 是 E 在匹配中的重数). 一个完美 k-匹配是一个

k-匹配满足每个点恰好属于 k 个元素 (注意到这与 k-因子的区别: G 的边至多出现一次). 一个分数匹配是一个从非负实权 $w(e)$ 到每条边 e 的分配使得 $\sum_{E\ni x} w(e) \leq 1$. 分数匹配 w 的大小是 $\sum_{e\in E(G)} w(e)$ 的值; 最小分数匹配的大小记为 $\nu^*(G)$.

最大流最小割定理 (Max-Flow-Min-Cut Theorem): 参见 6.74.

最大 [最小] (Maximum [minimum]) 就是基数的最大 [最小].

极大 [极小] (Maximal [minimal]) 就是包含关系下的极大 [极小].

Menger 定理 (Menger's Theorem): 参见 6.39.

最小路最大势定理 (Min-Path-Max-Potential Theorem): 参见 6.72.

Möbius 函数 (Möbius function): 参见 2.22.

Möbius 反演公式 (Möbius Inversion Formula): 参见 2.26.

定向 (Orientation): 参见有向图.

平行边 (Parallel edges): 参见图, 有向图, 超图.

超图 H 的**部分超图 (Partial hypergraph):** 超图 H', 其中 $V(H') \subseteq V(H)$, $E(H') \subseteq E(H)$.

集合 S 的**划分 (Partition):** S 的不交非空子集系统 $\{A_1, \ldots, A_k\}$ (称作划分的部分) 满足 $A_1 \cup \cdots \cup A_k = S$. n 元集的划分个数 B_n 称为 Bell 数.

数字 n 的 $\sim$: 一个正整数的集合 $\{a_1, \ldots, a_k\}$ $(a_1 \geq \cdots \geq a_k)$ 使得 $a_1 + \cdots + a_k = n$.

[有向] 图的**路 (Path):** 一个途径 $(x_1, e_1, \ldots, e_k, x_{k+1})$, 其中 $x_1, \ldots, x_{k+1}$ 是不同的点, 也可记为 $(x_1, \ldots, x_{k+1})$, 如果 [有向] 图是简单的,

(X, Y)-**路:** [有向] 图的路, 连接 X 中的点到 Y 中的点并且与在 $X \cup Y$ 没有其他公共点.

完美图 (Perfect graph): 简单图 G 满足每个导出子图 G' 有

$$\omega(G') = \chi(G').$$

完美图定理 (Perfect Graph Theorem): 参见 13.57.

矩阵 $(a_{ij})_{i=1}^{n}{}_{j=1}^{n}$ 的**积和式 (Permanent):**

$$\operatorname{per} A = \sum_{\pi} a_{1,\pi(1)} \cdots a_{n,\pi(n)},$$

其中 π 遍历 $\{1, \ldots, n\}$ 的所有置换.

集合 Ω 的**置换 (Permutation):** Ω 到其自身的一个一一映射. n-元集合上的置换数是 $n! = 1 \cdot 2 \cdot \cdots \cdot n$. 恒等置换记为 1. 如果 γ 是 Ω 的置换, $x \in \Omega$ 并且 $\gamma(x) = x$, 那么 x 称为 γ 的一个不动点.

循环 $\sim$ (cyclic $\sim$): 等同同一集合 S 上的两个排序 $(x_1,\ldots,x_n)$, $(y_1,\ldots,y_n)$, 其中 $y_1=x_{k+1},\ldots,y_{n-k}=x_n,y_{n-k+1}=x_1,\ldots,y_n=x_k$ 对某个 $1\le k\le n$. 用这样的方法等同的排序的集合就是一个循环置换.

$\sim$ 群 ($\sim$ group): 满足如下条件的群 Γ, 为每个 $\gamma\in\Gamma$ 分配有限集合 Ω 上的一个置换 $\tilde\gamma\in\Gamma$ 使得 $\widetilde{\gamma\delta}(x)=\tilde\delta(\tilde\gamma(x))$ $(\gamma,\delta\in\Gamma)$. 如果没有混淆的话, 我们也可以假定 Γ 上的元素本身就是置换, 同一个置换可能出现多次. 如果 $\tilde\gamma=\tilde\delta$ 蕴含着 $\gamma=\delta$, 或等价地, 对 $\gamma\ne 1$ 有 $\tilde\gamma\ne 1$, 那么这个置换群称为有效的. 如果对任意对 $x,y\in\Omega$, 都存在至多一个 $\gamma\in\Gamma$ 满足 $\gamma(x)=y$, 则这个群是传递的. 如果对任意对 $x,y\in\Omega$, 都存在至多一个 $\gamma\in\Gamma$ 满足 $\gamma(x)=y$, 或, 等价地, 没有 $\gamma\in\Gamma$, $\gamma\ne 1$ 有不动点, 那么这个置换群称为半正则的. 如果它既是半正则的又是传递的, 则称为正则的. 这种情况下, $|\Gamma|=|\Omega|$ 并且 Ω 的元素可以与 Γ 的元素等同满足对所有 $\gamma,\delta\in\Gamma$, $\gamma(\delta)=\delta\gamma$.

Petersen 图 (Petersen graph): 参见问题 11.2 中的图.

反对称矩阵 $(a_{ij})_{i=1}^{2n}{}_{j=1}^{2n}=A$ (即 $a_{ii}=0$, $a_{ij}=-a_{ji}$) 的 **Pfaffian:**

$$\operatorname{Pf} A=\sum\varepsilon_{i_1j_1,\ldots,i_nj_n}a_{i_1j_1},\ldots,a_{i_nj_n},$$

其中 $\varepsilon_{i_1j_1,\ldots,i_nj_n}$ 是下面置换的符号

$$\begin{pmatrix}1 & 2 & \cdots & 2n-1 & 2n\\ i_1 & j_1 & \cdots & i_n & j_n\end{pmatrix}$$

且求和遍历所有 $\{1,\ldots,2n\}$ 的形式是 $\{\{i_1,j_1\},\ldots,\{i_n,j_n\}\}$ 的划分. 易知对应于划分 $\{\{i_1,j_1\},\ldots,\{i_n,j_n\}\}$ 项不依赖于划分中部分的顺序和/或一个部分中两个元素的顺序.

平面 (Planar) 地图: 满足如下条件的图: 顶点是平面上的点, 边是平面上的除了端点之外没有其他公共点的 Jordan 曲线 (在对应的端点处结束). 从平面上的平面地图中去掉边和点得到的集合的连通分支称作是面 (领域, 区域). 面的边界总是某些边的并; 如果映射 G 作为一个图是 2-连通的, 那么每个面的边界是一条闭的 Jordan 曲线, 由 G 的一个圈的边组成.

$\sim$ 图: 同构于一个平面地图的图 G. 这样的一个平面地图称为 G 在平面上的一个嵌入.

问题 (Problem): 参见图, 有向图, 超图.

Pólya 计数方法 (Pólya's Enumeration Method): 参见 3.26–30.

两个简单 [有向] 图的积 **(Product):** 我们考虑下面三种积.

G_1 和 G_2 的 **(弱) 直 $\sim$ ((weak) direct $\sim$)** $G_1\times G_2$: 定义如下

$V(G_1\times G_2)=V(G_1)\times V(G_2)$,

$E(G_1\times G_2)=\{((x_1,x_2),(y_1,y_2)):(x_1,y_1)\in E(G_1),(x_2,y_2)\in E(G_2)\}$.

G_1 和 G_2 的**强直 ~ (strong direct ~)** $G_1 \cdot G_2$: 定义如下

$V(G_1 \cdot G_2) = V(G_1) \times V(G_2)$,

$E(G_1 \cdot G_2) = \{((x_1, x_2), (y_1, y_2)) : (x_1, y_1) \in E(G_1)$ 且 $(x_2, y_2) \in E(G_2)$, 或者 $x_1 = y_1$ 且 $(x_2, y_2) \in E(G_2)$, 或者 $(x_1, y_1) \in E(G_1)$ 且 $x_2 = y_2\}$.

卡氏 ~ (Cartesian ~) $G_1 \otimes G_2$: 定义如下

$V(G_1 \otimes G_2) = V(G_1) \times V(G_2)$,

$E(G_1 \otimes G_2) = \{((x_1, x_2), (y_1, y_2)) : x_1 = y_1$ 且 $(x_2, y_2) \in E(G_2)$, 或者 $(x_1, y_1) \in E(G_1)$ 且 $x_2 = y_2\}$.

这样 $G_1 \cdot G_2 = (G_1 \times G_2) \cup (G_1 \otimes G_2)$ (参见图 53).

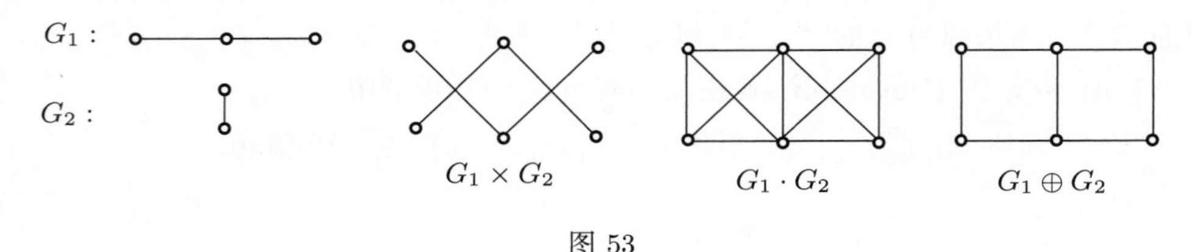

图 53

两个超图 H_1, H_2 的 ~: 超图 $H_1 \times H_2$ 定义如下

$$V(H_1 \times H_2) = V(H_1) \times V(H_2),$$
$$E(H_1 \times H_2) = \{E_1 \times E_2 : E_1 \in E(H_1), E_2 \in E(H_2)\}.$$

Prüfer 码 (Prüfer code): 参见 4.5.

伪对称 (Pseudosymmetric) 有向图: 参见对称.

Ramsey 定理 (Ramsey's Theorem): 参见 §14.

图 G 上的**随机游走 (Random walk)**: 随机点的 (无限) 序列 $v_0, v_1, \ldots$, 其中 v_0 是从某个给定的初始分布中选出的 (经常限制在一个点上), 且对每个 $i \geq 0$, v_{i+1} 从 v_i 的邻点中均匀选取. (点 u 的) 返回时间是随机游走上从 u 出发到返回 u 之前的步数 (这是一个随机变量). (从 u 到 v 的) 到达时间是随机游走上从 u 出发到访问 v 之前的步数. (从 u 到 v 的) 路途时间是随机游走上从 u 出发在访问 v 之前返回 u 的步数. (从 u 出发的) 覆盖时间是随机游走上从 u 出发到每个点都被访问之前的步数. u 的平均返回时间、u 到 v 的平均到达时间、u 到 v 的平均路途时间、始于 u 的平均覆盖时间都是对应随机变量的期望. 所以, 从 u 到 v 的平均到达时间是从 u 到 v 的到达时间与从 v 到 u 的到达时间之和.

正则 (Regular) 图: 参见度.

~ 群: 参见置换群.

从 [超, 有向] 图 G 中**删去 (Removal)** 集合 $X \subseteq V(G)$: 删去 X 中的点以及与它们关联的所有边. 得到的 [超, 有向] 图记为 $G - X$; 如果 $X = \{x\}$, 我们简记为 $G - x$.

返回时间 (Return time): 参见随机游走.

超图 H 在 $X \subseteq V(H)$ 上的**限制 (Restriction):** 超图 H_X, 点集是 X 且 $E(H_X)$ 是 $E \cap X(E \in E(H))$ 的集合. 如果 $X = V(H) - Y$, 那么我们用符号 $H_X = H \setminus Y$, $H_X = H - y$ 如果 $Y = \{y\}$.

严格 (Rigid) 图: 没有真的自同构.

Selberg 筛选 (Selberg Sieve): 参见 2.14-17.

半对称 (Semiregular) 群: 参见置换群.

分离 (Separate): 称点和边的集合 X 分离 A 和 B $(A, B \subseteq V(G))$, 如果它代表 (覆盖) 所有的 (A, B)-路 (也可参见割集).

筛法公式 (Sieve Formula): 参见 §2.

简单 (Simple) 图, **简单**有向图, **简单**超图: 参见图, 有向图, 超图.

G 的**生成子图 (Spanning subgraph):** 满足 $V(G') = V(G)$ 的子图 G'.

图 G 的**谱 (Spectrum):** G 的邻接矩阵 A_G 的谱 (特征值的集合). 因为 A_G 是对称的, G 的特征值 (谱中的元素) 都是实的.

Sperner 引理 (Sperner's Lemma): 参见 5.29.

Sperner 定理 (Sperner's Theorem): 参见 13.21.

分裂 (Splitting) 图 G 的一个点 x 为点 $x_1, \ldots, x_k$: 我们删去 x, 加上新点 $x_1, \ldots, x_k$, 并把每一条 (x, y)-边 $(y \in V(G) - \{x\})$ 恰好替换成一条 (x_i, y)-边, 对某个 i, $1 \leq i \leq k$.

星 (Star): 有一个点连接其他所有点的树.

图 G 中的一个点的 $\sim$: 参见图.

图上随机游走的**平稳分布 (Stationary distribution):** 参见 11.35.

Stirling 圈数 (Stirling cycle number) $\left[{n \atop k}\right]$: n 个元素的具有 k 个圈的置换数目, $(-1)^{n-k}\left[{n \atop k}\right]$ 也被称为第一类的 Stirling 数, 记为 $s(n, k)$.

Stirling 划分数 (Stirling partition number)$\left\{{n \atop k}\right\}$: 把 n 个元素分成恰好 k 个部分的划分数, 这些数也被称作第二类的 Stirling 数, 表示成 $S(n, k)$.

图 G 的**剖分 (Subdivision):** 由 G 通过如下操作得到的 G': 把图 G 的每条边 e 换成一条 (长度 ≥ 1 的) 路 P_e, 连接 e 的端点, 且在 G 中没有其他点满足路 p_e $(e \in E(G))$ 是独立的. 我们称 G 的点是 G' 的关键点.

G 的**子图 (Subgraph):** 满足 $V(G') \subseteq V(G)$ 且 $E(G') \subseteq E(G)$ 的图 G', 记作 $G' \subseteq G$.

集合 $X \subseteq V(G)$ 导出的 G 的 $\sim$: 满足 $V(G[X]) = X$, $E(G[X]) = \{e \in E(G) : e \subseteq X\}$ 的图 $G[X]$.

用图 G **代替 (Substitution)** 图 H 中的一个点 x (假设 G 和 H 点不交): 我们从

H 中删去点 x, 把每条 (x,y)-边 $(y \in V(G)-\{x\})$ 用 $|V(G)|$ 条连接 y 到 G 中的点的边代替.

对称 (Symmetric) 有向图**:** 简单有向图满足当 $(x,y) \in E(G)$ 时, 有 $(y,x) \in E(G)$. 伪对称: 对每个点有 $d^+(x) = d^-(x)$.

超图 H 的**不同代表系统 (System of distinct representatives):** 一个一一映射 $\varrho: E(H) \to V(H)$ 满足对每个 $E \in E(H)$, 有 $\varrho(E) \in E$. 如果没有混淆的话, 我们也称 $\varrho(E(H))$ 是超图 H 的不同代表系统.

竞赛图 (Tournament): 一个没有自环的 (简单) 有向图 T, 满足对每对 $x \neq y$, $x,y \in V(T)$, 有 (x,y) 和 (y,x) 中恰有一条边.

迹 (Trail): 参见途径.

传递 (Transitive) 竞赛图**:** 竞赛图 T 满足 $(x,y) \in E(T)$ 且 $(y,z) \in E(T)$ 蕴含着 $(x,z) \in E(T)$. 传递竞赛图的顶点有一排序 $(x_1,\ldots,x_n)$ 满足 $(x_i,x_j) \in E(T) \leftrightarrow i < j$.

　　$\sim$ 置换群: 参见置换群.

树 (Tree): 一个没有圈的连通图. 它也可以定义成连通图满足去掉任一条边后都不连通; 或一个无圈图, 加上任一条新边都会产生一个圈. n 个点的树有 $n-1$ 条边并且通常至少有两个点度为 1, 即 $|V(G)| \geq 2$. 一棵有根树是一棵有特定点的树, 这个点称为根. 有根 d-叉树是一棵有根树满足根的度是 d 且每个非根点度为 $d+1$ 或 1. 有根 d-叉树是完全的, 如果它的所有端点与根的距离相同.

三角剖分 (Triangulation)(平面)**:** 每个面都是三角形的平面图.

　　圈 C 的 $\sim$: 由这个圈和 $n-3$ 个 "内部" 不交的对角线组成 (n 是 C 的长度) 的图.

Turán 定理 (Torán's Theorem): 参见 10.34.

Tutte 定理 (Tutte's Theorem): 参见 7.27.

一致 (Uniform): 参见超图.

顶点 (Vertex): 参见图, 有向图, 超图.

[有向] 图上的**途径 (Walk):** 满足 $x_1,\ldots,x_k$ 是点且 e_i 是 (x_i,x_{i+1})-边 $(i = 1,\ldots,k)$ 的序列 $(x_1,e_1,\ldots,x_k,e_k,x_{k+1})$. 如果 [有向] 图是简单的, 我们可以记为 $(x_1,\ldots,x_{k+1})$. 途径是开 [闭] 的当且仅当 $x_{k+1} \neq x_1 [x_{k+1} = x_1]$. 上面定义的途径的长度是 k. 如果没有边使用两次, 途径是迹.

轮 (wheel): 将一个圈上的所有点都连接到一个新的点 (轮的 "中心" 点) 所构成的图.

Θ-图 (Θ-graph): 由连接两个点的三条独立路组成的图.

符　号

A_G: G 的邻接矩阵.

$A(G)$: G 的自同构群.

B_G: G 的关联矩阵.

B_n: Bell 数.

$c(G)$: G 的分支数.

$c_1(G)$: G 的奇分支数 (即具有奇数个点的分支).

$d_G(x)$: G 中的点 x 的度.

$d(G)$: G 的最大度.

$d_G(x, y)$: G 中 x, y 之间的距离.

$d^+(x)$: G 中 x 的出度.

$d^-(x)$: G 中 x 的入度.

$E(G)$: G 的边集.

$\mathrm{End}(G)$: G 的自同构半群.

$\exp(x)$: e^x.

$n!!$: n 的双阶乘:

$$n!! = n(n-2)\cdots = \prod_{1\le k\le n,\ k\cong n(\bmod 2)} k.$$

I: 单位矩阵.

$\mathbf{j}[J]$: 所有元素都为 1 的向量 [矩阵].

$k_i(\pi)$: 置换 π 中 i-圈的数目.

K_n^r: n 个点的完全 r-一致超图. 对 $r = 2$, 省去上角标.

$L(G)$: G 的线图.

$\left[{n \atop k}\right]$: Stirling 圈数.

$\left\{{n \atop k}\right\}$: Stirling 划分数.

$O(f(n))$: 满足 $g(n)/f(n)$ 有界的函数 $g(n)$.

$o(f(n))$: 满足当 $n \to \infty$ 时, $g(n)/f(n) \to 0$ 的函数 $g(n)$.

$p_G(\lambda)$: G 的特征多项式.

$P_G(\lambda)$: G 的色多项式.

$p_\Gamma(x_1, \ldots, x_n)$: 置换群 Γ 的圈指标.

$\mathrm{per}A$: 矩阵 A 的积和式.

$\mathrm{Pf}\,A$: 矩阵 A 的 Pfaffian.

$q(G)$: G 的色指标.

$V(G)$: G 的点集.

$\mathbf{Z}$: 整数集.

$\delta_G(X)$: G 中 $(X, V(G) - X)$-边的数目.

$\alpha(G)$: G 中最大独立点数.

$\Gamma_G(X)$: G 中至少与 $X \subseteq V(G)$ 中一个点相邻的点集.

$\nu(G)$: G 的最大独立边数 (匹配数).

$\nu^*(G)$: G 的最大分数匹配的大小.

$\varrho(G)$: G 中覆盖所有点的最小边数.

$\tau(G)$: G 中表示所有边的最小点数.

$\tau^*(G)$: G 中最小分数覆盖的大小.

$\chi(G)$: G 的色数.

$\omega(G)$: G 中团 (或者在一个完全子图中) 的最大点数.

$d(x), d^+(x), \Gamma(x)$ 等: $d_G(x), d_G{}^+(x), \Gamma_G(x)$ 等在 G 已知时的简写.

$\lfloor x \rfloor$: x 的整数部分: 不大于 x 的最大整数.

$\lceil x \rceil$: 不小于 x 的最小整数.

$G - F$: 删掉 F 中的所有边 (但不删掉点) [其中 G 是一个图 (有向图, 超图) 且 $F \subseteq E(G)$].

$G - f$: 在没有产生混淆时, $G - \{f\}$ 的简写 (其中 $f \in E(G)$).

$\overline{G}$: [有向] 图 G 的补图.

$G_1 \cup G_2$: 由 $V(G_1 \cup G_2) = V(G_1) \cup V(G_2)$, $E(G_1 \cup G_2) = E(G_1) \cup E(G_2)$ 定义的 [有向] 图 (这里 G_1 和 G_2 可能有公共点和边).

$G - X$: 删掉 X 中的所有点以及与它们关联的边 [其中 G 是一个图 (有向图, 超图) 且 $X \subseteq V(G)$].

$G - x$: 在没有产生混淆时, $G - \{x\}$ 的简写 (其中 $x \in V(G)$).

$H \backslash X$: H 在 $V(H) - X$ 上的限制 (其中 H 是超图且 $X \subseteq V(H)$).

$H \backslash x$: $H - \{x\}$ 的简写 (其中 $x \in V(H)$).

$G[X]$: $X \subseteq V(G)$ 的导出子图.

H_X: 超图 H 在 $X \subseteq V(H)$ 上的限制.

G/F: 由 G 收缩 F 中所有边得到的图 (其中 $F \subseteq E(G)$).

G/f: $G/\{f\}$ 的简写 (其中 $f \in E(G)$).

$G_1 \times G_2$: [有向] 图 G_1, G_2 的 (弱) 直积.

$G_1 \cdot G_2$: 强直积.

$G_1 \oplus G_2$: 卡氏积.

$H_1 \times H_2$: 超图 H_1, H_2 的直积.

参考文献

(教材和专著的缩写)

[B] C. Berge, *Graphs and Hypergraphs*, North-Holland-American Elsevier, 1973.

[Biggs] N. Biggs, *Algebraic Graph Theory*, Cambridge Univ. Press, 1974.

[ES] P. Erdős, J. Spencer, *Probabilistic Methods in Combinatorics*, Akadémiai Kiadó, Budapest, 1974.

[Fe] W. Feller, *An Introduction to Probability Theory and its Applications*, 2nd ed., Wiley, New York-Chapman Hall, London, 1957.

[FF] R. L. Ford, D. R. Fulkerson, *Flows in Networks*, Princeton Univ. Press, 1962.

[H] F . Harary, *Graph Theory*, Addison-Wesley, 1969.

[Hall] M. Hall, *Combinatorial Theory*, Blaisdell, 1967.

[Hu] T. C. Hu, *Integer Programming and Network Flows*, Addison-Wesley, 1969.

[K] D. König, *Theorie der endlichen und unendlichen Graphen*, Leipzig, 1936.

[LP] L. Lovász, M. D. Plummer, *Matching Theory*, Akadémiai Kiadó-North Holland, 1986.

[M] J. W. Moon, *Topics on Tournaments*, Holt, Rinehart and Wilson, 1968.

[Mi] L. Mirsky, *Transversal Theory*, Academic Press, 1971.

[O] O. Ore, *Theory of Graphs*, Amer. Math. Soc. Coll. Publ., 1962.

[OF] O. Ore, *The Four Color Problem*, Academic Press, 1967.

[R] J. Riordan, *An Introduction to Combinatorial Analysis*, Wiley, 1958.

[Ré] A. Rényi, *Foundations of Probability*, Holden-Day, San Francisco-Cambridge-London-Amsterdam, 1970.

[S] H. Sachs, *Einführung in die Theorie der endlichen Graphen*, Teil I-II., Teubner, 1970-1972.

[St] R. P. Stanley, *Enumerative Combinatorics*, vol. 1, Wadworth & Brooks/Cole, Monterey. 1982.

[W] K. Wagner, *Graphentheorie*, Biblographisches Inst. AG. 1970.

[Wi] R. J. Wilson, *Introduction to Graph Theory*, Oliver & Boyd, 1972.

[WV] H. Walther, H.-J. Voß, *Über Kreise in Graphen*, VEB Deutscher Verlag der Wiss., 1974.

名 词 索 引

样例:	解释:
5.18, 20, 22 – 26	§5, 问题 18, 20, 22 – 26, 和/或这些问题的提示或解答
5.0	§5 的导引部分
§7	§7 的大部分内容都是相关的, 黑体表示主要事件

Bell 数 (B_n) 1.9, 10, 12
Bernstein 定理 13.6
Binet-Cauchy 公式 4.9, 10
Bondy 条件 10.21
Bonferoni 不等式 2.9
Borsuk 定理 9.27
Bruck 定理 9.13
Brun 筛法 2.13
Burnside 引理 3.24 – 29
Catalan 数 1.33, 1.37 – 40
Chebyshev 不等式 2.19
Chvátal 条件 10.21
Cramer 引理 1.27, 28; 4.33; 7.20
Dilworth 定理 9.32
Dirac 条件 10.21, 23
Dirichlet 定理 11.32
Edmonds 匹配算法 7.34
Erdös-de Bruijn 定理 9.14, 27
Erdös-Ko-Rado 定理 13.28, 31
Erdös-Stone 定理 10.38
Fano 平面 13.35
Ferrer 图表 1.16, 19, 23
Fisher 不等式 13.15
Frobenius-Perron 理论 11.0
Frucht 定理 12.5
Gallai-Edmonds 结构定理 7.32
Galois 域 (GF(q)) 5.31, 36; 10.15, 36; 11.26; 13.37; 14.23, 24
Hajós 构造 9.16, 20
Hall 定理 13.5
Helly 性质 13.56
Hoffmann-Kruskal 定理 4.64
Jensen 不等式 10.36, 37, 40, 41
K. Jordán 公式 2.7
König-Hall 准则 7.20
König 定理 7.2 – 4; 9.21
Kempe 链 9.0, 54
Kirchhoff 等式 4.0
Kruskal 算法 6.25
Kuratowski 定理 10.4, 5
Kuratowski 准则 5.0, 37
Labyrinth 问题 5.12
Lefschetz 不动点定理 6.15
Möbius 反演公式 2.26, 35
Möbius 函数
  偏序集的 – 2.22 – 24
  数论的 – 2.23
MacLane 准则 5.35, 36

Menger 定理 6.0, 39 – 44, 58, 77; 7.2
Pólya-Redfield 方法 3.26, 29, 31; 4.19
Pósa 条件 10.21, 24
Petersen 定理 7.29
Petersen 图 10.10; 11.2; 12.1, 17, 22
Pfaffian 4.24 – 29
Platonic 体 8.15; 12.2, 19
Prüfer 码 4.5
Ramsey 定理 10.32; 14.1 – 3, 24
Ramsey 数 14.1 – 4
Shoenflies 定理 6.69
Sperner 定理 13.21, 22
Sperner 引理 5.0, 29
Stirling 公式 4.20
Stirling 数 1.2, 6 – 9, 15; 2.4; 3.12, 17; 4.31, 35, 36; 9.23
Sylvester 行列式 4.29
Tarry 算法 5.12
Taylor 级数 1.0; 3.11, 31
Tihonov 引理 9.14
Turán 定理 10.30, 34, 38; 15.4
Tutte 定理 7.27, 28, 32; 12.16
Van der Waerden 定理 (参见自然数的染色) 14.18
Vandermonde 行列式 1.28
Whitney 准则 5.0, 36
Zarankiewitz 问题 10.37

阿贝尔恒等式 1.44, 4.6

半径 3.24 – 28; 12.7, 10, 12
半群 12.24, 25

策略 3.18
  取胜的 – 3.18; 8.8, 9
超图 §18
  平衡 – 13.39, 40, 54
  完全平衡 – 13.2 – 4
  一致 – 13.3, 12, 13, 25 – 32, 36, 41 – 47; 14.24; 15.18
  正规 – 13.55 – 57

单调映射 1.32, 33; 3.19
  – 子序列 14.25 – 27
电网中的电阻 11.52 – 54
顶点独立集 2.12; 7.37; §8; 11.23
  – 路 4.31; 5.19; 6.39 – 46; 8.2 – 4; 9.24; 10.5
  – 事件 2.0, 18, 20; 3.16; 11.36, 37
丢番图
  – 方程 14.20, 21
  – 近似 11.32
独异点 12.24, 25
度
  最大 – 2.18; 7.10, 17, 18, 25; 8.1, 23; 10.6, 16, 38; 11.14; 12.6; 13.17, 30, 56
  最小 – 6.61 – 65; 7.10, 12, 24; 9.1; 10.3, 8, 35; 11.14, 20; 13.17, 44
度序列 4.1; 5.1; 6.3; 7.47 – 53; 10.24; 12.9
断裂木棍 1.37

耳分解 6.28, 29, 33; 7.31; 10.1
二部图 4.11, 21, 31; 5.1, 3, 22; 6.5; 7.1 – 21, 40; 8.16; 9.30; 10.15; 11.11, 19, 22, 35; 13.1, 10, 50
  – 基础图 7.7 – 9, 15
二阶矩量法 2.19

反原子 2.37
仿射空间 14.23
斐波那契数 1.27; 4.22, 28, 32
分裂一个集合 1.2, 35 – 37
覆盖 7.1 – 5, 12; 8.2 – 4; 10.18, 31; 13.25, 26, 30, 48 – 55
  k-覆盖 13.26, 49, 50
  分数 – 13.30, 48 – 55

概率 2.2, 6, 11, 14, 16, 18, 20; 3.3 – 5, 18
刚性图 12.23, 25

割 5.33; 6.50, 71–74; 8.18; 9.29; 10.5; 12.5, 15
格 2.23, 27–31, 34–36
　几何– 2.37

哈密顿
　–环游 5.7, 21, 22; 9.29, 53; 10.21–27; 12.17; 14.4; 15.15
　– 路 5.19, 20; 10.21–24, 42, 43
　– 圈 6.12, 13; 10.25
横截序列 11.56
　通用的– 11.56
划分
　集合的– 1.2, 6, 10, 12, 14, 16–19, 24, 35, 36; 2.29, 30, 36; 3.8, 14, 22, 31; 4.8, 12, 14, 24; 9.23, 36
　– 成偶数个类 (Q_n) 1.14
环 15.22
黄金分割定理 9.49

积
　超图的– 13.51
　笛卡儿– 6.4; 9.6; 11.7, 9; 12.17, 20; 14.10
　矩阵的 Kronecker– 11.7
　强直– 9.31–22; 11.7; 13.51; 15.21, 22
　(群的) 圈– 3.8
　拓扑– 9.14
　直– 6.4; 9. 7; 15.21, 22
　字典– 12.11
计数 §1–4
交错
　– 路 7.3, 8, 26, 34
　– 圈 4.24–29; 7.28, 31
阶梯折线 1.32
结式 4.29
解析函数 4.2
解析函数的奇性 1.15; 4.20
紧性 14.19
竞赛图 5.20; 6.12, 13; 8.6; 10.41–44; 12.7, 12
　传递– 4.31; 5.20; 9.27; 10.40–43; 14.27
　传递子– 10.44
　– 中圈的数目 10.41, 42
矩阵
　– 的积和式 4.21, 33, 36
　对称– 11.16; 15.11, 18
　对角– 4.16; 11.16
　反对称– 4.24, 26
　复– 15.13
　关联– 4.9; 11.15; 13.37–39
　邻接– 11.7, 14
　幺模– 13.37–39
　与一个偏序相容的– 2.21, 22
　正交– 11.16, 21
均值 2.7; 3.5, 17; 11.37, 38, 48

柯西定理 12.7
柯西公式 1.15; 4.2–9, 14, 18
柯西整数公式 1.15; 4.7
可平面准则
　Kuratowski– 5.37
　MacLane– 5.36
　Whitney– 5.36
刻画, 好的刻画 5.0
块 5.35; 6.0; 9.40, 55; 10.1, 5

拉格朗日方法 2.15
类
　划分成大小为偶数的– (R_n) 1.14
　顶点的– 4.31; 5.17; 9.2, 8, 23
　数的–(π_n) 1.20, 21, 23, 25; 3.1
链 2.25, 34–37; 13.20–24; 14.28
临界
　α-临界 8.12–27; 9.0
　ν-临界 13.29, 53
　τ-临界 13.32, 52
　χ-临界 9.17–24
　因子– 7.26, 31, 32, 38
　– k-连通 6.36–38, 54, 59–65

– k-边连通 6.49, 63
流 6.71 – 78
轮 9.39; 10.4, 18

马尔可夫不等式 11.56

牛顿公式 1.4

欧几里得空间 14.1
欧拉公式 4.27; 5.24, 34; 12.18
欧拉迹 5.0, 6, 9 – 11, 14; 7.39
欧拉图 5.7; 6.51, 53, 56

陪集 3.24
匹配 4.12, 31; 5.18; 6.67; §7; 11.4 – 6; 13.48 – 55
f-匹配 7.43
k-匹配 7.37; 13.49, 50
分数 – 13.48 – 55
偏序集 2.21 – 24, 31, 32; 9.32; 13.22
平均方法 13.0, 12, 41
平面
– 图 5.23 – 30, 34 – 38; 6.69; 9.49 – 57; 12.18, 19; 15.8
– 地图 5.15, 23 – 30, 34 – 48; 6.57, 69
– 树 4.13
剖分 5.37; 6.52; 10.0, 3 – 6, 9; 12.18
谱 §11

桥 6.69, 70
区间图 9.28, 41
圈的覆盖数 10.16 – 18
圈匹配数 (不交圈的数目) 10.17, 18
群 (也参见置换群)
对称 – 3.1, 7, 15; 4.19; 12.19
交错 – 3.10
可交换 – 3.9; 5.4; 11.8, 9, 17; 12.13, 17
循环 – 11.3, 10, 13, 19
群特征 11.8, 10, 17
边传递 – 12.12, 18

自同构的 – 11.8 – 10, 16, 17; §12; 13.22; 15.2

染色
图的 – 3.23; 4.21; 5.26; 6.8; 7.3 – 7; §9; 10.35; 11.19 – 22; 12.11, 20, 22; 13.12, 33 – 47; 14.4 – 6
幂集的 – 14.13 – 17
平面的 – 14.7 – 10
自然数的 – 14.11, 12, 15, 18 – 22
容斥原理 (也参见筛法) 2.0, 2, 4; 3.2; 4.12, 23, 35; 9.37; 15.17, 20.

三角形的数目 10.32, 33
三角剖分图 1.41; 5.38; 9.49, 52, 54, 55
凸 n-边形的三角剖分图 1.39, 40
色多项式的根 9.44 – 48
色指数 7.10; 13.56
– 的根 9.44 – 48
– 多项式 9.0, 36 – 49
– 数 (也参见染色) §9; 10.35, 38, 39; 11.20, 21; 13.33 – 47
森林 4.14; 6.37; 7.3; 11.3, 4; 13.5
最大 – 7.34, 37
筛法
Brun – 2.13
Eratosthenes – 2.0
Selberg – 2.14, 20
– 公式 §2; 4.23, 35; 9.37; 15.17
射影
– 平面 10.15; 11.25
– 空间 10.36; 13.17; 14.23
生成函数 §1; 3.14, 19, 29
指数型 – §1; 3.13 – 15, 31; 4.7
生成
– 树状 4.15, 16; 5.10, 11
– 子图 7.41, 42, 46; 9.54; 10.5; 11.13
– 树 4.9 – 16; 5.23, 24, 33, 36; 6.7, 8, 25; 11.55
事件 2.2, 6, 8, 11, 17, 18, 20; 3.18

势 5.4; 9.10, 11, 56
收敛半径 4.20
收缩 4.17, 27; 9.38; 10.3, 6–8; 12.12, 20
树 §4; 6.20–26; 7.46, 47; 9.29, 39; 11.6, 14; 13.1; 15.10, 11, 16
–的重心 6.22
–的双中心 4.17; 6.21
–的中心 3.8; 4.17; 6.21; 15.16
平面– 4.13
最优– 6.25, 26
树状 2.23, 33; 4.15–17
生成– 4.15, 16; 5.10, 11
四色定理 9.0
随机变量 2.7; 3.5, 16
随机游走的存取时间 11.39, 40, 44–46, 48, 49, 51
随机游走的覆盖时间 11.47, 49
随机游走的交换时间 11.41, 43, 46, 53
随机游走的平稳分布 11.35, 36, 44

特征 11.8, 10, 17
特征多项式 1.29 §11
特征向量 1.30; 11.1–5, 8, 13, 14, 18–24
特征值 1.29, 30; 4.29; §11
同构 3.9; 4.13, 18; 10.0; 11.10; 12.13, 25; 15.1–3, 9, 10; 15.15–22
群– 15.9
同胚
图的– 9.15; §12; 15.20, 22
群和环的– 15.22
同胚图 (参见剖分)
凸多面体 1.39, 41; 3.23; 14.30, 31
– 壳 6.65; 14.31
图的电导 11.30–33
图的定向 3.13; 4.10, 17, 24, 26, 27, 29; 5.13; 6.29, 34, 54, 56; 7.45, 46; 9.11, 46; 12.10
图的对偶 5.23, 36; 15.8
图的连通度 §6; 12.15
边– 9.21; 12.14, 16
强连通有向图 5.3, 5, 7–9; 6.6, 9–13, 29; 8.8; 10.41–44
图的直径 6.22; 10.13; 11.23, 32; 15.16
(图上) 博弈 8.8, 9
图上的调和函数 11.52, 53
图上的随机游走 11.34–59
团 9.2; 11.18; 12.1

完美图 9.28–35; 13.56, 57
完美图定理 13.57
完全子图, 完全子图数 10.4
网络 6.0, 25
网络流问题 7.16
围长 9.25–27; 10.10–17; 12.25
稳定性 3.25
无三角形的图 9.25; 10.30, 31
五角数定理 1.19
五色定理 9.50

弦 5.37; 6.35, 70; 8.17; 9.24, 28, 29; 10.2
线图 9.25, 26, 52; 11.2, 15, 25; 12.1, 18; 13.43, 56, 57; 15.1–7
线性规划的对偶定理 13.48
线性空间 5.0, 31, 38; 10.15
消去律 15.22
匈牙利方法 7.3
选择函数 14.28
循环指数 (也参见置换群) 3.7–12, 15.26, 30; 4.19

鞅 11.38
因子
1-因子 4.0, 21–28, 32; 5.18, 21; §7; 9.55; 11.11, 33; 12.16
f-因子 7.16, 39–45
因子临界图 7.26, 31, 32, 38
有根图 4.13–19; 5.10; 7.34
有向图 3.14; 4.10, 15–17; 5.3–13, 19; 6.6, 9–13, 39, 45, 71; 7.44, 49, 51;

8.4 – 8; 9.9 – 11, 26; 12.4, 5, 24; 13.7
对称 – 8.5
强连通 –, 参见连通度
无圈 – 4.15; 6.11; 8.5
有向图的核 8.5
元素
布尔代数的 – 2.2, 6
格的 – 2.28, 37
圆锥曲线 10.15, 36

正则图 3.13, 14; 5.2, 21, 22, 27; 6.52; 7.10, 28, 30, 39; 7.40; 8.15, 24; 10.10 – 15, 23, 32; 11.2, 12, 24, 29 – 33, 40, 44 – 46, 50, 56; 12.8, 15
指数 (参见圈指数) 3.8
置换 1.3; §3; 4.17, 32 – 36; 11.11; 12.2; 13.9, 21, 27, 28, 32; 15.17
– 的共轭 3.1
– 的圈 3.2 – 6, 13, 22, 27 – 29; 4.17, 26; 12.7
– 矩阵 11.16
置换的反演 3.20
置换的圈 3.1 – 13, 22, 26 – 29; 4.17, 24, 25
置换群 3.0 – 2, 7 – 10, 15, 24 – 29; 12.0, 13, 19, 21
半正则 – 12.10, 12, 20
传递 – 11.10; 11.2; 12.13 – 17
– 的圈指数 3.7 – 12, 15, 26, 30; 4.19
正则 – 3.9; 11.8, 9, 17; 12.7, 13, 17
重构猜想 15.15 – 17
自同构群 4.17; 8.15; 11.8 – 10, 16, 17, 32; §12; 13.22; 15.2
自同态 12.22, 24, 25
最长路 5.37; 6.6, 14, 17, 19, 21, 75; 10.2, 20, 27; 14.5
最大流最小割定理 6.0, 74, 77

作 者 索 引

(* 表示参考图书的作者)

AARDENE, EHRENFEST, T. VAN 5.11

AARTS, J. M. 9.54

ÁDÁM, A. 6.34

* AHO, A. V. p.viii

ALELIUNAS, R. 11.59

ANDERSON, W. N. 8.9

ANDRÁSFAI, B. 8.25

APPEL, K. 9.0

BABAI, L. 11.32, 12.6–9, 11, 12, 19, 20, 25

BEINEKE, L. W. 7.24; 8.17; 15.6

*BERGE, C. [B] 4.1, 2, 4, 12, 14, 16, 24, 25, 27; 5.11, 12, 19–22; 6.3, 10, 12, 29, 54, 66; 7.4, 5, 10, 11, 27, 47–49, 51, 52; 8.4, 5, 10, 17, 20, 21, 23; 9.6, 9, 16, 21, 29, 32, 36; 10.21, 22, 24, 25, 26, 34; 13.1, 5–7, 32, 37–40, 45, 54, 56, 57; 14.1–4; 15.6

BERGE, C. 7.27; 8.17; 9.29; 13.38, 40, 51, 54; 15.2, 3, 19

BERNSTEIN, F. 13.6

* BIGGS, N. L. [Biggs] 4.9

BIGGS, N. L. 4.9; 11.2, 20, 23, 26

*BOGNÁR, J. 3.6, 18

BOLLOBÁS, B. 10.18; 13.10, 32

BONDY, A. 6.3, 8; 10.21; 13.10; 14.6; 15.15, 16

BONFERONI, 2.9

BORSUK, K. 9.27

BOSÁK, J. 5,22

BOUWER, I. Z. 12.21

BRODER, A. 11.55

BROOKS, R. L. 9.13

BRUIJN, N. G. DE 3.7, 27; 5.11; 9.14; 13.20, 21

CALCZYNSKA-KARLOWICZ, M. 13.27

CAMION, P. 6.12

CAYLEY, A. 4.2, 14

CHANDRA, A.K. 11.53

CHAO, C. Y. 11.16, 17; 12.13

CHEN, W. K. 5.17, 32

CHVÁTAL, V. 8.7; 10.21, 26; 14.27

COOK, S. A. p.viii; 8.0

CORRÁDI, K. 13.13

CRAWLEY, G. P. 13.14

CSIMA, J. 7.9, 14

CVETKOVIČ, D. M. 11.17

CZIPSZER, J. 10.2

DAMBIT, J. J. 6.11

DANIELS, H. E. 1, 34

DAYKIN, D. E. 13.8, 18, 31

DEZA, M. 13.17

DILWORTH, R. P. 9.32; 13.14, 22

DIRAC, G. A. 6.33, 41, 66; 9.17, 21, 22, 29, 54; 10.3, 4, 21, 27, 29

DJOKOVIČ, D. Z. 11.10

DZIOBEK, O. 46.

EDMONDS, J. p.viii; 6.71, 75; 7.20, 32, 34
EHRENFEST, P. 5.11
ELSPAS, B. 11.10
* ERDŐS, P. [Es] p.ix; 9.27 13.41, 42; 14.1, 2
ERDŐS, P. 2.18; 7.51, 52; 8.20; 9.14, 27; 10.0, 10–13, 18, 26, 28, 35, 38; 13.9, 23, 24, 28, 41–44, 46, 47; 14.2, 3, 6, 8–10, 22, 29–31; 15.4
EULER, L. 1.19, 23; 5.6, 24

FABER, V. 15.18
FÁRY, I. 5.38
* FORD, L. R. [FF] 6.72–78
FISHER, R. A. 13.15
FOLKMAN, J. 14.15
FORD, L. R. 6.74
FRANK, A. 6.11
FRÉCHET, M. 2.10
FRUCHT, R. 12.1, 3–5, 8
*FULKERSON, D. R. [FF] 6.71; 7.35; 7.51
FULKERSON, D. R. 6.71, 74; 7.35, 51

GADDUM, J. W. 9.5
GALE, D. 6.76; 7.16
GALLAI, T. 5.17, 28, 32; 6.11, 17; 7.1, 26, 32, 51, 52; 8.4, 19, 20; 9.4, 9; 10.28
* GANTMACHER, F. R. 11.0
GERENCSÉR, L. 14.5
GHOUILA-HOURI, A. 13.37
GOODMAN, A. W. 10.32, 33; 15.4
GRAHAM, R. L. 2.33; 11.22; 14.8–10, 14, 16, 18, 23
GREENWELL, D. 9.7, 19
GRINBERG, E.-J. 6.11
GROOT, J. DE 9.54
GUPTA, R. P. 7.12; 9.5
GYÁRFÁS, A. 14.5

HADWIGER, H. 14.7
HAJNAL, A. 8.10, 21, 23; 9.26, 27, 29; 13.29; 14.3
HAJÓS, GY. 6.43, 44; 9.16, 28
HAKEN, W. 9.0
* HALBERSTAM, H. 2.13
HALES, A. 14.17
HALIN, R. 6.60
* HALL, M. [Hall] 3.0; 7.15; 13.15
HALL, P. 7.4; 12.5; 13.5
* HARARY, F. [H] 14.1, 3; 15.6
HARARY, F. 8.17
HARZHEIM, E. 14.26, 28
HAVEL, V. 7.50
HAEWOOD, P. J. 9.52
HEDRLIN, Z. 12.21, 23, 24
HEMMINGER, R. 15.15, 16
HERCZOG, J. 13.9
HETYEI, G. 7.7–9, 24, 28
HOFFMANN, A. J. 7.35, 51; 11.15, 21, 24, 25
* HOPCROFT, J. E. p.viii
* HU, T. C. [Hu] 6.56, 72–78

IMRICH, W. 12.13

JAEGER, F. 13.32
JENSEN, J. 10.36, 10.37, 10.40, 10.41
JERRUM, M. 11.31
JEWETT, R. I. 14.17
JORDÁN, J. 2.7
JUNG, H. A. 6.57

KARP, R. M. p.viii; 6.75; 8.0; 11.59
KASTELEYN, P. W. 4.24, 25, 27
KATONA, G. O. H. 13.28, 31, 32
KELLY, J. B. 6.20; 13.16
KELLY, P. J. 15.15, 16
KIRCHHOFF, G. 4.9
KLARNER, D. A. 4.13
KLEITMAN, D. 6.25; 13.11, 18
KO, CHAO 13.28

KOMLÓS, J. 14.27
* KÖNIG, D. [K] 6.21, 22; 7.29
KÖNIG, D. 7.2
KOTZIG, A. 6.47, 52; 7.24
KÖVÁRI, T. 10.37
KRUIJSWIJK, T. 13.20, 21
KRUSKAL, J. B. 13.31
KUNDU, S. 7.53

LAMBEK, J. 12.24
LAS VERGNAS, M. 13.45
LEEFB, K. 14.14
LEHMER, D. H. 4.33
LEVIN, L. A. p.viii; 8.0
LIPTON, R. J. 11.59
LOVÁSZ, L. [LP] 4.21, 25 – 27, 29; 6.72; 7.1; 8.11, 17, 21 – 23, 25; 11.54, 59; 13.40, 54, 55
LOVÁSZ, L. 2.18; 6.8, 58; 7.6, 15, 28, 31, 46, 53; 8.7, 22, 25; 9.7, 19, 35; 10.4; 11.3 – 5, 8, 11.23, 54, 56; 12.9; 13.4, 5, 8; 13.18, 30, 36, 43 – 47, 52, 53, 55 – 57; 14.22; 15.17, 20 – 22
LUBELL, D. 13.21
LUBOTZKY, A. 11.33

MACLANE, S. 5.35
MADER, W. 6.49, 60, 63; 10.7, 8; 12.15
MANI, P. 6.57
MANTEL, W. 10.30
MARGULIS, G. A. 11.33
MARICA, J. 13.8
MATHEWS, P. 11.49
MCANREW, M. H. 7.35, 51
MCELLIECE, R. J. 13.51
MELINKOV, L. S. 8.26
MENGER, K. 6.39
MINTY, G. J. 6.10; 9.11
* MIRSKY, L. [Mi] 13.5, 6, 7
* MOGYORÓDI, J. 3.6, 18
MONTGOMERY, P. 14.8 – 10
* MONTROLL, E. W. 4.0, 29
*MOON, J. W. [M] 10.41 – 44
MOON, J. W. 4.4; 10.40; 12.7
MOSER, L. 1.9; 10.40
MOWSHOWITZ, A. 11.3 – 5, 16, 17
MÜLLER, W. 15.17
* MULLIN, R. 1.45
MYCIELSKY, J. 9.18

NASH-WILLIAMS, C. ST. J. A. 6.54, 56; 10.23, 25; 11.53
NEŠETŘIL, J. 12.10, 25
NICKEL, L. 15.7
NORDHAUS, E. A. 9.5
NOWITZ, L. A. 12.13

* ORE, O. [O] 7.2, 4 – 5, 16; 9.36
* ORE, O. [OF] 9.51, 52, 54, 56
ORE, O. 7.5, 16
O'NEIL, P. V. 4.12

PAYAN, C. 13.32
PELIKÁN, J. 11.3 – 5; 12.17
PERFECT, H. 6.42
PETERSDORF, M. 11.16, 17
PETERSEN, J. 7.29, 9.55, 10.10, 11.2, 12.1, 12.17, 12.22
PHILLIPS, R. 11.33
PINSKER, M. 11.33
PLESNIK, J. 7.30
PLUMMER, M. D. [LP] 4.21, 25 – 27, 29; 6.72; 7.1; 8.11, 17, 21 – 23, 25; 13.40, 54, 55
PLUMMER, M.D. 6.35 – 37, 68; 7.15, 24; 8.17, 19
POLLAK, 0. 2.33; 11.22
PÓLYA, G. 3.7 – 9, 29; 4.7, 13
* PONTRYAGIN, L. 8. 5.29

Pósa, L. 5.17; 8.3; 9.14; 10.2, 5, 18, 20, 21; 15.4
Posner, E. C. 13.51
* Prékopa, A. 3.6, 18
Prüfer, A. 4.5
Pultr, A. 12.21, 23, 24

Rackoff, C. W. 11.59
Rado, E. 13.7, 28; 14.3, 21
* Rademacher, H. 1.22
Raghavan, P. 11.53
Raleigh, W. 11.54
Raynaud, H. 14.4
* Read, R. C. 4.0
Read, R. C. 9.36
Redel, L. 5.20
Reiman, I. 10.36
* Rényi, A. 3.6, 18
* Rényi, A. [Ré] 2.6 – 8, 10, 11
Rényi, A. 1.14; 2.12; 3.16, 17; 4. 3, 8
Rényi, C. 3.16, 17
* Riordan, J. [R] 1.24
Robbins, H. E. 6.29
* Rota, G. C. 1.45; 2.0
Rota, G. C. 2.21 – 29
* Roth, K. F. 2.13
Rothschil D, B. L. 13.29; 14.8 – 10, 14, 16, 18, 23
Roy, B. 9.9
Ruzzo, W. L. 11.53
Ryser, H. J. 7.16

Sabidussi, G. 12.8, 12, 13
* Sachs, H. [S] 5.37, 38; 6.25; 7.4, 29; 9.16, 18, 25, 51, 52, 54; 10.11 – 13, 34, 41
Sachs, H. 7.21; 9.57; 10.11 – 13; 11.2, 12, 16, 17
Sanders, J. 14.15
Sarnak, P. 11.33
Sauer, N. 13.10
Schäuble, M. 9.55
Schönheim, J. 13.8, 9, 18
Schur, I. 14.11
Schutzenberger, M. P. 2.30
Schwenk, A. J. 11.6
Selfridge, J. 15.12
* Seshu 4.0
Shannon, C. E. 7.10
Shrikhande, S. S. 11.26
Simmons, G. J. 6.52
Simonovits, M. 10.16 – 18, 38, 39; 13.51
Sinclair, A. 11.31
Smith, C. A. B. 5.21
Smolenski, E. A. 5.10
Smolenski, R. 11.53
Sós, V. T. 10.37
* Spanier, E. 6.15
* Spencer, J. [ES] p. ix; 9.27; 13.41, 42; 14.1, 2
Spencer, J. 14.8 – 10
Sperner, E. 5.29; 13.21
Spitzer, F. 3.22
Stanley, R. [St] 9.46
Stone, A. H. 10.38
Strauss, E. G. 14.8 – 10; 15.1
Surányi, J. 9.29
Surányi, L. 8.22
* Szász, D. 3.6, 18
Szekeres, G. 14.29 – 31
Szele, T. 5.19
Szemerédi, E. 8.27

Tait, P. G. 9.51
Tarry, G. 5.12
Temperley, H. N. V. 4.12, 30
Tengbergen, C. A. Van E. 13.20, 21
Tetali 11.42
Tiwari, P. 11.53
Toft, B. 9.17

Turán, P. 10.34, 37
Turner, J. 11.10
* Tutte, W. T. 6.64
Tutte, W. T. 6.70; 7.27, 37, 43; 9.25, 36; 10.11

* Ullman, J. D. p.viii

Vesztergombi, K. 4.36
Vizing, V. G. 7 10; 8.26; 9.6
* Voss, H.-J. [WV] 6.17; 10.7, 8, 12, 13, 16, 17, 29
Voss, H.-J. 10.16 – 18, 29

Waerden, V. L. Van Der 14.48
* Wagner, K. [W] 5.35
Wagner, K. 5.38
Walther, H. J. 6.17
Watkins, M. E. 6.60; 12.13, 15
Weinberg, L. 4.12
Werra, W. de 7.11
Wessel, W. 8.13, 19
Whitney, H. 5.36; 6.33, 69; 9.56; 15.1, 9
* Wielandt, H. 3.0
Wilf, H. S. 2.31, 11.20
* Wilson, R. J. [Wi] 5.36; 6.29; 9.36, 51, 56
Winkler, P. 11.42, 54
Woopall, D. R. 13.45
* Walther, H. J. [WV] 6. 17; 10,7, 8, 12, 13, 16, 17, 29
Wyman, M. 1.9

Zaks, J. 7.36
Zarankiewicz, K. 10.37
Zaretskii, K. A. 15.11

郑重声明

高等教育出版社依法对本书享有专有出版权。任何未经许可的复制、销售行为均违反《中华人民共和国著作权法》，其行为人将承担相应的民事责任和行政责任；构成犯罪的，将被依法追究刑事责任。为了维护市场秩序，保护读者的合法权益，避免读者误用盗版书造成不良后果，我社将配合行政执法部门和司法机关对违法犯罪的单位和个人进行严厉打击。社会各界人士如发现上述侵权行为，希望及时举报，本社将奖励举报有功人员。

反盗版举报电话　（010）58581999　58582371　58582488
反盗版举报传真　（010）82086060
反盗版举报邮箱　dd@hep.com.cn
通信地址　北京市西城区德外大街 4 号　高等教育出版社法律事务与版权管理部
邮政编码　100120